石油钻井双重预防机制安全风险分级防控实用手册

中国石油集团川庆钻探工程有限公司长庆钻井总公司 编

石油工业出版社

内容提要

本书以石油钻井作业流程为主线，从设备设施、工艺流程、人员操作及环境因素等多维度切入，讲述石油钻井双重预防机制与安全风险分级防控的基本知识、钻井生产作业活动风险防控、生产管理活动风险防控，并以附录形式提供了生产安全风险防控建设实例。

本书兼顾理论性与实操性，可为现场操作人员、基层管理人员及安全监管部门提供精准指导，助力提升风险识别、评估与管控能力，有效降低事故发生率，保障石油钻井作业安全高效运行。

图书在版编目（CIP）数据

石油钻井双重预防机制安全风险分级防控实用手册 / 中国石油集团川庆钻探工程有限公司长庆钻井总公司编. 北京：石油工业出版社，2025.6. -- ISBN 978-7-5183-7547-9

Ⅰ．TE28-62

中国国家版本馆 CIP 数据核字第 2025PS1840 号

出版发行：石油工业出版社
（北京安定门外安华里 2 区 1 号　100011）
网　　址：www.petropub.com
编辑部：（010）64523553　　图书营销中心：（010）64523633
经　销：全国新华书店
印　刷：北京中石油彩色印刷有限责任公司

2025 年 6 月第 1 版　2025 年 6 月第 1 次印刷
787×1092 毫米　开本：1/16　印张：28
字数：596 千字

定价：110.00 元
（如出现印装质量问题，我社图书营销中心负责调换）

版权所有，翻印必究

《石油钻井双重预防机制
安全风险分级防控实用手册》

编 委 会

主　任： 倪华峰

副主任： 吕凤军　王学枫　王　浩

委　员： 杨勇平　王　勇　石仲元　张金平　杨宗安　李　阳
　　　　　陈胜伟　陈鹏生　骆颖龙　徐智锋　陈保民　刘思远
　　　　　李鹏飞　李富平　李春涛　杨金儒　江根杰　赵　帆
　　　　　姚永永　高　原　海鹏飞　谢　敬　靳　宇　陶仕君
　　　　　李鲁庆　张宏耀　刘庆龙　张　晨　谭宁军　尹诗溢
　　　　　左　锋　张铁奇　杨应鹏

《石油钻井双重预防机制安全风险分级防控实用手册》

编写组

组　长：王　勇

副组长：杨宗安　陈胜伟　李　阳

成　员：陈鹏生　陈保民　徐智锋　刘思远　李鹏飞　李富平
　　　　李春涛　杨金儒　江根杰　赵　帆　姚永永　高　原
　　　　海鹏飞　谢　敬　靳　宇　陶仕君　张宏耀　刘庆龙
　　　　张铁奇　张　晨　张建军　谭宁军　尹诗溢　左　锋
　　　　杨应鹏　李鲁庆　李旭晖

专家组

贺会锋　李润苗　李录科　苏兴华　王伟良　石宪峰　米秀峰
李　璎　韩红卫

序

  石油能源是国家战略安全的重要支柱。作为全球制造业大国，中国始终将能源自主可控置于国家经济发展和实体经济支撑的核心地位。石油钻井作为保障油气资源供应的关键环节，其安全生产水平直接关系国家能源命脉的稳定。当前，随着页岩气勘探开发、特深层钻探及非常规油气资源开发的深入推进，钻井作业面临的安全挑战日益复杂化、多元化。从设备拆卸、迁移、安装到钻完井，全流程涵盖13大工序、126项作业，涉及多岗位协同作业，且集中存在井喷失控、吊装伤害、高处坠落、高压刺漏、触电事故、火灾爆炸、坍塌伤害、交通事故八大核心风险，若风险防控体系存在疏漏，极易引发重大安全事故。

  安全生产是石油钻井行业的生命线，更是企业不可推卸的社会责任。历史教训表明，每一起安全事故不仅造成员工伤亡与家庭创伤，更可导致巨额经济损失，严重损害企业声誉与发展根基。面对复杂多变的生产环境，传统安全管理模式已显乏力，构建一套科学化、系统化、动态化的安全生产双重预防机制，成为行业破局的关键。

  双重预防机制以风险分级防控与隐患排查治理为双核心，形成"关口前移、精准防控、源头治理"的全流程安全管理闭环。通过系统性辨识钻井作业中人员操作、设备状态、环境因素及管理漏洞等风险源，科学评估风险等级，明确管控责任主体与应对措施，确保风险始终处于受控状态。该机制将安全管理从被动应急转向主动预防，实现"风险消解于隐患前，隐患消除于事故前"，为钻井作业筑起坚实的安全屏障。

  为助力行业从业者高效落实双重预防机制，本书编委会汇聚权威专家、学者及一线技术骨干，历时两年完成《石油钻井双重预防机制安全风险分级防控实用手册》的编纂工作。本书严格遵循国家法规标准，深度融合国际先进管理理念与本土实践经验，兼具理论深度与实操价值，涵盖体系化知识框架、全流程操作指南、场景化解决方案、驱动型学习案例等，精选五十余项国内外事故案例，通过深度剖析提炼实战经验，配套可视化风险图谱与应急决策树。

本书既是安全管理者的理论工具书，亦是一线作业人员的行动指南手册。无论是日常风险巡查，还是突发事件处置，读者均可依托本书快速定位解决方案，提升决策效率与执行精准度。

安全生产无终点，唯有以敬畏之心筑牢防线。期待本书成为行业同仁践行双重预防机制的重要抓手，推动"人人知风险、层层抓落实"的安全文化落地。让我们以机制创新为引擎，以本书应用为纽带，共同构建本质安全型钻井作业体系，为国家能源安全与行业高质量发展保驾护航，谱写石油工业安全、高效、可持续发展的新篇章。

前言

石油钻井作为能源开采的核心环节,其安全生产直接关乎国家能源安全、经济发展与社会稳定。在复杂地质条件与严苛作业环境的双重挑战下,石油钻井作为涉及多工种协作、多工序衔接、立体交叉作业及连续性作业的系统工程,涵盖从搬迁安装至完钻拆卸的13大工序,包含井控作业、吊装作业、高处(临边)作业、设备检维修等三十余项关键作业,分布于18个岗位。任一环节的疏漏均可能触发重大安全事故,造成难以估量的人员伤亡与经济损失。

党中央、国务院高度重视安全生产工作,明确提出需在易发重特大事故的行业领域构建"风险分级管控、隐患排查治理"双重预防工作机制,推动安全生产关口前移。这一纲领性要求为石油钻井行业的安全生产指明了方向。国务院安委办也印发专项文件,强调以风险预控为核心,通过全面推行安全风险分级管控、强化隐患排查治理,助力企业实现"风险自辨自控、隐患自查自治",提升安全生产整体预控能力。

在此背景下,为深入落实双重预防机制中的风险分级防控理念,我们组织编写了《石油钻井双重预防机制安全风险分级防控实用手册》。本书以石油钻井作业流程为主线,从设备设施、工艺流程、人员操作及环境因素等多维度切入,系统剖析潜在安全风险,并依据国家标准与行业规范,科学阐述风险分级的依据与方法。全书共分四章:第一章阐释双重预防机制的构建背景、必要性及核心概念,解析风险分级防控的建设步骤,并提炼石油钻井风险分级防控的机制模式。第二章围绕设备设施完整性、设备设施操作规范及施工作业活动三大单元,详细说明风险评估单元的划分、危害因素辨识、风险等级评估及分级防控措施的制订。第三章分层级剖析生产管理活动中的危害因素辨识与风险分级管控策略,强化管理环节的风险预控能力。本书附录提供了生产安全风险防控建设实例:精选石油钻井风险分级防控与作业现场深度融合的实践案例,涵盖HSE(健康、安全与环境)标准化作业程序示例、钻井设备操作规程示例、钻井工艺技术规程示例及生产安全风险防控方案示例,通过真实场景解析与实用策略,为从业人员提供可落地的操作指南。

  本书兼顾理论性与实操性，可为现场操作人员、基层管理人员及安全监管部门提供精准指导，助力提升风险识别、评估与管控能力，有效降低事故发生率，保障石油钻井作业安全高效运行。

  在编写过程中，我们广泛参考了行业标准、学术成果，并得到石油领域专家、学者及一线工作者的悉心指导，在此致以诚挚谢意。期待本书能为石油钻井安全生产提供有力支撑，为行业安全发展注入动力，共同守护石油人生命安全与国家能源根基。

  限于编者水平，书中难免存在疏漏与不足，恳请广大读者不吝指正。

目 录

第一章 概述 ······ 1

- 第一节 双重预防机制建设背景及必要性 ······ 1
- 第二节 双重预防机制相关知识 ······ 5
- 第三节 双重预防机制建设原则及流程 ······ 10
- 第四节 石油钻井生产作业风险性 ······ 14
- 第五节 风险分级防控建设方法步骤 ······ 16
- 第六节 石油钻井风险分级防控机制模式 ······ 39

第二章 钻井生产作业活动风险防控 ······ 48

- 第一节 设备设施完整性风险防控 ······ 48
- 第二节 设备设施操作风险防控 ······ 106
- 第三节 施工作业活动风险防控 ······ 176

第三章 生产管理活动风险防控 ······ 295

- 第一节 生产管理活动安全风险评估单元 ······ 295
- 第二节 生产管理活动危害因素辨识 ······ 313
- 第三节 生产管理活动风险分级管控 ······ 407

附录 生产安全风险防控建设实例 ······ 419

第一章 概 述

第一节 双重预防机制建设背景及必要性

一、构建双重预防机制的背景及必要性

（一）安全生产形势的变化

2013年以来，全国各地有关行业连续发生了几起特别重大生产安全事故。如2013年6月3日吉林宝源丰禽业公司火灾爆炸事故，共造成121人死亡；2013年11月22日青岛黄岛输油管道泄漏爆炸事故，导致62人死亡；2014年8月2日昆山中荣铝粉尘爆炸事故，事故当天及后续医治无效共造成146人死亡；2015年8月12日天津港瑞海公司危险品仓库特别重大火灾爆炸事故，导致165人死亡、8人失踪；2015年12月20日深圳光明新区渣土收纳场滑坡事故，造成73人死亡，4人下落不明；2016年11月24日江西丰城发电厂冷却塔坍塌事故，导致73人死亡。

"8·12"天津港瑞海公司危险品仓库特别重大火灾爆炸事故发生后，党中央要求：要坚决落实安全生产责任制，切实做到党政同责、一岗双责、失职追责。要健全预警应急机制，加大安全监管执法力度，深入排查和有效化解各类安全生产风险，提高安全生产保障水平，努力推动安全生产形势实现根本好转。各生产单位要强化安全生产第一意识，落实安全生产主体责任，加强安全生产基础能力建设，坚决遏制重特大安全生产事故发生。各地区各部门要坚持人民利益至上，牢固树立安全发展理念，以更大的努力、更有效的举措、更完善的制度，进一步落实企业主体责任、部门监管责任、党委和政府领导责任，扎实做好安全生产各项工作，强化重点行业领域安全治理，加快健全隐患排查治理体系、风险预防控制体系和社会共治体系，依法严惩安全生产领域失职渎职行为，坚决遏制重特大事故频发势头，确保人民群众生命财产安全。同时，国家层面开始重新思考和定位当前的安全监管模式和企业事故预防水平问题。

2016年1月6日，习近平总书记在中共中央政治局常委会会议上就安全生产工作提出了五点要求，其中一点是：必须坚决遏制重特大事故频发势头，对易发重特大事故的行业领域采取风险分级管控、隐患排查治理双重预防性工作机制，推动安全生产关口前移，加强应急救援工作，最大限度减少人员伤亡和财产损失。这是第一次提出"风险分

级管控、隐患排查治理双重预防性工作机制"。

近年来，我国安全生产形势总体趋于平稳，但仍面临复杂严峻的挑战。事故总量、较大事故及重特大事故均呈下降趋势，大部分地区和行业领域安全生产形势平稳。然而，在工业化、城镇化持续推进的过程中，大工业化生产带来风险集聚，各类事故隐患和安全风险交织叠加，尤其是新业态新风险突出，安全生产基础薄弱、监管体制机制不完善等问题依然存在。因此，构建双重预防机制，强化风险管控和隐患排查治理，不仅是对党中央、国务院重大决策部署的落实，更是对人民群众生命财产安全的保障，也成为当前安全生产工作的迫切需求。

（二）法律法规的规定

（1）2016年4月28日，国务院安委会办公室印发《国务院安委会办公室关于印发标本兼治遏制重特大事故工作指南的通知》（安委办〔2016〕3号，以下简称"《指南》"），提出了"坚持标本兼治、综合治理，把安全风险管控挺在隐患前面，把隐患排查治理挺在事故前面，扎实构建事故应急救援最后一道防线"的指导思想和"到2018年，构建形成点、线、面有机结合、无缝对接的安全风险分级管控和隐患排查治理双重预防性工作体系"的工作目标。国务院正式提出在重点行业建立以生产安全风险分级防控和事故隐患排查治理为主线的双重预防机制。

为进一步推动《指南》的有效实施，2016年10月9日，国务院安委会办公室印发《国务院安委会办公室关于实施遏制重特大事故工作指南构建双重预防机制的意见》（安委办〔2016〕11号，以下简称"《意见》"），提出了"构建安全风险分级管控和隐患排查治理双重预防机制，是遏制重特大事故的重要举措"，并对如何构建双重预防机制提出了具体意见，要求坚持风险预控、关口前移，全面推行安全风险分级管控，进一步强化隐患排查治理，推进事故预防工作科学化、信息化、标准化，实现把风险控制在隐患形成之前、把隐患消灭在事故前面。尽快建立健全安全风险分级管控和隐患排查治理的工作制度和规范，完善技术工程支撑、智能化管控、第三方专业化服务的保障措施，实现企业安全风险自辨自控、隐患自查自治，形成政府领导有力、部门监管有效、企业责任落实、社会参与有序的工作格局，提升安全生产整体预控能力，夯实遏制重特大事故的坚强基础。《意见》强调，企业要对辨识出的安全风险进行分类梳理，对不同类别的安全风险，采用相应的风险评估方法确定安全风险等级，安全风险评估过程要突出遏制重特大事故，高度关注暴露人群，聚焦重大危险源、劳动密集型场所、高危作业工序和受影响的人群规模，重大安全风险应填写清单、汇总造册，并从组织、制度、技术、应急等方面对安全风险进行有效管控，要在醒目位置和重点区域分别设置安全风险公告栏，制作安全风险告知卡。

（2）2016年12月9日，新中国成立以来第一个以党中央、国务院名义出台的安全生产工作的纲领性文件《中共中央国务院关于推进安全生产领域改革发展的意见》（国务院公报 2017 年第 1 号）发布实施，提出坚守"发展决不能以牺牲安全为代价"这条不可逾越的红线，并从健全落实安全生产责任制、建立安全预防控制体系等方面提出一系列改革举措和任务要求。明确提出坚持源头防范的基本原则，构建风险分级管控和隐患排查治理双重预防工作机制，严防风险演变、隐患升级导致生产安全事故发生。要求企业要定期开展风险评估和危害辨识，针对高危工艺、设备、物品、场所和岗位，建立分级管控制度，制定落实安全操作规程。树立隐患就是事故的观念，建立健全隐患排查治理制度、重大隐患治理情况向负有安全生产监督管理职责的部门和企业职代会"双报告"制度，实行自查自改自报闭环管理。建立隐患治理监督机制，制定生产安全事故隐患分级和排查治理标准。

此后，全国各地陆续出台有关双重预防机制的文件，全面开始构建双重预防机制。

（3）2021 年 6 月 10 日，第十三届全国人民代表大会常务委员会第二十九次会议通过了《全国人民代表大会常务委员会关于修改〈中华人民共和国安全生产法〉的决定》，双重预防机制被正式写入了修改后的《中华人民共和国安全生产法》（中华人民共和国主席令 2021 年第 88 号）。其中有关建立双重预防机制的条文如下：

第四条："生产经营单位必须遵守本法和其他有关安全生产的法律、法规，加强安全生产管理，建立健全全员安全生产责任制和安全生产规章制度，加大对安全生产资金、物资、技术、人员的投入保障力度，改善安全生产条件，加强安全生产标准化、信息化建设，构建安全风险分级管控和隐患排查治理双重预防机制，健全风险防范化解机制，提高安全生产水平，确保安全生产。"

第二十一条："生产经营单位的主要负责人对本单位安全生产工作负有下列职责：（五）组织建立并落实安全风险分级管控和隐患排查治理双重预防工作机制，督促、检查本单位的安全生产工作，及时消除生产安全事故隐患。"

第二十五条："生产经营单位的安全生产管理机构及安全生产管理人员履行下列职责：（三）组织开展危险源辨识和评估，督促落实本单位重大危险源的安全管理措施；（五）检查本单位的安全生产状况，及时排查生产安全事故隐患，提出改进安全生产管理的建议。"

第四十一条："生产经营单位应当建立安全风险分级管控制度，按照安全风险分级采取相应的管控措施。生产经营单位应当建立健全并落实生产安全事故隐患排查治理制度，采取技术、管理措施，及时发现并消除事故隐患。"

法律法规的制定和实施，为双重预防机制的建设提供了坚实的法律基础，表明风险分级管控与隐患排查治理双重预防机制将长期开展下去，而且必须要认真、规范、科学地开展下去。

（三）企业风险管理的需求

在当前工业化、城镇化持续推进的背景下，企业面临着复杂多变的安全风险。大工业化生产带来风险集聚，各类事故隐患和安全风险交织叠加，对企业安全生产构成严峻挑战。为有效应对这些风险，企业必须强化风险管理，构建双重预防机制；更系统、更科学地识别、评估和控制潜在风险；将风险管控在隐患之前，把隐患排查治理在事故之前，形成风险管理的闭环，实现风险的动态监控和持续改进。这不仅是企业自身发展的需要，更是保障员工生命财产安全、维护社会稳定的重要举措。因此，企业风险管理的需求日益迫切。

（四）事故预防理念的发展

事故预防理念经历了从传统模式向双重预防机制的转变。传统模式侧重于事后处理和单纯隐患排查，而双重预防机制则强调事前预防和标本兼治，通过风险分级管控和隐患排查治理两道防线，将安全生产关口前移。这一转变体现了从治"已病"到治"未病"的管理理念升级，旨在从根本上防止隐患发生，降低事故发生率，体现了对安全生产规律和特点的准确把握，以及对风险为核心的超前防范意识的增强。

构建风险分级管控与隐患排查治理双重预防机制，是落实党中央、国务院关于建立风险管控和隐患排查治理预防机制的重大决策部署，是实现纵深防御、关口前移、源头治理的有效手段。双重预防机制建设就是针对安全生产领域"认不清、想不到"的突出问题，强调安全生产的关口从隐患排查治理前移到安全风险管控，强化风险意识，分析事故发生的全链条，抓住关键环节采取预防措施，防范安全风险变成事故隐患、隐患未及时被发现和治理演变成事故。风险分级管控与隐患排查治理建设是企业安全生产主体责任，是企业主要负责人的重要职责之一，是企业安全管理的重要内容，是企业自我约束、自我纠正、自我提高的预防事故发生的根本途径，是企业管控风险、消除隐患、保证安全生产、提升企业安全管理水平的重要手段，更是企业遵守国家法律法规、履行社会责任的必然要求。

二、构建双重预防机制的重要意义

（一）提升安全生产水平

构建双重预防机制，首要意义在于显著提升安全生产水平。通过风险分级管控与隐患排查治理的双重防线，企业能够系统识别作业环境中的危险因素，科学评估风险等级，并采取有效措施予以控制。这一机制的实施，有助于预防和减少生产安全事故的发生，保障员工生命财产安全，同时促进生产流程的优化和效率的提升。在强化安全意识、完善管理制度的基础上，双重预防机制成为企业安全生产不可或缺的重要支撑。

（二）预防事故的有效手段

预防事故是构建双重预防机制的核心目标之一。通过深入分析事故发生的根源，采取有针对性的预防措施，可以显著降低事故发生的概率。双重预防机制强调事前预防与事中控制相结合,通过风险评估和隐患排查,及时发现并消除潜在的危险因素。这一机制不仅提升了企业的安全管理水平,还为员工创造了更加安全的工作环境。实践证明,双重预防机制是预防事故的有效手段,能够切实保障企业的生产安全和员工的生命健康。

(三)保障员工生命安全

在构建双重预防机制的过程中,保障员工生命安全是核心要义之一。通过科学的风险辨识与隐患排查,企业能够及时发现并消除生产作业中的潜在危险,为员工营造一个更加安全的工作环境。双重预防机制的实施,不仅有助于减少安全事故的发生,更能有效保障员工的生命健康权益,增强员工的归属感和安全感。这不仅是企业社会责任的体现,也是构建和谐劳动关系、推动企业可持续发展的必然要求。

(四)促进企业可持续发展

构建双重预防机制对企业可持续发展具有重要意义。通过实施风险分级管控和隐患排查治理,企业能够有效预防事故发生,保障生产安全,进而减少因事故导致的经济损失和声誉损害。这一机制不仅提升了企业的安全管理水平,还增强了企业的市场竞争力。在安全生产的基础上,企业能够更稳健地推进技术创新和市场拓展,实现经济效益与社会效益的双赢。长远来看,双重预防机制是企业持续健康发展的重要支撑,有助于企业在激烈的市场竞争中立于不败之地。

第二节 双重预防机制相关知识

一、相关概念与术语

(一)危害因素

可能导致人员伤害和(或)健康损害、财产损失、工作环境破坏、有害环境影响的根源、状态或行为,或其组合。

(二)危害因素辨识

识别健康、安全与环境危害因素的存在并确定其特性的过程。

(三)风险

某一特定危害事件发生的可能性、与随之引发的人身伤害或健康损害,以及其他损失的严重性的组合。

(四)风险点

亦称为风险源,指伴随风险的部位、设施、场所和区域,以及在特定部位、设施、场所和区域实施的伴随风险的作业过程，或以上两者的组合。

1. 风险的分类

1）固态风险、动态风险

固态风险：是指在正常情况下，企业生产经营过程中存在的安全风险。

动态风险：是指在作业时发生人员、设备、材料、工法、环境、安全管理等发生变化的特定情况下，施工作业过程中存在的安全风险。

2）固有风险、现实风险、潜在风险

固有风险：设备、设施、场所等本身固有的能量；危险物质燃烧、爆炸等产生能量或有害物质。

现实风险：人员的不安全行为、物的不安全状态、环境的不安全因素及安全管理缺陷。

潜在风险：管理体系不完善、不健全可能导致现实风险发生的各类因素；违背法规及标准规程等。

2. 风险的特点

（1）客观性：有危险源就会伴随风险。

（2）偶然性：风险具有动态性，事故发生需要条件，即不安全行为和隐患的存在不一定在预期时间内产生后果。

（3）损害性：风险的变现会导致人员伤亡、财产损失、环境破坏等发生。

（4）不确定性：事故发生可能性与后果会因管理变量而随机变化。尤其是可能性会因管理水平的差异性发生较大的变化。

（5）相对性（或可变性）：承受风险损失的能力不同，对风险的认知就会不同。

（6）可控性：可以从降低事故发生概率和减弱事故后果两个方面来削减风险损失。

（五）危险源

可能导致人员伤害和（或）健康损害的根源、状态或行为，或它们的组合。

（1）按致因机理可把危险源分为：

第一类危险源（源头类）：客观存在的，由能量或有害物质所构成，是导致事故的根源、源头，是"罪魁祸首"，决定着事故后果的严重程度。

第二类危险源（衍生类）：是防控屏障上影响其作用发挥的缺陷或漏洞，致使约束能量或有害物质的屏障失效，导致能量或有害物质的失控从而造成事故发生。它是事故发生的外部条件，决定着事故发生的可能性。GB/T 13861—2022《生产过程危险和有害因素分类与代码》中，将生产过程危险和有害因素共分为四大类，分别是"人的因素""物的因素""环境因素"和"管理因素"。

（2）按照危险源的存在状态，可把危险源分为：

潜在型危险源：在一项活动、项目开始前，进行危险源辨识时所辨识出的危险源。如采用螺栓固定的部件，可能会出现螺帽的松动、脱落，这就是辨识出的潜在型危险源。

现实型危险源：是潜在型危险源没有得到有效控制的结果，是已经客观存在的物的不安全状态，也可以是人的不安全行为或管理上的缺陷。如进行安全检查或隐患排查时，发现了螺栓的松动或脱落，则属于已经客观存在的现实型危险源，也就是所谓的"隐患"。

（六）风险分析

在识别和确定危害特性的基础上，确定风险来源，了解风险性质，采用定性或定量方法分析生产作业活动和生产管理活动存在风险的过程。

（七）风险评估

对照风险划分标准评估风险等级，以及确定风险是否可接收的过程。

（八）风险控制

针对生产安全风险采取工程技术措施、管理措施、教育培训措施、个体防护措施和应急处置等，以及实施风险监测、跟踪与记录的过程。

（九）生产安全事故隐患

不符合安全生产法律法规、规章、标准、规程和安全生产管理制度的规定，或者因其他因素在生产经营活动中存在可能导致事故发生或者导致事故后果扩大的物的危险状态、人的不安全行为、场所的不安全因素和管理的缺陷。

（十）生产管理活动

集团公司、专业公司、所属企业、企业所属单位和车间（队站）等管理层级的各职能部门及岗位，在生产经营过程中所开展的业务活动。

（十一）生产作业活动

班组、岗位员工为完成生产任务进行的全部操作活动。

（十二）风险分级管控

按照风险不同级别、所需管控资源、管控能力、管控措施复杂及难易程度等因素而确定不同管控层级的风险管控方式。

它要求对风险进行辨识、评价分级，并据此采取相应的管控措施。风险越大，管控级别越高，以确保风险在可接受范围内。风险分级管控的基本原则是：上级负责管控的风险，下级也必须负责管控，并逐级落实具体措施，实现风险的有效控制和预防。

（十三）隐患排查治理

依据法律、法规、规章等要求，对设备设施、生产工艺、工作场所等进行全面检查，及时发现可能导致事故发生的隐患，按照不同等级进行登记，建立事故隐患信息档案，并制订治理方案进行整改，消除或控制事故隐患的活动或过程。

隐患排查治理旨在通过系统的方法，消除潜在的危险因素，确保人员、财产及环境的安全。这一环节不仅要求明确治理的目标和任务，还需采取相应的监控防范措施，确保整改措施的有效实施，防止隐患转化为事故。

二、双重预防机制建设的理论基础

（一）风险管理理论

风险管理理论是双重预防机制建设的核心理论基础之一。它强调对潜在风险的识别、评估与应对，以降低事故发生的概率和影响。该理论指出，风险管理是一个系统性流程，包括风险识别和评估、风险控制和减轻、风险监测和响应、风险传播和沟通，以及评估和持续改进等关键要素。

在双重预防机制中，风险管理理论的应用体现在安全风险分级管控上。通过对生产经营单位内的所有安全隐患进行全面排查，利用风险管理理论的方法和技术，将风险进行定性和定量分析，划分为不同等级，以便企业合理调配资源，分层分级管控风险。

此外，风险管理理论还强调持续改进和动态管理，要求企业根据生产经营活动的变化和外部环境的变化，不断调整和优化风险管理策略，确保双重预防机制的有效运行。因此，风险管理理论为双重预防机制的建设提供了坚实的理论基础和科学的指导方法。

（二）事故致因理论

事故致因理论是从大量典型事故的本质原因中提炼出的事故机理和事故模型，这些机理和模型反映了事故发生的规律性，能够为事故的定性、定量分析及预防提供科学依据。

在事故致因理论中，海因里希事故因果连锁理论具有重要地位。该理论认为，伤害事故的发生不是一个孤立的事件，尽管伤害可能在某瞬间突然发生，却是一系列事件相继发生的结果。事故发生如同多米诺骨牌效应，存在事件之间的因果连锁关系，是一连串事件按一定顺序互为因果依次发生的结果。如一块骨牌倒下，则将发生连锁反应，使后面的骨牌依次倒下。此外，能量意外释放理论也指出，人受伤害的原因只能是某种能量的转移，预防伤害事故的关键在于防止能量或危险物质的意外转移。

双重预防机制的建设正是基于这些事故致因理论，旨在通过风险分级管控和隐患排查治理，将多米诺骨牌移去连锁中的一颗骨牌，使连锁被破坏，事故过程被中止；或利用各种屏蔽来防止意外的能量转移，切断事故发生的链条，实现关口前移、预防为主。事故致因理论为双重预防机制提供了重要的理论支撑，帮助企业从源头上识别和控制风险，防止隐患演变为事故，从而保障生产安全。

（三）系统安全理论

系统安全理论是双重预防机制建设的重要理论基础。是从系统角度研究安全管理的一种理论，主要研究对象是事故系统和安全系统，如何确保系统在运行过程中不发生安全事故，保障系统内部的信息、设备和人员安全。

系统安全理论指在系统生命周期内应用系统安全工程和系统安全管理方法，辨识系统中的隐患，并采取有效的控制措施使其危险性最小，从而使系统在规定的性能、时间和成本范围内达到最佳的安全程度。它认为，任何生产经营活动都是在确定的系统内进行的，系统由相互作用、相互依赖的要素构成，具有某种特定功能。

在生产系统中，人、机、环境是直接要素，管理则是间接要素。通过综合考虑人、机、环境的相互作用和影响，采取必要的措施可以防止或避免能量和物质的意外释放、泄漏或转移，从而保障生产系统的安全。

双重预防机制建设正是基于系统安全理论，通过风险辨识、评价、分级管控，以及隐患排查治理等手段，形成两道保护屏障，确保生产系统的安全运行。

（四）预防原理

预防原理是双重预防机制建设的核心理论基础。该原理强调通过有效的管理和技术手段，减少和防止人的不安全行为和物的不安全状态，从而降低事故发生的概率，实现安全生产的目的。

预防原理在双重预防机制中的应用主要体现在两个方面：一是安全风险分级管控，即从源头上系统辨识风险，并按等级进行分级管控，努力将风险控制在可接受范围内；二是隐患排查治理，即认真排查风险管控过程中出现的缺失、漏洞和风险控制失效环节，及时消除隐患，防止事故发生。

预防原理的运用要求企业具备超前防范的意识，将安全管理关口前移，从被动应对事故转变为主动预防和控制风险。这一原理的实施不仅有助于降低事故发生的概率，还能在事故发生后最大限度减少损失和危害，保障人民生命财产安全，促进社会稳定和经济发展。因此，预防原理是双重预防机制建设不可或缺的理论支撑。

三、生产安全风险分级管控主要内容

生产安全风险分级防控机制包括：排查风险点、确定风险等级、明确管控措施、风险公告警示。

（一）排查风险点

全员、全方位、全过程开展风险辨识。领导带头、专家指导、员工参与，全方位对所有的生产工艺、设备设施、作业环境、人员行为和管理体系及产品、工程施工、服务全过程进行风险辨识。为增加全面辨识风险的可操作性，将风险识别划分为岗位生产作业活动和企业生产管理活动两个方面。其中：

岗位生产作业活动包括：设备设施完整性、设备设施操作、生产施工活动。

企业生产管理活动：基层队站（车间）生产管理活动、项目部（分公司）机关生产管理活动、公司机关生产管理活动等。

（二）确定风险等级

依靠定性和定量风险评估工具，科学评定每个风险的类别和风险等级。其中风险类别参照 GB/T 6441《企业职工伤亡事故分类》，综合考虑起因物、引起事故的诱导性原因、致害物、伤害方式等确定。风险等级从高到低划分为重大风险、较大风险、一般风险和低风险，分别用红、橙、黄、蓝四种颜色标示。

重大安全风险应填写清单、汇总造册，按照职责范围逐级报告上级。应依据安全风险类别和等级建立企业安全风险数据库，绘制"红橙黄蓝"四色安全风险空间分布图。

（三）明确管控措施

利用工程技术（含设备设施）措施、管理（制度）措施、教育措施和个体防护措施进行有效管控；各级人员包括岗位、班组、队站（车间）、项目部（分公司）、公司机关部门人员责任落实到位；动态风险变化受控。

（四）风险公告警示

在醒目位置和重点区域分别设置安全风险公告栏，制作岗位安全风险告知卡，标明主要安全风险、可能引发事故隐患类别、事故后果、管控措施、应急措施及报告方式等内容。及时加强风险教育和技能培训，确保管理层和每名员工均掌握安全风险的基本情况及防范、应急措施。

第三节　双重预防机制建设原则及流程

一、双重预防机制建设原则

企业应遵循"管行业必须管安全、管业务必须管安全、管生产经营必须管安全"的原则，按照"风险优先、系统管控、全员参与、持续改进"方式，对安全风险分级防控和隐患排查治理工作进行策划、组织，并将其作为日常工作内容定期开展，同时确定机构人员职责和工作任务等。

（一）坚持风险优先原则

以风险管控为主线，把全面辨识评估风险和严格管控风险作为安全生产的第一道防线，切实解决"认不清、想不到"的突出问题。

（二）坚持系统管控原则

从人、机、料、法、环五个方面，从风险管控和隐患治理两道防线，从企业生产经营全流程、生命周期全过程开展工作，努力把风险管控挺在隐患之前、把隐患排查治理挺在事故之前。

(三) 坚持全员参与原则

将双重预防机制建设各项工作责任分解落实到企业的各层级领导、各业务部门和每个具体工作岗位，确保责任明确。

(四) 坚持持续改进原则

持续进行风险分级管控与更新完善，持续开展隐患排查治理，实现双重预防机制不断深入、深化，促使机制建设水平不断提升。

二、双重预防机制建设流程

安全风险分级防控和事故隐患排查治理双重预防机制建设是安全生产工作中的一项基础性工作，是新时期安全生产领域的一大创举。具体流程包括 10 个重点环节，详见图 1-1 所示。

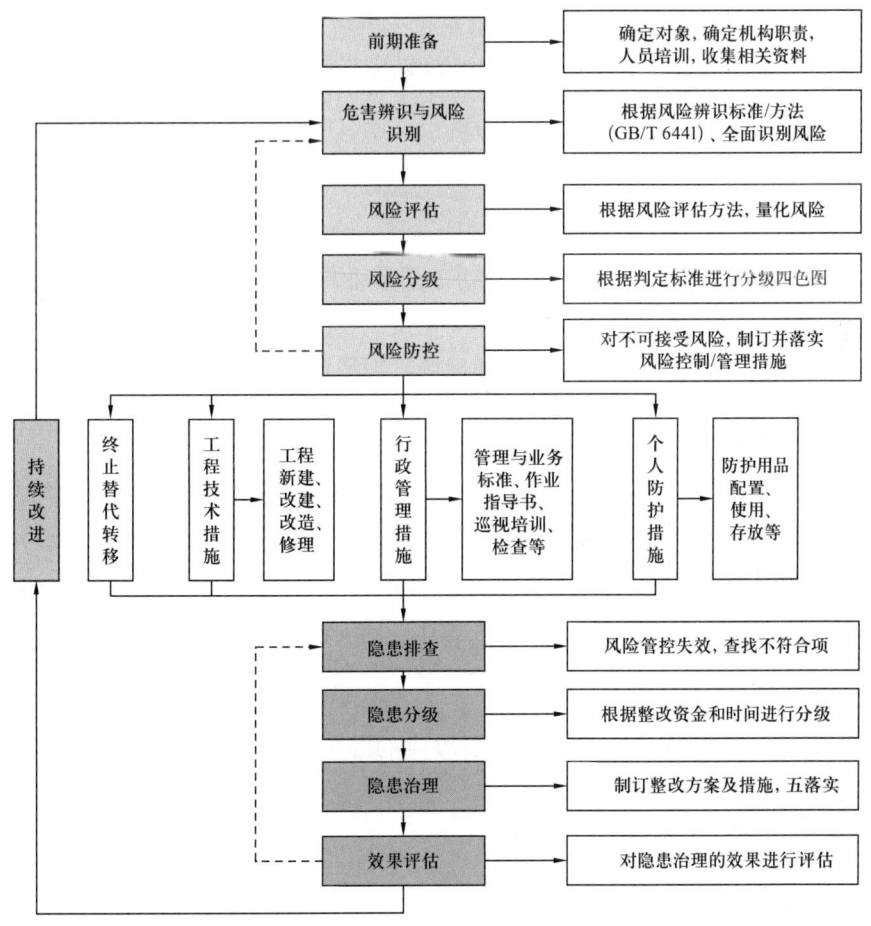

图 1-1 双重预防机制建设流程图

(一)前期准备

确定防控对象,即确定开展双重预防机制建设的专业或某项作业,开展培训安全风险分级防控及隐患排查治理相关人员,将专业技术人员、分管安全领导、主管领导纳入其中,安全管理部门准备培训课件,企业相关部门准备辨识评估基础资料(规章制度清单、操作规程、作业指导书等)。

(二)危害辨识与风险识别

根据GB/T 13861—2022《生产过程危险和有害因素分类与代码》和GB/T 6441—1986《企业职工伤亡事故标准》,采用安全检查表分析(SCL)、作业危害分析法(JHA)、危险与可操作性分析法(HAZOP)、类比法、事故树分析法等方法,对生产系统、工艺、装置设施、作业环境、作业活动等进行危险有害因素分析和风险辨识。

(三)风险评估

对不同类别的安全风险,采用相应的风险评估方法(如LEC法、风险矩阵法、头脑风暴法等)确定安全风险大小。突出遏制重特大事故,高度关注暴露人群,聚焦重大危险源、劳动密集型场所、高危作业工序和受影响的人群规模。

(四)风险分级

将安全风险从高到低划分为重大风险、较大风险、一般风险和低风险四个等级,分别用红、橙、黄、蓝四种颜色标示。建立安全风险清单,绘制"红橙黄蓝"四色安全风险空间分布图,结合基层建设"三标一规范"管理要求,在作业现场"一图一单"上进行标识公示。

"三标一规范":是指标准化现场、标准化操作、标准化管理和规范化风险管理。

"一图一单":是指作业现场提示图和现场管理清单。

(五)风险防控

针对不同的安全风险特点,通过隔离危险源、采取技术手段、实施个体防护、设置监控设施等措施监测和降低风险。对安全风险分级、分层、分类、分专业进行管理,强化对重大危险源和存在重大安全风险的生产经营系统、生产区域、岗位的重点防控,实施安全风险公告警示。

(六)隐患排查

及时排查风险防控措施失效或弱化而形成的隐患,制订符合实际的隐患排查清单,明确和细化隐患排查的事项、内容和频次,推动全员参与隐患自主排查,强化对存在重大风险的场所、环节、部位的隐患排查。

(七)隐患分级

从整改的难易程度和可能造成的后果严重性两个方面分为一般事故隐患和重大事故

隐患。对于一般事故隐患，定期、定人进行整改治理；对于重大事故隐患，应当向负有安全生产监督管理职责的部门报告。

（八）隐患治理

制订并实施隐患治理方案，做到责任、措施、资金、时限和预案"五落实"。事故隐患整治过程中无法保证安全的，应停产停业或停止使用相关设施设备，及时撤出相关作业人员。

（九）效果评估

组织技术人员和专家对事故隐患的治理情况进行评估，监督检查安全治理资金的使用情况，对治理不达标的项目进行整改。

（十）持续改进

对风险分级防控与隐患排查治理工作程序进行回顾、检查或分析，及时完善辨识、分级、评估、控制、治理等步骤，形成一套科学有效的闭环体系。

三、风险分级管控程序

风险分级管控程序见图1-2。

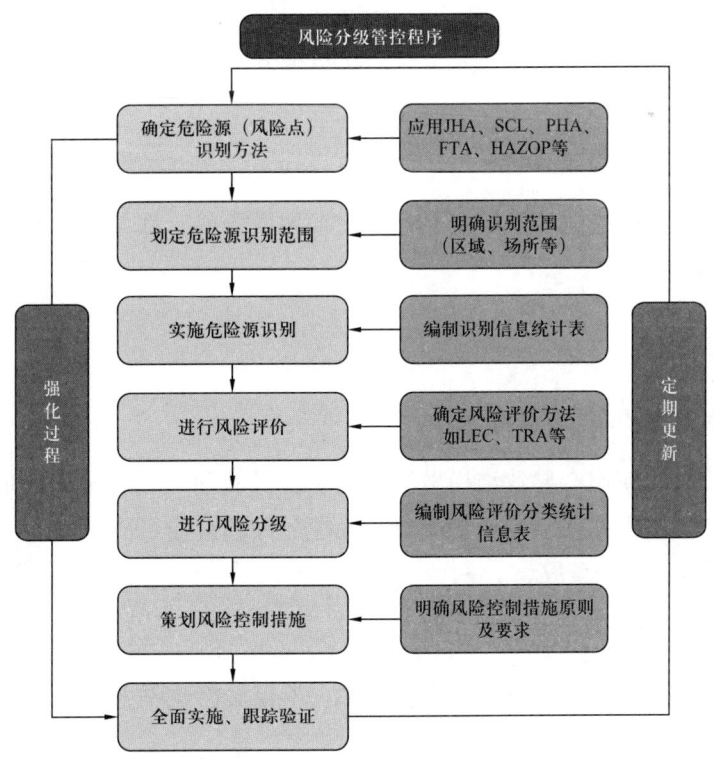

图1-2 风险分级管控程序

第四节　石油钻井生产作业风险性

一、地质风险

（一）地层压力异常带来的风险

在钻井生产作业中，如果地层压力异常，高于钻井液柱压力时，若未能及时发现溢流并采取有效措施，极易引发井喷或井喷失控事故。地层压力异常、地层压力预测不准、地层流体性质变化等因素，也都会增加作业的风险和不确定性。

（二）地质构造复杂导致的风险

复杂的地质构造，如断层、褶皱和溶洞等，可能导致井壁不稳定，易发生井塌事故。此外，特殊地层如盐膏层、软质泥岩层的承载力差，钻井过程中易发生形变，进一步增加作业风险。

（三）储层特性不稳定的风险

储层可能具有高含蜡、非均质、多层、渗透率低等特点，这些特性导致油气水分布复杂，增加了钻井难度。例如，储层中的裂缝和溶洞可能导致钻井液渗漏，进而引发井漏、井喷等事故。此外，不稳定的储层特性还可能导致井壁坍塌，影响钻井作业的安全进行。

（四）潜在地质灾害的风险

地层的不稳定、断层活动及溶洞存在等复杂地质条件，都可能导致地质灾害，如滑坡、泥石流、地面塌陷等。

二、设备风险

（一）设备老化与故障风险

钻井设备长时间使用会导致结构破损、腐蚀及机械轴承、电气元器件老化，故障率显著上升。例如，钻机井架、井口支撑架等关键部件的破损可能引发设备垮塌事故，电气控制系统失灵导致安全事故。

（二）设备选型不合理的风险

若所选设备无法满足作业条件的实际需求，不仅会影响钻井效率，更可能引发安全事故。

（三）自动化设备可靠性风险

自动化设备虽提升了效率，但其可靠性风险不容忽视，如自动化钻机一旦出现作业中断，设备老化、固件漏洞、恶意代码植入等问题均可能影响设备稳定性，甚至引发生产安全事故。此外，操作不当或维护不足也会加剧风险。

三、作业人员风险

（一）操作人员技能不足的风险

钻井作业环境复杂、设备繁多，操作人员的技能水平、经验和责任心直接影响作业安全。若操作人员未经过严格培训，缺乏必要的技术培训和经验积累，操作人员可能难以准确执行钻井任务，导致操作失误频发，引发事故。

（二）人员安全意识淡薄的风险

当员工对安全缺乏深刻理解和足够重视时，他们可能会忽视潜在的危险信号，不严格遵守操作规程，违章操作或疲劳作业，从而增加事故发生的概率。这种淡薄的安全意识不仅威胁到个人生命安全，还可能对整个钻井团队和周边环境造成严重影响。

（三）工作疲劳与压力导致的风险

长时间高强度的工作容易导致作业人员体力透支，反应迟钝，增加操作失误的风险。同时，高压工作环境也会使作业人员心理负担加重，出现焦虑、抑郁等情绪问题，进而影响判断力和决策能力。这些因素相互作用，不仅会降低工作效率，还可能引发安全事故，对人员生命安全和设备完整性构成威胁。

（四）人员沟通协作不畅的风险

人员之间沟通不畅、信息误解或传递延迟可能导致操作失误。团队协作不足会削弱应急响应能力，面对突发状况时难以迅速、有效地采取措施。此外，长期沟通不畅还可能引发团队内部矛盾，影响工作氛围与士气，进一步加剧作业风险。

四、作业环境风险

（一）恶劣天气条件的影响风险

石油钻井生产作业易受恶劣天气条件影响，如强风、暴雨、雷电、严寒和暴风雪等，这些极端天气不仅降低作业现场的可视范围，增加操作难度，还可能导致设备损坏、人员受伤。此外，恶劣天气还会影响钻井设备的拆卸、搬迁、安装过程，增加事故风险。

（二）自然灾害风险

井场有垫方，井场边存在崖壁、深沟环境，黄土易冲蚀、塌陷的特性，以及雨季及季节变换天气易导致塌方、滑坡等灾害。

(三) 生态环境保护风险

钻井作业可能破坏地表植被，产生大量废弃物和废弃钻井液，若处理不当将对土壤造成污染。同时，钻井过程中可能穿透含水层，污染地下水或导致水资源流失。此外，钻井作业还会排放有害气体和粉尘，对空气质量造成严重影响，产生的噪声也会干扰周边居民生活。环境风险不仅威胁生态平衡，还可能引发法律纠纷和社会不满。

(四) 作业环境造成人员健康的风险

长时间暴露在高强度的噪声环境下，易导致工作人员听力损伤，甚至导致永久性耳聋，严重影响生活质量。同时，钻井过程中产生的废气、废水和固体废弃物若处理不当，会污染空气、水源和土壤，进而引发呼吸道疾病、皮肤病等多种健康问题。

五、生产作业的管理风险

(一) 安全管理制度不完善的风险

缺乏科学、全面的安全管理制度，易导致作业现场安全管理混乱，员工安全意识淡薄。

(二) 生产计划与调度不合理的风险

当生产计划缺乏详尽规划，或调度安排不当时，会导致生产流程受阻，不合理性可能引发停工待料、钻井任务积压等问题，进而紧急赶工导致事故。

(三) 成本控制与风险管理失调的风险

过度追求成本削减可能导致安全投入不足，设备维护滞后，人员培训缺失，从而增加作业现场的安全风险。

(四) 应急响应机制不健全的风险

一旦突发事故或紧急情况发生，缺乏有效、迅速的应急响应将导致事态扩大，人员安全与环境保护均面临严重威胁。不健全的应急响应机制可能源于预案制订不完善、演练不足或信息传递不畅等问题，这将严重影响事故处理的时效性和有效性。

第五节　风险分级防控建设方法步骤

一、生产安全风险分级防控流程

生产安全风险分级防控流程见图1-3。

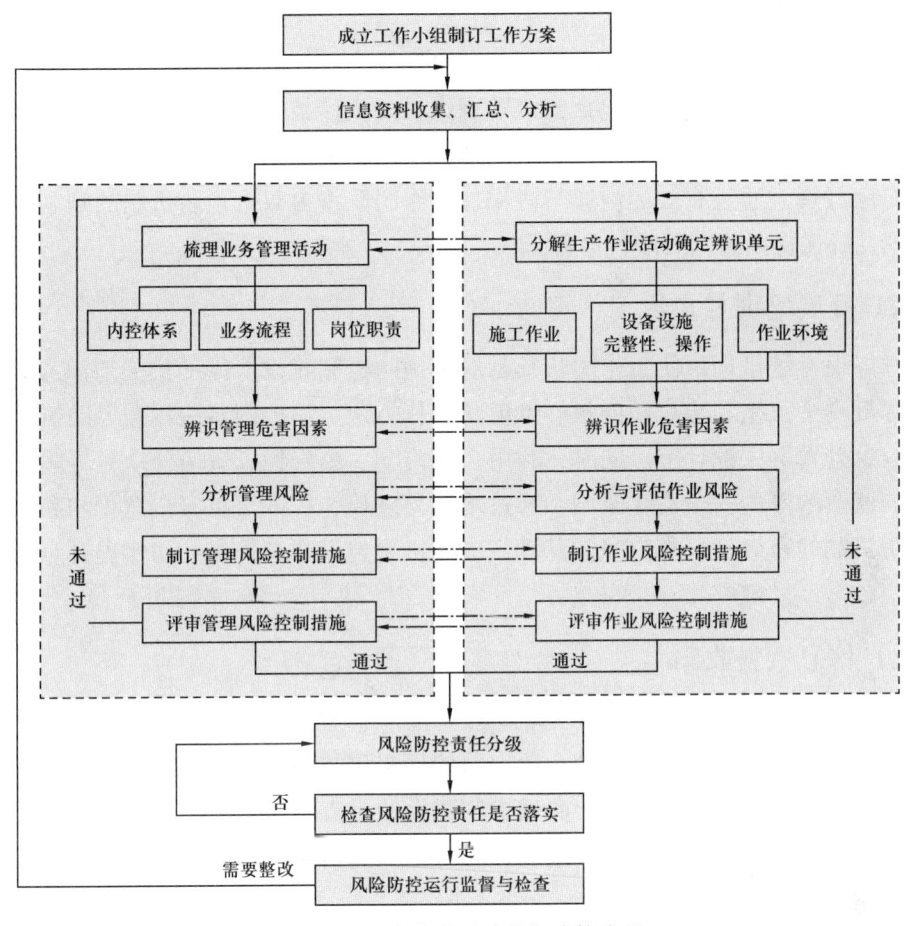

图 1-3 生产安全风险分级防控流程

二、策划与准备

(一) 确定建设目标和范围

前期准备阶段,首要任务是明确建设目标与范围。这包括界定机制旨在预防的具体风险类型,如生产作业活动风险、生产管理活动风险,以及风险分级防控机制覆盖的业务领域、地理区域或特定流程。明确目标有助于统一团队认识,确保后续措施有的放矢。同时,界定清晰的范围能避免资源分散,保证机制建设的深度与广度符合实际需求。通过细致的前期调研与分析,确保风险分级防控机制的建设既全面又具有针对性。

(二) 制订方案

编制双重预防机制建设方案,成立项目领导小组和工作小组,明确人员组成和分工;明确工作职责;明确工作流程和工作方法;明确具体实施过程和技术细节内容。

(三)组建工作团队

组建高效、专业的工作团队，该团队应由企业高层管理者挂帅，以确保项目获得足够的支持与资源。团队成员应包括安全管理人员、生产技术人员、风险评估专家等，成员应具备丰富的专业知识和实践经验。此外，还需明确团队成员的职责与分工，确保各项工作有序开展。通过有效的沟通与协作，工作团队将为双重预防机制的顺利建设奠定坚实基础，确保机制的有效性和实用性。

(四)开展培训与宣传

通过组织专题培训，使工作团队具备双重预防机制建设所需的相关知识和能力，全体员工深刻理解双重预防机制的核心价值与操作方法。培训内容应涵盖风险辨识、隐患排查、应急处置等关键环节。同时，利用企业内刊、公告栏、微信公众号等多种渠道广泛宣传，营造浓厚的安全文化氛围。通过培训与宣传，提升全员安全意识与参与度，为双重预防机制的有效运行奠定坚实基础，确保机制建设顺利推进，切实提升企业安全管理水平。

(五)信息资料收集

广泛搜集国内外关于安全风险分级防控与隐患排查治理的法律法规、政策文件、行业标准及成功案例。同时，应整理企业内部的历史事故数据、风险评估报告、隐患排查记录等一手资料。通过对比分析，明确机制建设的重点与难点，为后续工作奠定坚实的信息基础。确保所收集资料全面、准确，为双重预防机制的科学构建提供有力支撑。应包括但不限于：

——相关法律法规、标准规范、企业规章制度要求；
——组织机构、岗位设置及岗位职责要求；
——属地区域划分或区域位置；
——相关工艺流程；
——主要设备设施和各类物质性质；
——设备操作规程、工艺技术规程、安全检查表、应急处置方案和应急处置卡等；
——相关事故、事件案例；
——危害因素辨识和风险分析情况、风险评估和安全评价报告、HAZOP分析报告等；
——相关工艺、设施的法定检测报告；
——其他必要的资料和信息。

三、生产作业活动风险防控

以基层队站为核心，以岗位员工为责任主体，组织开展常规和非常规生产作业活动风险防控工作，按照生产作业活动分解、辨识人的因素、物的因素和环境因素，分析与评估风险、制订和完善风险控制措施、落实属地管理责任的程序，持续开展以下工作：

（1）生产作业活动分解、危害因素辨识、风险分析和风险评估。

（2）依据风险评估结果，完善岗位操作规程。

（3）完善基层岗位安全检查表。

（4）编制、完善应急处置方案和应急处置卡。

（5）完善岗位培训矩阵。

（6）健全和完善岗位职责及岗位安全生产责任。

（一）生产作业活动分解

基层队站组织开展生产作业活动分解，进行岗位管理单元划分，进行岗位操作项目步骤分解、设备设施拆分、作业区域划分。

1. 岗位管理单元划分

以单一岗位为基础，对本岗位负责管理的工艺流程、设备设施、生产装置、工作区域进行梳理，按照一台（套）设备设施、一套装置、一个工艺流程、一个工作区域进行划分；对多工序、多岗位同时进行的生产作业活动，以作业工序为基础，划分为相互关联、相对独立完整的管理单元。岗位管理单元划分原则，主要包括以下内容：

——覆盖生产作业活动的全过程；

——考虑涉及的各种因素；

——考虑所有活动类型；

——考虑所有人员；

——考虑所有设备设施；

——考虑所有作业场所；

——岗位管理单元划分不宜过粗或过细。

对划分的管理单元，按照生产运行、工艺流程及设备设施管理要求，梳理每个管理单元的管理内容。

2. 操作项目分解

基层站队、班组、岗位员工应对管理单元中的工作任务按照操作活动顺序进行分解。分解步骤如下：

（1）对管理单元中的工作任务进行细分，分解成相对独立的工作任务，即操作项目，并对照检查现有操作规程。

（2）对每个操作项目进一步进行细分，最后分解成能够开展危害因素辨识的一系列连续的基本操作步骤，基本操作步骤不应相互交叉。操作步骤分解应满足以下要求：

——分解先后顺序一般为常规生产作业、辅助作业、非常规作业、相关方配合作业；

——划分操作步骤时应按照实际操作过程进行，同时参考现有作业指导书和操作规程。

3. 设备设施拆分

基层站队、班组、岗位员工应对设备设施进行拆分。拆分步骤如下：

（1）梳理岗位管理的所有设备设施，确定拆分设备设施（包括生产工具）的清单，并对照检查每台（套）设备设施现有的安全检查表。

（2）对每台（套）设备设施，根据设备设施说明书、结构图、操作规程或技术标准等，按顺序对设备设施每个部分逐项分析、进行拆分，最后拆分成进行危害因素辨识的关键部件，各个关键部件应相互独立。设备设施拆分应满足以下要求：

——先拆分设备设施本体，再拆分附件；

——先拆分设备设施功能性附件，再拆分安全附件；

——由近及远、由外及里、由上及下的顺序逐项拆分设备设施的关键部件。

（3）对于设备设施已有的安全检查表，应确认安全检查表的完整性。

4. 作业区域划分

必要时，基层队站、班组、岗位员工应对工作区域进行划分，结合设备设施位置、操作活动范围、区块功能、岗位属地责任等划分操作活动辖区单元，最后分解成进行环境危害因素辨识的适当区域，各个区域不应相互重叠。如钻井作业现场可划分为钻台区域、机房区域、泵房区域、循环罐区域、井口装置及其控制系统区域、钻井液材料区域、管具及场地区域、清洁生产区域等。

5. 钻井队生产作业活动安全风险评估单元划分

（1）划分设备设施完整性安全风险评估单元。

根据钻井队设备设施清单、钻井队组织结构、钻井队岗位职责、机关部门和钻井队设备设施管理职责，梳理设备设施清单，按岗位、直线管理责任编制设备设施管理矩阵。以单台（套）设备设施、单套装置为对象，按照由外到里、由上到下，先设备本体再附件、先功能性附件再安全附件的分解原则，对单台（套）设备设施、单套装置进行逐层细化分解。第一层级为管理单元，第二层级再将管理单元分解为若干细小的管理内容。

（2）划分设备设施操作安全风险评估单元。

根据设备设施清单，梳理出设备设施操作清单，根据机关部门职责、钻井队岗位职责、设备设施操作保养规程，筛选出设备设施操作的管理部门和岗位，编制设备设施操作矩阵。分解设备设施操作的过程，以设备设施操作为对象，将第一层级分解为启动前检查、启动运行、维护与保养等若干管理单元，第二层级再将管理单元分解为若干细小的管理内容。

（3）划分施工作业活动安全风险评估单元。

梳理施工作业活动作业项目清单，根据岗位作业指导书和作业规程，筛选出施工作业活动的管理部门和岗位，编制施工作业活动管理矩阵。按照作业活动的先后顺序、工艺流程顺序，排列常规生产活动、辅助活动和相关方作业原则，根据施工作业活动作业项目清单,将设备设施安装、拆卸、钻井作业流程分解为若干既相对独立又相互关联的作业单元,将作业单元分解为作业内容,最后将每个作业内容分解成作业步骤。

(二)生产作业活动危害因素辨识

1. 危害因素辨识方法

危害因素辨识是双重预防机制建设的基础,选择合适的危害因素辨识方法至关重要。常用的危害因素辨识方法包括现场观察、工作前安全分析(JSA)、工作危害分析法(JHA)、安全检查表法(SCL)及危险与可操作性分析法(HAZOP)等。这些方法各有侧重,如JSA、JHA适用于基层队站、班组、岗位员工进行的日常作业活动,SCL适用于设备设施,而HAZOP则更适用于复杂工艺。应根据实际情况,结合风险点特性,选择适宜的方法进行风险识别,确保识别的全面性和准确性。应对辨识出的生产作业活动危害因素进行分类登记,危害因素分类应遵守GB/T 13861《生产过程危险和有害因素分类与代码》的规定。

1)现场观察

通过检视生产作业区域所处地理环境、周边自然环境、场内功能区划分、设施布局、作业环境等来辨识存在危害因素的方法。

开展现场观察的人员应具有较全面的安全技术知识和职业安全卫生法规标准知识,对现场观察出的问题要做好记录,规范整理后填写相应的危害因素辨识清单。

2)工作前安全分析(JSA)

事先或定期对某项工作任务进行风险评价,并根据评价结果制订和实施相应的控制措施,以最大限度消除或控制风险。新工作任务开始前,理论上均应进行安全分析。若工作任务风险低且有胜任能力的人员完成,以前做过分析或已有操作规程的可不再进行安全分析,但应进行有效性检查,并判断工作环境是否变化及环境变化是否导致工作任务风险和环境控制措施改变。

采用工作前安全分析法开展操作步骤危害因素辨识应满足以下要求:

(1)相关资料分析,包括本单位历史资料或其他相似单位资料。

(2)危害因素辨识内容包括导致危害因素产生的操作步骤、可能的后果、伤害类型、对象等。

(3)对该生产作业活动已发生过的事故、事件的案例进行分析,确认通过事故、事件分析所辨识出的危害因素已包含在现有危害因素辨识的结果中。

(4)现场观察验证实际操作过程中所分析的操作步骤、危害因素是否与实际相符,是否有遗漏。

(5)记录经过验证的操作危害因素。

非常规作业、临时检维修等应按照作业许可要求,采用工作前安全分析方法开展操作步骤危害因素辨识。

3）安全检查表法（SCL）

为检查某一系统、设备及操作管理和组织措施中的不安全因素，事先对检查对象加以剖析和分解，并根据理论知识、实践经验、有关标准规范和事故信息等确定检查的项目和要点，以提问的方式将检查项目和要点按系统编制成表，在设计或检查时，按规定项目进行检查和评价以辨识危害因素。安全检查表对照有关标准、法规或依靠分析人员的观察能力，借助其经验和判断能力，直观地对评价对象的危害因素进行分析。安全检查表一般由序号、检查项目、检查内容、检查依据、检查结果和备注等组成。

设备设施宜采用安全检查表法开展危害因素辨识，并满足以下要求：

（1）相关资料分析，包括本单位历史资料和（或）其他相似单位资料。

（2）分析每个被检查部位可能导致的不良后果，确定可能存在的危害因素。设备设施危害因素应考虑可能导致人身伤害、健康损害、环境破坏等因素和可能导致生产中断、设备设施损毁等因素。

（3）对同类设备设施已发生过的事故、事件的案例进行分析，确认通过事故、事件分析所辨识出的危害因素已包含在现有危害因素辨识的结果中。

（4）现场观察验证，对照安全检查表的每个检查项目验证确认危害因素是否与实际相符，是否有遗漏。

（5）记录经过验证的设备设施危害因素。

在相关法律法规、标准规范要求发生变化时，在作业环境、作业内容、作业人员、工艺技术、设备设施等发生变更时，以及发生事故时，应及时组织重新进行危害因素辨识，更新生产作业活动危害因素清单。

4）危险与可操作性分析法（HAZOP）

在开展工艺危险性分析时，通过使用指导语句和标准格式分析工艺过程中偏离正常工况的各种情形，从而发现危害因素和操作问题的一种系统性方法，是对工艺过程中的危害因素实行严格审查和控制的技术。HAZOP分析的对象是工艺或操作的特殊点（称为"分析节点"，可以是工艺单元，也可以是操作步骤），通过分析每个工艺单元和操作步骤，由引导词引出并识别具有潜在危险的偏差。

5）故障树分析（FTA）

通过对可能造成系统失效的各种因素（包括硬件、软件、环境、人为因素等）进行分析，画出逻辑框图（故障树），从而确定系统失效原因的各种可能组合方式及其发生概率的一种演绎推理方法。故障树根据系统可能发生的事故或已经发生的事故结果，寻找与该事故发生有关的原因、条件和规律，同时辨识系统中可能导致事故发生的危害因素。

6）事件树分析（ETA）

根据规则用图形来表示由初因事件可能引起的多事件链，以追踪事件破坏的过程及各事件链发生的概率的一种归纳分析法。事件树从给定的初始事件原因开始，按时间进度追踪，对构成系统的各要素（事件）状态（成功和失败）逐项进行二选一的逻辑分析，分析初始条件的事故原因可能导致的时间序列的结果，将会造成什么样的状态，从而定性与定量评价系统的安全性，并由此获得正确决策。

2. 危害因素辨识要求

危险源辨识必须以科学的方法，全面、详细地剖析生产系统，确定危险源存在的部位、存在的方式、事故发生的途径及其变化的规律，并予以准确描述。

（1）对于设施、部位、场所、区域类，应遵循大小适中、便于分类、功能独立、易于管理、范围清晰的原则。

（2）对于操作及作业活动，应涵盖生产经营全过程所有常规和非常规的作业活动。

（3）辨识危险源也可以从能量和物质的角度进行提示。其中从能量的角度可以考虑机械能、电能、化学能、热能和辐射能等。

（4）在辨识过程中，充分考虑分析"三种时态"和"三种状态"下的危险有害因素，分析危害出现的条件和可能发生的事故或故障模型。

"三种时态"是指过去时态、现在时态、将来时态。过去时态主要是评估以往残余风险的影响程度，并确定这种影响程度是否属于可接受的范围；现在时态主要是评估现有的风险控制措施是否可以使风险降低到可接受的范围；将来时态主要是评估计划实施的生产活动可能带来的风险影响程度是否在可接受的范围。

"三种状态"是指人员行为和生产设施的正常状态、异常状态、紧急状态。人员行为和生产设施的正常状态即正常生产活动，异常状态是指人的不安全行为和生产设施故障，紧急状态是指将要发生或正在发生的重大危险。

（三）生产作业活动风险分析与风险评估

1. 风险分析

在双重预防机制建设中，风险分析是风险识别与评估的关键环节。单位或基层队站组织开展生产作业活动风险分析，通过对生产、经营、管理等各个环节的深入剖析，识别出潜在的风险点，确定风险来源。这些风险点可能源于设备故障、人为操作失误、外部环境变化等多种因素。分析过程中，需综合考虑风险发生的可能性、影响程度及现有风险控制措施的有效性，找出现有控制措施的不足，为进一步开展风险评估和制订防控措施提供科学依据。通过细致的风险因素分析，能够确保双重预防机制的有效性和针对性。风险因素至少应从以下方面分析：

——控制文件是否齐全，岗位操作规程、"两书一表"、作业许可、岗位应急处置方案和岗位应急处置卡、岗位培训矩阵等是否完善；

——安全防护设备设施是否完善；

——安全警示标志标识是否齐全规范；

——个人防护用品是否齐全有效;

——是否纳入安全检查项;

——是否对基层岗位员工进行了必要的培训;

——是否存在隐患或违章情况;

——是否发生过事故、事件。

2. 风险评估方法

企业应依据相关法律法规、设计规范、技术标准,以及本单位的安全管理、技术标准,并充分考虑相关方的投诉,来制定科学、合理的风险评估标准。这些标准应明确风险评价的方法和等级判定准则,确保评价的客观性和准确性。同时,风险评估标准应定期更新,以适应企业生产工艺、设备设施、管理等方面的变化,确保双重预防机制的有效运行。

进行风险评估,一是评估风险的大小,即确定某一特定危害事件的可能性和后果的严重性;二是与确定的判别准则(分级标准和可容许的程度)相对照,进行风险分级,从高到低划分为重大风险、较大风险、一般风险和低风险,分别用红、橙、黄、蓝四种颜色标示,结合实际判断风险大小,确定风险是否可以接受。对于不可容许的风险通过体系要素的控制方法采取有效的措施加以消除、削减和控制,以预防事故的发生。

风险等级划分和风险评估主要包括以下两种方法。

1)风险评估矩阵法(RAM)

基于对以往发生的事故事件的经验总结,通过解释事故事件发生的可能性和后果严重性来预测风险大小,并确定风险等级的一种风险评估方法。

评估事故后果严重程度级别,依次分为1级到5级,选择最贴切事故的后果级别描述来确定后果的级别;然后对该危害事故发生的途径进行分析,评估现有危害事故发生的概率,依次分为1级到5级,选择最贴近事故发生率的级别描述来确定事故发生的概率等级;最后综合事故后果严重程度与发生概率,对风险等级评级,确定风险等级划分标准。

风险评估矩阵法(RAM)进行风险评估应满足以下要求:

——总结以往发生事故的经验,分析事故发生的可能性和后果严重性;

——建立风险等级划分标准;

——评估风险,判定风险等级;

——确定是可接受风险还是不可接受风险;

——对不可接受风险应制订专项防控方案,采取措施,转化为可接受风险。

在确定风险概率和事故后果严重程度的基础上,明确风险等级划分标准,建立风险矩阵(表1-1)。

表 1-1 风险矩阵

事故发生概率等级	5	Ⅲ 5	Ⅱ 10	Ⅱ 15	Ⅰ 20	Ⅰ 25
	4	Ⅳ 4	Ⅲ 8	Ⅱ 12	Ⅱ 16	Ⅰ 20
	3	Ⅳ 3	Ⅲ 6	Ⅲ 9	Ⅱ 12	Ⅱ 15
	2	Ⅳ 2	Ⅳ 4	Ⅲ 6	Ⅲ 8	Ⅱ 10
	1	Ⅳ 1	Ⅳ 2	Ⅳ 3	Ⅳ 4	Ⅲ 5
风险矩阵		1	2	3	4	5
		事故后果严重程度等级				

注1：风险 = 事故发生概率 × 事故后果严重程度。
注2：风险矩阵中风险等级划分标准见表 1-2，事故发生概率等级见表 1-3，事故后果严重程度等级见表 1-4。
注3：矩阵中Ⅰ级风险用红色表示，Ⅱ级风险用橙色表示，Ⅲ级风险用黄色表示，Ⅳ级风险用蓝色表示。

风险等级划分标准见表 1-2。

表 1-2 风险等级划分标准

风险等级	分值	描述	需要的行动	改进建议
Ⅰ级风险	16＜Ⅰ级≤25	严重风险（绝对不能容忍）	必须通过工程和/或管理、技术上的专门措施，限期（不超过六个月内）把风险降低到级别Ⅱ或以下	需要并制订专门的管理方案予以削减
Ⅱ级风险	9＜Ⅱ级≤16	高度风险（难以容忍）	应当通过工程和/或管理、技术上的控制措施，在一个具体的时间段（12个月）内，把风险降低到级别Ⅲ或以下	需要并制订专门的管理方案予以削减
Ⅲ级风险	4＜Ⅲ级≤9	中度风险（在控制措施落实的条件下可以容忍）	具体依据成本情况采取措施。需要确认程序和控制措施已经落实，强调对它们的维护工作	个案评估。评估现有控制措施是否均有效
Ⅳ级风险	1≤Ⅳ级≤4	可以接受	不需要采取进一步措施降低风险	不需要。可适当考虑提高安全水平的机会（在工艺危害分析范围之外）

事故发生概率等级见表 1-3。

表 1-3 事故发生概率等级

概率等级	硬件控制措施	软件控制措施	概率说明/年
1	1.两道或两道以上的被动防护系统,互相独立,可靠性较高。 2.有完善的书面检测程序,进行全面的功能检查,效果好、故障少。 3.熟悉掌握工艺,过程始终处于受控状态。 4.稳定的工艺,了解和掌握潜在的危险源,建立完善的工艺和安全操作规程	1.清晰、明确的操作指导,制定了要遵循的纪律,错误被指出并立刻得到更正,定期进行培训,内容包括正常、特殊操作和应急操作程序,包括了所有的意外情况。 2.每个班组上都有多个经验丰富的操作工。理想的压力水平。所有员工都符合资格要求,员工爱岗敬业,清楚了解并重视危害因素	现实中预期不会发生(在国内行业内没有先例) $<10^{-4}$
2	1.两道或两道以上,其中至少有一道是被动和可靠的。 2.定期的检测,功能检查可能不完全,偶尔出现问题。 3.过程异常不常出现,大部分异常的原因被弄清楚,处理措施有效。 4.合理的变更,可能是新技术带有一些不确定性,高质量的工艺危害分析	1.关键的操作指导正确、清晰,其他的则有些非致命的错误或缺点,定期开展检查和评审,员工熟悉程序。 2.有一些无经验人员,但不会全在一个班组。偶尔的短暂的疲劳,一些厌倦感。员工知道自己有资格做什么和自己能力不足的地方,对危害因素有足够认识	预期不会发生,但在特殊情况下有可能发生(国内同行业有过先例) $10^{-3}\sim10^{-4}$
3	1.一个或两个复杂的、主动的系统,有一定的可靠性,可能有共因失效的弱点。 2.不经常检测,历史上经常出问题,检测未被有效执行。 3.过程持续出现小的异常,对其原因没有全搞清楚或进行处理。较严重的过程(工艺、设施、操作过程)异常被标记出来并最终得到解决。 4.频繁的变更或新技术应用,工艺危害分析不深入,质量一般,运行极限不确定	1.存在操作指导,没有及时更新或进行评审,应急操作程序培训质量差。 2.可能一班半数以上都是无经验人员,但不常发生。有时出现的短时期的班组群体疲劳,较强的厌倦感。员工不会主动思考,员工有时可能自以为是,不是每个员工都了解危害因素	在某个特定装置的生命周期里不太可能发生,但有多个类似装置时,可能在其中的一个装置发生(集团公司①内有过先例) $10^{-2}\sim>10^{-3}$
4	1.仅有一个简单的主动的系统,可靠性差。 2.检测工作不明确,没检查过或没有受到正确对待。 3.过程经常出现异常,很多从未得到解释。 4.频繁地变更及新技术应用。进行的工艺危害分析不完全,质量较差,边运行边摸索	1.对操作指导无认知,培训仅为口头传授,不正规的操作规程,过多的口头指示,没有固定成形的操作,无应急操作程序培训。 2.员工周转较快,个别班组一半以上为无经验的员工。过度的加班,疲劳情况普遍,工作计划常常被打乱,士气低迷。工作由技术有缺陷的员工完成,岗位职责不清,员工对危害因素有一些了解	在装置的生命周期内可能至少发生一次(预期中会发生) $10^{-1}\sim>10^{-2}$
5	1.无相关检测工作。 2.过程经常出现异常,对产生的异常不采取任何措施。 3.对于频繁地变更或新技术应用,不进行工艺危害分析	1.对操作指导无认知,无相关的操作规程,未经批准进行操作。 2.人员周转快,装置半数以上为无经验的人员。无工作计划,工作由非专业人员完成。员工普遍对危害因素没有认识	在装置生命周期内经常发生 $>10^{-1}$

① 指中国石油天然气集团有限公司,以下均同。

事故后果严重程度等级见表1-4。

表1-4 事故后果严重程度等级

严重程度等级	员工伤害	财产损失	环境影响	声誉
1	无人伤亡	1000元以下	事故影响仅限于生产区域内，没有对周边环境造成影响	负面信息在本单位内部传播，且有蔓延之势，具有在本企业范围内部传播的可能性
2	造成3人以下轻伤	一次造成直接经济损失人民币1000元以上、10万元以下	事故影响仅限于生产区域内，没有对周边环境造成影响	负面信息在集团公司所属企业内部传播，且有蔓延之势，具有在集团公司范围内部传播的可能性
3	造成3人以下重伤，或者3人以上10人以下轻伤	一次造成直接经济损失人民币10万元以上、100万元以下	1. 造成或可能造成大气环境污染，需疏散转移100人以下。 2. 造成或可能造成跨乡镇级行政区域纠纷。 3. 非环境敏感区油品泄漏量5t以下	负面信息尚未在媒体传播，但已在集团公司范围内部传播，且有蔓延之势，具有媒体传播的可能性
4	一次死亡3人以下，或者3人以上10人以下重伤，或者10人以上轻伤	一次造成直接经济损失人民币100万元以上、1000万元以下	1. 造成或可能造成大气环境污染，需疏散转移100人以上500人以下。 2. 造成或可能造成跨县（市）级行政区域纠纷。 3. IV类、V类放射源丢失、被盗、失控。 4. 环境敏感区内油品泄漏量1t以下，或非环境敏感区油品泄漏量5t以上10t以下	1. 引起地（市）级领导关注，或地（市）级政府部门领导做出批示。 2. 引起地（市）级主流媒体负面影响报道或评论。或通过网络媒介在可控范围内传播，造成或可能造成一般社会影响。 3. 媒体就某一敏感信息来访并拟报道。 4. 引起当地公众关注
5	一次死亡3~9人，或者10~49人重伤	一次造成直接经济损失人民币1000万元以上、5000万元以下	1. 造成或可能造成河流、沟渠、水塘、分散式取水口等水体大面积污染。 2. 造成乡镇以上集中式饮用水水源取水中断。 3. 造成基本农田、防护林地、特种用途林地或其他土地严重破坏。 4. 造成或可能造成大气环境污染，需疏散转移500人以上1000人以下。 5. 造成或可能造成跨地（市）级行政区域纠纷。 6. III类放射源丢失、被盗或失控。 7. 环境敏感区内油品泄漏量1t以上10t以下，或非环境敏感区内油品泄漏量10t以上100t以下	1. 引起省部级或集团公司领导关注，或省级政府部门领导做出批示。 2. 引起省级主流媒体负面影响报道或评论。或引起较活跃网络媒介负面影响报道或评论，且有蔓延之势，造成或可能造成较大社会影响。 3. 媒体就某一敏感信息来访并拟重点报道。 4. 引起区域公众关注

注1：事故后果严重程度等级的划分结合了石油钻井现场实际，对Q/SY 08805《安全风险分级防控和隐患排查治理双重预防机制建设导则》进行了微调。

注2：表中所称的"以上"包括本数，"以下"不包括本数。

2）作业条件危险分析（LEC法）

作业条件危险分析（LEC法）是用与系统风险概率有关的三种因素指标值之积来评价系统人员伤亡风险大小。是一种简单易行的评价人们在具有潜在危险性环境中作业时的危险性半定量评价方法，三种因素分别是：

L——事故发生的可能性；

E——人员暴露于危险环境中的频繁程度；

C——一旦发生事故可能造成的后果的严重程度。

作业条件危险分析（LEC法）进行风险评估应满足以下要求：

——分析事故发生的可能性、人体暴露于危险环境中的频繁程度、事故损失；

——建立风险等级划分标准；

——评估风险，判定风险等级；

——确定是可接受风险还是不可接受风险；

——对不可接受风险，应制订专项方案，采取措施，转化为可接受风险。

为了简化评价过程，采用半定量计值法，给三种因素的不同等级分别确定不同的分值，再以三个分值的乘积 D 来评价风险大小，即：$D=L \cdot E \cdot C$。D值越大，说明系统危险性大，需要增加安全措施，或改变发生事故的可能性，或减小人体暴露于危险环境中的频繁程度，或减轻事故损失，直到调整到允许范围。

事故发生的可能性大小，当用概率来表示时，绝对不可能发生的事故概率为0；而必然发生的事故概率为1。然而，从系统安全角度考察，绝对不发生事故是不可能的，所以人为地将发生事故可能性绩效的分数定为0.1，而必然要发生的事故分数定位10，介于这两种情况之间的情况指定为若干中间值，事故发生可能性见表1-5。

表1-5 事故发生可能性（L）

分数值	事故发生的可能性	分数值	事故发生的可能性
10	完全可以预料	0.5	很不可能，可以设想
6	相当可能	0.2	极不可能
3	可能，但不经常	0.1	实际不可能
1	可能性小，完全意外	—	—

人员出现在危险环境中的时间越多，则危险性越大。规定连续出现在危险环境的情况定为10，而非常罕见地出现在危险环境中定位0.5，介于两者之间的各种情况规定若干个中间值，见表1-6所示。

事故造成的人身伤害与财产损失变化范围很大，所以规定分数值为1~100，把需要救护的轻微伤害或较小财产损失的分数规定为1，把造成多人死亡或重大财产损失的可能性分数规定为100，其他情况的数值均为1与100之间，见表1-7。

表 1-6　人员暴露于危险环境中的频繁程度（E）

分数值	人员暴露于危险环境中的频繁程度	分数值	人员暴露于危险环境中的频繁程度
10	连续暴露	2	每月一次暴露
6	每天工作时间内暴露	1	每年几次暴露
3	每周一次或偶然暴露	0.5	非常罕见暴露（<1次/年）

表 1-7　发生事故可能造成的后果的严重程度（C）

分数值	发生事故可能造成的后果	分数值	发生事故可能造成的后果
100	大灾难，许多人数死亡，或造成重大财产损失	7	严重，重伤，或较小的财产损失（损工事件）
40	灾难，数人死亡，或造成很大财产损失	4	重大，致残，或很小的财产损失（医疗事件、限工事件）
15	非常严重，一人死亡，或造成一定的财产损失	1	需要救护的轻微伤害，或较小的财产损失（急救事件）

由评估小组专家共同确定每一危险源的 L、E、C 各项分值，然后再以三个分值的乘积来评估作业条件危险性的大小，即 $D=L \cdot E \cdot C$。将 D 值与危险性等级划分标准中的分值相比较，进行风险等级划分，如 D 值大于 70 分，则应定为重大的危险源。根据风险值 D 进行风险等级划分，见表 1-8。

表 1-8　风险等级划分

分数值	风险等级	危险程度
>320	1	极其危险、不能继续作业（立即停止作业）
160~320	2	高度危险，需立即整改（制订管理方案及应急预案）
70~159	3	显著危险，需要整改（编制管理方案）
20~69	4	一般危险，需要注意
<20	5	稍有危险，可以接受

3. 风险评估实施

风险评估环节需组建专业团队，运用科学方法对已识别风险进行系统分析。通过量化评估，确定风险发生的可能性和潜在影响程度，进而划分风险等级。在实施过程中，要确保数据准确无误，评估模型贴合实际。同时，鼓励跨部门协作，共同审议评估结果，确保全面性和客观性。风险评估不仅是对风险的量化分析，更是为后续风险管控提供坚实依据，确保双重预防机制建设的有效推进。

企业要根据内部和外部条件的变化情况，对安全风险进行动态评估。特别是发生以下变化情况时：

——实施改扩建工程项目；
——应用新设备设施或工艺技术；
——大型设备安装与检修；
——停产复工；
——发现重大不符合项；
——地质条件出现显著变化；
——发生生产安全事故等。

（四）生产作业活动风险控制

1. 风险管控策略确定

在双重预防机制建设中，风险管控策略的确定是核心环节。

（1）建立风险控制目标。应该根据危害因素的辨识和风险评估的结果，充分整合、利用所有的资源，减少和控制生产中的危害、降低生产事故风险，保护企业员工的安全与健康，实现"零事故，零损失，零伤害，零井喷，应急零启动"。

（2）科学制订风险管控策略。依据全面梳理已识别出的风险点、风险等级及可能造成的损失，遵循"分级管控、源头治理"的原则，明确各级管理人员和岗位员工的风险管控职责，在生产作业活动风险分析和风险评估的基础上，通过完善操作规程、安全检查表、应急处置程序、岗位培训矩阵和岗位职责及安全生产责任等主要内容，落实风险控制措施。同时，结合企业实际情况，采取工程技术措施、管理措施、培训教育措施、个体防护措施、应急准备与响应等多种手段，有效降低风险水平，确保风险管控措施的有效性和针对性，为企业的安全生产提供坚实保障。

2. 管控措施的选择与实施

在风险识别与评估的基础上，管控措施的选择至关重要。需结合风险等级、企业实际情况及成本效益，科学合理地制订管控措施。在选择风险管控措施时应充分考虑可行性、安全性、可靠性，以及重点突出人的因素。

风险控制措施在实施前应针对以下内容进行充分论证：

——措施的有效性和可靠性；
——是否使风险降低至可接受水平；
——是否会产生新的危险源或危险有害因素；
——是否已选定最佳的解决方案。

实施时，要明确责任部门与责任人，确保措施落实到位。同时，加强培训，提高员工风险意识与应对能力。通过持续监测与评估，及时调整优化管控措施，确保其有效性与适应性，形成闭环管理。

3. 风险管控责任落实

企业应建立清晰的风险管控责任体系，确保从高层管理者到一线员工，人人知晓自身在风险预防和控制中的具体职责。通过签订责任书、制定岗位责任制等形式，将风险管控责任层层分解，形成闭环管理。同时，加强监督考核，对责任落实不到位的个人或部门实施问责，确保风险管控措施得到有效执行，切实降低事故发生的可能性。

4. 管控措施的监督与改进

为确保风险管控措施的有效实施，应建立健全的监督机制。企业应定期对管控措施的执行情况进行检查与评估，通过数据分析、现场核查等方式，及时发现并纠正措施执行中的偏差。同时，建立反馈机制，鼓励员工提出改进建议，不断优化和完善管控措施。对于监督中发现的问题，要迅速响应，制订改进措施并跟踪落实情况，确保风险得到有效控制。

5. 风险分级的动态调整

风险分级的动态调整是确保风险防控有效性的重要环节。随着企业生产经营活动的持续进行，外部环境的变化，以及新技术、新工艺、新设备、新材料的引入，都可能带来新的风险点或改变原有风险的状态。为确保风险分级防控机制的时效性和准确性，应建立定期的风险评估与调整机制，通过定期的风险评估，可以及时发现和识别新的风险点，重新评估现有风险的等级，并根据评估结果调整相应的防控措施。

风险分级的动态调整机制还应包括风险信息的实时监测和预警。借助现代信息技术，企业可以实现对风险的实时监测，及时发现风险变化的趋势和规律，从而提前采取预防措施，确保风险始终处于可控状态，避免事故的发生。

四、生产管理活动风险防控

以各管理层级职能部门的主要业务活动为核心，开展生产管理活动风险防控工作，按照生产管理活动梳理，危害因素辨识、分析与评估风险，制订风险管控流程，落实分级防控责任的程序，持续开展以下工作：

（1）生产管理活动梳理，危害因素辨识，风险分析和风险评估。

（2）依据危害因素辨识，风险评估结果，制订风险管控流程，确定各管理层级重点防控风险及控制措施。

（3）完善企业安全生产管理规章制度。

（4）健全企业应急预案体系，完善应急预案。

（5）开展各管理层级培训。

（6）结合风险防控措施，编制安全生产责任清单、落实各管理层级安全生产责任。

（7）按照国家法律、法规要求定期开展重大危险源辨识，对确定的重大危险源定期开展现状评估。

（一）生产管理活动梳理

企业应结合管理架构，组织梳理各管理层级生产管理活动内容，编制生产管理活动清单。生产管理活动梳理方式主要包括：

（1）企业规划计划、人事培训、生产组织、工艺技术、设备设施、物资采购、安全环保等职能部门和管理岗位按职能梳理管理活动。

（2）企业按生产经营业务流程，以非常规作业、与生产经营活动密切相关的安全管理事项等为重点梳理管理活动。

（二）生产管理活动危害因素辨识

企业应在梳理生产管理活动的基础上，对管理流程、管理各个环节辨识存在的危害因素。辨识危害因素至少应包括：

——安全生产组织机构不健全；

——管理制度缺失或执行未落实；

——安全生产责任制未落实；

——建设项目"三同时"制度未落实；

——操作规程存在瑕疵；

——事故应急预案及响应缺陷；

——人员能力不足；

——培训制度不完善，培训计划不落实；

——工艺变更存在安全缺陷；

——安全生产投入不足；

——其他问题。

企业生产管理活动危害因素辨识宜采用经验法和头脑风暴法等，辨识结果应形成记录或报告。

（三）生产管理活动风险分析与风险评估

企业应在生产管理活动危害因素辨识的基础上，分析管理活动存在的生产安全风险，确认现有风险控制措施是否有效。可采用标准比对、合规性评价、经验分析、头脑风暴、会议研讨等方式分析生产管理活动存在的风险，并根据生产安全风险复杂程度、防控风险的资源，评估生产管理活动风险大小。

企业职能部门和管理岗位应在出现以下情况时，重新进行风险分析：

——相关法律法规、标准规范要求发生变化时；

——工艺技术、作业活动、设备设施、关键人员等发生变更时；

——新技术、新工艺、新设备、新材料引进、采用前；

——业务范围发生变化时；

——近期国内外同类企业发生事故后；
——有重大活动或临时性高风险活动前。

（四）生产管理活动风险控制

企业各管理层级负责人应按照确定的风险防控内容，结合职责规定和可调配资源，理清风险管控流程。

企业应依据风险分析和风险评估结果，按照专业领域、业务流程，从现状调查、完善管理制度、确定重大风险关键环节管控、实施过程监督、培训提升管控风险能力等方面制订和落实各项风险控制措施。控制措施主要包括以下内容：

——组织开展风险防控工作现状调查，分析存在问题，进行风险防控能力评估，提出风险防控措施改进与完善的建议；

——建立企业生产安全风险防控规章制度、标准规范，执行和落实国家法律法规、标准规范规定；

——组织生产安全风险防控措施的论证与评审，确保防控措施的有效性；

——制订和规范生产活动的审核审批程序和职责，落实审核审批职责；

——在设备设施采购、安装、检查等环节中，应制订和落实生产管理风险防控措施，对关键设备设施进行监测和检验，及时发现并消除隐患；

——针对设备、人员、工艺等变更可能带来的风险进行管理，应严格落实变更中各项生产安全风险的控制措施；

——针对新技术、新工艺、新设备、新材料，在应用前，应在风险分析的基础上，制订和落实生产安全风险控制措施；

——受限空间、挖掘、高处作业、吊装、管线打开、临时用电、动火及其他高风险的临时作业等，实施作业许可管理，按照申请、批准、实施、延期、关闭等流程，落实作业过程中各项风险控制措施；

——对承包商准入、选择、使用、评价进行安全监督管理，监督检查承包商生产安全风险防控措施的落实；

——对建设（工程）项目、生产经营关键环节实施安全监督，监督检查生产安全风险防控措施的落实；

——涉及重大危险源的企业，应按重大危险源安全管理制度，制订和落实重大危险源安全监控措施。对确认的重大危险源登记建档，并按规定备案；

——分层级、分专业组织教育培训，使各管理层级了解生产安全管理知识，掌握生产管理活动风险防控工作的内容和要求，提高管理风险的防控能力。

企业应建立健全现场应急处置、应急救援与响应、应急联动应急管理体系。在生产安全风险失控且发生突发事件时，应及时启动应急预案，协调、指挥应急救援与响应，跟踪应急处置过程，组织总结应急工作。

（五）生产管理活动风险分级防控责任落实

企业各管理层级应结合风险分级和风险控制措施，针对确定的重点防控风险，进行关键任务分配和风险防控责任划分，确定各管理层级和基层岗位风险分级防控的责任和内容，完善岗位责任制，实施风险分级控制。

企业各管理层级生产、技术、设备、工程、物资采购等职能部门和单位应落实相应的生产安全风险防控责任的归口管理。企业各管理层级间上、下级单位应落实各自的生产安全风险防控直线管理责任。

五、单位及作业区域安全风险划分

（一）作业区域安全风险划分

参照 GB/T 6441《企业职工伤亡事故分类》，综合考虑起因物、引起事故的诱导性原因、致害物、伤害方式等，确定安全风险类别。采用定性、定量或定性定量相结合等方式进行计算和描述，对事故发生的可能性和后果严重性进行分析。

作业区域安全风险划分为Ⅰ级、Ⅱ级、Ⅲ级、Ⅳ级四个等级，分别用红、橙、黄、蓝四种颜色标识。作业区域分级如图1-4所示。

红色	（Ⅰ级风险、重大风险），数值：16＜Ⅰ级≤25
橙色	（Ⅱ级风险、较大风险），数值：10＜Ⅱ级≤16
黄色	（Ⅲ级风险、一般风险），数值：8＜Ⅲ级≤10
蓝色	（Ⅳ级风险、低风险），数值：3＜Ⅳ级≤8

图1-4 作业区域分级

1. Ⅰ级风险区域

Ⅰ级风险区域使用红色标识，区域包括：井口钻台区域、泵房高压区域、油罐区域、氧气乙炔气瓶房等。

2. Ⅱ级风险区域

Ⅱ级风险区域使用橙色标识，区域包括：钻杆跑道区域、机房区域、循环罐区域、钻井液池区域、远控房、液控管线、压井、节流管汇、放喷管线。

3. Ⅲ级风险区域

Ⅲ级风险区域使用黄色标识，区域包括：钻具管架区域、材料房、接头房、钳工房区域、化工材料存放区域、生产水罐、录井房区域等。

4. Ⅳ级风险区域

Ⅳ级风险区域使用蓝色标识，区域包括：驻井房区域。

5. 其他颜色标识

（1）消防器材等应急物资存放点使用红色标识。

（2）逃生通道、紧急集合点使用绿色标识。

在作业现场总平面布置图、分区域提示图等图纸上绘制"红橙黄蓝"四色安全风险空间分布图。

（二）单位风险等级划分

1. 单位风险等级划分标准

单位风险等级划分标准如图 1-5 所示。

红色	≥80分
橙色	50～79分
黄色	30～49分
蓝色	10～29分

图 1-5　单位风险等级划分标准

单位风险等级分数 = 事故事件累计风险值 ×30%+ 违章隐患累计风险值 × 30%+ 动态风险值 ×30%+ 短板要素风险值 ×10%

2. 事故事件风险值计算

事故事件累计风险值 = ∑事故事件风险值 × 数量（SL）

事故事件赋值标准见表 1-9。

表 1-9　事故事件赋值标准

事故事件	风险分值（分 / 起）	事故事件	风险分值（分 / 起）
一般事故 A 级（AJ）	100	医疗（限工）事件（SJ）	10
一般事故 B 级（BJ）	50	未遂事件（WS）	5
一般事故 C 级（CJ）	30		

例：某单位发生 C 级事故 1 起，医疗事件 2 起，未遂事件 4 起，该单位事故事件累计风险值为：

$$100×0+50×0+30×1+10×2+5×4=70$$

3. 违章隐患风险值计算

违章隐患累计风险值 = ∑违章风险分值（WZ）× 数量（SL）+ ∑隐患风险分值（YH）× 数量（SL）

违章隐患风险分值见表 1-10。

表 1-10　违章隐患风险值

违章级别	风险分值（分 / 起）	违章级别	风险分值（分 / 起）
重大管理违章（ZDGL）	6	一般操作违章（YBCZ）	1.5
重大操作违章（ZDCZ）	5	重大隐患（ZDYH）	4
严重管理违章（YZGL）	4	一般隐患（YBYH）	2
严重操作违章（YZCZ）	3	危害因素（WHYS）	1
一般管理违章（YBGL）	2		
备注：如果是十大违章、隐患，在应赋风险分值基础上加 2 分后进行计算。			

例：某单位违章隐患数量（监督查治数量），见表1-11：

表1-11 某单位监督查治违章隐患数量

单位	重大管理违章	重大操作违章	严重管理违章	严重操作违章	一般管理违章	一般操作违章	重大隐患	一般隐患	危害因素
×××	0	1	1	1	2	4	0	30	40

违章隐患累计风险值 = ∑违章风险分值（WZ）× 数量（SL）+ ∑隐患风险分值（YH）× 数量（SL）

= （ZDGL×SL+ZDCZ×SL+YZGL×SL+YZCZ×SL+YBGL×SL+YBCZ×SL）+（ZDYH×SL+YBYH×SL+WHYS×SL）

= （6×0+5×1+4×1+3×1+2×2+1.5×4）+（4×0+2×30+1×40）

=122

4. 动态风险值计算

动态风险值 = ∑人员风险分值（RY）+ ∑设备风险分值（SB）+ ∑工艺风险分值（GY）+ ∑环境风险分值（HJ）+ ∑管理风险分值（GL）

动态风险分值见表1-12。

表1-12 动态风险分值

动态风险类别	分类	风险分值
人员风险	新（转岗）员工	15
	违章积分6分及以上	15
	事故责任者	5
	生理、心理有缺陷及其他人员	5
设备风险	大修设备	5
	新设备设施	5
工艺风险	新技术、新工具	5
	井控风险重点井	10
	工艺流程变更	5
环境风险	岩屑堆积	5
	易坍塌、滑坡区域	5
	环境敏感区	5
管理风险	主要负责人调整	5
	油气互转	5
	事故责任单位	5

动态风险值计算：

（1）人员风险分值 =［新（转岗）员工人数/总人数］× 风险分值 +（违章积 6 分人数/总人数）× 风险分值 +（事故责任人数/总人数）× 风险分值 +（生理、心理有缺陷人数/总人数）× 风险分值。

（2）设备风险分值：有大修设备或新设备设施，均各赋予 5 分；无大修或新设备设施，设备风险分值为 0。

（3）工艺风险分值：使用新技术、新工具，施工井控风险重点井和工艺流程变更时，按各赋予的风险分值计算；无以上情况，工艺风险分值为 0。

（4）环境风险分值：井场有岩屑堆积、井场、驻地处于易坍塌、滑坡区域或处于环境敏感区的，按各赋予的风险分值计算；无以上情况，环境风险分值为 0。

（5）管理风险分值：主要负责人调整、油气互转、为事故责任单位的情况，按各赋予的风险分值计算；无以上情况，管理风险分值为 0。

例：某单位共有员工 38 人，新增员工 6 人，违章积 6 分及以上人员 3 人，事故责任人 4 人，生理、心理有缺陷及其他人员 3 人；绞车进行了大修，更换了新柴油机 1 台、振动筛 1 台；施工井控风险重点井；井场一侧为 40m 高崖并处于环境敏感区域；队长进行了调整、由油井转为气井施工。

该单位动态风险分值为：

（1）人员风险分值 =6/38×15+3/38×15+4/38×5+3/38×5=4.47。

（2）设备风险分值 =5+5=10。

（3）工艺风险分值 =10。

（4）环境风险分值 =5+5=10。

（5）管理风险分值 =5+5=10。

动态风险值 =∑人员风险分值（RY）+∑设备风险分值（SB）+∑工艺风险分值（GY）+
　　　　　　∑环境风险分值（HJ）+∑管理风险分值（GL）
　　　　　=4.47+10+10+10+10=44.47

5. 短板要素风险值

短板要素平均得分率＜60%，风险值 100；

短板要素平均得分率＜70%，风险值 80；

短板要素平均得分率＜80%，风险值 60；

短板要素平均得分率＜85%，风险值 40；

短板要素平均得分率＞85%，风险值 20。

例：某单位运行控制、设备设施完整性、危害辨识风险评价、能力培训和意识为短板要素，得分率分别为：74%、74.08%、75%、75.71%。

短板要素平均得分率 =（74+74.08+75+75.71）/4=74.70%

短板要素风险值 =60

单位风险等级分数 = 事故事件累计风险值 ×30%+ 违章隐患累计风险值 ×30%+
动态风险值 ×30%+ 短板要素风险值 ×10%
=70×30%+122×30%+44.47×30%+60×10%
=21+36.6+13.341+6
=76.941

结论：该单位为橙色风险单位。

6. 某钻井公司作业单位风险四色分级系统

每月由各项目部填报风险赋值定量评价表，上传至公司作业单位风险四色分级系统，在电子地图上动态展示各钻井队风险分值、风险颜色及风险要素数据。作业单位风险四色分级见图1-6。

图1-6 作业单位风险四色分级图（示意）

六、风险告知

企业及所属各单位、基层队站应根据《中华人民共和国安全生产法》（中华人民共和国主席令2021年第88号）、《中华人民共和国职业病防治法》（中华人民共和国主席令2018年第24号）等要求，向从业人员如实告知作业场所和工作岗位存在的危险因素、防范措施及事故应急措施，在醒目位置设置公告栏，在存在安全生产风险的岗位设置告知卡，分别标明本企业、本岗位主要危险危害因素、后果、事故预防及应急措施、报告电话等内容；在有较大危险因素的生产经营场所和有关设施、设备上，设置明显的安全警示标志；产生职业病危害的用人单位，应当在醒目位置设置公告栏，公布有关职业病防治的规章制度、操作规程、职业病危害事故应急救援措施和工作场所职业病危害因素检测结果；对产生严重职业病危害的作业岗位，应当在其醒目位置，设置警示标识和中文警示说明，警示说明应当载明产生职业病危害的种类、后果、预防，以及应急救治措施等内容。

第六节　石油钻井风险分级防控机制模式

一、班组作业四环节风险管控机制

（一）班前识别风险

1. 班前开展危害风险辨识

各岗位持本岗位交接班检查表按照巡回路线，逐项进行检查验证。结合101安全工作法根据区域风险识别，向当班人员详细了解当班井下、设备等存在的问题和潜在安全风险，结合当班工况针对关键环节进行风险辨识。班前会上，各岗位通报接班检查发现问题，结合当班工况辨识岗位存在主要风险及防控措施。班组长结合当班工况安排当班工作，进行任务分工并提示风险。大班对本班工艺技术、设备维护及主要风险进行提示。值班干部、监督员对本班工作任务、安全措施进行补充、确认。

2. 班前开展事故事件分享

梳理各类事故事件，补充完善培训资源库。班前会上，分享当班工况相关典型事故案例，开展"回首看事故，低头看现场"活动，熟练工现身说法讲亲身经历，新员工谈事故认识心得体会，同时利用电视全天滚动播放事故警示片，使员工在震撼中牢记教训，在工作中按章操作，不断强化安全防范意识。

3. 班前开展对应规程培训

观看当班工况HSE作业程序视频，学习HSE作业程序文件及设备操作规程、安全防护设施的使用，并进行应急培训。对照标准化作业程序视频，开展班组"程序你问我答，操作站位模拟"训练，相互之间更正、补充，值班干部强调操作关键点、风险高危点，分享相关典型案例。通过班前的安全培训，规范操作习惯、学习应急措施，提高安全意识和事故应变处理能力。

（二）班中防控风险

1. 班中落实制度规程和措施

岗位人员负责执行制度规程，值班干部负责查验、监管各岗位的落实情况及问题整改情况，对交接中的分歧或岗位反映的问题进行核实及协调处理。班组严格执行操作规程，HSE作业程序进行标准化施工作业，严格执行工艺纪律，坚持标准化作业，杜绝违章作业行为。

2. 班中实施巡回检查和监督

关键作业环节或高风险作业干部大班全程盯在现场，杜绝人员的不安全行为和存在隐患风险的作业。切忌跟班流于形式，视而不见。干部大班正常工况下每天进行六次巡检，对岗位上的设备是否正常运转进行检查，对属地内的隐患进行查找并整改，对员工的不安全行为进行纠正和教育，为班组管理增加"保险锁"，使安全管理"更严、更细、更有效"。

3. 班中运用好风险控制工具

各岗位严格落实作业许可、工作安全分析、作业前安全会（工具箱会议）、安全经验分享、安全观察与沟通、变更管理、上锁挂签（能量隔离）等风险控制工具。

（三）交班提示风险

1. 提示作业中发生的异常情况

交接班人员在岗位上交接当班所发生的异常情况（人员变更、设备故障、井下复杂等），需下一班次重点关注防控的及时进行交接，并交接清楚处理措施、岗位分工及具体要求；应将班中已解决问题需继续监控的潜在隐患、设备故障等处理方法进行交接，以便下个班次再次发生时有效高效处理完成，减少人员作业风险；交班人员对交接班时段未完成，需要下一个班组接班后继续开展的工作及存在的风险进行提示；干部大班对未完成作业的风险控制措施要责任到人落实。交接异常情况时必须做到"四提示四做到"：设备异常提示做到精准排除、井下异常提示做到安全处理、连续工作提示做到界面清楚、特殊情况提示做到重点关注。

2. 提示现场未整改的问题隐患

交班人员要在交班前完成接班人员接班前检查发现的隐患整改；不能当班整改的，交班时必须落实"四清"移交措施，即隐患问题清晰、未改原因清晰、整改标准清晰、防范措施清晰，确保隐患整改工作得到延续、风险管控无"疏漏项"。确有治理时间长、整改难度大等原因造成未改的问题隐患，要做到"六必须"：必须报告值班干部、必须制订防范措施、必须进行全员交底、必须明确责任岗位、必须确定整改时限、必须交班交接提示。

3. 提示当班发生的险情与事件

交班人员要对本班出现的当班设备异常、井下复杂等情况立即上报干部、大班，并在交班时对接班人员进行提示，说明异常情况；发生险情或险兆事件的，由值班干部做好险情全员交底和事件通报分享，并对险情做出风险辨识和预防措施提示。

（四）班后总结风险

1. 班后报告异常情况

班后会各岗位报告班中人员、设备、井下和行为异常情况，重点突出五个方面，即：

突出人员行为、突出隐患治理、突出故障复杂、突出事件报告、突出岗位履职。便于值班干部掌握班中情况进行统筹，为后续的控制、防范、处理、考核和总结做好准备。

2. 班后分析问题隐患

班组长及各岗位通报当班未完成的工作、遗留的问题隐患及风险，由值班干部明确整改责任人及整改时限，对问题整改情况进行跟踪验证；值班干部、监督员、轮值安全员对班中发现的不安全行为进行通报讲评，分析可能造成的后果，被查纠人要谈认识、谈措施；各岗位针对暴露的问题提出合理化建议，值班干部对当班存在的问题及合理化建议进行点评，明确后期防控措施，落实持续改进。

3. 班后总结经验教训

班后开展全员 HSE 业绩评价，司班组长带头开展 HSE 业绩"自我批评"，每位员工主动曝光自己不足，使员工在知错中进步，促动安全意识和岗位技能不断提升。

二、"5+1"动态风险管控模式

"5+1"动态风险管控模式中："5"指的是人员、设备、工艺、环境、管理五个方面动态风险管控，"1"指的是关键作业风险分级防控。

（一）安全风险动态管理

运用"四图评价分析"，对事故事件、违章隐患、动态风险和 HSE 短板要素进行分析评价，辨识风险，制订有针对性的风险防控措施，并确保风险防控措施落到实处。

1. 事故事件分析评价

对每一起事故或事件按照事故树进行事故原因分析，梳理出事故发生的直接原因、间接原因及管理原因。

对某一单位、某一时间段曾经发生的事故、事件的数量、时段、级别、类别、岗位、区域、作业工况、受伤部位、工龄等进行统计分析，通过图表显示，分析事故、事件发生的规律或发生的主要原因。根据事故、事件发生的原因、规律制订相应的防范措施。

2. 违章隐患分析评价

对某一时间段查处的违章、隐患或不安全行为，通过对违章起数、队均起数、员工岗位、作业工况、类别、级别和单位对比统计分析，梳理出高危高频违章行为，违章行为高发人群，员工习惯性违章行为；通过对隐患项数、队均项数、隐患区域、自查隐患属地岗位、前十位隐患和单位对比统计分析，梳理出安全隐患突出的设备、设施类型及重点设备，梳理出安全隐患突出的设备、设施部位。根据违章人员、设备安全隐患等分布规律或集中倾向制订对应的管控措施。

3. 动态风险分析评价

按照风险分级管控，主要对钻井作业现场的人员风险、设备风险、环境风险、工艺风险、管理风险等动态风险进行分析评价，针对辨识出的主要风险制订针对性措施。

——人员风险。梳理新员工、新转岗员工、事故责任者、生理心理有缺陷人员、违章积分排名靠前或违章积分 6 分以上人员及造成员工伤害分布情况，分析人员风险。

——设备风险。梳理大修、检维修设备、新设备设施、关键设备、重大设备变更，分析设备风险。

——工艺风险。梳理新工艺、新技术试验、井控风险重点井、事故复杂井、工艺流程变更情况，分析工艺风险。

——环境风险。梳理环境敏感区域施工的环境污染风险、作业废液泄漏、固体废物造成的污染风险。

——管理风险。梳理主要负责人调整、制度实施、业务转型、交叉作业、管理考核排后基层队等情况，分析管理风险。

4. 短板要素分析评价

根据内、外部审核发现的问题进行分类统计分析，梳理出 HSE 短板要素、HSE 短板单位、HSE 短板岗位，深层次挖掘管理原因，制订改进措施，实现闭环控制。

（二）石油钻井关键作业风险分级防控

企业及所属各单位组织全面梳理生产作业活动，组织专家对各项作业风险进行评估，确定关键作业，建立本单位关键作业清单（表1-13），明确风险等级、管控层级和业务主管部门。

表 1-13　关键作业清单

序号	风险等级	关键作业内容	业务主管部门
1	高风险		
2			
...			
...	次高风险		
...			
...			
...	中风险		
...			
...			

说明：可根据风险的严重程度增加完善。

1. 关键作业范围

关键作业应包括但不限于：

（1）特殊作业和非常规作业。包括但不限于吊装、高处、受限空间、临时用电、动火、动土、检维修等作业。

（2）特殊作业或非常规作业的生产工序作业。包括设备拆卸搬迁安装、下套管（油管）、拆卸安装防喷器、带压作业等。

（3）联合作业。两个及以上单位共同实施的风险较大的联合作业，包括固井、压裂等。

（4）"四新"作业。采用新工艺、新技术、新材料或使用新设备的作业。

（5）井控作业等涉及"四条红线"的作业。包括但不限于溢流关井后放喷点火、钻开油气层堵漏、钻开油气层换装井口装置、处理井下复杂或事故等。

（6）当前安全生产条件下，行业内曾发生生产安全事故事件的作业。

2. 关键作业风险分级

关键作业应开展作业活动风险分析与风险评估，运用风险评估矩阵法（RAM）、作业条件危险分析（LEC法）等方法，划分风险等级。

关键作业风险等级参照风险评估、风险分级标准，划分为"高风险、次高风险、中风险和低风险"四个等级，目视化应用时分别用"红、橙、黄、蓝"四色表示。

3. 关键作业管控流程及方式

1）关键作业实行预约报备

基层队站应依据关键作业清单，梳理次日关键作业安全管控项目，编制关键作业安全管控计划表（表1-14），将高风险、次高风险关键作业安全管控计划报上一级业务部门和安全管理部门审核。各单位审核基层队站上报的关键作业安全管控计划，并在规定时限内将管控计划上报企业业务部门和安全管理部门。临时性、非计划性关键作业，应在作业前及时补报。

2）分级公示

基层队站应在智能门禁系统、值班房等适宜醒目场所公示当班关键作业安全管控计划表。企业各单位及所属项目部、分公司应结合实际情况，在醒目位置公示当日关键作业安全管控计划表，公示形式包括但不限于EISC中心、门户网站主页、公示栏等。

3）分级管控

基层队站关键作业管控。基层队站应对所有关键作业进行管控，主要负责人应对高风险关键作业进行旁站监护，对其他作业进行巡查指导；值班干部、大班或车间负责人及其以上岗位人员对次高风险关键作业进行旁站监护，对中风险、低风险作业进行巡查指导；中风险关键作业由班组长管控；低风险关键作业由岗位管控。

表 1-14 ××××年××月××日关键作业安全管控计划表

序号	日期	二级单位	基层队站	作业井位	关键作业	风险等级	管控人			分管部门	管控措施		公司机关安全生产承包人
							驻井把关人员	安全监督	值班干部		风险识别	风险控制措施	
1	2025/××/××	××公司	500××队	××井	拆安作业（放井架、底座）	高风险	王××（副科级）135××××××	张××（三级）133××××××	胡××（队长）138××××××	公司及二、三级单位生产协调部门	主要风险：井架倒塌	（一）四种常规管控措施…… （二）三级管控措施 1. 主体单位…… 2. 监督机构…… 3. 电子监督…… （三）一系列特殊管控措施……	×××
2	……												
3	……												

各单位关键作业管控。各单位应对高风险、次高风险关键作业进行 EISC 视频监控、风险提示；各单位所属项目部、分公司应对高风险关键作业进行现场监管，对次高风险关键作业进行现场监管或现场抽查，对中风险关键作业进行 EISC 视频监控、风险提示。

升级管控期间，对关键作业清单涉及作业项目提高一个风险等级进行管理，应派驻科级干部或相应级别专家对高风险关键作业进行现场把关。

企业关键作业管控。企业职能部门应按直线责任对施工作业工况实施关键作业管控，对高风险关键作业进行 EISC 视频监控、风险提示。

安全生产承包点关键作业管控。企业及所属单位各级领导对安全生产承包点的关键作业，应根据需要进行风险提示、EISC 视频监控或现场把关。

4. 关键作业管控措施

（1）各单位应根据关键作业清单，从制度、管理、工程、技术、监控、应急等方面落实关键作业安全管控措施。落实关键作业安全管控措施包括并不限于：

四种常规管控措施：制定并完善 HSE 标准化作业程序和设备操作规程；组织开展培训，员工熟悉并严格执行 HSE 标准化作业程序和设备操作规程；应用 HSE 风险控制工具；不断优化和改进作业方式。

三级管控措施：主体单位方面，各单位应按分级管控要求落实分级管控责任；监督机构方面,现场安全监督人员应对关键作业进行旁站监督,区域安全监督站/安全监督管理部对关键作业单位和现场安全监督人员进行巡回监督;电子监督方面,运用电子监督手段,直线部门对关键作业进行 EISC 视频监控,开展视频巡检、远程监督,应用违章隐患智能辨识系统进行 24h 监控。

一系列特殊管控措施:钻机拆卸搬迁安装、井控作业等需编制专项管理方案或专项管控措施的关键作业,执行其方案、措施。

(2)不断完善风险较高、内容固定、频次较高的特殊及非常规作业操作规程、作业程序,减少特殊及非常规作业种类和数量。

(3)业务主管部门和安全管理部门应当系统性分析预约的作业内容,评估当日作业量和作业风险,对作业项目的实施做出统筹安排,将作业总量控制在能力范围内,未获得预约批准的项目不准擅自作业。涉及作业许可的作业应办理作业许可。

(4)落实生产装置预防性维修,管控检维修质量,减少正常生产状态下的应急抢修和异常工况处置。

(5)进行关键作业时,应控制作业现场人数,应规定在同一时间段内同一危险作业面或聚集场所作业人员的数量。

三、专项安全环保风险管控

(一) 12345 检维修作业管理模式

12345 检维修作业管理模式见图 1-7。

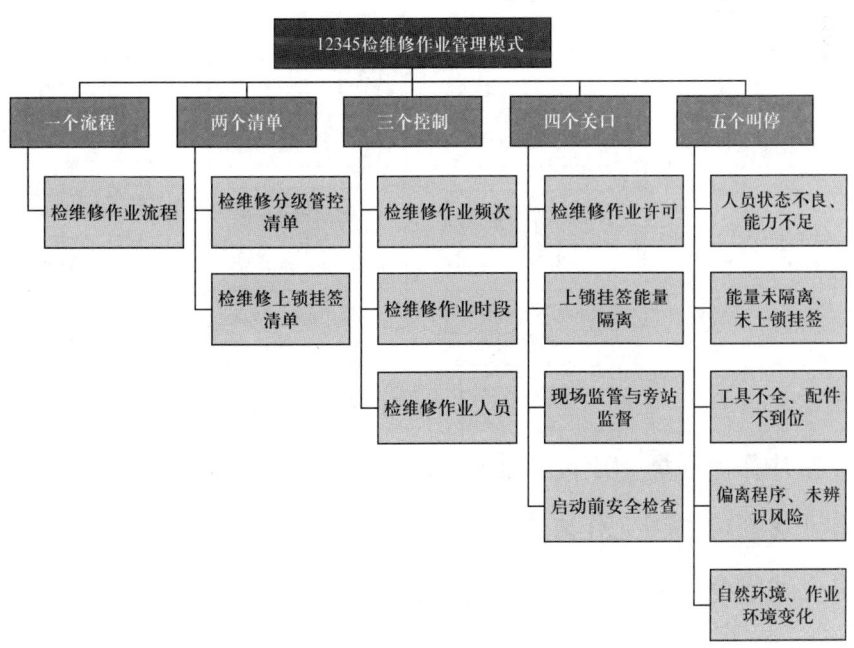

图 1-7　12345 检维修作业管理模式

（二）11222233 拆搬安作业安全管理模式

11222233 拆搬安作业安全管理模式见图 1-8。

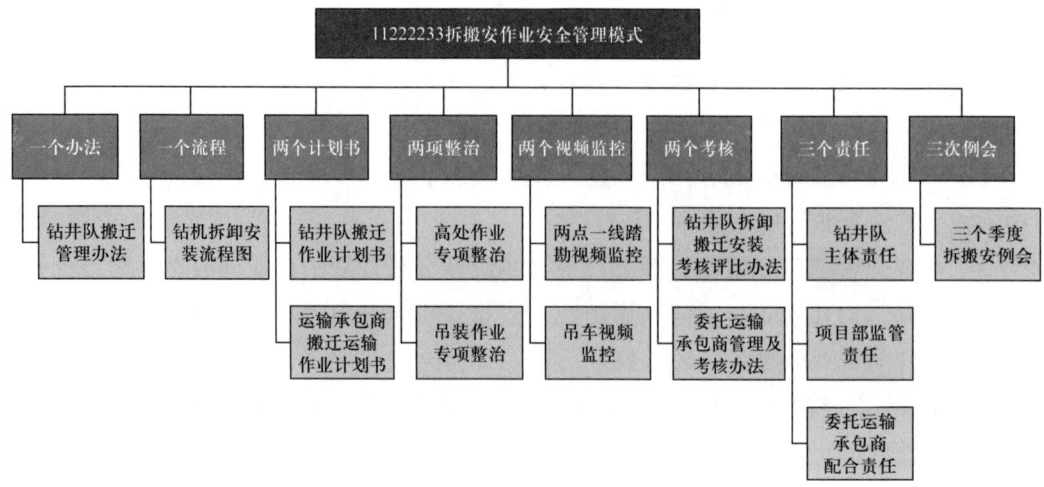

图 1-8 11222233 拆搬安作业安全管理模式

（三）1334 用电管理模式

1334 用电管理模式见图 1-9。

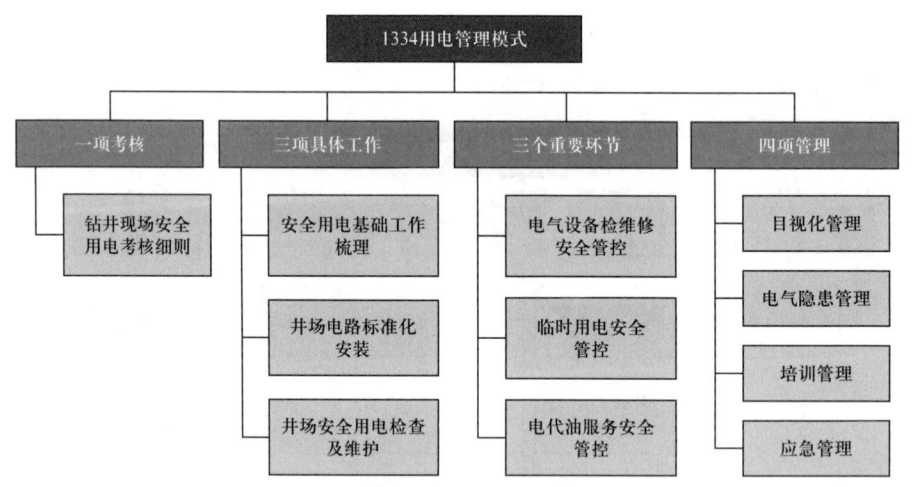

图 1-9 1334 用电管理模式

（四）钻井作业现场 101 安全工作法

钻井作业现场 101 安全工作法见图 1-10。

（五）交通安全"五位一体"安全风险管控模式

交通安全"五位一体"安全风险管控模式见图 1-11。

第一章 概述

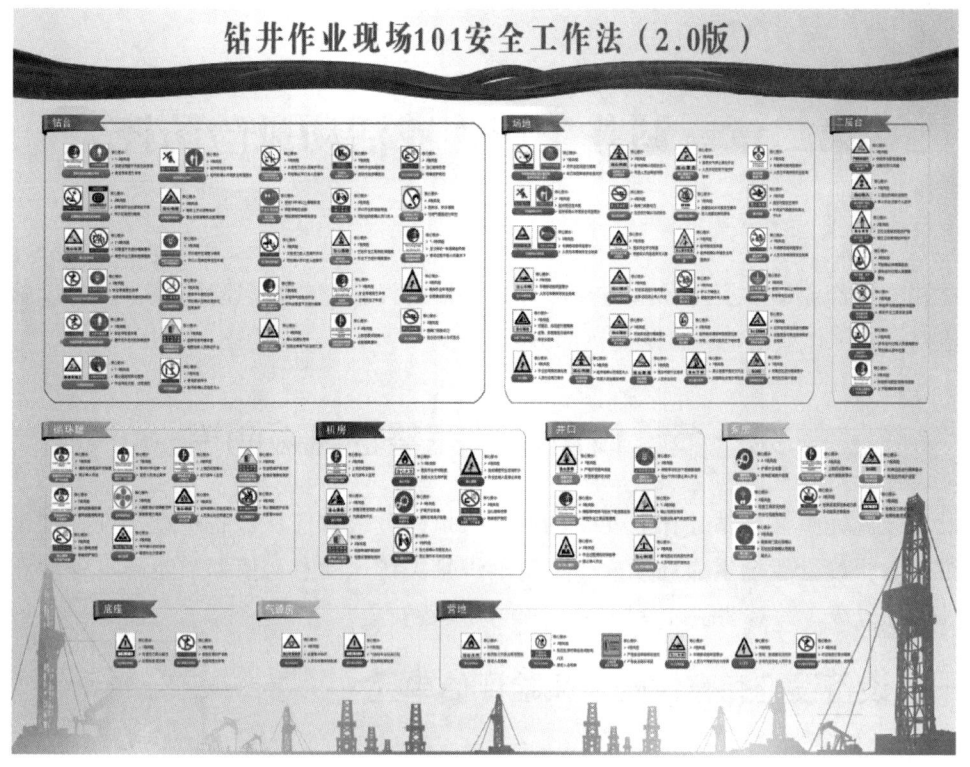

图 1-10 钻井作业现场 101 安全工作法

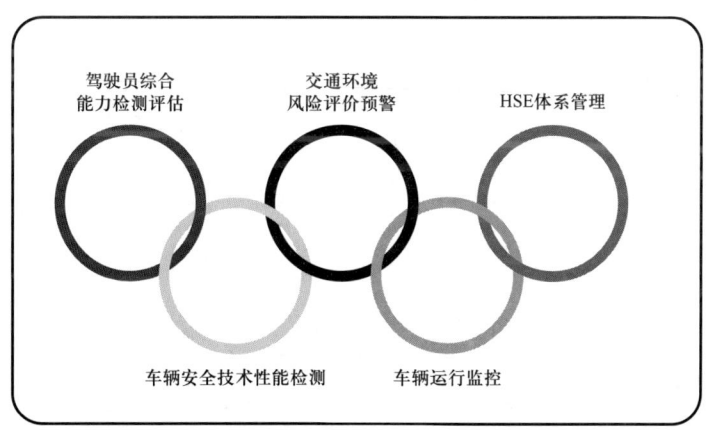

图 1-11 交通安全"五位一体"安全风险管控模式

第二章　钻井生产作业活动风险防控

钻井生产作业活动安全风险防控可分为：设备设施完整性风险防控、设备设施操作风险防控、施工作业活动风险防控三部分。

第一节　设备设施完整性风险防控

设备设施完整性是钻井作业安全的基石。风险分级管控从设备选型、安装调试，到运行维护、报废处置全生命周期入手，精准识别关键风险点，依据风险严重程度和发生可能性科学分级，针对性制订管控措施，确保设备安全、稳定运行。

一、设备设施完整性安全风险评估单元

（一）设备设施清单

全面梳理钻井队设备设施，形成设备设施清单，见表2-1。

表2-1　设备设施清单

序号	设备名称	序号	设备名称	序号	设备名称
1	设备基础	12	起升大绳	23	转盘驱动装置
2	底座	13	起升井架、钻台缓冲装置	24	综合液压站
3	钻台	14	游车	25	风动（电动）绞车
4	钻台偏房	15	大钩	26	钻杆动力钳
5	司钻操作台/司控房	16	吊环	27	套管动力钳
6	人字梁	17	水龙头	28	液压猫头
7	井架	18	绞车（机械）	29	顶驱
8	二层台	19	绞车（电动）	30	顶驱电控系统
9	天车	20	盘刹液压站	31	顶驱液控系统
10	死绳固定器	21	辅助刹车	32	顶驱操作台
11	钻井大绳	22	转盘	33	载人绞车

续表

序号	设备名称	序号	设备名称	序号	设备名称
34	载人提篮	61	灌注泵	88	过桥板
35	防碰天车（插拔、过卷阀、电子）	62	加重泵	89	大、小支架
36	抽绳器/倒绳机	63	坐岗房	90	电缆延伸架
37	防喷器吊移装置	64	螺旋输送机	91	起放井架、底座液压控制箱
38	钻井泵	65	压滤机	92	推移井架装置
39	变频电机	66	钳工房	93	高压清洗机
40	高压管汇	67	台钻	94	电代油设施
41	机房底座	68	砂轮机	95	气代油设施
42	柴油机	69	手电钻	96	工业监控
43	节能发电机	70	型材切割机	97	远程控制房
44	传动装置	71	等离子切割机	98	司钻控制台
45	螺杆压风机	72	电焊机	99	压井管汇
46	无热再生干燥装置	73	材料房	100	节流管汇
47	储气瓶	74	油品房	101	单闸板防喷器
48	发电房	75	绳套房	102	双闸板防喷器
49	VFD房	76	游车支架/房	103	环形防喷器
50	配电房/MCC房	77	接头房	104	旋转防喷器
51	柴油罐	78	防爆探照灯	105	剪切防喷器
52	套装水罐	79	轮式装载机	106	防喷管汇
53	循环罐	80	机械手	107	放喷管线
54	振动筛	81	钻杆猫道	108	节流阀控制箱
55	离心机	82	管排架	109	液气分离器
56	除砂、除泥器	83	猫道气动绞车	110	液压管排架/液压管线
57	除砂泵	84	动力猫道	111	防喷器防提装置
58	搅拌器	85	动力管排架	112	点火装置
59	真空除气器	86	高空作业平台	113	旋转防喷器控制房
60	剪切泵	87	工具提篮	114	钻井液液位检测装置

续表

序号	设备名称	序号	设备名称	序号	设备名称
115	方钻杆上下旋塞	134	吊钳	153	医疗急救设施
116	钻具回压阀	135	卡瓦	154	消防器材
117	防喷立柱（单根）	136	钻具接头	155	紧急报警装置
118	钻井液回收管线	137	MWD 测斜仪	156	静电释放器
119	轴流风机	138	MWD 电池及防爆筒	157	吊索具
120	射流（配浆）漏斗	139	钻井参数仪表	158	数字化值班房
121	套管头	140	便携式气体检测仪	159	钻井液化验室
122	井口四通	141	固定式气体检测仪	160	生活营房
123	灌浆装置	142	正压式空气呼吸器	161	餐厅、操作间
124	挡泥伞	143	空气呼吸压缩机	162	储藏室（生活库房）
125	井控电子坐岗本	144	二层台逃生装置	163	淋浴房
126	钻井液性能自动检测装置	145	登梯助力器	164	多功能室（阅览室）
127	指重表	146	云梯攀升保护器	165	洗盥房
128	方钻杆	147	差速自控器	166	危废固废暂存间
129	钻具提丝	148	安全带	167	生活水罐
130	提升短节	149	接地电阻检测仪	168	污水罐
131	联顶节	150	洗眼器	169	生活污水处理装置
132	钻具	151	个人劳动防护用品		
133	吊卡	152	防爆对讲机		

（二）设备设施管理矩阵

根据钻井队设备设施清单、组织结构、岗位职责、机关部门和钻井队设备设施管理职责，按岗位、直线管理责任编制设备设施完整性分级管控管理矩阵，见表2-2。

（三）设备设施完整性管理内容

以单台（套）设备设施、单套装置为对象，按照由外到里、由上到下，先设备本体再附件、先功能性附件再安全附件的分解原则，对单台（套）设备设施、单套装置进行逐层细化分解。第一层级为管理单元，第二层级再将管理单元分解为若干细小的设备设施完整性管理内容，示例见表2-3。

表 2-2 设备设施完整性分级管控管理矩阵

序号	设备名称	司钻	副司钻	井架工	内钳工	外钳工	场地工	机房司机	钻台大班	机房大班	电气大班/技术员	钻井液大班	队长书记	生产副队长	技术副队长	钻井工程师	钻井液工程师	生产协调(项目部)	技术管理	安全环保	设备管理	综合管理	生产协调部门	工程技术部门	质量健康安全环保部门	装备部门	综合部门
1	设备基础	√												√				√									
2	底座		√			√			√					√							√					√	
3	钻台					√		√	√					√							√					√	
4	钻台偏房					√					√										√					√	
5	司钻操作台/房	√									√					√					√					√	
6	人字梁			√					√					√							√					√	
7	井架			√					√					√							√					√	
8	二层台			√					√					√							√					√	
9	天车			√					√						√	√					√					√	
10	死绳固定器								√												√						
11	钻井大绳		√						√					√							√						
12	起升大绳								√					√							√						
13	起井架、钻台缓冲装置								√												√						
14	游车		√						√					√							√					√	

续表

序号	设备名称	岗位											钻井队						项目部				公司				
		司钻	副司钻	井架工	内钳工	外钳工	场地工	机房司机	钻合大班	机房大班	电气大班/技术员	钻井液大班	队长书记	生产副队长	技术副队长	钻井工程师	钻井液工程师	生产协调	安全环保技术管理	设备管理	综合管理	生产协调部门	工程技术部门	质量健康安全环保部门	装备部门	综合部门
15	大钩	√		√					√					√						√					√	
16	吊环		√		√				√					√						√					√	
17	水龙头			√					√											√					√	
18	绞车（机械）	√			√				√		√			√						√					√	
19	绞车（电动）	√			√				√		√		√	√						√					√	
20	盘刹液压站				√				√				√	√						√					√	
21	辅助刹车	√		√					√					√						√					√	
22	转盘			√	√				√					√						√					√	
23	转盘驱动装置				√				√		√			√						√					√	
24	综合液压站				√				√					√						√					√	
25	风动（电动）绞车			√	√				√					√						√					√	
26	钻杆动力钳				√				√					√						√					√	
27	套管动力钳				√				√					√						√					√	
28	液压猫头								√					√						√					√	

续表

序号	设备名称	岗位										钻井队					项目部				公司				
		副司钻	井架工	内钳工	外钳工	场地工	机房司机	钻台大班	机房大班	电气大班/技术员	钻井液大班	队长书记	生产副队长	技术副队长	钻井工程师	钻井液工程师	生产协调	安全技术管理	设备管理	综合管理	生产协调部门	工程技术部门	质量健康安全环保部门	装备部门	综合部门
29	顶驱	√	√						√	√														√	
30	顶驱电控系统	√					√		√	√														√	
31	顶驱液控系统	√					√		√	√														√	
32	顶驱操作台	√	√					√		√			√						√					√	
33	载人绞车		√										√						√					√	
34	载人提篮		√										√						√					√	
35	防碰天车（三类）	√	√					√		√			√						√					√	
36	抽绳器/倒绳机						√	√		√			√						√					√	
37	防喷器吊移装置							√		√									√					√	
38	钻井泵						√	√	√				√						√					√	
39	变频电机	√					√		√										√					√	
40	高压管汇	√					√	√	√				√						√					√	
41	机房底座						√	√	√				√						√					√	
42	柴油机						√		√				√						√					√	

续表

序号	设备名称	岗位																项目部						公司				
		副司钻	井架工	内钳工	外钳工	场地工	机房司机	钻台大班	机房大班	电气大班/技术员	钻井液大班	队长	书记	生产副队长	技术副队长	钻井工程师	钻井液工程师	生产协调	技术管理	安全环保	设备管理	综合管理	生产协调部门	工程技术部门	质量健康安全环保部门	装备部门	综合部门
43	节能发电机	√						√	√	√											√					√	
44	传动装置							√	√					√							√					√	
45	螺杆压风机							√	√					√							√					√	
46	无热再生干燥装置							√	√	√				√							√					√	
47	储气瓶							√	√					√							√					√	
48	发电房							√	√	√											√					√	
49	VFD房							√	√	√											√					√	
50	配电房/MCC房								√	√											√					√	
51	柴油罐					√					√										√						
52	套装水罐					√					√					√	√	√			√					√	
53	循环水罐					√					√				√	√	√				√					√	
54	振动筛										√					√	√				√					√	
55	离心机														√	√	√				√					√	
56	除砂、除泥器										√				√	√	√				√					√	
57	除砂泵										√					√	√				√					√	

续表

序号	岗位部门 设备名称	岗位											钻井队						项目部					公司				
		副司钻	井架工	内钳工	外钳工	场地工	机房司机	钻合大班	机房大班	电气大班/技术员	钻井液大班	书记	队长	生产副队长	技术副队长	钻井工程师	钻井液工程师	生产协调	技术管理	安全环保	设备管理	综合管理	生产协调部门	工程技术部门	质量健康安全环保部门	装备部门	综合部门
58	搅拌器										✓										✓					✓	
59	真空除气器							✓													✓					✓	
60	剪切泵										✓				✓		✓				✓					✓	
61	灌注泵										✓				✓		✓				✓					✓	
62	加重泵										✓				✓		✓				✓					✓	
63	坐岗房					✓																					
64	螺旋输送机										✓		✓														
65	压滤机										✓		✓	✓													
66	钳工房							✓													✓						
67	台钻							✓													✓						
68	砂轮机							✓		✓											✓						
69	手电钻							✓		✓											✓						
70	型材切割机							✓		✓											✓						
71	等离子切割机							✓		✓											✓						
72	电焊机							✓		✓											✓						

续表

序号	设备名称	岗位										钻井队						项目部					公司				
		副司钻/司钻	井架工	内钳工	外钳工	外场地工	机房司机	钻台大班	机房大班	电气大班/技术员	钻井液大班	书记	队长	生产副队长	技术副队长	钻井工程师	钻井液工程师	生产协调	技术管理	安全环保	设备管理	综合管理	生产协调部门	工程技术部门	质量健康安全环保部门	装备部门	综合部门
73	材料房					√															√						
74	油品房						√														√					√	
75	绳套房		√					√													√					√	
76	游车支架/房		√					√													√					√	
77	接头房						√												√								
78	防爆探照灯		√													√					√						
79	轮式装载机					√		√													√						
80	机械手							√		√						√					√					√	
81	钻杆猫道					√		√													√					√	
82	管排架					√		√								√					√					√	
83	猫道气动绞车		√											√							√					√	
84	动力猫道									√				√							√					√	
85	动力管排架									√				√							√					√	
86	高空作业平台							√								√					√					√	
87	工具提篮																				√						

续表

序号	设备名称	司钻	副司钻	井架工	内钳工	外钳工	场地工	机房司机	钻合大班	机房大班	电气大班/技术员	钻井液大班	队长	书记	生产副队长	技术副队长	钻井工程师	钻井液工程师	生产协调	技术管理	安全环保	设备管理	综合管理	生产协调部门	工程技术部门	质量健康安全环保部门	装备部门	综合部门
88	过桥板								√													√						
89	大、小支架		√						√						√							√						
90	电缆延伸架							√							√							√					√	
91	起放井架、底座控制箱			√											√							√						
92	推井架装置		√					√							√							√						
93	高压清洗机							√							√					√		√						
94	电代油设施							√	√		√				√		√		√	√		√		√			√	
95	气代油设施										√				√		√		√	√		√		√			√	
96	工业监控	√													√		√			√								
97	远程控制房	√	√																	√					√			
98	司钻控制台		√				√																					
99	压井管汇																√			√					√			
100	节流管汇			√													√	√		√					√			
101	单闸板防喷器																√	√		√					√			

续表

岗位部门 / 设备名称	岗位																	项目部					公司					序号
	司钻	副司钻	井架工	内钳工	外钳工	场地工	机房司机	钻台大班	机房大班	电气大班/技术员	钻井液大班	队长	书记	生产副队长	技术副队长	钻井工程师	钻井液工程师	生产协调	技术管理	安全环保	设备管理	综合管理	生产协调部门	工程技术部门	质量健康安全环保部门	装备部门	综合部门	
双闸板防喷器	√		√													√			√					√				102
环形防喷器	√		√													√			√					√				103
旋转防喷器	√		√													√			√					√				104
剪切防喷器	√		√													√			√					√				105
防喷管汇			√													√			√					√				106
放喷管线					√											√			√					√				107
节流阀控制箱			√													√			√					√				108
液气分离器			√													√			√					√				109
液压管排架（含管线）		√														√			√					√				110
防喷器防提装置	√															√			√					√				111
点火装置			√													√			√					√				112
旋转防喷器控制房		√														√			√					√				113
液位检测装置				√		√										√			√					√				114
方钻杆上下旋塞																√			√					√				115

续表

序号	设备名称	岗位											钻井队						项目部					公司				
		副司钻	司钻	井架工	内钳工	外钳工	场地工	机房司机	钻台大班	机房大班	电气大班/技术员	钻井液大班	队长	书记	生产副队长	技术副队长	钻井工程师	钻井液工程师	生产协调	技术管理	安全环保	设备管理	综合管理	生产协调部门	工程技术部门	质量健康安全环保部门	装备部门	综合部门
116	钻具回压阀				√																				√			
117	防喷立柱/单根				√															√					√			
118	钻井液回收管线					√														√					√			
119	轴流风机			√																√					√			
120	射流/配浆漏斗	√										√					√			√					√			
121	套管头			√													√			√					√			
122	井口四通			√													√			√					√			
123	灌浆装置						√					√					√			√					√			
124	挡泥伞						√										√			√					√			
125	井控电子坐岗木						√					√					√			√					√			
126	钻井液性能检测装置						√											√		√					√			
127	指重表		√														√			√					√			
128	方钻杆						√										√			√					√			
129	钻具混丝						√										√			√					√			

续表

序号	设备名称	岗位																项目部					公司				
		副司钻	井架工	内钳工	外钳工	场地工	机房司机	机房大班	钻合大班	电气大班/技术员	钻井液大班	队长	书记	生产副队长	技术副队长	钻井工程师	钻井液工程师	生产协调	技术管理	安全环保	设备管理	综合管理	生产协调部门	工程技术部门	质量健康安全环保部门	装备部门	综合部门
130	提升短节	√			√											√											
131	联顶节	√			√											√											
132	钻具				√	√										√											
133	吊卡				√				√							√											
134	吊钳				√				√							√											
135	卡瓦				√											√											
136	钻具接头		√			√										√											
137	MWD测斜仪					√										√					√			√			
138	MWD电池及防爆筒					√										√										√	
139	钻井参数仪表	√		√	√	√	√			√			√	√		√				√				√			
140	便携式气体检测仪	√		√	√	√	√			√	√		√	√	√	√				√					√		
141	固定式气体检测仪	√		√	√	√	√			√	√		√	√	√	√				√					√		
142	正压式空气呼吸器	√		√	√	√	√			√	√		√	√	√	√				√					√		

续表

序号	设备名称	岗位																	项目部					公司				
		司钻	副司钻	井架工	内钳工	外钳工	场地工	机房司机	钻台大班	机房大班	电气大班/技术员	钻井液大班	队长	书记	生产副队长	技术副队长	钻井工程师	钻井液工程师	生产协调	技术管理	安全环保	设备管理	综合管理	生产协调部门	工程技术部门	质量健康安全环保部门	装备部门	综合部门
143	空气呼吸压缩机		√																							√		
144	二层台逃生装置			√											√						√					√		
145	登梯助力器			√											√						√					√		
146	云梯攀升保护器			√											√						√					√		
147	差速自控器			√			√														√					√		
148	安全带			√											√						√					√		
149	接地电阻检测仪										√											√				√		
150	洗眼器				√	√	√	√	√		√			√	√	√	√				√					√		
151	个人劳动防护用品	√	√	√	√	√	√	√	√		√		√	√	√	√	√				√					√		
152	防爆对讲机		√								√															√		
153	医疗急救设施													√	√											√		
154	消防器材						√				√				√						√					√		
155	紧急报警装置										√			√	√						√					√		
156	静电释放器														√						√					√		
157	吊索具			√					√						√						√					√	√	

续表

序号	设备名称	岗位																项目部						公司					
		司钻	副司钻	井架工	内钳工	外钳工	场地工	机房司机	钻台大班	机房大班	电气大班/技术员	钻井液大班	书记	生产副队长	技术副队长	钻井工程师	钻井液工程师	生产协调	技术管理	安全环保	设备管理	综合管理	生产协调部门	工程技术部门	质量健康安全环保部门	装备部门	综合部门
158	数字化值班房					√													√					√			
159	钻井液化验室		√	√	√	√						√					√		√					√			
160	生活营房		√						√			√	√									√					√
161	餐厅、操作间								√		√		√									√					√
162	储藏室/生活库房												√									√					√
163	淋浴房									√			√									√					√
164	多功能室/阅览室												√									√					√
165	洗漱房												√									√					
166	危废固废暂存间						√	√				√				√				√					√		√
167	生活水罐							√					√									√					√
168	污水罐												√									√					√
169	生活污水处理装置												√									√					√

注：打"√"的岗位、管理部门应对所对应的设备设施完整性进行管控。

表 2-3　钻井队设备设施完整性管理内容（示例）

序号		设备设施名称	管理单元	管理内容
1	1	钻台底座	基础	摆放
2			结构件	本体
				铺板
				吊耳
3			储气瓶	瓶体
				安全阀
				仪表
				阀门管线
				开关标识
4			拉筋和支撑	本体
				连接销
5			其他	附件
6	2	钻台	钻台面	钻台平面
				立根台
				通道
7			护栏	本体及连接销和防脱销
				警示牌及标识
8			大门坡道及附件	大门坡道
				立柱
				防护链
9			梯子	数量
				安装位置
				扶手
				脚踏板
				连接
				保险链（绳）
				保险链
				通道
10			逃生滑道	本体
				连接

续表

序号	设备设施名称	管理单元	管理内容
10	2	钻台	逃生滑道	保险链
				缓冲沙坑
				通道
				标识
11			线缆	气路管线
				水路管线
				电缆、插头及其他电气元件

二、设备设施完整性危害因素辨识

根据设备设施管理内容、设备设施使用说明书、设备设施检查表，通过访谈、调查表、现场观察、头脑风暴、安全检查表等方法，辨识设备设施完整性危害因素，进行风险分析，形成设备设施完整性危害因素辨识表。示例见表2-4、表2-5。

表2-4　钻台底座完整性危害因素辨识表（示例）

设备设施名称	管理单元	管理内容	危害因素	事故分类
钻台底座	基础	摆放	基础基准不平、悬空或被泥土掩埋	其他伤害
	结构件	本体	腐蚀锈蚀、焊接点开裂、存放无固定的附着物	物体打击
		铺板	变形、有裂缝、锈蚀、固定不牢、焊接开裂等	物体打击 其他伤害
		吊耳	吊耳有割伤、严重变形、焊缝开裂及吊点无标示	起重伤害
	储气瓶	瓶体	气瓶外壳锈蚀、有碰撞伤或裂纹、开焊；防腐措施不到位，有油污泥渍；未按期检验	容器爆炸
		安全阀	安全阀未按期检验，失灵或损坏，排气口朝向人员通道	物体打击
		仪表	仪表失灵、损坏、校验过期	其他伤害
		阀门管线	阀门、管线连接松动、漏气；瓶底有积水；无自动放水装置	其他伤害
		开关标识	开关标识不清或缺失	其他伤害
	拉筋和支撑	本体	断裂，弯曲变形，安装不齐全	物体打击
		连接销	销子缺失；销子本体有毛刺；磨损造成规格尺寸不符，安装方向错；使用其他规格尺寸的销子等代替	物体打击
	其他	附件	连接螺栓、弹簧垫、销子、抗剪销及保险别针锈蚀、缺失；各辅助滑轮固定不牢，阻卡	物体打击

表 2-5 钻台完整性危害因素辨识表（示例）

设备设施名称	管理单元	管理内容	危害因素	事故分类
钻台	钻台面	钻台平面	钻台面不平整，凹凸不平；连接处不紧密、花栏板破损、盖板未安装到位导致孔缝过大	其他伤害
		立根台	胶条破损、缺失，立根盒上的枕木损坏	其他伤害
		通道	设备设施和工具等无序摆放，杂乱，影响人员通行；污水等未及时清理	其他伤害
	护栏	本体及连接销和防脱销	护栏松动、破损、缺失、变形；踢脚板缺失、变形、高度不够；与钻台面间隙过大；私自改装栏杆；连接销和防脱销未穿插到位	高处坠落
		警示牌及标识	警示牌等不齐全、安装固定不牢靠、安装位置不合理	物体打击 其他伤害
	大门坡道及附件	大门坡道	安装固定不到位；销子或别针缺失，规格不符；无保险链	其他伤害
		立柱	未上紧松动、螺纹损坏	物体打击 高处坠落
		防护链	保险链（门）缺失、数量不够、挂钩钩口未封闭	高处坠落
	梯子	数量	数量不足、私自改动不安装到位	其他伤害
		安装位置	地面不平造成悬空；安装不平直造成倾斜	物体打击 高处坠落
		扶手	私自改装、变形、缺失、开口过大	高处坠落
		脚踏板	变形、断裂、缺失	其他伤害
		连接	连接耳板开焊、变形，销子、别针缺失，安装方向错误	物体打击 高处坠落
		保险链（绳）	挂钩式梯子无保险链（绳）	物体打击
		保险链	梯子进出口未拴挂保险链	高处坠落
		通道	梯子上或梯子口堆放杂物	其他伤害
	逃生滑道	本体	变形损坏；滑道内不平滑、有毛刺、破损；两节式逃生滑道安装不到位、连接螺栓缺失	高处坠落 物体打击 其他伤害

续表

设备设施名称	管理单元	管理内容	危害因素	事故分类
钻台	逃生滑道	连接	耳板开焊、变形；销子、别针缺失、安装方向错误	物体打击
		保险链	挂钩式逃生滑道无保险链	高处坠落
			逃生口无保险链	高处坠落
		缓冲沙坑	逃生滑道下端无缓冲沙坑，或缓冲沙坑尺寸不符合规范，或用棉垫等代替缓冲沙坑	其他伤害
		通道	正前方无障碍物；逃生滑道内无杂物、积水等	其他伤害
		标识	无"逃生滑道"标识牌；标识安装位置不合理	其他伤害
	线缆	气路管线	布局走向不合理，漏气，冬季无保温措施	其他伤害
		水路管线	布局走向不合理，漏水，冬季无保温措施	其他伤害
		电缆、插头及其他电气元件	不符合防爆要求；开关无统一规范控制对象标识；电缆线破损、老化，与金属（棱角）接触处无绝缘护套；插头及电气元件无防护措施	触电

三、设备设施完整性风险分析与风险评估

为进一步开展设备设施完整性风险评估并为制订完善风险控制措施提供依据，至少应分析安全防护设备设施是否完善、安全警示标志标识是否齐全规范、是否纳入安全检查项、是否存在隐患、是否发生过事故、事件等。

在危害因素辨识的基础上组织开展风险评估，确定风险等级，按风险等级划分标准，从高到低划分为重大风险、较大风险、一般风险和低风险，分别用红、橙、黄、蓝四种颜色标示。

四、设备设施完整性风险分级管控

根据风险评估的结果，针对安全风险特点，从制度、管理、工程、技术、监控、应急等方面对风险采取严密的安全管控措施，将每个风险管控责任按照风险等级逐一落实到公司、项目部（专业公司）、基层队站和班组（岗位），形成设备设施完整性风险分级管控表。本书以主要设备进行完整性风险分级管控进行示例讲述。

(一)钻台区域设备设施完整性风险分级管控

钻台区域设备主要有：钻台、底座、钻台偏房、司控房、人字梁（炮台）、井架、二层台等。示例见表2-6。

(二)机房区域设备设施完整性风险分级管控

机房区域设备主要有：机房底座、柴油机、节能发电机、传动装置、螺杆压风机、干燥装置、发电机、VFD房等。示例见表2-7。

(三)泵房区域设备设施完整性风险分级管控

泵房区域设备主要有：钻井泵、高压管汇、交流变频电机、高压闸门组等。示例见表2-8。

(四)循环罐区域设备设施完整性风险分级管控

循环罐区域设备主要有：循环罐、振动筛、离心机、除砂除泥器、除砂泵、搅拌器、真空除气器、剪切泵、灌注泵、加重泵等。示例见表2-9。

(五)场地区域设备设施完整性风险分级管控

场地区域设备主要有：套装水罐、钳工房、绳套房、材料房、油品房、游车支架（房）、接头房、轮式装载机、台钻、猫道、管架、提篮等。示例见表2-10。

(六)井控设备设施完整性风险分级管控

井控设备设施主要有：远程控制房、司钻控制台、压井管汇、节流管汇、防喷器组、节流阀控制箱、液气分离器、防喷器防提装置、防喷管汇、放喷管线等。示例见表2-11。

(七)安全防护类设备设施完整性风险分级管控

安全防护类设备设施主要有：便携式四合一气体检测仪、固定式气体检测仪、正压式空气呼吸器、井架二层台逃生装置、云梯攀升保护器、差速自控器、安全带等。示例见表2-12。

(八)生活区域设备设施完整性风险分级管控

生活区域设备设施主要有：生活营房、储藏室（生活库房）、餐厅、操作间、淋浴房、多功能室（阅览室）、洗盥房、生活水罐、生活污水处理装置等。示例见表2-13。

五、设备设施完整性风险分级管控目录

设备设施完整性在风险辨识和评价后，编制包括全部风险点、风险等级、事故类别、管控层面、责任人等风险信息的设备设施完整性风险分级管控目录。见表2-14。

表2-6 钻井队钻台区域设备设施完整性风险分级管控表（示例）

序号	设备设施名称	管理单元	管理内容	危害因素	风险等级	事故分类	控制措施	控制级别	具体岗位
1	底座	基础	摆放	基础基准不平，腐蚀锈蚀，悬空或数敷泥土掩埋	Ⅲ	其他伤害	基础水平度误差小于或等于5mm；井口、转盘与天车中心偏差不大于10mm；及时清理基础四周泥土，不得被掩埋	钻井队	井架工
		结构件	本体	腐蚀锈蚀，焊接点开裂，存放无固定的附着物	Ⅳ	物体打击	按周期进行防腐处理；焊接点开裂及时进行能检测评价；吊装时注意防止猛烈碰撞等；及时清理各附着物，不私自加焊、改造	岗位	井架工
			铺板	变形、有裂缝、锈蚀、固定不牢，焊接开裂等	Ⅳ	物体打击、其他伤害	完好无坑洞、固定牢靠、焊接可靠，不超荷堆放物品造成过载	岗位	井架工
			吊耳	吊耳有割伤、严重变形、焊缝开裂及吊点无标示	Ⅳ	起重伤害	每周、起吊前检查，吊耳齐全完好，无开焊、标识齐全	岗位	井架工
		储气瓶	瓶体	气瓶外壳锈蚀、有碰撞伤或裂纹、开焊、防腐措施不到位、有油污泥渍、未按期检验	Ⅳ	容器爆炸	严禁异物碰撞；气瓶校检在有效期内、外观检测期1年，压力检测期3年，在检定有效期内	岗位	柴油机司机
			安全阀	安全阀未按期检验、失灵或损坏，气瓶口朝向人员通道	Ⅲ	物体打击	按期校验，安全阀灵敏可靠，压力设置1.0MPa，安全阀排气口严禁正对人员经常通行的方向	钻井队	柴油机司机大班司机副队长
			仪表	仪表失灵、损坏，校验过期	Ⅳ	其他伤害	按期检验，仪表齐全，参数显示正确	岗位	柴油机司机
			阀门管线	阀门、管线连接松动，漏气，积水，无自动放水装置	Ⅳ	其他伤害	各阀门、管线连接紧固，无泄漏，瓶底无积水；冬季保温防冻措施到位	岗位	柴油机司机
			开关标识	开关标识不清或缺失	Ⅳ	其他伤害	标识清晰完整与控制对象相符	岗位	柴油机司机

续表

序号	设备设施名称	管理单元	管理内容	危害因素	风险等级	事故分类	控制措施	控制级别	具体岗位
1	底座	拉筋和支撑	本体	断裂、弯曲变形、安装不齐全	Ⅳ	物体打击	安装齐全；按流程拆放及安装	岗位	井架工
			连接销	销子缺失，销子本体有毛刺，磨损造成规格尺寸不符，安装方向错，使用其他规格尺寸的销子代替	Ⅳ	物体打击	安装齐全、规范；严禁混用；及时处置毛刺等损坏处	岗位	井架工
		其他	附件	连接螺栓、弹簧垫、销子、抗剪销及保险别针锈蚀、缺失、规格不正确	Ⅳ	物体打击	连接螺栓、弹簧垫、销子、抗剪销及保险别针齐全、紧固，规格正确；各铺助滑轮润滑良好	岗位	井架工
2	钻台	钻台面	钻台平面	钻台面不平整、凹凸不平，紧密、花栏板破损，盖板未安装到位导致孔洞过大	Ⅳ	其他伤害	钻台面平整，及时处置凹凸处，确保钻台面无大于40mm的孔洞/缝	岗位	外钳工
			立根盒	胶条破损、缺失，立根盒上的枕木损坏	Ⅳ	其他伤害	胶条齐全、平整，无损坏，枕木完好	岗位	外钳工
			通道	设备设施和工具等无序摆放，杂乱，影响人员通行，污水等未及时清理	Ⅳ	其他伤害	合理摆放并及时清理钻台面的作业设备设施，确保钻台面整齐整洁	岗位	外钳工
		护栏	本体及连接销和防脱销	护栏松动、破损、变形、缺头缺失，变形、高度不够、踢脚板缺失、与钻台面间隙过大，私自改装栏杆，防脱销未穿插到位	Ⅳ	高处坠落	护栏牢固，齐全，无变形，规范（护栏高1.05～1.20m，踢脚板不低于150mm，与台面间隙不大于10mm），各连接销和防脱销安装连接到位	岗位	内钳工
			警示牌及标识	警示牌等不齐全、安装固定不牢靠，安装位置不合理	Ⅳ	物体打击 其他伤害	按要求安装，固定各标识牌、警示牌，安装位置合理，不阻挡视线	岗位	内钳工

续表

序号	设备设施名称	管理单元	管理内容	危害因素	风险等级	事故分类	控制措施	控制级别	具体岗位
2	钻台	大门坡道及附件	大门坡道	安装固定不到位，销子或别针缺失，规格不符，无保险链	Ⅳ	其他伤害	大门坡道安装采用耳板连接牢固，位置、坡度合适；使用挂钩固定的大门坡道，有钢丝绳为保险绳（直径15.9mm），固定牢固	岗位	外钳工
			立柱	未上紧松动、螺纹损坏	Ⅳ	物体打击 高处坠落	上紧并固定牢靠，及时保养	岗位	外钳工
			防护链	保险链（门）缺失、数量不够，挂钩钩口未封闭	Ⅳ	高处坠落	加装保险链（门），保险链数量不少于3道，封闭挂钩钩口	岗位	外钳工
		梯子	数量	数量不足、私自改动不安装到位	Ⅳ	其他伤害	按设备机型配备，安装齐全；梯子不少于3个	岗位	内钳工
			安装位置	地面不平造成悬空；安装不平直造成倾斜	Ⅳ	物体打击 高处坠落	平直安装，接触面和承重面平整可靠	岗位	内钳工
			扶手	私自改装	Ⅳ	高处坠落	扶手垂直高度不小于900mm，扶手中间至少有一根横杆；扶手内立柱应垂直于水平面，相邻两立柱的间距不得大于1m	岗位	内钳工
			脚踏板	变形、断裂、缺失	Ⅳ	其他伤害	踏板平整，相邻两踏板净空高度为250～300mm	岗位	内钳工
			连接	连接耳板开焊、变形、销子、别针缺失，安装方向错误	Ⅳ	物体打击 高处坠落	连接耳板、销子、别针齐全、完好，销子安装方向正确	岗位	内钳工
			保险链（绳）	挂钩式梯子无保险链（绳）	Ⅳ	物体打击	挂钩式梯子两侧加装保险链	岗位	内钳工
			保险链	梯子进出口未拴挂保险链	Ⅳ	高处坠落	梯子上端装有2道保险链，固定牢靠，松紧适宜	岗位	内钳工
			通道	梯子上或梯子口堆放杂物	Ⅳ	其他伤害	无影响人员通行的障碍物	岗位	外钳工

续表

序号	设备设施名称	管理单元	管理内容	危害因素	风险等级	事故分类	控制措施	控制级别	具体岗位
2	钻台	逃生滑道	本体	变形损坏,滑道内平滑、有毛刺,破损,两节逃生滑道安装不到位,连接螺栓缺失	Ⅳ	高处坠落 物体打击 其他伤害	整体无变形损坏,平滑无毛刺,滑道内侧净宽不小于651mm,两边有护栏,护栏的内侧焊有封板;连接到位,螺栓紧固可靠	岗位	井架工
			连接	耳板开焊,变形,销子、别针缺失,安装方向错误	Ⅳ	物体打击	耳板、销子、别针齐全、完好,销子安装方向正确	岗位	井架工
			保险链	挂钩式逃生滑无保险链	Ⅳ	高处坠落	保险链安装到位	岗位	井架工
				逃生口无保险链	Ⅳ	高处坠落	逃生滑道口装有保险链,固定牢靠,松紧适宜	岗位	井架工
			缓冲沙坑	逃生滑道下端无缓冲沙坑,或缓冲沙坑尺寸不符合规范,或用棉垫等代替缓冲沙坑	Ⅳ	其他伤害	逃生滑道下端设置2m×1.5m×0.3m的缓冲沙坑	岗位	井架工
			通道	正前方有障碍物,逃生滑道内有杂物、积水等	Ⅳ	其他伤害	前方6m内无障碍物;严禁在滑道内放置杂物;及时清理积水、沙尘及其他异物	岗位	井架工
			标识	无"逃生滑道"标识牌,标识安装位置不合理	Ⅳ	其他伤害	在逃生口一侧栏杆上醒目位置安装标识牌	岗位	井架工
			气路管线	布局走向不合理、漏气,冬季无保温措施或措施不符合要求	Ⅳ	其他伤害	规范布局架设,各连接件和气阀元件密封可靠,执行冬季保温措施	岗位	内钳工
			水路管线	布局走向不合理、漏水,冬季无保温措施或措施不符合要求	Ⅳ	其他伤害	规范布局架设,各连接件和球阀密封可靠,执行冬季保温措施	岗位	内钳工
		线缆	电缆、插头及其他电气元件	不符合防爆要求,开关无标识,控制对象标识、老化,电缆线破损,金属(棱角)接触处无绝缘护套,插头及电气元件无防护措施	Ⅳ	触电	符合防爆要求,防爆接线口装有密封垫;开关有统一规范控制对象标识;电缆线无破皮、老化,与金属(棱角)接触处有绝缘护套;防尘防水措施到位	岗位	大班电工

表2-7 钻井队机房区域设备设施完整性风险分级管控表（示例）

序号	设备设施名称	管理单元	管理内容	危害因素	风险等级	事故分类	控制措施	控制级别	具体岗位
1	机房底座	基础	固定	基础不平、悬空	Ⅳ	其他伤害	基础水平度误差小于或等于5mm	岗位	大班司机
		作业平台	作业面	不平整、孔洞（缝）过大	Ⅳ	高处坠落	台面平整，孔洞（缝）小于或等于40mm	岗位	柴油机司机
				盖板、合页损坏、变形、缺失	Ⅳ	高处坠落	盖板平整，附件齐全完好	岗位	柴油机司机
			通道	安全通道堵塞	Ⅳ	其他伤害	过道干净、畅通；走道宽度不小于800mm	岗位	柴油机司机
		护栏	栏杆	护栏缺失、破损、无连接，间隙过大，晃动大	Ⅳ	高处坠落	护栏高度1050～1200mm，护栏两立柱的间距不得大于1m，护栏中间至少有一根横杆，缺口部位加装防护链或搭扣连接，间隙不大于25mm	岗位	柴油机司机
			踢脚板	踢脚板缺失、高度不够、锈蚀严重	Ⅳ	其他伤害	所有护栏下部焊有不低于150mm高踢脚板，踢脚板与台面间隙不大于10mm	岗位	柴油机司机
		梯子	梯子坡度	梯子坡度过大或过小	Ⅲ	其他伤害	坡度合适（40°～50°）	钻井队	柴油机司机
			固定	梯子悬空	Ⅲ	物体打击	梯子底部接触面稳固、牢靠	钻井队	柴油机司机
			扶手	梯子扶手变形、缺失、开口过大	Ⅳ	高处坠落	扶手垂直高度不小于900mm，扶手中间至少有一根横杆；扶手的立柱应垂直于水平面，相邻两立柱的间距不得大于1m	岗位	柴油机司机
			踏板	梯子踏板变形、缺失	Ⅳ	其他伤害	踏板平整，相邻两踏板净空高度为250～300mm	岗位	柴油机司机
			通道	梯子过道口有杂物	Ⅳ	其他伤害	梯子过道口无杂物	岗位	柴油机司机
			保险绳	挂钩式梯子无保险链	Ⅳ	物体打击	挂钩式梯子两侧加装保险链	岗位	柴油机司机
		连接固定	固定螺栓	固定螺栓松动、缺失	Ⅳ	其他伤害	连接螺栓紧固，无缺失	岗位	柴油机司机
			连接销	连接销别针缺失	Ⅳ	其他伤害	连接销别针完好，齐全	岗位	柴油机司机
			耳板	耳板变形、断裂	Ⅳ	其他伤害	耳板完好，无开焊、断裂	岗位	柴油机司机

续表

序号	设备设施名称	管理单元	管理内容	危害因素	风险等级	事故分类	控制措施	控制级别	具体岗位
1	机房底座	吊耳	外观及连接	吊耳有割痕、严重变形、焊缝开裂	Ⅳ	起重伤害	起吊前检查，无开焊、破损	岗位	柴油机司机
		主体固定	固定压板	固定压板松动，主体与底座台面接触不牢固	Ⅳ	其他伤害	压板紧固，台面平整	岗位	柴油机司机
2	柴油机	润滑系统	油质油量	润滑油油量不足或变质，漏油	Ⅳ	其他伤害	润滑油油质、油量符合要求	岗位	柴油机司机
			油泵固定	润滑油泵固定不牢固、管线破损	Ⅳ	其他伤害	安装紧固，及时更换	岗位	柴油机司机
			压力表	压力表失灵、损坏	Ⅳ	其他伤害	压力表灵敏可靠，表盘清晰、完好	岗位	柴油机司机
			油滤油压	机油滤子、油道堵塞，油压过高或过低	Ⅳ	其他伤害	滤子清洁，油道通畅；油压在0.4~0.8MPa	岗位	柴油机司机
			调压阀	调压阀损坏或失灵	Ⅳ	其他伤害	调压阀完好	岗位	柴油机司机
			油量	润滑油量与油标尺标定油位不符	Ⅳ	其他伤害	润滑油量与油标尺标定油位相符	岗位	柴油机司机
		冷却系统	冷却水泵	冷却水泵损坏、管线破损、闸阀损坏	Ⅳ	其他伤害	冷却水泵完好，管线无刺漏，闸阀开关到位	岗位	柴油机司机
			冷却液	冷却液量不足	Ⅳ	其他伤害	冷却液充足，不低于下限刻度	岗位	柴油机司机
			水箱	水箱破损、堵塞	Ⅳ	其他伤害	水箱完好、通畅	岗位	柴油机司机
			风扇皮带	风扇皮带断裂、轴承异响	Ⅳ	其他伤害	风扇皮带完好、轴承运转无异响	岗位	柴油机司机
			中冷器、油冷器	中冷器、油冷器损坏、堵塞	Ⅳ	其他伤害	中冷器、油冷器完好，通畅	岗位	柴油机司机
		保护装置	停车保护	油压低停车保护装置失灵，紧急停车阻卡失效	Ⅳ	其他伤害	油压低停车保护装置灵敏可靠；温升≤45℃	岗位	柴油机司机
			防爆装置	空气防爆装置失效	Ⅳ	其他伤害	空气防爆装置灵敏可靠	岗位	柴油机司机

续表

序号	设备设施名称	管理单元	管理内容	危害因素	风险等级	事故分类	控制措施	控制级别	具体岗位
2	柴油机	进、排气系统	进气管道	进气管道漏气	Ⅳ	其他伤害	进气管道密封完好	岗位	柴油机司机
			排气管	排气支管垫子刺漏、波纹管断裂	Ⅳ	灼烫	排气支管垫子不刺漏、波纹管完好	岗位	柴油机司机
				排气总管支架固定松动	Ⅳ	物体打击	支架固定牢靠	岗位	柴油机司机
				排气管出口朝向油罐区、无灭火装置	Ⅳ	火灾 其他爆炸	排气管出口避开油罐方向，出口安装灭火装置	岗位	柴油机司机
			消音器	消音器破损	Ⅳ	其他伤害	消音器完好	岗位	柴油机司机
			油雾器	油雾器油位低、油水分离器杂质多	Ⅳ	其他伤害	油雾器油位正常、油水分离器干净	岗位	柴油机司机
		启动装置	供油泵	预供油泵失效	Ⅳ	其他伤害	预供油泵工作正常	岗位	柴油机司机
			马达	启动马达固定松动	Ⅳ	物体打击	启动马达固定牢靠	岗位	柴油机司机
			气管线	高压气管线固定松动	Ⅳ	物体打击	高压气管线固定牢靠	岗位	柴油机司机
			气路开关	气路控制开关失效、损坏	Ⅳ	物体打击	控制开关正常	岗位	柴油机司机
		防护设施	防护网、护罩	飞轮护罩缺失、变形、损坏	Ⅲ	机械伤害	护罩齐全完好、固定牢靠		
				高压油泵联轴器护罩缺失、变形、损坏	Ⅲ	机械伤害	护罩齐全完好、固定牢靠	钻井队	柴油机司机
				风扇护罩缺失、变形、损坏	Ⅲ	机械伤害	护罩齐全完好、固定牢靠，孔洞直径不超过30mm		
		吊耳	外观及连接	吊耳有割伤、严重变形、焊缝开裂	Ⅳ	起重伤害	起吊前检查、无开焊、破损	岗位	柴油机司机

第二章 钻井生产作业活动风险防控

表 2-8 钻井队泵房区域设备设施完整性风险分级管控表（示例）

序号	设备设施名称	管理单元	管理内容	危害因素	风险等级	事故分类	控制措施	控制级别	具体岗位
1	钻井泵	基础	固定	基础不平、悬空	IV	其他伤害	基础水平度误差小于或等于 5mm	岗位	副司钻 大班司钻
		空气包	五通连接螺栓	空气包完体与钻井泵排出五通连接螺栓松动、缺失	IV	物体打击	空气包完体与钻井泵排出五通连接螺栓紧固、齐全	岗位	副司钻
			压盖螺栓	空气包压盖螺栓松动、断裂	IV	物体打击	空气包压盖螺栓紧固、齐全	岗位	副司钻
			胶囊	空气包胶囊刺破、损坏	IV	其他伤害	空气包胶囊完好	岗位	副司钻
			压力表	压力表失灵	IV	其他伤害	空气包顶部压力表灵敏可靠，表盘清晰、完好	岗位	副司钻
			充气压力	充气压力过高或过低	IV	其他伤害	空气包应充氮气或压缩空气，充值值为工作压力的1/3左右，压力不低于3MPa，不高于 4.5MPa	岗位	副司钻
			截止阀	压力表截止阀损坏、失效	IV	其他伤害	截止阀灵敏可靠，手柄齐全、完好	岗位	副司钻
		动力端	完体	完体密封不严	IV	其他伤害	完体密封良好	岗位	副司钻
			皮带轮	皮带轮安装不到位、固定松动	IV	其他伤害	皮带轮安装紧固、固定牢靠	岗位	副司钻
			油质油量	润滑油油量不足或变质、油道堵塞	IV	其他伤害	润滑油油质、油量符合要求	岗位	副司钻
			松紧度	皮带过紧或过松	IV	其他伤害	皮带松紧度合适	岗位	副司钻
		液力端	上水阀门	上水阀门失效或手轮损坏、开关状态与实际不符	IV	其他伤害	上水阀门完好，灵活好用	岗位	副司钻
			阀箱	阀箱固定螺栓松动	IV	其他伤害	安装螺栓齐全紧固	岗位	副司钻
			上水四通	上水四通连接松动	IV	其他伤害	上水四通连接紧固	岗位	副司钻
			排水五通	排水五通连接松动	IV	其他伤害	排水五通连接紧固	岗位	副司钻
			压盖	阀盖压盖松动	IV	其他伤害	阀盖压盖固定牢靠	岗位	副司钻
			缸套	缸套固定松动	IV	其他伤害	缸套固定紧固牢靠	岗位	副司钻

续表

序号	设备设施名称	管理单元	管理内容	危害因素	风险等级	事故分类	控制措施	控制级别	具体岗位
1	钻井泵	安全阀	阀锈蚀度	安全阀锈蚀、卡死	IV	其他伤害	安全阀灵活、可靠，无锈蚀	岗位	副司钻
			定压标尺	定压标尺、阀盖缺失、损坏，固定不牢	IV	其他伤害	定压标尺完好清晰，阀盖及固定完好	岗位	副司钻
			安全销	安全销定位过高或过低	III	其他伤害	安全阀所定压力高于使用压力一个档次	钻井队	副司钻
				没有使用标准安全销		其他伤害	使用标准安全销		副司钻
			排出管线固定	安全阀溢流口排出管线固定松动，未加保险绳或保险链	IV	其他伤害	安全阀溢流口排出管线固定牢固并加保险绳或保险链	岗位	副司钻
			出口方向	安全阀出口方向不正确	IV	其他伤害	安全阀出口方向正确	岗位	副司钻
		底座	固定	水平度不够，有悬空	IV	其他伤害	泵体与底座接触良好，无悬空	岗位	副司钻
			泵连接	泵与底座连接顶丝松动	IV	其他伤害	泵与底座连接顶丝固定牢靠	岗位	副司钻
			调节丝杠	调节丝杠调节不到位	IV	其他伤害	调节丝杠调节到位	岗位	副司钻
		冷却装置	冷却水箱	冷却水箱漏水，位置不对	IV	其他伤害	冷却水箱完好，安装到位	岗位	副司钻
				冷却水脏，有杂物	IV	其他伤害	及时更换，盖好水箱盖	岗位	副司钻
			喷淋泵固定	喷淋泵固定不牢固，管线漏水，排水阀门未打开	IV	机械伤害	安装紧固，管线完好，阀门常开	岗位	副司钻
			皮带护罩	喷淋泵皮带护罩松动，破损或未安装	IV	其他伤害	喷淋泵皮带护罩完好，固定牢靠	岗位	副司钻
			盘根	喷淋泵盘根漏水	IV	其他伤害	喷淋泵盘根不刺不漏	岗位	副司钻
			安装	喷淋泵安装不正、冬季无防冻措施	IV	其他伤害	喷淋泵安装到位	岗位	副司钻

第二章 钻井生产作业活动风险防控

续表

序号	设备设施名称	管理单元	管理内容	危害因素	风险等级	事故分类	控制措施	控制级别	具体岗位
1	钻井泵	润滑装置	润滑油泵	润滑油泵固定不牢固，管线破损	Ⅳ	其他伤害	安装紧固，及时更换	岗位	副司钻
			上油阀门	上油阀门开关错误	Ⅳ	其他伤害	常开	岗位	副司钻
			压力表	润滑油压力表失灵，损坏无法准确显示值	Ⅳ	其他伤害	压力表灵敏可靠，表盘清晰、完好	岗位	副司钻
		悬吊装置	固定	固定不牢，转动不灵活	Ⅳ	物体打击	固定牢靠，灵活好用	岗位	副司钻
			本体	本体有裂纹	Ⅳ	物体打击	本体完好，无裂纹	岗位	副司钻
			游动滑轮	游动滑轮损坏，脱出导机	Ⅳ	高处坠落	游动滑轮转动灵活、破皮、老化、完好无缺损	岗位	副司钻
		照明	电缆线	电缆线有接头、破皮、老化，与金属接触处无绝缘护套	Ⅳ	触电	电缆线无接头、与金属接触处有绝缘护套	岗位	副司钻
			照明灯	照明灯缺失，不防爆，无保护链，灯杆固定不牢靠	Ⅳ	火灾	照明灯完好，防爆灯有保护链，灯杆固定牢靠	岗位	副司钻
		皮带传动装置	皮带轮	皮带轮轮槽缺损	Ⅳ	物体打击	皮带轮轮槽完好无缺损	岗位	副司钻
			护罩	护罩固定松动、变形、损坏	Ⅳ	其他伤害	护罩固定、变形、损坏	岗位	副司钻
			皮带	皮带有毛刺、断裂、疲劳损伤拉长	Ⅳ	其他伤害	皮带完整齐全，无毛刺、断裂现象	岗位	副司钻
		万向轴传动装置	本体	本体缺陷，油封盖缺失	Ⅲ	物体打击	定期检查，按期探伤检测	钻井队	大班司钻
			连接固定	万向轴不同轴	Ⅳ	物体打击	万向轴同轴度不超过0.2mm（20丝），万向轴花键轴向位移15～20mm，连接螺栓紧固，防退装置齐全，运转平稳	岗位	副司钻
				防退装置缺失	Ⅳ	物体打击	固定螺栓紧固	岗位	副司钻
				固定螺栓松动，定位装置缺失	Ⅳ	其他伤害	固定螺栓紧固，定位装置齐全完整	岗位	副司钻

续表

序号	设备设施名称	管理单元	管理内容	危害因素	风险等级	事故分类	控制措施	控制级别	具体岗位
1	钻井泵	万向轴传动装置	护罩	护罩固定松动、变形、损坏	IV	物体打击	护罩固定、变形、损坏	岗位	副司钻
			润滑	压注油杯（黄油嘴）、润滑脂管路阻塞、损坏	IV	其他伤害	压注油杯（黄油嘴）、润滑脂管路齐全、畅通	岗位	副司钻
		防爆接线箱	本体	密封不严	IV	触电	密封严密，有效防爆	岗位	大班电工机电技术员
			防爆格兰	格兰固定松动	IV	其他伤害	螺栓紧固	岗位	大班电工机电技术员
			保护按钮	检修保护按钮失效或短接	IV	其他伤害	检修开关完好	岗位	大班电工机电技术员
			屏蔽线	屏蔽线连接松动	IV	其他伤害	屏蔽线连接紧固	岗位	大班电工机电技术员
		驱动电机	接地	电机未接地	IV	触电	接地电阻不大于4Ω	岗位	大班电工机电技术员
			线圈绝缘	线圈绝缘老化	IV	其他伤害	按期保养维护，保持干燥	岗位	大班电工机电技术员
			编码器	编码器损坏	IV	其他伤害	编码器完好	岗位	大班电工机电技术员
			保护按钮	检修保护按钮失效或短接	IV	其他伤害	保护按钮完好，工作正常	岗位	大班电工机电技术员

第二章 钻井生产作业活动风险防控

续表

序号	设备设施名称	管理单元	管理内容	危害因素	风险等级	事故分类	控制措施	控制级别	具体岗位
1	钻井泵	风机电机	接地	电机未接地	Ⅳ	触电	接地电阻不大于4Ω	岗位	大班电工机电技术员
			线圈绝缘	线圈绝缘老化	Ⅳ	其他伤害	按期保养维护,保持干燥	岗位	大班电工机电技术员
			保养	电机两端轴承保养不到位	Ⅳ	其他伤害	轴承运转无异响,温升≤45℃	岗位	大班电工机电技术员
			连接线	风机接线不牢或虚接、短接	Ⅳ	其他伤害	风机接线紧固	岗位	大班电工机电技术员
			滤网	风机滤网堵塞、破损	Ⅳ	其他伤害	风机滤网完好、清洁通畅	岗位	大班电工机电技术员
			电机运转	电机反转	Ⅳ	其他伤害	倒换电缆	岗位	大班电工机电技术员
				电机缺相运行	Ⅳ	其他伤害	经常检查及时处理	岗位	大班电工机电技术员
		吊耳	外观及连接	吊耳有割伤、严重变形、焊缝开裂	Ⅳ	起重伤害	起吊前检查,无开焊、破损	岗位	大班电工机电技术员
2	高压管汇	连接管线	管线本体	焊缝刺漏、内壁腐蚀	Ⅲ	其他伤害	定期组织检测探伤	钻井队	大班司钻
			活接头(由王)	连接固定不牢靠	Ⅳ	其他伤害	紧固到位、定期检查	岗位	副司钻
			软管线	软管爆裂	Ⅳ	其他伤害	定期组织检测探伤,绷好保险绳	岗位	副司钻
		阀门	开关状态	阀门状态与流程不符	Ⅳ	其他伤害	确保阀门处于全开或全闭状态	岗位	副司钻
			固定密封	连接固定松动、密封刺漏	Ⅳ	其他伤害	定期检查,及时更换配件	岗位	副司钻

表 2-9 钻井队循环罐区域设备设施完整性风险分级管控表（示例）

序号	设备设施名称	管理单元	管理内容	危害因素	风险等级	事故分类	控制措施	控制级别	具体岗位
1	循环罐	基础	固定	基础不平、不全或悬空	IV	其他伤害	基础水平度误差小于或等于5mm	岗位	钻井液工 钻井液技术员
		罐体	罐面	罐面不平整、孔洞过大	IV	高处坠落	循环罐系统罐面平整，罐面漏洞不超过40mm	岗位	钻井液工 钻井液技术员
			罐体	罐体锈蚀、破损	IV	高处坠落	罐体完好无锈蚀	岗位	钻井液工 钻井液技术员
			吊耳	吊耳有割伤、严重变形、焊缝开裂	IV	起重伤害	起吊前检查，无开焊、无锈蚀、破损	岗位	钻井液工 钻井液技术员
			过道	过道堵塞、不平整	IV	其他伤害	过道干净、畅通、无锈蚀、破损；走道宽度不小于800mm	岗位	钻井液工 钻井液技术员
			护栏	护栏缺失、破损、护栏无连接	IV	高处坠落	护栏高度1050~1200mm，护栏两立柱的间距不得大于1m，护栏中间至少有一根横杆，装防护链或焊扣连接，间隙不大于25mm	岗位	钻井液工 钻井液技术员
			踢脚板	踢脚板缺失、高度不够	IV	高处坠落	所有护栏下部焊有不低于150mm高踢脚板，踢脚板与台面间间隙不大于10mm	岗位	钻井液工 钻井液技术员
			观察孔	观察孔、人孔盖板锈蚀、缺失	IV	高处坠落	观察口盖板齐全、合适	岗位	钻井液工 钻井液技术员
			销子别针	护栏销子及别针缺失、销孔变形	IV	高处坠落	护栏销子及别针齐全、完好、销孔无变形	岗位	钻井液工 钻井液技术员
			阀件	罐体各类阀件工作不正常、手柄断裂或缺失	IV	其他伤害	罐体各类阀件齐全、完好、工作正常	岗位	钻井液工 钻井液技术员
			支撑杆	过道支撑杆锈蚀、变形、缺失	IV	高处坠落	过道支撑杆齐全、完好、无变形	岗位	钻井液工 钻井液技术员

第二章 钻井生产作业活动风险防控

续表

序号	设备设施名称	管理单元	管理内容	危害因素	风险等级	事故分类	控制措施	控制级别	具体岗位
1	循环罐	罐体连接	防渗	连接管线破损、接头渗漏、刺漏	IV	其他伤害	连接管线完好无破损、接头无刺漏	岗位	钻井液工 钻井液技术员
			支撑杆	定位支撑杆断裂、变形、缺失	IV	高处坠落	定位支撑杆齐全、完好无变形	岗位	钻井液工 钻井液技术员
			过道	过道连接缺失变形	IV	高处坠落	过道连接齐全、平整、稳固	岗位	钻井液工 钻井液技术员
		梯子	数量	梯子数量不足	IV	其他伤害	上下循环罐梯子不少于3个	岗位	钻井液工 钻井液技术员
			坡度	梯子坡度过大或过小	IV	其他伤害	坡度合适（40°～50°）	岗位	钻井液工 钻井液技术员
			固定	梯子悬空	IV	其他伤害	梯子底部接触面稳固、牢靠	岗位	钻井液工 钻井液技术员
			扶手	梯子扶手变形、缺失	IV	其他伤害	扶手垂直高度不小于900mm，扶手中间至少有一根横杆；扶手的立柱垂直于水平面，相邻两立柱的间距不得大于1m	岗位	钻井液工 钻井液技术员
			踏板	梯子踏板变形、缺失	IV	其他伤害	踏板平整，相邻两踏板净空高度为250～300mm	岗位	钻井液工 钻井液技术员
			保险链	挂钩式梯子无保险链	IV	物体打击	挂钩式梯子两侧加装保险链	岗位	钻井液工 钻井液技术员
			梯子口	梯子口无保险链	IV	高处坠落	梯子口装有3道保险链、固定牢靠、松紧适宜	岗位	钻井液工 钻井液技术员
				梯子口堆放杂物	IV	其他伤害	梯子口无影响人员通行的障碍物	岗位	钻井液工 钻井液技术员

续表

序号	设备设施名称	管理单元	管理内容	危害因素	风险等级	事故分类	控制措施	控制级别	具体岗位
1	循环罐	电路及照明	线槽	线槽锈蚀、缺失	Ⅳ	其他伤害	线槽齐全、完好、无锈蚀	岗位	钻井液工钻井液技术员
			接地	循环罐体未接地	Ⅳ	触电	在循环罐区保护零线（PE）必须重复接地；在循环罐区保护零线（PE）必须采用等电位连接，导线的截面积不小于35 mm²；接地电阻不大于10Ω	岗位	机电技术员
			电缆线	电缆线有接头、破损、与金属接触处无绝缘护套	Ⅳ	触电	电缆线无接头、老化、破皮、与金属接触处有绝缘护套	岗位	机电技术员
			照明灯	照明灯缺失、不防爆、无保护链、灯杆固定不牢靠	Ⅳ	火灾其他爆炸	照明灯完好，防爆灯有保护链，灯杆固定牢靠	岗位	机电技术员
			临时线	临时线走向不合理、妨碍人行通道	Ⅳ	其他伤害	临时线走向合理，不妨碍人行通道	岗位	机电技术员
			防爆	电机、配电柜不防爆	Ⅳ	火灾其他爆炸	电机、配电柜满足防爆管保护要求	岗位	机电技术员
			坐岗房	坐岗房进线处无绝缘管保护	Ⅳ	触电	坐岗房进线处穿绝缘管保护	岗位	机电技术员
			密封垫	防爆接线口无密封垫、备用防爆捅头加防护盖	Ⅳ	火灾其他爆炸	防爆接线口装有密封垫，备用防爆捅头加防护盖	岗位	机电技术员
			开关标识	开关标识不清缺失	Ⅳ	其他伤害	开关标识清晰完好与控制对象相符	岗位	机电技术员
		冬防保温	变压器	变压器摆放位置不合适，侵占安全通道	Ⅳ	其他伤害	变压器摆放位置合理，不影响人员通行，与罐面接触部位采取防磨措施	岗位	机电技术员
				变压器不防爆	Ⅳ	火灾其他爆炸	变压器采用防爆处理	岗位	机电技术员
			线路	线路走向混乱，棱角处未采取防磨措施	Ⅳ	触电	线缆走向合理，不影响人员通行；与罐面棱角接触处有防磨处理	岗位	机电技术员

第二章 钻井生产作业活动风险防控

续表

序号	设备设施名称	管理单元	管理内容	危害因素	风险等级	事故分类	控制措施	控制级别	具体岗位
1	循环罐	冬防保温	电热带	电热带线头裸露或线缆损伤	Ⅳ	触电	电热带线头无裸露，线缆无损伤	岗位	机电技术员
				电热带未取包扎保温措施	Ⅳ	其他伤害	电热带取包扎保温措施	岗位	机电技术员
			接线盒	接线盒损坏	Ⅳ	其他伤害	接线盒齐全完好	岗位	机电技术员
		控制开关及电路	开关	控制开关不防爆	Ⅳ	火灾其他爆炸	控制开关符合防爆要求	岗位	钻井液技术员 机电技术员
			电源线	电源线缆龟裂、芯线裸露	Ⅳ	触电	标识清晰与控制对象相符	岗位	钻井液技术员 机电技术员
			防爆插座	防爆插座不密封	Ⅳ	火灾其他爆炸	防爆插接件密封完好	岗位	钻井液技术员 机电技术员
			标识	标识不清	Ⅳ	其他伤害	电源线缆无龟裂、芯线无裸露	岗位	钻井液技术员 机电技术员
2	振动筛	激振电机	电缆布线	电缆破损	Ⅳ	其他伤害	电缆完好	岗位	钻井液技术员 机电技术员
			固定	固定螺栓断裂、缺失	Ⅳ	其他伤害	固定螺栓齐全、紧固	岗位	钻井液技术员 机电技术员
			标识	转向标识不清	Ⅳ	其他伤害	转向标识清晰、同步	岗位	钻井液技术员 机电技术员
			润滑脂	润滑脂缺失	Ⅳ	其他伤害	润滑良好	岗位	钻井液技术员 机电技术员

续表

序号	设备设施名称	管理单元	管理内容	危害因素	风险等级	事故分类	控制措施	控制级别	具体岗位
2	振动筛	筛箱、支撑弹簧、筛箱角度调节装置	箱体	筛箱破损	IV	其他伤害	筛箱完好无损	岗位	钻井液技术员 机电技术员
			高度	左右高度不一致	IV	其他伤害	左右高度调节一致	岗位	钻井液技术员 机电技术员
			弹簧	支撑弹簧断裂	IV	其他伤害	弹簧完好	岗位	钻井液技术员 机电技术员
			固定	筛布张紧螺栓松动	IV	其他伤害	筛布张紧螺栓紧固，筛布平整完好	岗位	钻井液技术员 机电技术员
		挡泥板	板体	挡泥板损坏或缺失	IV	其他伤害	挡泥板安装到位、牢靠	岗位	钻井液技术员 机电技术员
			固定	挡泥板安装不牢靠	IV	物体打击	挡泥板安装到位、牢靠	岗位	钻井液技术员 机电技术员
		吊点	吊耳	吊耳有割伤、严重变形、焊缝开裂	IV	起重伤害	起吊前检查、无开焊、破损	岗位	钻井液工 机电技术员

表2-10 钻井队场地区域设备设施完整性风险分级管控表（示例）

序号	设备设施名称	管理单元	管理内容	危害因素	风险等级	事故分类	控制措施	控制级别	具体岗位
1	套装水罐	基础	固定	基础不平、悬空	IV	物体打击	基础水平度误差小于或等于5mm	岗位	钻井液工
		罐体	本体	罐体锈蚀、渗漏	IV	其他伤害	罐体完整、无裂缝、开焊、无锈蚀	岗位	钻井液工
			吊耳	吊耳有割伤、严重变形、焊缝开裂	IV	起重伤害	起吊前检查、无开焊、破损	岗位	钻井液工

续表

序号	设备设施名称	管理单元	管理内容	危害因素	风险等级	事故分类	控制措施	控制级别	具体岗位
1	套装水罐	罐体	上罐插件、底罐捅库	上罐插件及底罐插库接触不稳、有裂痕	Ⅳ	其他伤害	插件及捅库完好、接触牢靠	岗位	钻井液工
			插件附件、联动装置	插件附件及联动装置失效	Ⅳ	其他伤害	插件附件及联动装置灵活可靠	岗位	钻井液工
			插件操作杆	插件操作杆损坏或无锁定装置	Ⅳ	物体打击	操作杆及锁定装置完好齐全	岗位	钻井液工
			防护栏	无防护栏抓手	Ⅳ	高处坠落	护栏高度1050~1200mm,护栏两立柱的间距不大于1m,护栏中间至少有一根横杆	岗位	钻井液工
			钢直梯	钢直梯本体变形、锈蚀、开焊,顶部无抓手	Ⅳ	高处坠落	钢直梯本体及顶部抓手完好无开焊,系好差速器	岗位	钻井液工
			接地	罐体未接地	Ⅳ	触电	罐体接地良好,接地电阻不大于10Ω	岗位	大班电工
		进、出液管线	固定	管线连接松动	Ⅳ	其他伤害	进、出液管线连接牢靠,无泄漏	岗位	钻井液工
			密封垫	密封垫不密封	Ⅳ	其他伤害	密封良好、无泄漏	岗位	钻井液工
			闸阀	闸阀手柄损坏、缺失	Ⅳ	其他伤害	闸阀手柄齐全、灵活好用	岗位	钻井液工
		泵体	固定	固定螺栓松动	Ⅳ	其他伤害	固定螺栓紧固,无松动	岗位	钻井液工
			密封盒	密封填料(盘根)磨损	Ⅳ	其他伤害	密封盒好无泄漏	岗位	钻井液工
			轴承	轴承损坏	Ⅳ	其他伤害	轴承无异响,温升小于45℃	岗位	钻井液工
			润滑脂	润滑脂不足或变质	Ⅳ	其他伤害	润滑脂品质、量符合要求	岗位	钻井液工

续表

序号	设备设施名称	管理单元	管理内容	危害因素	风险等级	事故分类	控制措施	控制级别	具体岗位
1	套装水罐	电机及控制电路	固定	电机固定松动	IV	其他伤害	电机固定紧固，无松动	岗位	钻井液工
			风机护罩	电机风扇护罩缺失、损坏	IV	机械伤害	电机风扇护罩齐全、完好	岗位	钻井液工
			接地	电机未接地	IV	触电	电机接地良好，接地电阻不大于10Ω	岗位	大班电工
			线缆	电源线龟裂、芯线裸露	IV	触电	电源线缆无龟裂，芯线无裸露	岗位	大班电工
			开关标识	开关标识不清或缺失	IV	触电	标识清晰完好与控制对象相符	岗位	大班电工
			配电箱	配电箱前无绝缘胶皮	IV	触电	配电箱前铺设绝缘胶皮	岗位	大班电工
		加热保温装置	保温装置	保温装置不防爆	IV	其他爆炸	保温装置完好符合防爆要求	岗位	大班电工
			加热装置	加热装置锈蚀、老化、失效	IV	其他伤害	加热装置完好，工作正常	岗位	大班电工
		照明	照明灯	照明灯缺失、不防爆、无保护链、灯座固定不牢靠	IV	物体打击 火灾	照明灯完好，防爆灯有保护链；灯座固定牢靠	岗位	大班电工
2	钳工房	房体	外观及附属设施	房体锈蚀、门窗破损、门窗固定及撑杆不牢或缺失、结构损坏、房顶有附着物和杂物	IV	物体打击 其他伤害	定时检查维修，保持房内整洁、连接和支撑牢靠；严禁在房顶放置各类设施，外接高架无线网卡、信号放大器等	岗位	场地工
			供电电缆	固定不牢、老化、安装连接位置过低	IV	触电 火灾	固定连接可靠，连接高至1.8m以上，及时处置龟裂进行更换	岗位	大班电工
			接地线	未接地、接地不规范或接地电阻不符合要求	IV	触电	规范接地，每周检测，确保接地电阻不大于4Ω	岗位	大班电工
		房内通用配套设施	照明灯具	照明灯缺失、灯罩破损或缺失、固定松动	IV	其他伤害	定期检查，及时更换	岗位	场地工
			排风扇	失效	IV	其他伤害	定期检查，及时更换	岗位	场地工
			应急灯	失效	IV	其他伤害	定期检查，及时更换	岗位	场地工

第二章 钻井生产作业活动风险防控

续表

序号	设备设施名称	管理单元	管理内容	危害因素	风险等级	事故分类	控制措施	控制级别	具体岗位
2	钳工房	房内通用配套设施	开关	失效、标识不清、缺失	Ⅳ	触电	定期检查，正确标示，及时更换	岗位	场地工
			灭火器	失效、缺失	Ⅳ	火灾	按要求配置干粉灭火器（1具/间），专人每月检查，确保压力值在绿区以上，安全销无锈蚀，喷嘴与胶管完好无龟裂，钳封完好，瓶体和瓶底无锈蚀，有灭火器检查记录	岗位	大班司机
			地面	地面锈蚀，杂物堆积	Ⅳ	其他伤害	室内卫生清洁，无杂物，电焊机、切割机、台钳、工具柜等区域固定，单独存放	岗位	大班司钻
			标识与挂牌	未张贴相应设备安全操作规程	Ⅳ	其他伤害	修理房内所有电器设备设施，相应区域单体设备必须张贴相应的安全操作规程及责任人	岗位	大班司钻
			货架、挂钩	固定不牢靠，物品存放杂乱，挂钩焊接开缝	Ⅳ	其他伤害	拆搬安后对货架检查维护，安排人员清理整理工具设备设施，做好日常岗位巡查工作，确保修理房整洁归类	岗位	大班司钻
			单体设备电缆、气管线管理	电缆、气管线摆放凌乱	Ⅳ	触电 中毒 其他伤害	分区域整理盘好电缆、气管线，并上墙管理	岗位	大班司钻
			固定卡箍	固定不牢靠，物品存放杂乱，卡箍座焊接开缝	Ⅳ	其他伤害	拆搬安后对卡箍检查维护、上下缓冲垫，做好日常岗位巡查工作	岗位	大班司钻
	氧气乙炔房		地面与空间	堆放其他杂物、气瓶混放	Ⅳ	其他伤害	专房专用	岗位	大班司钻
			标识与挂牌	新旧、品种管理卡未标示管理	Ⅳ	爆炸	种类、空瓶、满瓶，使用中等管理卡完善齐全	岗位	大班司钻

续表

序号	设备设施名称	管理单元	管理内容	危害因素	风险等级	事故分类	控制措施	控制级别	具体岗位
2	钳工房	消防器材室	标识与挂牌	未张贴消防设备设施清单及责任人	Ⅳ	其他伤害	墙面必须张贴消防设备设施清单及责任人	岗位	大班司机
			货架、挂钩	固定不牢靠、物品存放杂乱、挂钩焊接开缝	Ⅳ	其他伤害	拆搬安后对货架检查维护，安排人员清理整理工具设备设施，做好日常岗位巡查工作，确保消防室整洁归类	岗位	大班司机
			地面与空间	地面锈蚀、杂物堆积、通道不畅	Ⅳ	其他伤害	室内卫生清洁，消防设备设施摆列整齐规范，不交叉摆放，分类明确；张贴消防设施清单及负责人	岗位	大班司机

表2-11 钻井队井控设备设施完整性风险分级管控表（示例）

序号	设备设施名称	管理单元	管理内容	危害因素	风险等级	事故分类	控制措施	控制级别	具体岗位
1	远程控制房	房体	外观及附属设施	房体锈蚀、门窗破损、门窗固定支撑杆不牢或缺失、结构损坏、房顶有附着物和杂物	Ⅲ	物体打击 其他伤害	定期检查维修，保持房体完好，门窗无破损，各处连接和支撑牢靠；严禁在房顶放置各类设备设施，外接高架无ы线网卡、信号放大器等	钻井队	井架工
			供电电缆	固定不牢、老化、破损、无防风措施、安装位置过低	Ⅲ	触电 火灾	固定连接可靠，连接架至1.8m以上，定期检查，及时处置龟裂或进行更换	钻井队	大班电工 大班司机
			接地线	未接地、接地不规范或接地电阻不符合要求	Ⅲ	触电	规范接地，每周检测，确保接地电阻不大于4Ω	钻井队	大班电工 大班司机
		吊耳	外观及连接	吊耳有割伤、耳缺失，严重变形、焊缝开裂，或自制未经检测，载荷计算吊耳及吊点无标示	Ⅲ	起重伤害	每周、起吊前检查，吊耳齐全完好，无开焊、缺失	钻井队	井架工
		储能器气瓶	阀门管线	阀门、管线连接松动、刺漏，阀门锈蚀卡滞伤人、阀门及吊点无标示	Ⅲ	其他伤害	落实岗位巡检、紧固、更换	钻井队	副司钻

第二章 钻井生产作业活动风险防控

续表

序号	设备设施名称	管理单元	管理内容	危害因素	风险等级	事故分类	控制措施	控制级别	具体岗位
1	远程控制房	储能器气瓶	气瓶本体	气瓶外壳锈蚀、有裂纹，压力外泄伤人	Ⅲ	其他伤害	定期检定	钻井队	副司钻
			安全阀	安全阀未按期检验，失灵或损坏，排气口朝向人员通道	Ⅲ	其他伤害	定期检定、更换、调整排气口方向	钻井队	副司钻
		电泵、气泵	阀门管线	阀门、管线连接松动、刺漏、阀件锈蚀卡滞	Ⅲ	其他伤害	落实岗位巡检、紧固、更换	钻井队	副司钻
			泵体	泵体刺漏、压力外泄伤人	Ⅲ	其他伤害	定期检定	钻井队	副司钻
		液压油箱	箱体	泄漏	Ⅲ	其他伤害	检查，确保完好	钻井队	副司钻
			液压油	油量不足或过满	Ⅲ	其他伤害	按要求添加液压油，保证工作状态下油位在游标尺上下线之间	钻井队	副司钻
		其他操作台设备设施	调节阀、换向阀、连接管线、阀组	密封刺漏、刺漏泄压不能保持压力	Ⅲ	其他伤害	定期检查	钻井队	副司钻
			压力表	仪表失灵、损坏，无法准确显示值导致设备损坏	Ⅲ	其他伤害	定期检定、更换	钻井队	副司钻
			卫生清洁	卫生差、杂物堆积、通行与应急逃生	Ⅲ	其他伤害	加强岗位巡检、及时清理杂物	钻井队	副司钻
		标识标牌	标识标牌	标识标牌缺失	Ⅲ	其他伤害	按要求配备悬挂标志牌	钻井队	副司钻
2	司钻控制台	司钻控制台	吊点	焊缝开裂、标识缺失	Ⅲ	起重伤害	检查确认、正确标识	钻井队	司钻
			本体	控制台外壳锈蚀、装卸时脱落砸伤	Ⅲ	其他伤害	检查、及时修复	钻井队	司钻

续表

序号	设备设施名称	管理单元	管理内容	危害因素	风险等级	事故分类	控制措施	控制级别	具体岗位
2	司钻控制台		仪表	仪表失灵、损坏，无法准确显示值导致设备损坏	Ⅳ	其他伤害	调试可靠，定期检定、更换	岗位	司钻
			状态及标识	阀件开关状态不正确，各状态标识不清或缺失，误操作等致设备损坏	Ⅳ	其他伤害	检查，及时更换	岗位	司钻
		司钻控制台	水气分离器	排水不畅或不通	Ⅳ	其他伤害	检查及时排水	岗位	司钻
			固定	固定失效	Ⅳ	物体打击	落实岗位巡检，紧固、更换	岗位	司钻
			清洁	箱体内卫生差，供气系统安装松动，无保温装置，箱体内腐蚀，压力泄漏	Ⅳ	其他伤害	加强岗位巡检，及时清理，紧固牢靠；加装保温装置	岗位	司钻
			管线管束	管线连接松动，接头处固定松动，压力外泄	Ⅲ	其他伤害	合理布局，安装调试到位	钻井队	司钻

表2-12 钻井队安全防护类设备设施完整性风险分级管控表（示例）

序号	设备设施名称	管理单元	管理内容	危害因素	风险等级	事故分类	控制措施	控制级别	具体岗位
1	便携式气体检测仪	外壳	外壳	外壳破损、防爆失效	Ⅲ	其他伤害	按要求维护保养使用	钻井队	场地工
			传感器通气接头	传感器通气接头脏污、堵塞、检测失效	Ⅲ	其他伤害	按要求维护保养使用，定期进行标定	钻井队	场地工
		检测仪功能	按键	按键不正常，不能进入校正，调整模式	Ⅲ	其他伤害	按要求维护保养使用	钻井队	场地工
			液晶	液晶不能正常显示检测数据，报警值不在设定范围内	Ⅲ	其他伤害	按要求维护保养使用	钻井队	场地工
			声光报警	灯光指示，声光报警不正常	Ⅲ	其他伤害	按要求维护保养使用	钻井队	场地工

第二章 钻井生产作业活动风险防控

续表

序号	设备设施名称	管理单元	管理内容	危害因素	风险等级	事故分类	控制措施	控制级别	具体岗位
1	便携式气体检测仪	检测仪功能	传感器	传感器失效	Ⅲ	其他伤害	按要求维护保养使用	钻井队	场地工
			吸气泵功能	吸气泵工作不正常,报警异常	Ⅲ	其他伤害	按要求维护保养使用	钻井队	场地工
		检测检验	按期检定	过期	Ⅲ	其他伤害	及时检验合格后使用	钻井队	场地工
2	固定式气体检测仪	探测器	安装位置	探测器未按规定位置、高度安装	Ⅳ	其他伤害	安装牢固,按固定高度进行安装,距检测平面30~60cm	岗位	场地工
			外壳防护	部件丢失、不防爆	Ⅲ	其他伤害	保证部件完整,及时清理外观油污	钻井队	场地工
			传感器通气接头	传感器通气接头脏污、堵塞	Ⅲ	其他伤害	及时清理,使用保护罩	钻井队	场地工
			探测器显示	不显示未通电或线路故障、检测失效	Ⅲ	其他伤害	检查供电是否正常,检查线路	钻井队	场地工
			无线探测器电池电量	电池电量不足	Ⅳ	其他伤害	使用合格电池,保证电量、电压充足,通信不畅时的更换	岗位	场地工
			无线探测仪天线	天线折断、缺失	Ⅳ	其他伤害	维护保养,严接交接班制度	岗位	场地工
		控制器	安装位置	控制器非防爆产品	Ⅳ	其他伤害	安装到安全区域	岗位	场地工
			外观	部件丢失	Ⅳ	其他伤害	保持外观清洁	岗位	场地工
			控制器功能	显示故障	Ⅲ	其他伤害	检查控制器	钻井队	场地工
			检测仪通信	探测器信号丢失故障	Ⅲ	其他伤害	检查线路,检查接线是否正确,恢复通信	钻井队	场地工
			接地	通信干扰、机壳带电、静电、漏电	Ⅲ	其他伤害	有效接地	钻井队	场地工

续表

序号	设备设施名称	管理单元	管理内容	危害因素	风险等级	事故分类	控制措施	控制级别	具体岗位
2	固定式气体检测仪	线缆	线缆完好情况	线路短路、断路、检测故障	III	其他伤害	检查线路是否破损、断开	钻井队	场地工
			接头	接头损坏、锈死、无法通信	III	其他伤害	定期清理接头表面附着物	钻井队	场地工
			布线	线路损坏、短路、布局不合理	IV	其他伤害	布线到现场不碍事处并定期维护	岗位	场地工
		检测检验	按期检定	过期	III	其他伤害	及时更换探测器及传感器	钻井队	场地工

表 2-13 钻井队生活区域设备设施完整性风险分级管控表（示例）

序号	设备设施名称	管理单元	管理内容	危害因素	风险等级	事故分类	控制措施	控制级别	具体岗位
1	生活营房	房体	外观及附属设施	房体锈蚀、门窗破损、门窗固定及支撑杆不牢或缺失、结构损坏、房顶有附着物和杂物	IV	物体打击 其他伤害	及时检查、维修，保持房体完好，门窗无破损，各处连接和支撑牢靠，严禁在房顶放置各类设备等	岗位	党支部书记
			供电电缆	固定不牢、老化、破损、无防风措施、安装连接位置过低	IV	触电 火灾	固定连接可靠，连接高架至1.8m以上，定期检查，外接高架无线网卡、信号放大器等	岗位	大班电工 大班司机
			接地线	未接地、接地不规范或接地电阻不符合要求	IV	触电	规范接地，每周检测，确保接地电阻不大于4Ω	岗位	大班电工 大班司机
		吊耳	外观及连接	吊耳有割伤、耳缺失、自制未经检测、载荷计算的吊耳、焊缝开裂吊耳	IV	起重伤害	起吊前、定期检查，吊耳齐全完好，无开焊、无缺失	岗位	党支部书记
		房内配套设施	照明灯具	照明灯缺失、灯罩破损或缺失、吊点松动	IV	其他伤害	定期检查，及时更换	岗位	党支部书记

续表

序号	设备设施名称	管理单元	管理内容	危害因素	风险等级	事故分类	控制措施	控制级别	具体岗位
1	生活营房	房内配套设施	烟雾报警器	失效	Ⅳ	火灾	定期检查，及时更换	岗位	党支部书记
			排风扇	失效	Ⅳ	其他伤害	定期检查，及时更换	岗位	党支部书记
			应急灯	失效	Ⅳ	其他伤害	定期检查，及时更换	岗位	党支部书记
			漏电保护器	失效	Ⅳ	触电	定期检查，及时更换，确保漏电保护器完好，灵敏可靠	岗位	党支部书记
			开关	失效，标识不清，缺失	Ⅳ	触电	定期检查，正确标示，及时更换	岗位	党支部书记
			饮水机	管理不善线路老化，固定不牢，倾倒，使用热水造成烫伤	Ⅳ	火灾灼烫其他伤害	电源随用随涌，机体固定牢靠，正确取水	岗位	党支部书记
			灭火器	失效、缺失	Ⅳ	火灾	按要求配置干粉灭火器（1具/间），专人每月检查，确保压力值在绿区以上，安全销无锈蚀，喷嘴与胶管完好无龟裂，铅封完好、完好，瓶体和瓶底无锈蚀，有灭火器检查记录	岗位	大班司机
			电热板	固定不牢，上覆棉纺等易燃物，电源线破损老化，温控器失效或旋钮缺失等	Ⅳ	火灾灼烫其他伤害	不私自改动安装位置，严禁在电热板上放置杂物，绝缘良好，护罩齐全、完好，电源线固定可靠，走向正确合理	岗位	党支部书记
			空调、电视机	固定松动	Ⅳ	物体打击	定期检查，摆放合理，固定可靠	岗位	党支部书记
			墙面物品、桌、椅等其他配套设施	固定不牢，桌椅破损，物品堆放过高或放置位置不合理	Ⅳ	物体打击其他伤害	正确摆放和配置	岗位	党支部书记

续表

序号	设备设施名称	管理单元	管理内容	危害因素	风险等级	事故分类	控制措施	控制级别	具体岗位
1	生活营房	供电线缆	电缆载荷	使用大功率灯泡、电器等设施，不合理使用个人用电设备设施	Ⅳ	火灾 触电	按规定使用用电及照明设施，不使用"三无"电器	岗位	大班电工 大班司机
			线路布局	线路布局不合理、用电设备设施的电源线路破损、老化、私拉乱接电缆	Ⅳ	火灾 触电	每周检查，及时更换，严禁私拉乱接	岗位	大班电工 大班司机
		标识	各处目视化标识	标识不清、缺失	Ⅳ	其他伤害	按要求规范标识	岗位	党支部书记
2	储藏室（生活库房）	房体	外观及附属设施	房体锈蚀、门窗破损、门窗固定及撑杆不牢或缺失、结构损坏、房顶有附着物和杂物	Ⅳ	物体打击 其他伤害	及时检查、维修，保持房体完好，门窗无破损，各处连接和支撑牢靠，严禁在房顶放置各类设备设施，外接高架无线网卡、信号放大器等	岗位	党支部书记
			供电电缆	固定不牢、老化、破损，安装连接位置过低	Ⅳ	触电 火灾	固定连接可靠，连接高至1.8m以上；定期检查，及时处置龟裂或进行更换	岗位	大班电工 大班司机
			接地线	未接地、接地不规范或接地电阻不符合要求	Ⅳ	触电	规范接地，每周检测，确保接地电阻不大于4Ω	岗位	大班电工 大班司机
		吊耳	外观及连接	吊耳有割伤、严重变形、焊缝开裂，吊耳缺失、灯罩破损或缺失、载荷计算的吊耳，吊点未标识	Ⅳ	起重伤害	起吊前，定期检查，吊耳齐全完好，无开焊、缺失	岗位	党支部书记
		房内配套设施	照明灯具	照明灯缺失、灯罩破损缺失、固定松动	Ⅳ	其他伤害	定期检查，及时更换	岗位	党支部书记
			烟雾报警器	失效	Ⅳ	火灾	定期检查，及时更换	岗位	党支部书记
			排风扇	失效	Ⅳ	其他伤害	定期检查，及时更换	岗位	党支部书记
			应急灯	失效	Ⅳ	其他伤害	定期检查，及时更换	岗位	党支部书记

续表

序号	设备设施名称	管理单元	管理内容	危害因素	风险等级	事故分类	控制措施	控制级别	具体岗位
2	储藏室（生活库房）	房内配套设施	漏电保护器	失效	Ⅳ	触电	定期检查，及时更换，确保漏电保护器完好，灵敏可靠	岗位	党支部书记
			开关	失效，标识不清、缺失	Ⅳ	触电	定期检查，正确标识，及时更换	岗位	党支部书记
			灭火器	失效、缺失	Ⅳ	火灾	按要求配置干粉灭火器（1具/间），专人每月检查，确保压力完好无泄漏，安全销无锈蚀，喷嘴与胶管完好无龟裂，铅封完好，瓶体和瓶底无锈蚀，有灭火器检查记录	岗位	大班司机
			电热板	固定不牢，上覆棉纱等易燃物，电源线破损老化，温控器失灵或旋钮缺失等	Ⅳ	火灾、灼烫、其他伤害	不私自改动安装位置，严禁在电热板上放置杂物，绝缘良好，护罩齐全、完好，电源线固定可靠	岗位	党支部书记
			冰柜	固定松动、移位、倾倒，电源线路破损、老化	Ⅳ	物体打击	每周检查，固定牢靠	岗位	党支部书记
			货架	固定松动、倾倒，货品存放混乱、无标识	Ⅳ	物体打击、其他伤害	对固定点紧固；按要求分类妥善存放各种食材	岗位	党支部书记
			空调	固定松动	Ⅳ	物体打击	定期检查，固定可靠	岗位	党支部书记
		供电线缆	电缆载荷	使用大功率灯泡、电器等设施	Ⅳ	火灾、触电	按规定使用用电及照明设施，不使用"三无"电器	岗位	党支部书记
			线路布局	线路布局不合理，用电设备设施的电源线路破损、老化，私拉乱接电缆	Ⅳ	火灾、触电	每周检查，及时更换，严禁私拉乱接	岗位	党支部书记
		标识	各处目视化标识	标识不清、缺失	Ⅳ	其他伤害	按要求规范标识	岗位	党支部书记

表2-14 设备设施完整性风险分级管控目录

序号	类别	风险点 分项	风险等级	事故类别	管控层面	责任人	责任单位（部门）	责任人
1	设备设施完整性	底座	Ⅲ	物体打击、其他爆炸、其他伤害	钻井队	大班司钻	装备管理	部门主任
2		钻台	Ⅳ	物体打击、机械伤害、起重伤害、其他伤害	岗位	司钻、内钳工、外钳工	装备管理	部门主任
3		钻台偏房（司控房）	Ⅳ	物体打击、触电、其他伤害	岗位	内钳工、外钳工	装备管理	部门主任
4		司钻操作台（司控房）	Ⅲ	物体打击、触电、其他伤害	钻井队	大班司钻	装备管理	部门主任
5		人字梁	Ⅲ	物体打击、机械伤害、其他伤害	钻井队	副队长	装备管理	部门主任
6		井架	Ⅲ	物体打击、高处坠落、其他伤害	钻井队	副队长	装备管理	部门主任
7		二层台	Ⅳ	物体打击、高处坠落、其他伤害	钻井队	井架工	装备管理	部门主任
8		天车	Ⅲ	物体打击、其他伤害	钻井队	副队长	装备管理	部门主任
9		死绳固定器	Ⅲ	物体打击、其他伤害	钻井队	大班司钻	装备管理	部门主任
10		钻井大绳	Ⅲ	物体打击、起重伤害、其他伤害	钻井队	大班司钻	装备管理	部门主任
11		起升大绳	Ⅲ	物体打击、其他伤害	钻井队	大班司钻	装备管理	部门主任
12		起升井架、钻台缓冲装置	Ⅳ	物体打击、其他伤害	岗位	司钻	装备管理	部门主任
13		游车	Ⅳ	物体打击、其他伤害	岗位	司钻	装备管理	部门主任
14		大钩	Ⅳ	物体打击、其他伤害	岗位	司钻	装备管理	部门主任
15		吊环	Ⅳ	物体打击、其他伤害	岗位	井架工	装备管理	部门主任
16		水龙头	Ⅳ	物体打击、其他伤害	岗位	井架工	装备管理	部门主任
17		绞车（机械）	Ⅲ	物体打击、其他伤害	钻井队	大班司钻	装备管理	部门主任

第二章 钻井生产作业活动风险防控

续表

序号	风险点		风险等级	事故类别	管控层面	责任人	责任单位（部门）	责任人
	类别	分项						
18	设备设施完整性	绞车（电动）	Ⅲ	物体打击、其他伤害	钻井队	大班司钻	装备管理	部门主任
19		盘刹液压站	Ⅲ	物体打击、其他伤害	钻井队	大班司钻	装备管理	部门主任
20		辅助刹车	Ⅲ	物体打击、其他伤害	钻井队	大班司钻	装备管理	部门主任
21		转盘	Ⅳ	物体打击、其他伤害	岗位	内钳工、井架工	装备管理	部门主任
22		转盘驱动装置	Ⅳ	物体打击、其他伤害	岗位	内钳工	装备管理	部门主任
23		综合液压站	Ⅳ	物体打击、其他伤害	岗位	内钳工	装备管理	部门主任
24		风动（液动）绞车	Ⅳ	物体打击、其他伤害	岗位	井架工	装备管理	部门主任
25		液气大钳	Ⅳ	物体打击、其他伤害	岗位	外钳工	装备管理	部门主任
26		套管钳	Ⅳ	物体打击、其他伤害	岗位	外钳工	装备管理	部门主任
27		液压猫头	Ⅳ	物体打击、其他伤害	岗位	外钳工	装备管理	部门主任
28		顶驱	Ⅲ	物体打击、其他伤害	钻井队	大班司机	装备管理	部门主任
29		顶驱电控系统	Ⅲ	物体打击、其他伤害	钻井队	大班司机	装备管理	部门主任
30		顶驱液控系统	Ⅲ	物体打击、其他伤害	钻井队	大班司机	装备管理	部门主任
31		顶驱操作台	Ⅲ	物体打击、其他伤害	钻井队	大班司钻	装备管理	部门主任
32		载人绞车	Ⅲ	物体打击、其他伤害	钻井队	大班司钻	装备管理	部门主任
33		载人提篮	Ⅲ	物体打击、其他伤害	钻井队	大班司钻	装备管理	部门主任
34		防碰天车（插拔、电子）	Ⅲ	物体打击、其他伤害	钻井队	大班司钻	装备管理	部门主任
35		抽绳器（倒绳机）	Ⅳ	物体打击、其他伤害	岗位	大班司钻	装备管理	部门主任

续表

序号	风险点 类别	风险点 分项	风险等级	事故类别	管控层面	责任人	责任单位（部门）	责任人
36	设备设施完整性	防喷器吊移装置	Ⅳ	物体打击、其他伤害	岗位	钻井技术员	装备管理	部门主任
37		钻井泵	Ⅳ	物体打击、其他伤害	岗位	副司钻	装备管理	部门主任
38		交流变频电机	Ⅳ	物体打击、其他伤害	岗位	大班司机	装备管理	部门主任
39		高压管汇	Ⅳ	物体打击、其他伤害	岗位	副司钻	装备管理	部门主任
40		机房底座	Ⅳ	物体打击、其他伤害	岗位	柴油机司机	装备管理	部门主任
41		柴油机	Ⅳ	物体打击、其他伤害	岗位	柴油机司机	装备管理	部门主任
42		节能电机	Ⅳ	物体打击、其他伤害	岗位	柴油机司机	装备管理	部门主任
43		传动装置	Ⅳ	物体打击、其他伤害	岗位	大班司机	装备管理	部门主任
44		螺杆压风机	Ⅲ	物体打击、其他伤害	钻井队	大班司机	装备管理	部门主任
45		无热再生干燥装置	Ⅳ	物体打击、其他伤害	岗位	大班司机	装备管理	部门主任
46		储气瓶	Ⅲ	触电、其他伤害	钻井队	柴油机司机	装备管理	部门主任
47		发电房	Ⅲ	触电、其他伤害	钻井队	大班司机	装备管理	部门主任
48		VFD房	Ⅲ	触电、其他伤害	钻井队	大班司机	装备管理	部门主任
49		配电房（MCC房）	Ⅲ	触电、其他伤害	钻井队	大班司机	装备管理	部门主任
50		柴油罐	Ⅳ	物体打击、其他伤害	岗位	大班司机	装备管理	部门主任
51		套装水罐	Ⅳ	物体打击、其他伤害	岗位	场地工	装备管理	部门主任
52		循环罐	Ⅳ	物体打击、机械伤害、触电、其他伤害	岗位	大班钻井液工	装备管理	部门主任

第二章 钻井生产作业活动风险防控

续表

序号	风险点 类别	风险点 分项	风险等级	事故类别	管控层面	责任人	责任单位（部门）	责任人
53		振动筛	IV	物体打击、触电、机械伤害、其他伤害	岗位	场地工	装备管理	部门主任
54		离心机	IV	物体打击、触电、机械伤害、其他伤害	岗位	场地工	装备管理	部门主任
55		除砂、除泥器	IV	物体打击、触电、机械伤害、其他伤害	岗位	场地工	装备管理	部门主任
56		除砂泵	IV	物体打击、触电、机械伤害、其他伤害	岗位	场地工	装备管理	部门主任
57		搅拌器	IV	物体打击、触电、机械伤害、其他伤害	岗位	场地工	装备管理	部门主任
58	设备设施完整性	真空除气器	IV	机械伤害、其他伤害	岗位	场地工	装备管理	部门主任
59		剪切泵	IV	机械伤害、其他伤害	岗位	场地工	装备管理	部门主任
60		灌注泵	IV	机械伤害、其他伤害	岗位	场地工	装备管理	部门主任
61		加重泵	IV	机械伤害、其他伤害	岗位	场地工	装备管理	部门主任
62		坐岗房	IV	机械伤害、其他伤害	岗位	清洁化清洁工	生产管理	部门主任
63		螺旋输送机	IV	机械伤害、其他伤害	岗位	清洁化清洁工	生产管理	部门主任
64		压滤机	IV	机械伤害、其他伤害	岗位	清洁化清洁工	装备管理	部门主任
65		钳工房	III	爆炸、其他伤害	钻井队	大班司钻	装备管理	部门主任
66		台钻	IV	机械伤害、触电	岗位	大班司钻	装备管理	部门主任
67		砂轮机	IV	机械伤害、触电	岗位	大班司钻	装备管理	部门主任

续表

序号	风险点		风险等级	事故类别	管控层面	责任人	责任单位（部门）	责任人
	类别	分项						
68	设备设施完整性	手电钻	Ⅳ	机械伤害、触电	岗位	大班司钻	装备管理	部门主任
69		型材切割机	Ⅳ	机械伤害、触电	岗位	大班司钻	装备管理	部门主任
70		等离子切割机	Ⅳ	触电、灼烫	岗位	大班司钻	装备管理	部门主任
71		电焊机	Ⅳ	触电、灼烫	岗位	大班司钻	装备管理	部门主任
72		材料房	Ⅳ	物体打击、火灾、触电、其他伤害	岗位	场地工	装备管理	部门主任
73		油品房	Ⅲ	火灾、其他伤害	钻井队	大班司钻	装备管理	部门主任
74		绳套房	Ⅲ	起重伤害、其他伤害	钻井队	副队长	装备管理	部门主任
75		游车支架（房）	Ⅳ	物体打击、其他伤害	岗位	场地工	装备管理	部门主任
76		接头支架	Ⅳ	物体打击、其他伤害	岗位	场地工	装备管理	部门主任
77		防爆探照灯	Ⅳ	触电	岗位	场地工	装备管理	部门主任
78		装载机	Ⅲ	机械伤害、其他伤害	钻井队	大班司钻	装备管理	部门主任
79		机械手	Ⅳ	物体打击、其他伤害	岗位	机电技术员	装备管理	部门主任
80		钻杆猫道	Ⅳ	其他伤害	岗位	场地工	装备管理	部门主任
81		管排架	Ⅳ	其他伤害	岗位	场地工	装备管理	部门主任
82		猫道气动绞车	Ⅲ	起重伤害、其他伤害	岗位	井架工	装备管理	部门主任
83		动力猫道	Ⅲ	触电、机械伤害、其他伤害	钻井队	大班司钻	装备管理	部门主任
84		动力管排架	Ⅲ	触电、机械伤害、其他伤害	钻井队	副队长	装备管理	部门主任

续表

序号	风险点 类别	风险点 分项	风险等级	事故类别	管控层面	责任人	责任单位（部门）	责任人
85		高空作业平台	Ⅲ	高处坠落、机械伤害、车辆伤害、其他伤害	钻井队	副队长	装备管理	部门主任
86		工具提篮	Ⅳ	起重伤害、其他伤害	岗位	场地工	装备管理	部门主任
87		过桥板	Ⅳ	其他伤害	岗位	场地工	装备管理	部门主任
88		大、小支架	Ⅳ	高处坠落、其他伤害	岗位	井架工	装备管理	部门主任
89		电缆延伸架	Ⅲ	触电、高处坠落、其他伤害	钻井队	副队长	装备管理	部门主任
90		起放井架、底座液压控制箱	Ⅲ	机械伤害、其他伤害	钻井队	副队长	装备管理	部门主任
91		推移井架装置	Ⅲ	机械伤害、其他伤害	钻井队	副队长	装备管理	部门主任
92	设备设施完整性	高压清洗机	Ⅲ	机械伤害、其他伤害	岗位	场地工	装备管理	部门主任
93		电代油设施	Ⅳ	触电、其他伤害	岗位	柴油机司机	装备管理	部门主任
94		气代油设施	Ⅳ	火灾、其他爆炸、物体打击、其他伤害	岗位	柴油机司机	生产管理	部门主任
95		工业监控装置	Ⅳ	其他伤害	岗位	大班司机	技术管理	部门主任
96		远程控制房	Ⅲ	触电、其他伤害	钻井队	钻井技术员	技术管理	部门主任
97		司钻控制台	Ⅲ	其他伤害	钻井队	钻井技术员	技术管理	部门主任
98		压井管汇	Ⅲ	其他伤害	钻井队	钻井技术员	技术管理	部门主任
99		节流管汇	Ⅲ	其他伤害	钻井队	钻井技术员	技术管理	部门主任
100		单闸板防喷器	Ⅲ	其他伤害	钻井队	钻井技术员	技术管理	部门主任

续表

序号	风险点 类别	风险点 分项	风险等级	事故类别	管控层面	责任人	责任单位（部门）	责任人
101	设备设施完整性	双闸板防喷器	Ⅲ	其他伤害	钻井队	钻井技术员	技术管理	部门主任
102		环形防喷器	Ⅲ	其他伤害	钻井队	钻井技术员	技术管理	部门主任
103		旋转防喷器	Ⅲ	其他伤害	钻井队	钻井技术员	技术管理	部门主任
104		剪切防喷器	Ⅲ	其他伤害	钻井队	工程技术员	技术管理	部门主任
105		防喷管汇	Ⅲ	其他伤害	钻井队	钻井技术员	技术管理	部门主任
106		放喷管线	Ⅲ	其他伤害	钻井队	钻井技术员	技术管理	部门主任
107		节流阀控制箱	Ⅳ	其他伤害	岗位	钻井技术员	技术管理	部门主任
108		液气分离器	Ⅲ	其他伤害	钻井队	钻井技术员	技术管理	部门主任
109		液压管排架（液压管线）	Ⅲ	其他伤害	钻井队	工程技术员	技术管理	部门主任
110		防喷器防提装置	Ⅳ	其他伤害	岗位	钻井技术员	技术管理	部门主任
111		点火装置	Ⅳ	火灾、其他伤害	岗位	钻井技术员	技术管理	部门主任
112		旋转防喷器控制房	Ⅲ	其他伤害	钻井队	钻井技术员	技术管理	部门主任
113		钻井液液位检测装置	Ⅳ	其他伤害	岗位	钻井技术员	技术管理	部门主任
114		方钻杆上下旋塞	Ⅳ	其他伤害	岗位	钻井技术员	技术管理	部门主任
115		钻具回压阀	Ⅳ	其他伤害	岗位	钻井技术员	技术管理	部门主任
116		防喷立柱（单根）	Ⅳ	其他伤害	岗位	钻井技术员	技术管理	部门主任
117		铸钢弯头	Ⅳ	其他伤害	岗位	钻井技术员	技术管理	部门主任
118		钻井液回收管线	Ⅳ	其他伤害	岗位	钻井技术员	技术管理	部门主任

第二章 钻井生产作业活动风险防控

续表

序号	风险点 类别	风险点 分项	风险等级	事故类别	管控层面	责任人	责任单位（部门）	责任人
119		轴流风机	Ⅲ	其他伤害	钻井队	钻井技术员	技术管理	部门主任
120		射流（配浆）漏斗	Ⅳ	其他伤害	岗位	副司钻	技术管理	部门主任
121		套管头	Ⅲ	其他伤害	钻井队	井架工	技术管理	部门主任
122		钻井四通	Ⅲ	其他伤害	钻井队	井架工	技术管理	部门主任
123		灌浆装置	Ⅳ	其他伤害	岗位	场地工	技术管理	部门主任
124		防磨法兰	Ⅳ	其他伤害	钻井队	井架工	技术管理	部门主任
125		挡泥伞	Ⅲ	其他伤害	岗位	场地工	技术管理	部门主任
126		井控电子坐岗本	Ⅳ	其他伤害	岗位	大班钻井液工	技术管理	部门主任
127	设备设施完整性	钻井液性能自动检测装置	Ⅳ	其他伤害	岗位	外钳工	技术管理	部门主任
128		指重表	Ⅳ	其他伤害	岗位	场地工	技术管理	部门主任
129		方钻杆	Ⅳ	其他伤害	岗位	场地工	技术管理	部门主任
130		钻具提丝	Ⅳ	机械伤害	岗位	井架工	技术管理	部门主任
131		提升短节	Ⅳ	其他伤害	岗位	场地工	技术管理	部门主任
132		联顶节	Ⅳ	其他伤害	岗位	场地工	技术管理	部门主任
133		钻具	Ⅲ	机械伤害	钻井队	外钳工	技术管理	部门主任
134		吊卡	Ⅲ	其他伤害	钻井队	外钳工	装备管理	部门主任
135		吊钳	Ⅲ	其他伤害	钻井队	外钳工	技术管理	部门主任
136		卡瓦						

续表

序号	风险点		风险等级	事故类别	管控层面	责任人	责任单位(部门)	责任人
	类别	分项						
137	设备设施完整性	钻具接头	Ⅳ	其他伤害	岗位	场地工	技术管理	部门主任
138		MWD测斜仪	Ⅲ	其他伤害	钻井队	钻井技术员	技术管理	部门主任
139		MWD电池及防爆筒	Ⅲ	其他伤害	钻井队	钻井技术员	技术管理	部门主任
140		钻井参数仪表	Ⅳ	其他伤害	岗位	钻井技术员	技术管理	部门主任
141		便携式气体检测仪	Ⅲ	其他伤害	钻井队	副队长	质量健康安全环保	部门主任
142		固定式气体检测仪	Ⅲ	其他伤害	钻井队	副队长	质量健康安全环保	部门主任
143		正压式空气呼吸器	Ⅲ	窒息、其他伤害	钻井队	大班司钻	质量健康安全环保	部门主任
144		空气呼吸压缩机	Ⅲ	其他伤害	钻井队	副队长	质量健康安全环保	部门主任
145		井架二层台逃生装置	Ⅲ	高处坠落、其他伤害	钻井队	副队长	质量健康安全环保	部门主任
146		登梯助力器	Ⅳ	高处坠落、其他伤害	岗位	井架工	质量健康安全环保	部门主任
147		云梯攀升保护器	Ⅲ	高处坠落、其他伤害	钻井队	大班司钻	质量健康安全环保	部门主任
148		差速自控器	Ⅲ	高处坠落、其他伤害	钻井队	副队长	质量健康安全环保	部门主任
149		安全带	Ⅲ	其他伤害	钻井队	副队长	质量健康安全环保	部门主任
150		接地电阻检测仪	Ⅳ	其他伤害	岗位	大班司机	质量健康安全环保	部门主任
151		安全帽	Ⅳ	其他伤害	岗位	全员	质量健康安全环保	部门主任
152		护目镜	Ⅳ	其他伤害	岗位	全员	质量健康安全环保	部门主任
153		洗眼器	Ⅳ	其他伤害	岗位	大班钻井液工	装备管理	部门主任
154		防爆对讲机	Ⅳ	其他伤害	岗位	副队长	质量健康安全环保	部门主任

续表

序号	风险点 类别	风险点 分项	风险等级	事故类别	管控层面	责任人	责任单位（部门）	责任人
155	设备设施完整性	医疗急救设施	IV	其他伤害	岗位	副队长 党支部书记	质量健康安全环保	部门主任
156		消防器材	IV	其他伤害	岗位	大班司机	质量健康安全环保	部门主任
157		紧急报警装置	IV	其他伤害	岗位	场地工	质量健康安全环保	部门主任
158		静电释放器	IV	其他伤害	岗位	大班司机	质量健康安全环保	部门主任
159		吊索具	III	物体打击、起重伤害、其他伤害	钻井队	副队长	装备管理	部门主任
160		数字化值班房	IV	物体打击、触电、其他伤害	岗位	钻井技术员	技术管理	部门主任
161		钻井液净化实验室	IV	物体打击、触电、灼烫、其他伤害	岗位	钻井液技术员	技术管理	部门主任
162		生活营房	IV	物体打击、触电、其他伤害	岗位	党支部书记	综合管理	部门主任
163		餐厅、操作间	IV	物体打击、触电、其他伤害	岗位	党支部书记	综合管理	部门主任
164		储藏室（生活库房）	IV	物体打击、触电、其他伤害	岗位	党支部书记	综合管理	部门主任
165		淋浴房	IV	物体打击、触电、其他伤害	岗位	党支部书记	综合管理	部门主任
166		多功能室（阅览室）	IV	物体打击、其他伤害	岗位	党支部书记	综合管理	部门主任
167		洗盥房	IV	物体打击、触电、其他伤害	岗位	党支部书记	综合管理	部门主任
168		危废固废暂存间	III	火灾、其他伤害	岗位	副队长	质量健康安全环保	部门主任
169		生活水罐	IV	物体打击、触电、其他伤害	岗位	党支部书记	综合管理	部门主任
170		污水罐	IV	坠落	岗位	党支部书记	综合管理	部门主任
171		生活污水处理装置	IV	其他伤害	岗位	党支部书记	综合管理	部门主任

第二节　设备设施操作风险防控

一、设备设施操作安全风险评估单元

（一）设备设施操作清单

根据设备设施清单，梳理形成设备设施操作清单。见表 2-15。

表 2-15　设备设施操作清单

序号	设备名称	序号	设备名称	序号	设备名称
1	司钻操作台/司控房	24	顶驱操作台	47	压井管汇
2	起升井架、钻台缓冲装置	25	防碰天车（插拔、过卷阀、电子）	48	节流管汇
3	天车	26	指重表	49	钻井四通
4	游车	27	钻井参数仪	50	单闸板防喷器
5	大钩	28	提升短节	51	双闸板防喷器
6	水龙头	29	联顶节	52	环形防喷器
7	绞车（机械）	30	钻具	53	防喷管汇
8	绞车（电动）	31	吊卡	54	放喷管线
9	绞车电机	32	吊环	55	旋转防喷器
10	风冷电磁刹车	33	液压吊卡	56	剪切防喷器
11	水冷电磁刹车	34	吊钳	57	灌浆设施
12	转盘	35	气动卡瓦	58	节流阀控制箱
13	转盘电机	36	液动卡瓦	59	液气分离器
14	综合液压站	37	卡瓦提升装置	60	防喷器防提装置
15	盘刹液压站	38	载人绞车	61	井控电子坐岗本
16	电动绞车	39	铁钻工	62	液压管排架（含管线）
17	风动绞车	40	机械手	63	直读式液位标尺
18	钻杆动力钳	41	动力猫道	64	点火装置
19	套管动力钳	42	防喷器吊移装置	65	旋转防喷器控制房
20	液压猫头	43	防喷器地面移运装置	66	钻具回压阀
21	方钻杆	44	钻机液压整体推移装置	67	方钻杆上下旋塞
22	顶驱	45	远程控制房	68	顶驱旋塞
23	顶驱电控系统	46	司钻控制台	69	侧导流装置

续表

序号	设备名称	序号	设备名称	序号	设备名称
70	防喷单根	98	真空除气器	126	手提干粉 ABC 灭火器
71	钻井液回收管线	99	动力隔膜泵	127	高压清洗机
72	套管头	100	灌注泵	128	手提二氧化碳灭火器
73	轴流风机	101	加重泵	129	登梯助力器
74	射流漏斗	102	钻井岩屑螺旋输送机	130	推车式灭火器
75	钻井泵	103	配药罐	131	手抬机动消防泵
76	防磨法兰	104	电动离心式砂泵	132	洗眼器
77	挡泥伞	105	寿力压缩机及气源净化系统	133	云梯攀升保护器
78	节能发电机	106	压滤机	134	速差自控器
79	交流变频电机	107	活塞式空气压缩机	135	固定式气体检测仪
80	柴油机	108	电代油设施	136	接地电阻检测仪
81	无热再生干燥装置	109	套装水罐	137	便携式复合气体检测仪
82	传动装置	110	轮式装载机	138	空气呼吸压缩机
83	螺杆压风机	111	MWD 测斜仪	139	正压式空气呼吸器
84	喷油器校验器	112	气代油设施	140	二层台逃生器
85	储气瓶	113	抽绳器/倒绳机	141	水泥搅拌机
86	井场供配电系统	114	手电钻	142	动力设备集中监控系统
87	配电室	115	台钻	143	更换活塞胶皮工具
88	电子加热装置	116	砂轮机	144	电动升降操作平台
89	发电机组	117	电焊机	145	冰点测试仪
90	振动筛	118	型材切割机	146	阀取出器
91	柴油罐	119	等离子切割机	147	方钻杆推送器
92	柴油计量系统	120	气动扳手	148	气动润滑脂加注机
93	除砂泵	121	风镐	149	土工膜焊接机
94	离心机	122	电动扳手	150	动力机余热回收装置
95	除砂、除泥器	123	地钻	151	液压扭矩扳手
96	剪切泵	124	气体切割焊	152	防爆蒸汽发生器
97	搅拌器	125	角磨机		

（二）设备设施操作矩阵

根据机关部门职责、钻井队岗位职责、设备设施操作保养规程，筛选出设备设施操作的管理部门和岗位，编制设备设施操作矩阵。见表 2-16。

表 2-16 设备设施操作管理矩阵

序号	设备名称	岗位／部门												钻井队				项目部				公司				
		司钻	副司钻	井架工	内钳工	外钳工	场地工	机房司机	钻台大班	机房大班	电气大班/技术员	钻井液大班	队长书记	生产副队长	技术副队长	钻井工程师	钻井液工程师	生产协调	安全环保技术管理	设备管理	综合管理	生产协调部门	工程技术部门	质量健康安全环保部门	装备部门	综合部门
1	司钻操作台/司控房	√																							√	
2	起升架、钻台缓冲装置	√		√	√				√											√					√	
3	天车		√	√	√				√											√					√	
4	游车		√	√	√				√											√					√	
5	大钩		√	√	√				√											√					√	
6	水龙头		√		√				√											√					√	
7	绞车（机械）	√			√				√					√						√					√	
8	绞车（电动）	√			√				√	√				√						√					√	
9	绞车电机	√			√			√		√				√						√					√	
10	风冷电磁刹车	√			√				√											√					√	
11	水冷电磁刹车	√			√			√	√					√						√					√	
12	转盘	√			√				√											√					√	
13	转盘电机	√						√	√					√						√					√	
14	综合液压站					√			√					√						√					√	

续表

序号	设备名称	司钻	副司钻	井架工	内钳工	外钳工	场地工	机房司机	钻台大班	机房大班	电气大班/技术员	钻井液大班	队长书记	生产副队长	技术副队长	钻井工程师	钻井液工程师	生产协调	技术管理	安全环保	设备管理	综合管理	生产协调部门	工程技术部门	质量健康安全环保部门	装备部门	综合部门
15	盘刹液压站	√				√			√					√							√					√	
16	电动绞车		√					√	√					√							√					√	
17	风动绞车		√						√					√							√					√	
18	钻杆动力钳					√			√					√							√					√	
19	套管动力钳					√			√					√							√					√	
20	液压猫头	√				√			√												√						
21	方钻杆	√			√								√						√								
22	顶驱	√			√			√	√	√				√							√					√	
23	顶驱电控房	√							√	√											√					√	
24	顶驱操作台	√							√				√	√							√						
25	防碰天车（三种）	√														√				√	√			√	√		
26	指重表					√										√			√					√		√	
27	钻井参数仪					√										√			√					√		√	
28	提升短节					√													√					√		√	

续表

序号	设备名称	岗位 - 钻井队																项目部					公司				
		司钻	副司钻	井架工	内钳工	外钳工	场地工	机房司机	钻台大班	机房大班	电气大班/技术员	钻井液大班	队长书记	生产副队长	技术副队长	钻井工程师	钻井液工程师	生产协调	技术管理	安全环保	设备管理	综合管理	生产协调部门	工程技术部门	质量健康安全环保部门	装备部门	综合部门
29	联顶节					√													√					√			
30	钻具						√												√					√			
31	吊卡					√													√					√			
32	吊环			√															√					√			
33	液压吊卡					√													√					√			
34	吊钳					√													√								
35	气动卡瓦								√					√							√					√	
36	液动卡瓦								√	√				√							√					√	
37	卡瓦提升装置			√					√	√				√							√					√	
38	载人绞车(气/电动)					√	√		√					√							√					√	
39	铁钻工			√					√					√							√					√	
40	机械手								√					√							√					√	
41	动力猫道						√		√					√							√					√	
42	防喷器吊移装置			√										√							√					√	

续表

序号	部门/岗位 设备名称	岗位																	项目部					公司				
		司钻	副司钻	井架工	内钳工	外钳工	场地工	机房司机	钻台大班	机房大班	电气大班/技术员	钻井液大班	队长	书记	生产副队长	技术副队长	钻井工程师	钻井液工程师	生产协调	技术管理	安全环保	设备管理	综合管理	生产协调部门	工程技术部门	质量健康安全环保部门	装备部门	综合部门
43	防喷器地面移运装置		√	√					√													√					√	
44	钻机液压整体推移装置							√	√						√							√					√	
45	远程控制房	√							√								√			√					√			
46	司钻控制台	√				√										√	√			√					√			
47	压井管汇					√										√	√			√					√			
48	节流管汇						√									√	√			√					√			
49	钻井四通			√												√	√			√					√			
50	单闸板防喷器			√												√	√			√					√			
51	双闸板防喷器			√												√	√			√					√			
52	环形防喷器			√												√	√			√					√			
53	旋转防喷器			√												√	√			√					√			
54	剪切防喷器			√												√	√			√					√			
55	防喷管汇															√	√			√					√			
56	放喷管线		√														√			√					√			

续表

序号	设备名称	岗位/部门																项目部					公司				
		副司钻	井架工	内钳工	外钳工	场地工	机房司机	钻台大班	机房大班	电气大班/技术员	钻井液大班	队长	书记	生产副队长	技术副队长	钻井工程师	钻井液工程师	生产协调	技术管理	安全环保	设备管理	综合管理	生产协调部门	工程技术部门	质量健康安全环保部门	装备部门	综合部门
57	节流阀控制箱	√																	√					√			
58	液气分离器		√																√					√			
59	灌浆设施					√													√					√			
60	井控电子坐岗本					√													√					√			
61	液压管排架（含管线）			√															√					√			
62	防喷器防提装置				√											√			√					√			
63	点火装置				√														√					√			
64	旋转防喷器控制房				√														√					√			
65	直读式液位标尺										√								√					√			
66	方钻杆上下旋塞				√														√					√			
67	顶驱旋塞				√														√					√			
68	钻具回压阀				√														√					√			
69	防喷单根				√														√					√			
70	钻井液回收管线					√													√					√			

续表

序号	设备名称	副司钻	井架工	内钳工	外钳工	场地工	机房司机	钻台大班	机房大班	电气大班/技术员	钻井液大班	书记	队长	生产副队长	技术副队长	钻井工程师	钻井液工程师	生产协调	技术管理	安全环保	设备管理	综合管理	生产协调部门	工程技术部门	质量健康安全环保部门	装备部门	综合部门
71	侧导流装置					√										√			√					√			
72	轴流风机	√				√										√			√					√			
73	射流漏斗	√														√			√					√			
74	套管头			√												√			√					√			
75	防磨法兰	√	√													√			√					√			
76	挡泥伞		√																								
77	钻井泵	√						√						√							√					√	
78	交流变频电机						√		√					√							√					√	
79	柴油机						√		√												√					√	
80	节能发电机						√		√					√							√					√	
81	传动装置						√		√					√							√					√	
82	螺杆压缩机						√		√												√					√	
83	无热再生干燥装置						√	√	√					√							√						
84	储气瓶						√	√	√												√					√	

续表

序号	设备名称	岗位															项目部				公司				
		副司钻	井架工	内钳工	外钳工	场地工	机房司机	钻合大班	机房大班	电气大班/技术员	钻井液大班	队长书记	生产副队长	技术副队长	钻井工程师	钻井液工程师	生产协调	安全环保技术管理	设备管理	综合管理	生产协调部门	工程技术部门	质量健康安全环保部门	装备部门	综合部门
85	井场供配电系统						✓			✓			✓						✓					✓	
86	喷油器校验器						✓			✓			✓						✓					✓	
87	电子加热装置						✓			✓			✓						✓					✓	
88	发电机组						✓			✓			✓						✓					✓	
89	配电室						✓			✓			✓						✓					✓	
90	柴油罐						✓						✓						✓					✓	
91	柴油计量系统						✓						✓						✓					✓	
92	振动筛					✓							✓	✓		✓		✓	✓					✓	
93	离心机					✓							✓	✓		✓		✓	✓					✓	
94	除砂器					✓							✓	✓		✓		✓	✓					✓	
95	除泥器					✓							✓	✓		✓		✓	✓					✓	
96	搅拌器					✓							✓	✓		✓		✓	✓					✓	
97	真空除气器					✓							✓	✓		✓		✓	✓					✓	
98	剪切泵												✓			✓			✓					✓	
99	灌注泵	✓																	✓					✓	

续表

序号	设备名称	岗位部门												钻井队				项目部					公司				
		副司钻	井架工	内钳工	外钳工	场地工	机房司机	钻台大班	机房大班	电气大班/技术员	钻井液大班	队长	书记	生产副队长	技术副队长	钻井工程师	钻井液工程师	生产协调	技术管理	安全环保	设备管理	综合管理	生产协调部门	工程技术部门	质量健康安全环保部门	装备部门	综合部门
100	加重泵					√									√		√		√							√	
101	动力隔膜泵		√					√							√		√		√		√					√	
102	配药罐					√			√						√		√		√							√	
103	电动离心式砂泵					√	√		√					√												√	
104	钻井岩屑螺旋输送机	√												√			√				√					√	
105	压滤机					√			√						√		√				√					√	
106	活塞式空气压缩机					√	√		√					√							√					√	
107	寿力压缩机及气源净化系统						√		√					√							√					√	
108	套装水罐					√											√				√					√	
109	轮式装载机						√		√			√		√							√					√	
110	电代油设施						√		√					√							√					√	
111	气代油设施						√		√					√							√					√	
112	抽绳器/倒绳机	√						√													√					√	

续表

序号	设备名称	岗位 - 副司钻	井架工	内钳工	外钳工	场地工	机房司机	钻台大班	机房大班	电气大班/技术员	钻井液大班	钻井队 - 队长书记	生产副队长	技术副队长	钻井工程师	钻井液工程师	项目部 - 生产协调	安全环保技术管理	设备管理	综合管理	公司 - 生产协调部门	工程技术部门	质量健康安全环保部门	装备部门	综合部门
113	MWD测斜仪													✓	✓			✓					✓			
114	台钻							✓					✓						✓					✓	
115	砂轮机							✓					✓						✓					✓	
116	手电钻							✓					✓						✓					✓	
117	型材切割机							✓	✓				✓						✓					✓	
118	等离子切割机							✓	✓				✓						✓					✓	
119	电焊机							✓	✓				✓						✓					✓	
120	风镐				✓			✓					✓						✓					✓	
121	电动扳手				✓			✓					✓						✓					✓	
122	气动扳手				✓			✓					✓						✓					✓	
123	气体切割焊							✓					✓						✓					✓	
124	角磨机					✓		✓					✓						✓					✓	
125	地钻					✓	✓												✓						
126	高压清洗机		✓						✓										✓					✓	
127	手提二氧化碳灭火器						✓		✓				✓						✓					✓	

续表

序号	设备名称	岗位/部门 - 钻井队																项目部					公司				
		副司钻	井架工	内钳工	外钳工	场地工	机房司机	钻台大班	机房大班	电气大班/技术员	钻井液大班	队长	书记	生产副队长	技术副队长	钻井工程师	钻井液工程师	生产协调	技术管理	安全环保	设备管理	综合管理	生产协调部门	工程技术部门	质量健康安全环保部门	装备部门	综合部门
128	手提干粉ABC灭火器	√					√														√						
129	推车式灭火器						√														√					√	
130	手抬机动消防泵							√													√					√	
131	登梯助力器		√					√												√					√		
132	云梯攀升保护器		√					√												√					√		
133	速差自控器						√													√					√		
134	洗眼器																√			√					√		
135	接地电阻检测仪					√								√						√					√		
136	便携式复合气体检测仪					√								√						√					√		
137	固定式气体检测仪					√														√					√		
138	正压式空气呼吸器		√					√						√						√					√		
139	二层台逃生器		√					√												√					√		
140	空气呼吸压缩机							√						√						√					√		

续表

序号	设备名称	岗位												钻井队				项目部					公司				
		司钻	副司钻	井架工	内钳工	外钳工	场地工	机房司机	钻台大班	机房大班	电气大班/技术员	钻井液大班	队长书记	生产副队长	技术副队长	钻井工程师	钻井液工程师	生产协调	技术管理	安全环保	设备管理	综合管理	生产协调部门	工程技术部门	质量健康安全环保部门	装备部门	综合部门
141	动力设备集中监控系统	√						√													√					√	
142	更换活塞胶皮工具		√						√					√											√		
143	水泥搅拌机						√							√			√										
144	冰点测试仪							√	√												√						
145	阀取出器		√					√	√					√													
146	电动升降操作平台			√					√	√				√		√				√							
147	气动润滑脂加注机				√									√			√			√					√		
148	土工膜焊接机			√						√										√					√		
149	方钻杆推送器					√			√					√							√				√		
150	液压扭矩扳手			√																				√			
151	防爆蒸汽发生器							√	√					√							√					√	
152	动力机余热回收装置							√	√					√							√					√	

注：打"√"的岗位、管理部门应对所对应的设备设施操作进行管控。

(三)设备设施操作管理内容

分解设备设施操作的过程,以设备设施操作为对象,将第一层级分解为启动前检查、启动运行、维护与保养等若干管理单元,第二层级再将管理单元分解为若干细小的设备设施操作管理内容。示例见表 2-17。

表 2-17 钻井队设备设施操作管理内容(示例)

序号	设备设施名称	管理单元	管理内容
1	司钻操作台(司控房)	启动前检查	本体
			工业监视器
			阀件
			电路连接
			气路
			油路连接
			声光报警
			仪表显示
			操作手柄
		启动运行	操作顺序
			下钻作业
			钻进作业
			起钻作业
			循环作业
		停止与保养	操作旋钮
			控制手轮
			安全锁定装置
		应急处理	操作失效
5	绞车(机械)	启动前检查	刹车
			护罩
			润滑油
			过卷阀、防碰天车
			气源压力

续表

序号	设备设施名称	管理单元	管理内容
5	绞车（机械）	启动运行	润滑油压力
			电磁刹车
			刹把
			排绳器
			离合器
			冬季使用
		停止与保养	润滑点
			传动部件
			油箱
		应急处理	紧急制动、停机
			异响
6	绞车（电动）	启动前检查	刹车
			护罩
			润滑油
			过卷阀、防碰天车
			气源压力
		启动运行	润滑油压力
			辅助刹车
			冷却系统
			主电机
			排绳器
			离合器
			刹把
		停止与保养	润滑点
			传动部件
			油箱
		应急处理	紧急制动、停机
			异响

二、设备设施操作危害因素辨识

根据设备设施操作管理内容、设备操作保养规程、设备设施使用说明书、工作安全分析表,通过访谈、调查表、现场观察、头脑风暴、工作前安全分析、对标分析、专家判断等方法,辨识设备设施操作危害因素,进行风险分析,形成设备设施操作危害因素辨识表。示例见表 2-18、表 2-19。

表 2-18 司钻操作台操作危害因素辨识表(示例)

序号	设备设施名称	管理单元	管理内容	危害因素	事故分类
1	司钻操作台(司控房)	启动前检查	本体	司钻操作台固定松动,箱内阀件、管线连接松动	其他伤害
			工业监视器	工业监视器(显示器)固定松动,线路连接松动,现场安装的视频头固定松动,操控失效,安全装置缺失、失效	其他伤害
			阀件	阀件损坏,标识不清楚,锈蚀、卡滞	其他伤害
			电路连接	电路接线错误、电缆绝缘破损漏电	触电
			气路	电磁阀控制气路连接错误	其他伤害
			油路连接	管线连接错误	其他伤害
			声光报警	报警装置失效	其他伤害
			仪表显示	显示不归零或指示失真	其他伤害
			操作手柄	离合器操作锁定装置失效、电磁刹车手柄不复位、刹把角度过小或过大	其他伤害
		启动运行	操作顺序	未按正确顺序启动设备	其他伤害
			下钻作业	一次挂合离合器起升,下钻速度过快	其他伤害 机械伤害
			钻进作业	操作不当送钻不均匀	其他伤害
			起钻作业	未观察指重表	其他伤害
			循环作业	操作不当,活动钻具速度过快	其他伤害
		停止与保养	操作旋钮	没有恢复初始位置	其他伤害 机械伤害
			控制手轮	没有回零位	其他伤害 机械伤害
			安全锁定装置	未使用紧急制动按钮	其他伤害 机械伤害
		应急处理	操作失效	无法停止转盘运转	其他伤害 机械伤害

表 2-19　绞车（机械）操作危害因素辨识表（示例）

序号	设备设施名称	管理单元	管理内容	危害因素	事故分类
5	绞车（机械）	启动前检查	刹车	刹车失效	其他伤害 机械伤害
			护罩	绞车护罩未安装齐全牢固	其他伤害
			润滑油	绞车润滑油使用不充足	机械伤害
			过卷阀、防碰天车	过卷阀、防碰天车失效	物体打击 机械伤害
			气源压力	总气源压力过低	机械伤害
		启动运行	润滑油压力	绞车润滑油压力不足	机械伤害
			电磁刹车	在滚筒旋转时挂合电磁刹车	物体打击 机械伤害
			电磁刹车	下钻时到额定悬重未挂合电磁刹车	物体打击 机械伤害
			刹把	刹把与钻台面夹角过大或过小，距钻台面过高或过低，刹把（下绞车刹把）无锁定链，连接杆变形，销轴变形，无锁定装置	其他伤害 机械伤害
			排绳器	排绳器轮磨损严重	机械伤害
			离合器	一次挂合离合器起升	其他伤害 机械伤害
			冬季使用	冬季使用高速提升游动系统	其他伤害 机械伤害
		停止与保养	润滑点	停用后未对各轴承进行保养	机械伤害
			传动部件	设备停用时未对其各部件进行检查	机械伤害
			油箱	油箱油变质，进油滤子堵塞	机械伤害
		应急处理	紧急制动、停机	未及时紧急制动，未及时供电	机械伤害
			异响	响声异常时未及时停绞车	机械伤害

三、设备设施操作风险分析与风险评估

设备设施操作至少应分析设备操作规程是否完善、是否对基层岗位员工进行了必要的培训、是否纳入安全检查项、是否存在隐患、是否发生过事故、事件等。

在危害因素辨识的基础上组织开展设备设施操作风险评估，确定风险等级划分标准，

从高到低划分为重大风险、较大风险、一般风险和低风险，分别用红、橙、黄、蓝四种颜色标示。

四、设备设施操作风险分级管控

根据风险评估的结果，针对安全风险特点，制订风险管控措施，将每个风险管控责任按照风险等级逐一落实到公司、项目部（专业公司）、基层队站和班组（岗位）。形成设备设施操作风险分级管控表。

（一）司钻岗位设备设施操作风险管控

司钻岗位操作的设备设施主要有：司钻操作台（司控房）、绞车、顶驱、二层台机械手等。示例见表2-20至表2-24。

（二）副司钻岗位设备设施操作风险管控

副司钻岗位操作的设备设施主要有：钻井泵、远程控制房等。示例见表2-25、表2-26。

（三）井架工岗位设备设施操作风险管控

井架工岗位操作的设备设施主要有：风动（电动）绞车、二层台逃生装置、节流阀控制箱、闸板防喷器等。示例见表2-27至表2-30。

（四）内钳工岗位设备设施操作风险管控

内钳工岗位操作的设备设施主要有：传动装置、井口工具等。示例见表2-31、表2-32。

（五）外钳工岗位设备设施操作风险管控

外钳工岗位操作的设备设施主要有：钻杆动力钳、套管动力钳、井口工具等。示例见表2-33、表2-34。

（六）场地工岗位设备设施操作风险管控

场地工岗位操作的设备设施主要有：压井管汇，振动筛、离心机等固控设备，便携式检测仪、固定式检测仪、井控电子坐岗记录等井控安全防护设备、手工具等。示例见表2-35、表2-36。

（七）柴油机司机岗位设备设施操作风险管控

柴油机司机岗位操作的设备设施主要有：柴油机、节能发电机、传动装置、各类电机、螺杆压缩机、无热再生干燥装置、储气瓶、柴油机、VFD房等。示例见表2-37、表2-38。

表2-20 司钻操作台（司控房）操作风险管控

设备设施名称	管理单元	管理内容	危害因素	风险等级	事故分类	控制措施	控制级别	具体岗位
司钻操作台（司控房）	启动前检查	本体	司钻操作台固定松动，箱内阀件、管线连接松动	IV	其他伤害	司钻操作台固定牢固，箱内阀件、管线连接紧固	岗位	大班司钻、司钻
		工业监视器	工业监视器（显示器）固定松动，线路连接松动，现场安装的视频头固定松动，操控装置失效，安全装置缺失、失效	IV	其他伤害	固定紧固，现场安装的视频头清晰、完好，安全装置齐全完好	岗位	大班司钻、司钻
		阀件	阀件损坏，标识不清楚，锈蚀，卡滞	IV	其他伤害	各阀件齐全，标识清楚，阀件无锈蚀、卡滞，冬季应采取保温措施	岗位	大班司钻、司钻
		电路连接	电路接线错误，电缆绝缘破损漏电	IV	触电	所有电线连接正确，绝缘良好	岗位	大班司钻、司钻
		气路	电磁阀控制气路连接错误	IV	其他伤害	气路连接正确，气源压力够，水气分离器工作正常	岗位	大班司钻、司钻
		油路连接	管线连接错误	IV	其他伤害	确认液压源和刹车盘正确连接	岗位	大班司钻、司钻
		声光报警	报警装置失效	IV	其他伤害	测试各种报警装置能正常工作	岗位	大班司钻、司钻
		仪表显示	显示不归零或指示失真	IV	其他伤害	显示不归零或失真的仪表及时更换	岗位	大班司钻、司钻
		操作手柄	离合器操作锁定装置失效，电磁刹车手柄刹车不复位，刹把角度过小或过大	IV	其他伤害	离合器手柄锁定按钮完好，电磁刹车复位弹簧完好，纹车手柄灵活可靠	钻井队	大班司钻、司钻
	启动运行	操作顺序	未按正确顺序启动设备	IV	其他伤害	先挂合动力系统，再挂合总车离合器，离合器，再使用纹车离合器	岗位	大班司钻、司钻

续表

设备设施名称	管理单元	管理内容	危害因素	风险等级	事故分类	控制措施	控制级别	具体岗位
司钻操作台（司控房）	启动运行	下钻作业	一次挂合离合器起升，下钻速度过快	Ⅳ	其他伤害机械伤害	缓慢挂合离合器，控制下钻速度	岗位	大班司钻司钻
		钻进作业	操作不当送钻不均匀	Ⅳ	其他伤害	观察指重表，控制好刹把	岗位	大班司钻司钻
		起钻作业	未观察指重表	Ⅳ	其他伤害	观察好指重，合理使用挡位	岗位	大班司钻司钻
		循环作业	操作不当，活动钻具速度过快	Ⅳ	其他伤害	观察好重表，控制好刹把	岗位	大班司钻司钻
		操作旋钮	没有恢复初始位置	Ⅳ	其他伤害机械伤害	作业完成后所有旋钮恢复到初始位置	岗位	大班司钻司钻
	停止与保养	控制手轮	没有回零位	Ⅳ	其他伤害	所有手轮恢复零位	岗位	大班司钻司钻
		安全锁定装置	未使用紧急制动按钮	Ⅳ	其他伤害机械伤害	按下紧急制动按钮	岗位	大班司钻司钻
	应急处理	操作失效	无法停止转盘运转	Ⅳ	其他伤害机械伤害	通过对转盘电控断电，使转盘停止运转	岗位	大班司钻司钻

表 2-21 绞车（机械）操作风险管控

设备设施名称	管理单元	管理内容	危害因素	风险等级	事故分类	控制措施	控制级别	具体岗位
绞车（机械）	启动前检查	刹车	刹车失效	Ⅲ	其他伤害机械伤害	刹车系统灵活可靠，按照设备管理单元的绞车刹车系统带式刹车、盘刹进行检查	岗位	大班司钻司钻内钳工
		护罩	绞车护罩未安装齐全牢固	Ⅳ	其他伤害	绞车护罩安装齐全牢固	岗位	大班司钻司钻内钳工
		润滑油	绞车润滑油使用不充足	Ⅳ	机械伤害	润滑油使用充足	岗位	大班司钻司钻内钳工
		过卷阀、防碰天车	过卷阀、防碰天车失效	Ⅲ	物体打击机械伤害	过卷阀、插拔、电子防碰三套防碰装置必须保证两套完好	岗位	大班司钻司钻内钳工
		气源压力	总气源压力过低	Ⅳ	机械伤害	总气压力在0.7~0.9MPa时，气控系统气压低于0.6MPa时，不能进行钻井作业	岗位	大班司钻司钻内钳工
	启动运行	润滑油压力	绞车润滑压力不足	Ⅳ	机械伤害	随时观察绞车润滑压力，保证润滑油充足润滑良好	岗位	大班司钻司钻内钳工
		电磁刹车	在滚筒旋转时挂合电磁刹车	Ⅳ	物体打击机械伤害	严禁在滚筒旋转时挂合电磁刹车	岗位	大班司钻司钻内钳工
		电磁刹车	下钻时到额定悬重未挂合电磁刹车	Ⅳ	物体打击机械伤害	悬重超过300kN应及时挂合电磁刹车	岗位	大班司钻司钻内钳工

续表

设备设施名称	管理单元	管理内容	危害因素	风险等级	事故分类	控制措施	控制级别	具体岗位
绞车（机械）	启动运行	刹把	刹把与钻台面夹角过大或过小，距钻台面过高或过低，无锁定装置（下绞车刹把）无规范的锁定链，连接杆变形、销轴变形，无锁定装置	IV	其他伤害机械伤害	刹把刹死后水平夹角不少于45°，距钻台面高约0.8~1m，有规范的锁定链（本体直径4mm），锁定装置齐全完好	岗位	大班司钻司钻内钳工
		排绳器	排绳器轮磨损严重	IV	机械伤害	操作平稳，及时更换	岗位	大班司钻司钻内钳工
		离合器	一次挂合离合器起升	IV	其他伤害机械伤害	一起二带三负荷	岗位	大班司钻司钻内钳工
		冬季使用	冬季使用高速提升游动系统	IV	其他伤害机械伤害	冬季严禁使用高速提升游动系统，按要求活动气控开关，防止冻结	岗位	大班司钻司钻内钳工
	停止与保养	润滑点	停用后未对各轴承进行保养	IV	机械伤害	在各润滑点加注润滑脂	岗位	大班司钻司钻内钳工
		传动部件	设备停用时未对其各部件进行检查	IV	机械伤害	及时检查调整，紧固各传动连接件和润滑系统	岗位	大班司钻司钻内钳工
		油箱	油箱油变质、进滤子堵塞	IV	机械伤害	放掉油箱内的油，防止润滑变质	岗位	大班司钻司钻内钳工
	应急处理	紧急制动、停机	未及时紧急制动，未及时供电	IV	机械伤害	及时供电，保证发电设备，阀岛控制系及绞盘刹正常工作	岗位	大班司钻司钻内钳工
		异响	响声异常未及时停绞车	IV	机械伤害	巡检过程中发现声响异常时，应紧急停车检查，防止发生严重的机械事故	岗位	大班司钻司钻内钳工

表 2-22 绞车(电动)操作风险管控

设备设施名称	管理单元	管理内容	危害因素	风险等级	事故分类	控制措施	控制级别	具体岗位
绞车(电动)	启动前检查	刹车	刹车失效	III	其他伤害	刹车系统灵活可靠,按照设备管理单元的绞车刹车系统盘刹、辅助刹车、伊顿刹车进行检查	钻井队	大班司钻 司钻 内钳工
		护罩	绞车护罩未安装齐全牢固	IV	其他伤害	绞车护罩安装齐全牢固	岗位	大班司钻 司钻 内钳工
		润滑油	绞车润滑油使用不充足	IV	机械伤害	润滑油使用充足	岗位	大班司钻 司钻 内钳工
		过卷阀、防碰天车	过卷阀、防碰天车失效	III	物体打击 机械伤害	过卷阀、捕拨、电子防碰三套防碰装置必须保证两套完好	钻井队	大班司钻 司钻 内钳工
		气源压力	总气源压力过低	IV	物体打击 机械伤害	总气源压力在0.7~0.9MPa,气控系统气压低于0.6MPa时,不能进行钻井作业	岗位	大班司钻 司钻 内钳工
	启动运行	润滑油压力	绞车润滑油压力不足	IV	机械伤害	随时观察绞车润滑压力,保证润滑油充足润滑良好	岗位	大班司钻 司钻 内钳工
		辅助刹车	接线不正确、不规范	III	其他伤害 机械伤害	辅助刹车系统的动力线和控制线连接情况,确保接线规范、准确	钻井队	大班司机 大班司钻
		冷却系统	冷却系统压力不足、冷却液不够	IV	机械伤害	检查冷却系统工作情况,确保冷却液循环流畅,系统无渗漏现象	岗位	大班司钻 司钻 内钳工

续表

设备设施名称	管理单元	管理内容	危害因素	风险等级	事故分类	控制措施	控制级别	具体岗位
绞车（电动）	启动运行	主电机	异响或温度异常	Ⅲ	机械伤害	应首先启动电机风机运转，确保电机电路、防护等完善、正确	钻井队	大班司机大班司机
		排绳器	排绳器轮齿磨损严重	Ⅳ	机械伤害	操作平稳，及时更换	岗位	大班司钻司钻内钳工
		离合器	逻辑关系不清	Ⅳ	机械伤害	确定主电机和送钻小电机工作关系	岗位	大班司钻司钻内钳工
		刹把	速度调节手柄猛拉猛推	Ⅳ	机械伤害	绞车的加减速应缓慢进行	岗位	大班司钻司钻
		润滑点	停用后未对各轴承进行保养	Ⅳ	机械伤害	在各润滑点加注润滑脂	岗位	大班司钻司钻内钳工
	停止与保养	传动部件	设备停用时未对其各部件进行检查	Ⅳ	机械伤害	及时检查调整，紧固各传动连接件和润滑系统	岗位	大班司钻司钻内钳工
		油箱	油箱油变质、进油滤子堵塞	Ⅳ	机械伤害	放掉油箱内的油，防止润滑油变质	岗位	大班司钻司钻内钳工
	应急处理	紧急制动、停机	未及时紧急制动	Ⅳ	机械伤害	及时紧急制动，检查排除故障，恢复绞车正常工作	岗位	大班司钻司钻
		异响	响声异常时未及时停绞车	Ⅳ	机械伤害	巡检过程中发现绞车响声异常时，应急停车检查，防止发生严重的机械事故	岗位	大班司钻司钻内钳工

表 2-23 顶驱操作风险管控

设备设施名称	管理单元	管理内容	危害因素	风险等级	事故分类	控制措施	控制级别	具体岗位
顶驱	启动前检查	反扭支架固定	反扭支架与支座固定松动、螺栓、备帽缺失	Ⅳ	其他伤害 机械伤害	固定螺栓紧固，备帽齐全完好	岗位	大班司钻 大班司钻 司钻 井架工 内钳工 柴油机司机
		背钳吊架固定	背钳吊架、背钳固定松动、别针缺失、防掉螺栓缺失	Ⅳ	其他伤害 机械伤害	背钳吊架、背钳固定牢靠，别针、防掉螺栓齐全	岗位	大班司钻 大班司钻 司钻 井架工 内钳工 柴油机司机
		背钳扶正环	背钳扶正环固定松动、防退装置缺失	Ⅳ	其他伤害 机械伤害	扶正环固定紧固，防退装置齐全	岗位	大班司钻 大班司钻 司钻 井架工 内钳工 柴油机司机
		防退装置	防退装置连接螺栓松动、缺失；防退钢丝损坏、缺失	Ⅳ	其他伤害	连接螺栓、防退钢丝齐全紧固	岗位	大班司钻 大班司钻 司钻 井架工 内钳工 柴油机司机

第二章　钻井生产作业活动风险防控

续表

设备设施名称	管理单元	管理内容	危害因素	风险等级	事故分类	控制措施	控制级别	具体岗位
顶驱	启动运行	作业环境	视线不清或大雾、大雪、冰雹、雷雨、六级风以上等恶劣天气情况下,进行接立柱作业	Ⅲ	其他伤害物体打击	视线不清或大雾、大雪、冰雹、雷雨、六级风以上等恶劣天气情况下,禁止接立柱作业	钻井队	大班司钻大班司钻司钻井架工内钳工柴油机司机
		上/卸扣	钻进作业,上/卸扣时未选择A+B电机同时工作	Ⅳ	其他伤害	在上/卸扣时一定要选择A+B即两个电机同时工作状态,在钻井工作状态下一般应选择两电机同时工作	岗位	大班司钻大班司钻司钻井架工内钳工柴油机司机
		钻井扭矩限定	钻进启动主电机前,未确认刹车状态和钻井扭矩限定值是否正确	Ⅳ	其他伤害	启动主电机前,必须确认刹车状态与钻井扭矩限定值是否正确;启动主电机时,为了确保设备安全,钻井扭矩限定值不宜过高,可在主轴旋转后,增加钻井扭矩限定值	岗位	大班司钻大班司钻司钻井架工内钳工柴油机司机
		"反转"功能	使用钻井模式下的"反转"功能时,未注意钻井扭矩的限定值	Ⅳ	其他伤害	使用钻井模式下的"反转"功能时,注意钻井扭矩的限定值,防止钻杆松扣造成事故	岗位	大班司钻大班司钻司钻井架工内钳工柴油机司机

续表

设备设施名称	管理单元	管理内容	危害因素	风险等级	事故分类	控制措施	控制级别	具体岗位
顶驱	启动运行	钻井扭矩限定	达到钻井扭矩限定值后，顶驱仍用设定的恒转矩控制方式继续运转，直到转速为零，转矩保持不变	IV	其他伤害	达到钻井扭矩限定值后，顶驱仍用设定的恒转矩控制方式继续运转，直到转速为零，转矩保持不变。释放反向扭矩时存在钻具被甩开的危险，操作中必须严格控制保具反转速度，防止发生事故	岗位	大班司钻 大班司机 司钻 井架工 内钳工 柴油机司机
		接立柱悬重	接立柱上、卸扣时，悬重过大或过小	IV	机械伤害	上、卸扣时，必须保持悬重（游车、大钩、顶驱静止时的总重量）	岗位	大班司钻 大班司机 司钻 井架工 内钳工 柴油机司机
		回转头	操作回转头时，转动幅度过大	IV	其他伤害 机械伤害	回转头转动时，小幅度旋转回转头，小心不要伤人或碰坏设备	岗位	大班司钻 大班司机 司钻 井架工 内钳工 柴油机司机
		背钳锁紧	背钳操作未在回转头锁紧状态下操作	III	其他伤害 机械伤害	背钳操作，必须在回转头锁紧操作完成并确认已锁紧且指示灯亮之后才能进行，以保证设备和人身的安全	钻井队	大班司钻 大班司机 司钻 井架工 内钳工 柴油机司机

续表

设备设施名称	管理单元	管理内容	危害因素	风险等级	事故分类	控制措施	控制级别	具体岗位
顶驱	启动运行	吊环倾斜臂	吊环倾斜臂使用后未回中位	Ⅳ	机械伤害	使用后及时将吊环倾斜臂回中位	岗位	大班司钻 大班副司钻 司钻 井架工 内钳工 柴油机司机
		内防喷器	内防喷器在钻井泵运行前未打开	Ⅲ	其他伤害 机械伤害	内防喷器在钻井泵运行状态下禁止关闭	钻井队	大班司钻 大班副司钻 司钻 井架工 内钳工 柴油机司机
		吊环倾斜臂	吊环倾斜时，提升超负荷	Ⅳ	其他伤害 机械伤害	在［吊环倾斜］按钮未回"中位"及未按［吊环中位］按钮前，严禁用吊环提升超过500kg的重负荷（如：钻链、加重钻杆等）	岗位	大班司钻 大班副司钻 司钻 井架工 内钳工 柴油机司机
			提升重负荷时，操作倾斜机械臂	Ⅳ	其他伤害 机械伤害	在起钻和上、卸钻头时，严禁在钻具下端还未放到位时操作吊环倾斜机械臂	岗位	大班司钻 大班副司钻 司钻 井架工 内钳工 柴油机司机

续表

设备设施名称	管理单元	管理内容	危害因素	风险等级	事故分类	控制措施	控制级别	具体岗位
顶驱	启动运行	回转头及主轴	吊环受负荷时转动顶驱回转头及主轴	IV	机械伤害	严禁在吊环承受负荷时转动顶驱回转头及主轴	岗位	大班司钻 大班司机 司钻 井架工 内钳工 柴油机司机
		游动线缆	顶驱上下活动时，吊环、电缆、液压管线挂、磨井架和悬吊钢丝绳	III	其他伤害 机械伤害	禁止吊环与井架及其他设备发生干涉、碰撞；上提下放顶驱时，注意不要挂游动的电缆、光缆、液压管线等（特别是刮风天气），不要让钢丝绳磨游动的电缆、光缆、液压管线，防止损坏	钻井队	大班司钻 大班司机 司钻 井架工 内钳工 柴油机司机
		风机	顶驱系统运行时，风机关闭	IV	机械伤害	顶驱系统运行时，禁止关闭风机	岗位	大班司钻 大班司机 司钻 井架工 内钳工 柴油机司机
		使用震击器	在顶驱未拆除时，使用震击器	III	其他伤害 机械伤害	在使用震击解卡过程中，严禁使用顶驱；在任何情况下，均不应使用地面震击器，否则会对顶驱装置产生伤害	钻井队	大班司钻 大班司机 司钻 井架工 内钳工 柴油机司机

续表

设备设施名称	管理单元	管理内容	危害因素	风险等级	事故分类	控制措施	控制级别	具体岗位
顶驱	启动运行	井口接立柱	提立柱至井口立柱摆动过大；立柱提出钻杆盒和对接钻具螺纹时，人员手、脚处在钻具接箍下方	Ⅳ	其他伤害	提立柱至井口应将钻杆用手或钻杆钩扶稳，立柱不应摆动。立柱提出钻杆盒和对接钻具螺纹时，人员手、脚不应在钻具接箍处	岗位	大班司钻 大班司机 司钻 井架工 内钳工 柴油机司机
		上扣扭矩值	上扣扭矩值设定过大或过小	Ⅳ	机械伤害	设定合适的上扣扭矩，防止因扭矩过大或过小，造成钻具事故	岗位	大班司钻 大班司机 司钻 井架工 内钳工 柴油机司机
	停止与保养	检查	设备停用后未检查各部件固定情况	Ⅳ	机械伤害	及时检查设备各运转部件固定情况	岗位	大班司钻 大班司机 司钻 井架工 内钳工 柴油机司机
		保养	未及时保养清洁各运转部件	Ⅲ	机械伤害	及时按规定保养清洁运转设备	钻井队	大班司钻 大班司机 司钻 井架工 内钳工 柴油机司机

续表

设备设施名称	管理单元	管理内容	危害因素	风险等级	事故分类	控制措施	控制级别	具体岗位
顶驱	应急处理	"堵转"	发生"堵转"后，操作不当	Ⅲ	其他伤害	1.[转速设定]手轮与[刹车]开关不动，减小[钻井扭矩]手轮与主电机持续输出扭矩；缓慢减小[钻井扭矩]手轮扭矩限定值，使主电机输出扭矩慢慢减小，钻具缓慢反转，直到手轮扭矩给定值为零，钻具反转转速降为零；松开刹把，提起钻具。2.[钻井扭矩限定]手轮不动，[转速设定]手轮回到"零"位，电机停止输出，系统刹车。[操作选择]开关与[刹车]开关保持不变，[旋转方向]开关"松开"，钻具缓慢反转，司钻根据反转速度，选择合适的[刹车]开关"制动"，以保证钻具不会被倒开扣；重复上述过程，直到钻具反转转速降为零；松开刹把，提起钻具	钻井队	大班司钻 大班司机 司钻 井架工 内钳工 柴油机司机

- 136 -

表2-24　二层台机械手操作风险管控

设备设施名称	管理单元	管理内容	危害因素	风险等级	事故分类	控制措施	控制级别	具体岗位
二层台机械手	启动前检查	安装状态	安装不规范	Ⅲ	机械伤害	按要求进行设备安装，安装平稳牢固	钻井队	大班司钻、井架工
		控制系统	电缆线连接不牢靠，控制系统线路脱落	Ⅳ	触电、其他伤害	电缆线连接安全可靠，控制线路连接正确	钻井队	大班司钻、井架工
		电缆连接及固定	线路连接错误、不当，插头连接不牢固，电源线电缆龟裂、芯线裸露	Ⅳ	触电、火灾	正确规范连接电路，插头连接牢固，金属接触部位有护套；电源线电缆无龟裂、芯线无裸露	钻井队	大班司钻、井架工
		劳保护具	未正确穿戴劳保护具	Ⅲ	其他伤害、机械伤害	必须佩带护目镜，工装袖口必须扎紧	岗位	大班司钻、井架工
	启动运行	参数设置	参数设置错误	Ⅳ	机械伤害	按要求设置正确工作参数	岗位	大班司钻、司钻
		回零操作	未进行回零操作	Ⅳ	机械伤害	按要求设置进行回零操作，校正设备	岗位	大班司钻、司钻
		工作模式	工作模式选择错误	Ⅳ	机械伤害	按要求设置正确工作模式	岗位	大班司钻、司钻
		钻具类型	钻具类型选择错误造成设备损坏或者钻具脱落	Ⅳ	机械伤害	按要求设置正确钻具类型	岗位	大班司钻、司钻
		排管操作	井架支梁打开未碰挂支梁	Ⅳ	机械伤害	正确进行操作，打开支梁锁保确保钻具顺利进入支梁	岗位	大班司钻、司钻
		送管操作	吊卡未打开，碰挂吊卡	Ⅳ	机械伤害	正确进行操作，打开吊卡确保进入吊卡	岗位	大班司钻、司钻
		手臂回收	手臂未回收游车压坏机械手	Ⅳ	机械伤害	确认互锁系统运行正常，待到手臂回收后方可进行游车操作	岗位	大班司钻、司钻

续表

设备设施名称	管理单元	管理内容	危害因素	风险等级	事故分类	控制措施	控制级别	具体岗位
二层台机械手	停止与保养	开关复位	控制开关未复位	IV	机械伤害	控制开关复位	岗位	大班司钻、司钻
		手柄复位	操作手柄未复位	IV	机械伤害	操作手柄复位	岗位	大班司钻、司钻
		切断动力	设备停用后未及时切断电源动力	III	触电	设备停用后及时切断电源	岗位	大班司钻、司钻
		润滑点	未按要求进行保养润滑	IV	机械伤害	按要求进行对各润滑点进行润滑	岗位	大班司钻、井架工
	应急处理	故障	设备故障操作失灵	IV	机械伤害	切换手动模式，回收手臂停止游车动作，进行回零操作	岗位	大班司钻、司钻

表 2-25 钻井泵操作风险管控

设备设施名称	管理单元	管理内容	危害因素	风险等级	事故分类	控制措施	控制级别	具体岗位
钻井泵	启动前检查	润滑油	润滑油油量不足或变质	IV	机械伤害	检查润滑油油量符合要求	岗位	大班司钻 副司钻
		冷却水	冷却水不充足、不干净	IV	机械伤害	保证冷却水干净无足	岗位	大班司钻 副司钻
		拉杆箱	拉杆箱内有杂物、卡子松动	IV	机械伤害	保证拉杆箱无杂物，卡子紧固无松动	岗位	大班司钻 副司钻
		安全阀	安全销定位过高	IV	机械伤害 物体打击	安全阀所定压力高于使用压力一个档次，定压标尺完好清晰，阀盖及固定完好	岗位	大班司钻 副司钻
		空气包	空气包充气压力低	IV	机械伤害	充气压力为泵压的 1/3~1/4，最大不超过 4.5MPa	岗位	大班司钻 副司钻
		阀门开关	上水管线、高压管汇阀门开关状态不正确	IV	物体打击	开泵前认真检查上水管线开关和高压管汇阀门开关状态	岗位	大班司钻 副司钻
		人员位置	启动前钻井泵启动时泵区有人	III	物体打击	钻井泵启动时泵区严禁有人作业	钻井队	大班司钻 副司钻
	启动运行	信号	启动未接到泵房信号开泵	IV	物体打击 机械伤害	接到泵房明确信号后缓慢启动	岗位	大班司钻 副司钻
		开泵作业	启动过猛，不观察压力表	IV	物体打击 机械伤害	缓缓启动，多次挂合，观察压力变化。司钻眼看立压表，坐岗人员观察井口液返出情况，发现异常立即报告司钻。小排量通顶排量正常后，再逐渐增大到设计排量	岗位	大班司钻 副司钻

续表

设备设施名称	管理单元	管理内容	危害因素	风险等级	事故分类	控制措施	控制级别	具体岗位
钻井泵	启动运行	检查拉杆箱	运行中拉杆箱卡子松动	Ⅳ	机械伤害	钻井泵运转过程中，应经常观察和听察有无松动和异响，喷淋泵不刺不漏，冷却水流量正常	岗位	大班司钻副司钻
		检查时人员站位	运行中近观察钻井泵泵压	Ⅲ	物体打击	站在远观察钻井泵泵压是否正常稳定	钻井队	大班司钻副司钻
			运行中检查时身体未避开高压管线的焊口	Ⅲ	物体打击	对钻井泵检查过程中，身体尽量避开高压管线的焊口	钻井队	大班司钻副司钻
		检查动力端	运行中动力端响声异常时未及时停泵	Ⅳ	机械伤害	巡检过程中发现钻井泵动力端响声异常时，应紧急停车，盘车检查动力端，防止发生严重的机械事故	岗位	大班司钻副司钻
	停止与保养	喷淋泵	冬季喷淋泵未放水	Ⅳ	机械伤害	放尽水槽、喷淋泵内的冷却水	岗位	大班司钻副司钻
		齿轮箱	长期停用齿轮箱内油变质	Ⅳ	机械伤害	放尽齿轮箱内的齿轮油，用柴油清洗齿轮箱	岗位	大班司钻副司钻
		阀件	长时间停用内部阀件未保养	Ⅳ	机械伤害	拆卸阀件、活塞、缸套，清洗阀腔，并在冷缸均匀地涂上润滑脂	岗位	大班司钻副司钻
	应急处理	管线刺漏、爆裂	未及时停泵泄压，采取紧急措施	Ⅲ	物体打击机械伤害	及时停泵泄压，检修更换管线	钻井队	大班司钻副司钻
		异响	未及时停泵泄压，采取紧急措施	Ⅲ	物体打击机械伤害	及时停泵泄压，检修钻井泵	钻井队	大班司钻副司钻
		泵压急剧上升	未及时停泵泄压，采取紧急措施	Ⅲ	物体打击机械伤害	及时停泵泄压，检修钻井泵	钻井队	大班司钻副司钻

表 2-26 远程控制房操作风险管控

设备设施名称	管理单元	管理内容	危害因素	风险等级	事故分类	控制措施	控制级别	具体岗位
远程控制房	启动前检查	供电线路	非专线控制,线路接触不良,设备损坏、人员伤害	Ⅳ	机械伤害触电	专线控制,检查线路保证断电,保证线路连接牢靠	岗位	钻井工程师大班电工
		油量	油量不足或变质,打压不正常,无法正常实施关井	Ⅲ	其他伤害	确保液压油量在上刻线以上,且没有变质	钻井队	钻井工程师副司钻
		连接管线	高压油管线连接错误,打压后造成误操作,对封井器等设备造成损坏,甚至导致井下事故	Ⅲ	其他伤害	准确核对高压油管线连接与标定状态一致	钻井队	钻井工程师副司钻
		三位四通换向阀	打在关位开位,打压后可能造成自动关井,导致井下事故	Ⅲ	其他伤害	启动前确认所有三位四通阀手柄在中位	钻井队	钻井工程师副司钻
		电泵	润滑油量不足,启动后高速运转易烧坏曲轴或缩短链条寿命	Ⅳ	机械伤害	检查机油液面高度	岗位	钻井工程师副司钻
		储能器	截止阀未打开,起压过猛,造成管路刺漏	Ⅲ	机械伤害	确保储能器截止阀处于开位	钻井队	钻井工程师副司钻
		气路管线	气路漏气,气源压力不足,气泵不能正常使用	Ⅳ	机械伤害	检查气路管线及连接	岗位	钻井工程师副司钻
		气泵	油雾杯油量不足或缺少,磨损气泵,气缸与活塞组件	Ⅳ	机械伤害	及时补充油雾杯机油	岗位	钻井工程师副司钻
		调压阀	调压阀调节不到位或未锁紧,远控房压力过低	Ⅲ	机械伤害	远控房压力过低不能有效关井	钻井队	钻井工程师副司钻
	启动运行	电源开关	不试运转、直接启动,易造成烧坏设备	Ⅳ	机械伤害触电	确认供电正常后,手动启动试运转,观察电机转向	岗位	钻井工程师副司钻

续表

设备设施名称	管理单元	管理内容	危害因素	风险等级	事故分类	控制措施	控制级别	具体岗位
远程控制房	启动运行	泄压阀和旁通阀	泄压阀未关闭，不起压，长时间运转造成电机损坏	IV	机械伤害	确认泄压阀处于关闭状态	岗位	钻井工程师 副司钻
		管路密封	存在漏油现象，压力不稳，无法正常关井	IV	机械伤害	检查所有管路是否存在漏油现象	岗位	钻井工程师 副司钻
		电控箱	压力继电器失效，压力不足，无法正常关井	III	触电 机械伤害	手动泄压至18.5MPa，验证电泵是否自动启动	钻井队	钻井工程师 副司钻
		三位四通换向阀	三位四通换向阀保养不及时，无法正常关井	III	其他伤害	定期保养三位四通换向阀，每起下一趟钻活动一次	钻井队	钻井工程师 副司钻
	停止与保养	气源排水分离器	不及时排水，冬季不及时排水造成气路冻结	IV	其他伤害	每天对滤清器排水	岗位	钻井工程师 副司钻
		滤网	滤网清理不及时，造成油路堵塞	III	机械伤害	及时清洗各滤网	钻井队	钻井工程师 副司钻

第二章 钻井生产作业活动风险防控

表 2-27 电动小绞车操作风险管控

设备设施名称	管理单元	管理内容	危害因素	风险等级	事故分类	控制措施	控制级别	具体岗位
电动小绞车	启动前检查	吊索具本体、完整性	吊索未与专用旋转吊钩连接，吊索有裂纹、变形、磨损严重，安全销自动闭合式开口变形	Ⅲ	物体打击机械伤害	索链与专用旋转吊钩连接，链环和吊钩无裂纹、变形和严重磨损，安全锁销能自动闭合，开口不超过 8mm。链环塑性变形伸长不超过原长度 5%，链环直径磨损不超过原直径 10%	钻井队	大班司钻井架工
		小绞车安装固定	小绞车安装不牢靠，螺纹松动	Ⅲ	机械伤害	安装时螺纹固定牢靠，备帽齐全	钻井队	大班司钻井架工
		电源、线路连接	线路连接错误、不当，电源线缆龟裂、芯线裸露	Ⅲ	触电火灾	正确规范连接电路，插头连接牢固，电缆与金属接触部位有护套；电源线缆无龟裂、芯线无裸露	钻井队	大班司钻大班司机井架工
		控制柜	控制柜元器件失灵，仪表松动、失灵	Ⅳ	机械伤害其他伤害	元器件灵活可靠，仪表安装牢固、灵敏有效	钻井队	大班司钻大班司机井架工
		手刹	脚刹、手刹不牢靠	Ⅳ	物体打击机械伤害	检查手刹是否牢靠，对不牢靠的刹车及时进行修理和更换	岗位	大班司钻井架工
		润滑油油量油质	润滑油油量不足、变质	Ⅲ	物体打击机械伤害	检查润滑油是否足量、是否变质，进行更换补充	岗位	大班司钻井架工
		刹车盘、刹车片	刹车系统磨损失效	Ⅳ	物体打击机械伤害	检查刹车盘、刹车片等刹车系统是否磨损，对磨损超标的及时进行更换维修	岗位	大班司钻井架工
		操作柄	操作手柄损坏	Ⅳ	物体打击	操作手柄齐全完好	岗位	大班司钻井架工
	启动运行	起吊信号	未接到地面人员起吊手势起吊	Ⅳ	其他伤害机械伤害	必须接到现场地面人员起吊手势后方可起吊	岗位	大班司钻井架工

续表

设备设施名称	管理单元	管理内容	危害因素	风险等级	事故分类	控制措施	控制级别	具体岗位
电动小绞车	启动运行	停止信号	起吊时接到停止信号，未停止起吊作业	IV	其他伤害机械伤害	起吊时接到任何人员的停止信号，必须停止起吊作业	岗位	大班司钻井架工
		排列钢丝绳	起吊时用手排列钢丝绳	III	其他伤害	使用排绳器，严禁用手排列钢丝绳	钻井队	大班司钻井架工
		人员位置	人员处于危险区域	III	物体打击	绞车钩挂牢吊物后，场地人员撤离，吊物上提时场地和钻台人员处于安全区域	钻井队	大班司钻井架工
		起吊管柱	吊管柱未使用专用提丝、吊带	III	物体打击	吊管柱使用专用提丝、吊带	钻井队	大班司钻井架工
		操作时视线	起吊物体时，视线遮挡	IV	其他伤害机械伤害	视线遮挡时，严禁起吊作业	岗位	大班司钻井架工
		操作时站位	起吊物体时，人员从吊物下通过	IV	其他伤害机械伤害	起吊物体时，严禁人员从吊物下通过	岗位	大班司钻井架工
		交叉作业	下套管、起吊物体时人员交叉作业	III	物体打击	起吊物体时，严禁人员交叉作业	钻井队	大班司钻井架工
		悬挂重物	悬挂重物中，操作人员离开	IV	物体打击	悬挂重物中，严禁操作人员离开	岗位	大班司钻井架工
	停止与保养	断电	使用完毕未切断电源	IV	触电	使用完毕及时切断电源	岗位	井架工
		急停按钮	使用完毕未拍下急停按钮	IV	物体打击	使用完毕及时拍下急停按钮	岗位	井架工
		防护盖	使用完毕未扣合防护盖，误操作	IV	物体打击	使用完毕扣合防护盖	岗位	大班司钻井架工
		齿轮箱油量	齿轮箱润滑油量不足，润滑油变质	IV	机械伤害	检查绞车润滑情况，确保润滑油充足	岗位	大班司钻井架工
		润滑点	未按要求对润滑点进行润滑保养	IV	机械伤害	检查各润滑点润滑情况，确保润滑到位	岗位	大班司钻井架工

表 2-28 二层台逃生装置操作风险管控

设备设施名称	管理单元	管理内容	危害因素	风险等级	事故分类	控制措施	控制级别	具体岗位
二层台逃生装置	日常检查	控制手柄	控制手柄转动不灵活、阻卡、制动块磨损严重，影响人员应急逃生	Ⅳ	其他伤害	保持控制手柄转动灵活	岗位	大班司钻井架工
		警示牌	未正确使用警示牌影响人员应急逃生	Ⅳ	其他伤害	上部手动控制器红色警示牌应处于手非卡上状态；下部手动控制器应插入红色警示牌，处于自由滑动状态	岗位	大班司钻井架工
		防脱挂钩	上部防脱挂钩与逃生门之间距离过大，不便于逃生人员着地；或下部防脱挂钩距离地点过高或过低影响逃生	Ⅳ	其他伤害	待命状态下，井架二层台逃生装置的手动控制器防脱挂钩应始终处于手非锁紧状态，自然下垂后与逃生门距离小于0.5m，便于人员逃生取用	岗位	大班司钻井架工
	启动运行	安全带	未穿戴全身式安全带，无法逃生	Ⅲ	其他伤害	人员正确穿戴全身式安全带，固定好安全绳，确认上部手动控制器处于锁紧状态，将手动控制器两个挂钩分别挂在安全带腰部挂环上并锁紧，再解开安全带安全绳	钻井队	大班司钻井架工
		手动控制器	下滑过程中，人员手离开手动控制器手柄，无法控制下滑速度	Ⅲ	其他伤害	用手握住手动控制器手柄解除锁紧，当拉绳绷紧时继续旋转手柄，使手动控制器处于完全打开状态，身体将保持安全匀速下滑	钻井队	大班司钻井架工
		培训	人员未进行逃生培训，人员不会使用	Ⅳ	其他伤害	逃生装置的拆装和调节必须由经过专业培训合格的人员进行，或在其指导下进行	岗位	大班司钻井架工
		导向绳	导向绳绷得太紧，造成导向绳损坏或拉动地面锚定块移位	Ⅳ	其他伤害	调节导向绳时，不要绷得太紧，避免导向绳承受井架晃动产生的拉力，造成导向绳损坏或拉动地面锚定块移位	岗位	大班司钻井架工

续表

设备设施名称	管理单元	管理内容	危害因素	风险等级	事故分类	控制措施	控制级别	具体岗位
二层台逃生装置	维护保养	制动块	控制手柄转动不灵活、阻卡、制动块磨损严重，影响人员应急逃生	Ⅳ	其他伤害	手动控制器制动块应每月注入锂基润滑脂一次，保持控制手柄转动灵活	岗位	大班司钻井架工
		自检	逃生装置累计下滑距离达到1000m或安装使用一年后，没有专业技术人员检查维护，零部件损伤影响运行不灵活，延误逃生	Ⅳ	其他伤害	逃生装置累计下滑距离达到1000m或安装使用一年后，必须由专业技术人员检查维护，以防止零部件损伤影响运行或延误逃生	岗位	大班司钻井架工
		缓降器	缓降器失效，人员快速滑落	Ⅳ	其他伤害	严禁缓降器与水或油品接触，碰撞造成变形，安装缓降器时应将散热孔打开，防止其他硬件的挤压，用致使缓降器过热，损坏装置频繁使用，导向绳下端安装限位器（卡）	岗位	大班司钻井架工

表2-29 节流阀控制箱操作风险管控

设备设施名称	管理单元	管理内容	危害因素	风险等级	事故分类	控制措施	控制级别	具体岗位
节流阀控制箱	启动前检查	液压油	油量不足或变质，无法制备高压液压油	Ⅳ	机械伤害	保证油量充足、无变质	岗位	井架工大班司钻
		油雾杯油	油量不足或变质，造成气泵早期损坏，无法正常启动工作	Ⅳ	机械伤害	检查润滑油油量符合要求	岗位	井架工大班司钻

第二章 钻井生产作业活动风险防控

续表

设备设施名称	管理单元	管理内容	危害因素	风险等级	事故分类	控制措施	控制级别	具体岗位
节流阀控制箱	启动前检查	分水滤气器	积水未排放,造成设备早期损坏	Ⅳ	机械伤害	每班定期放水	岗位	井架工 大班司钻
		气路	非专项供气,接头或管线漏气,影响钻台控制系统供气,车失灵或烧坏离合器	Ⅳ	机械伤害	固定牢固,气源房专项供气,气源压力0.65~0.8MPa	岗位	井架工 大班司钻
		闸阀开关	开关状态与现场不符,过程中井控失控	Ⅳ	机械伤害	检查阀位开度表与液动节流阀保持一致	岗位	井架工 大班司钻
		液控管线	管线接头松动、管线接错、堵塞或破裂,无法有效开关节流阀,泄漏造成环境污染	Ⅳ	机械伤害	检查管线无破损、无松动、无挤压碰撞、连接正确	岗位	井架工 大班司钻
节流阀控制箱	启动运行	气泵	分水滤气器发卡,压缩空气含水量高,油雾器油量不足,工作异常损坏气泵活塞	Ⅲ	机械伤害	分水滤气器每天打开底部放水阀放掉杯内积水,气源处理元件作中的油雾器中盛油2/3杯,每天检查油杯油面一次,酌情加油	钻井队	井架工 大班司钻

续表

设备设施名称	管理单元	管理内容	危害因素	风险等级	事故分类	控制措施	控制级别	具体岗位
节流阀控制箱	启动运行	压力表	压力值异常，无法有效开关节流阀，造成压井过程中压漏地层	Ⅲ	机械伤害	安装时校正套压，立压表之间的差值不大于1MPa	钻井队	井架工 大班司钻
		气管束	管芯接错，折断或堵死，连接法兰密封垫串气，在节流控制箱上不能开、关节流阀或相应动作不一致	Ⅲ	机械伤害	安装时检查管线完整性和密封性	钻井队	井架工 大班司钻
		油雾杯油	油量不足或变质，造成气泵早期损坏，无法正常启动工作	Ⅳ	机械伤害	检查润滑油油量符合要求	岗位	井架工 大班司钻
	停止与保养	液压油箱	长期停用，油箱内液压油变质，设备损坏	Ⅳ	机械伤害	液压油进水使阀芯生锈，或低温下结冰堵塞管线	岗位	井架工 大班司钻
		阀件	长时间停用内部阀件未保养，设备损坏或开关不灵活	Ⅳ	机械伤害	保养润滑	岗位	井架工 大班司钻

第二章 钻井生产作业活动风险防控

表2-30 闸板防喷器操作风险管控

设备设施名称	管理单元	管理内容	危害因素	风险等级	事故分类	控制措施	控制级别	具体岗位
闸板防喷器	启动前检查	管汇压力	压力不足,发生险情时,不能有效关井密封	Ⅲ	机械伤害	坚持交接班检查,日巡查,确保管汇压力达到10.5MPa	钻井队	副司钻
		系统油量	油量不足,发生险情时,不能有效关井密封	Ⅲ	机械伤害	坚持交接班检查,日巡查,日常补充,确保油量在待命状态下不低于油标下线	钻井队	副司钻
		开关标识	开和关标识不清楚,误操作,关井错误	Ⅳ	机械伤害	设备对应的液控管线和开关手柄标识清楚,坚持日常活动	岗位	井架工
		螺栓固定	固定不牢靠,松动,发生险情时,油气泄漏	Ⅳ	机械伤害	坚持交接班检查,日巡查,发现松动立即紧固	岗位	井架工
		侧门拉杆	拉杆变形或损伤,闸板无法关井	Ⅳ	机械伤害	在确保井控安全情况下,立即组织更换	岗位	井架工
		闸板芯子	与钻具尺寸不匹配,不能密封环空	Ⅳ	机械伤害	更换时确认闸板芯子与井内钻具尺寸相符,坚持交接班检查,日巡查,有缺陷管线立即更换	岗位	井架工
		控制管线	管线破损漏油或堵塞,环境污染	Ⅳ	其他伤害	坚持交接班检查,日巡查,有缺陷管线立即更换	岗位	副司钻
	启动运行	人员位置	高压附近站人,刺漏伤人	Ⅲ	其他伤害	关井时人员远离高压区,高压区域设置隔离警戒	钻井队	副司钻 井架工
		控制管线	管内高压,管线损坏,刺漏伤人	Ⅲ	其他伤害	安装时,连接紧固,密封可靠,有缺陷管线立即更换	钻井队	副司钻 井架工
		密封部位	不密封,油气泄漏,环境污染,爆燃或中毒	Ⅳ	爆炸 中毒	连接部位紧固,试压检验,日常检查	岗位	井架工
		钻柱位置	未在关井位置,关井失效,损坏胶芯,井口失控	Ⅳ	机械伤害	确定关井位置,给员工做好培训交底	岗位	司钻 副司钻
		钻柱动态	关井状态下起下钻具,损坏胶芯,井口失控	Ⅲ	机械伤害	控制起下速度不得大于0.1m/s,不得过钻具接箍位置	钻井队	司钻 副司钻

续表

设备设施名称	管理单元	管理内容	危害因素	风险等级	事故分类	控制措施	控制级别	具体岗位
闸板防喷器	启动与运行	误操作全封或剪切闸板	钻具落井，密封失效，井下事故，井口失控	Ⅳ	机械伤害	操作前确认井筒钻具情况及目前所需的关井对象	岗位	司钻 副司钻
		关井压力	超过额定工作压力，损毁设备，井口失控，井涌或井喷	Ⅳ	机械伤害	到达设备额定工作压力的80%时立即泄压	岗位	井架工 场地工
		固定情况	固定松动，发生险情时，油气泄漏	Ⅲ	机械伤害	挨个检查紧固	钻井队	井架工
	停止与保养	开关状态与设备挂牌	开关与标识缺失或错误，关井错误	Ⅳ	机械伤害	标识不清或缺失的挂牌立即补齐	岗位	井架工
		腔体内清洁	密封不住，发生险情时，井口失控	Ⅳ	机械伤害	检查冲洗，清理腔体内沉砂，确保清洁	岗位	井架工 井控车间
		钢圈槽检查	密封槽槽损，发生险情时，井口失控	Ⅳ	机械伤害	更换钢圈，钢圈槽磨损时必须更换设备	岗位	井架工
		车间密封检查	未在车间密封检测，现场检测刺漏伤人	Ⅳ	机械伤害	按管理要求先进行车间试压，然后送往现场	岗位	井控车间

表 2-31 吊钳操作风险管控

设备设施名称	管理单元	管理内容	危害因素	风险等级	事故分类	控制措施	控制级别	具体岗位
吊钳	使用前检查	钳牙	磨损严重，钳子打滑，损坏钻具	Ⅳ	其他伤害	及时更换钳牙后并穿好别针	岗位	大班司钻 内钳工
		钳尾绳	磨损断裂，受力后断裂伤人	Ⅳ	机械伤害	做好每班检查与班中维护	岗位	大班司钻 内钳工
		钳尾销	滑脱断裂，弹出断裂伤人	Ⅳ	机械伤害	做好探伤	岗位	大班司钻 内钳工
		钳尾柱	焊接不牢靠，受力后断裂伤人	Ⅳ	机械伤害	做好防锈，定期检查	岗位	大班司钻 内钳工
		吊绳	变形打扭，断裂伤人	Ⅲ	机械伤害	加强维护，断丝超标立即更换	钻井队	大班司钻 内钳工
		滑轮	销轴退位，零部件掉落砸伤人员	Ⅲ	机械伤害	及时检查开口别针，滑轮与吊绳的挡杆	钻井队	大班司钻 内钳工
		吊钳销子	开口销未穿，疲劳断裂，人员伤害	Ⅳ	机械伤害	开口销无变形，大小匹配	岗位	大班司钻 内钳工
		扣合器	磨损严重，夹伤风险	Ⅳ	其他伤害	定期检查，磨损严重及时更换	岗位	大班司钻 内钳工
		钳柄	断裂打滑，碰伤夹伤风险	Ⅳ	其他伤害	定期检查，磨损严重及时更换	岗位	大班司钻 内钳工
		钳头	尺寸不匹配，打滑摆动伤人	Ⅳ	机械伤害	定期检查，尺寸不符及时更换	岗位	大班司钻 内钳工

续表

设备设施名称	管理单元	管理内容	危害因素	风险等级	事故分类	控制措施	控制级别	具体岗位
吊钳	运行	扣合	用力过猛，夹伤手指风险	IV	机械伤害	平稳操作，用力适当	岗位	大班司钻 内钳工
		上卸扣	钳头绷开或钢丝绳断裂，人员伤害	III	机械伤害	吊钳咬紧钻具后，人员撤离到安全区域	钻井队	大班司钻 内钳工
		退出吊钳	摆动过大，人员伤害	IV	机械伤害	吊钳松开后，手扶吊钳复位，开上提钻具，完成后及时断气上锁	岗位	大班司钻 内钳工
		拆除猫头绳	阻挡通道，人员滑跌伤害	IV	机械伤害	拆除时人员配合好，注意防滑	岗位	大班司钻 内钳工
	停止与保养	固定好吊钳	摆动伤害，人员伤害	IV	机械伤害	使用完固定牢靠	岗位	大班司钻 内钳工
		各销轴保养	长时间未保养，设备损坏	IV	其他伤害	定期保养	岗位	大班司钻 内钳工

表 2-32 卡瓦操作风险管控

设备设施名称	管理单元	管理内容	危害因素	风险等级	事故分类	控制措施	控制级别	具体岗位
卡瓦	使用前检查	外观检查	检查时夹伤、碰伤、使用有缺陷工具造成井下事故、设备损害	IV	其他伤害	检查本体完好无裂纹、变形	岗位	大班司钻 内钳工
		卡瓦手柄	夹伤、砸伤、设备损害、人员伤害	III	机械伤害	检查手柄完好无残缺裂缝，如有断裂严禁私自焊接使用	钻井队	大班司钻 内钳工
		卡瓦牙、弹簧、开口销	夹伤、碰伤、井下事故、设备损害	IV	其他伤害	检查卡瓦牙完好、无磨损。弹簧弹性满足使用要求，开口销齐全无缺失	岗位	大班司钻 内钳工
	使用	人员位置	人员配合抬运时夹伤碰伤、人员伤害	III	机械伤害	人员必须双手握手柄抬运，双人作业配合密切	钻井队	副队长 司钻
		多片卡瓦	人员使用时夹伤碰伤、人员伤害	III	机械伤害	使用时必须手握手柄，双人作业配合密切，防止夹伤手指，试坐悬重不下滑，钻具接箍高度满足上卸扣要求	钻井队	副队长 司钻
		安全卡瓦	人员使用时夹伤碰伤、人员伤害	III	机械伤害	使用时必须手握手柄，双人作业配合密切，防止夹伤手指，高度位置离多片卡瓦 5~10cm	钻井队	副队长 司钻
		三片卡瓦	人员使用时夹伤碰伤、人员伤害	IV	机械伤害	使用时必须手握手柄，双人作业配合密切，防止夹伤手指，试坐悬重不下滑，钻具接箍高度满足上卸扣要求。处理复杂倒划眼或倒扣时，必须使用钢丝绳或吊带将卡瓦用卸扣串联，保证手柄断裂后不飞出伤人，同时撤离井口站在安全位置	岗位	副队长 司钻

续表

设备设施名称	管理单元	管理内容	危害因素	风险等级	事故分类	控制措施	控制级别	具体岗位
卡瓦	回收保养	多片卡瓦	回收保养时夹伤、碰伤、使用有缺陷工具造成井下事故，人员伤害	Ⅳ	机械伤害	各连接销加机油润滑，清洁回收	岗位	大班司钻内钳工
		安全卡瓦	回收保养时夹伤、碰伤、使用有缺陷工具造成井下事故，人员伤害	Ⅳ	机械伤害	各连接销加机油润滑，清洁回收	岗位	大班司钻内钳工
		三片卡瓦	回收保养时夹伤、碰伤、使用有缺陷工具造成井下事故，人员伤害	Ⅳ	机械伤害	各连接销加机油润滑，清洁回收	岗位	大班司钻内钳工

表 2-33 钻杆动力钳操作风险管控

设备设施名称	管理单元	管理内容	危害因素	风险等级	事故分类	控制措施	控制级别	具体岗位
钻杆动力钳	启动前检查	大钳悬挂	夹伤、碰撞、砸伤等伤害，人员伤害	Ⅳ	机械伤害	检查钳体的平衡，悬吊绳索符合规定并检查到位，保险绳固定牢靠	岗位	机械工长司钻
		伸缩气缸	夹伤、碰撞等伤害，人员伤害	Ⅳ	机械伤害	检查各气缸伸缩是否灵活，悬吊绳索是否满足	岗位	机械工长司钻
		综合液压站	刺漏、碰撞、触电等伤害，损坏、人员伤害	Ⅳ	机械伤害	检查液压油油质油量，检查高压油泵转向，检查工作油压是否合适，检查阀件，检查各部位的保养是否完好	岗位	柴油机司机
		油气管线	刺漏伤害，设备损坏，人员伤害	Ⅳ	机械伤害	检查阀件，接头和管线是否泄漏	岗位	大班司钻

第二章 钻井生产作业活动风险防控

续表

设备设施名称	管理单元	管理内容	危害因素	风险等级	事故分类	控制措施	控制级别	具体岗位
钻杆动力钳	启动前检查	钳体	夹伤、碰撞、砸伤等伤害，设备损坏，人员伤害	Ⅳ	机械伤害	检查颚板爬坡（或镶块）是否灵活，检查刹带和钳牙的磨损，检查各螺栓的紧固，检查仪表是否完好，检查上卸扣手柄位置是否正确，检查刹带松紧是否适宜，检查高低速离合器气胎是否漏气，检查各部位的保养	岗位	大班司钻 司钻
		试运转	刺漏、夹伤、碰撞、砸伤等伤害，设备损坏，人员伤害	Ⅳ	机械伤害	接通油气管线，打开液压源，用低速空转1~2min，低速空转压力在2.5MPa内，用高速空转1~2min，高速空转压力在5MPa内，试上、反转及钳头复位机构，根据钻具规格设定上卸扣扭矩及对应的压力值，将钳子送到井口、下钳卡住接头、试上、卸扣，将各部件调节到最佳状态	岗位	大班司钻 司钻
	启动运行	劳保护具	刺漏、夹伤、碰撞、砸伤等伤害，卷入	Ⅳ	机械伤害	劳保护具穿戴齐全、规范	岗位	副队长 副司钻
		人员站位	刺漏、夹伤、碰撞、砸伤等伤害，卷入	Ⅲ	机械伤害	人员离开危险区域	钻井队	副队长 副司钻
		对正钻具	夹伤、碰撞、砸伤等伤害，设备损坏，人员伤害	Ⅲ	机械伤害	将大钳的定位手柄调到上扣或卸扣位置，注意两个手柄位置要一致。操作人员取掉伸缩气缸手把稳绳，操作移送气缸控制阀使钳子平稳移送到井口。严防钳子快速撞击大钳，扶正大钳、井口作业人员通过钳头缺口进入大钳井扣好钳框。用上下移送液缸或链调节高度到钳子高度合适	钻井队	大班司钻 外钳工

续表

设备设施名称	管理单元	管理内容	危害因素	风险等级	事故分类	控制措施	控制级别	具体岗位
钻杆动力钳	启动运行	上、卸扣	钻具摆动夹伤、碰撞、砸伤等伤害、设备损坏、人员伤害	Ⅲ	机械伤害	观察钳头上下两堵头螺钉是否与钻具内接箍贴合。操作夹紧内接箍，将移送气缸控制阀使下钳夹紧内接箍。将移送气缸气放掉。根据实际情况，将液压马达的H型手动换向阀手柄扳向上扣或卸扣位置。将挡位控制阀手柄扳到相应位置，用低速送扣、紧扣，用高速松扣、卸扣。严禁用手触摸运转部位	钻井队	大班司钻外钳工
		回收归位	夹伤、碰撞、砸伤等伤害、设备损坏、人员伤害	Ⅲ	机械伤害	上扣或卸扣完成后进行钳头缺口对准操作。对准缺口后，松开夹紧阀使钳子平稳移开井口。钳子退到位后将各控制阀扳到中位并锁定，关闭气源，拴挂伸缩气缸安全绳，操作夹紧气缸控制阀使下钳夹紧内接箍，将移送气缸控制阀扳到中位，将移送气缸气放掉	钻井队	大班司钻外钳工
	停止与保养	综合液压站	保养操作时刺漏、夹伤、碰撞、砸伤等伤害、设备损坏、人员伤害	Ⅳ	机械伤害	润滑油和润滑脂加注适宜	岗位	大班司钻外钳工
		液气大钳	保养时夹伤、碰撞、砸伤等伤害、设备损坏、人员伤害	Ⅳ	机械伤害	润滑油和润滑脂加注适宜	岗位	大班司钻外钳工
		油气管线	刺漏伤害、设备损坏、人员伤害	Ⅳ	机械伤害	检查阀件、接头和管线是否泄漏	岗位	大班司钻外钳工

表 2-34 指重表操作风险管控

设备设施名称	管理单元	管理内容	危害因素	风险等级	事故分类	控制措施	控制级别	具体岗位
指重表	安装	搬运	人员用力不均匀，手部打滑摔坏设备，人员碰伤、砸伤、设备损坏，人员伤害	Ⅳ	机械伤害	用力均匀，注意手部放置位置	岗位	司钻 外钳工 钻井工程师
	安装	悬挂	人员用力不均匀，手部打滑摔坏设备，人员碰伤、砸伤、设备损坏，人员伤害	Ⅳ	机械伤害	同起同放，用力均匀，提前展开固定好，防止闭合夹伤	岗位	司钻 外钳工 钻井工程师
		连接管线	狭小空间作业碰伤，跌落。工具打滑摔人，人员伤害	Ⅲ	其他伤害	作业时保证光线充足，清理杂物，站稳，手抓好，合理选择工具，脚下牢靠	钻井队	司钻 外钳工 钻井工程师
		油囊充油	管线渗漏污染环境，手压泵操作过猛碰伤手部，污染环境，人员伤害	Ⅲ	其他伤害	检查好管线及连接处可靠不渗漏，平缓操作手压泵打油	钻井队	司钻 外钳工 钻井工程师
	安装	校正指重表	损坏表内机件，工具打滑，拔针时工具伤害，设备损坏，人员伤害	Ⅲ	其他伤害	检查大钩处于自由状态，合理选择使用扳手及拔针器。人员站在侧面	钻井队	司钻 外钳工 钻井工程师
	使用保养	管线	管线刺漏滴油，连接处未上紧，污染环境	Ⅲ	其他伤害	岗位勤检查，出现问题及时处理，更换配件	钻井队	司钻 外钳工 钻井工程师
		表显	未校正悬重，司钻盲目操作，造成井下事故	Ⅲ	其他伤害	勤校正指重表，勤检查，出现问题及时整改，保证灵敏可靠	钻井队	司钻 外钳工 钻井工程师

续表

设备设施名称	管理单元	管理内容	危害因素	风险等级	事故分类	控制措施	控制级别	具体岗位
指重表	使用保养	表盘卫生	卫生差，影响观察和读数，引起误操作，井下事故	Ⅳ	其他伤害	表面干净，光亮，无钻井液、油污	岗位	司钻外钳工钻井工程师
	拆卸保存	接头、管线	底座下光线不足，空间狭小，坑洞，摔下底座，人员伤害	Ⅳ	其他伤害	作业时保证光线充足，清理杂物，脚下站稳，手抓好	岗位	司钻外钳工钻井工程师
		拆卸落地	人员用力不均匀，手部打滑摔坏设备，人员碰伤，砸伤，设备损坏，人员伤害	Ⅳ	机械伤害	用力均匀，注意手部放置位置	岗位	司钻外钳工钻井工程师

表 2-35 振动筛操作风险管控

设备设施名称	管理单元	管理内容	危害因素	风险等级	事故分类	控制措施	控制级别	具体岗位
振动筛	启动前检查	开关标识	开关标识不清	Ⅳ	其他伤害机械伤害	标识清晰，与控制对象相符	岗位	场地工钻井液工
		密封胶套	防爆开关控制箱进线口密封胶套缺失、损坏	Ⅲ	爆炸	密封胶套齐全完好	钻井队	场地工钻井液工
		筛布、张紧螺栓	筛布破损、张紧螺栓松动	Ⅳ	机械伤害	筛布张紧螺栓紧固，筛布平整完好	岗位	场地工钻井液工
		挡泥板	挡泥板损坏、缺失，固定松动	Ⅳ	其他伤害	挡泥板安装到位，牢靠	岗位	场地工钻井液工

续表

设备设施名称	管理单元	管理内容	危害因素	风险等级	事故分类	控制措施	控制级别	具体岗位
振动筛	启动运行	支撑弹簧	支撑弹簧断裂	IV	其他伤害机械伤害	运行中经常观察弹簧齐全完好	岗位	场地工钻井液工
		筛布、张紧螺栓	筛布破损、张紧螺栓松动	IV	机械伤害	筛布张紧螺栓紧固,筛布平整完好	岗位	场地工钻井液工
		筛体倾角	筛体倾角不合理	IV	机械伤害	视钻井液流量及性能调整合适的筛体倾角或增减振动筛数量	岗位	场地工钻井液工
	停止与保养	筛布清洗	停用后未清洗筛布	IV	机械伤害	停用后必须及时清洗干净	岗位	场地工钻井液工
	应急处理	机体漏电	机体漏电,处置不当	III	触电火灾	立即切断总电源、专业人员进行检修	钻井队	大班电工场地工钻井液工

表2-36 压井管汇操作风险管控

设备设施名称	管理单元	管理内容	危害因素	风险等级	事故分类	控制措施	控制级别	具体岗位
压井管汇	启动前检查	主体连接	连接松动、试压时刺漏造成人员伤害、设备损坏	IV	其他伤害	螺纹紧固	岗位	钻井工程师场地工
		开关位置	开关位置不正确导致人员误操作、造成设备损坏、人员伤害	IV	其他伤害	标识清晰、与控制对象相符	岗位	钻井工程师场地工

续表

设备设施名称	管理单元	管理内容	危害因素	风险等级	事故分类	控制措施	控制级别	具体岗位
压井管汇	启动运行	人员位置	试压时节流管汇区有人，试压时刺漏造成人员伤害	Ⅲ	其他伤害	试压启动时节流管汇处严禁有人作业	钻井队	钻井工程师、场地工
		信号	启动未接到信号打压，设备损坏，人员伤害	Ⅳ	其他伤害	接到明确信号后缓慢启动	岗位	钻井工程师、场地工
		试压作业	启动过猛，不观察压力表，刺漏，人员伤害	Ⅳ	其他伤害	缓慢启动，技术员观察压力升高情况，发现异常立即报告试压人	岗位	钻井工程师、场地工
		检查时人员站位	运行中近处观察节流管汇，试压时刺漏造成人员伤害	Ⅲ	其他伤害	站在远处观察节流管汇是否正常	钻井队	钻井工程师、场地工
	停止与保养	开关位置	开关位置不正确，设备损坏	Ⅲ	其他伤害	按照试压操作规程调整正确的开关状态	钻井队	钻井工程师、场地工
		泄压	直接开封井器泄压，人员伤害	Ⅳ	其他伤害	节流管汇处泄压	岗位	钻井工程师、场地工
		开关位置	开关位置不正确，导致人员误操作造成设备损坏、人员伤害	Ⅳ	其他伤害	标识清晰，与控制对象相符	岗位	钻井工程师、场地工

表 2-37 柴油机操作风险管控

设备设施名称	管理单元	管理内容	危害因素	风险等级	事故分类	控制措施	控制级别	具体岗位
柴油机	启动前检查	劳保穿戴	作业人员劳保穿戴不整齐	IV	灼烫 其他伤害	按照要求戴上安全帽，保护眼镜及其他保护装备。在运行的柴油机工作时，戴好降噪耳塞，防止听觉损害	岗位	柴油机司机 大班司机
		油质油量	高压油泵、调速器机油变质，油量不足，齿条有阻卡	IV	机械伤害	油质、油量符合要求，齿条活动灵活	岗位	柴油机司机 大班司机
		油量油质	润滑油油量不足或变质	IV	机械伤害	柴油机静止时润滑油量不高于上刻度线，润滑油严格按照运转保养周期更换，油质符合要求	岗位	柴油机司机 大班司机
		控制手柄	启车前未检查离合器控制手柄、油门操纵装置位置	IV	机械伤害	各控制手柄在关闭位 [off]，油门操纵装置位置处于中位	岗位	柴油机司机 大班司机
	启动	气源压力	气源压力低	IV	机械伤害	采用气动马达启动系统时，检查气源压力（应达到 0.6~0.8MPa），气路不得有泄漏	岗位	柴油机司机 大班司机
		启动顺序	启动顺序操作错误	IV	机械伤害	打开柴油机启动气源，右手按下供油泵启动按钮，左手拉下停车手柄	岗位	柴油机司机 大班司机
		预供油压	预供油压力低于 0.1MPa，油泵损坏	IV	机械伤害	当预供油至 0.1MPa 以上，松开预供油泵按钮，再按动启动按钮启动柴油机	岗位	柴油机司机 大班司机
		气启动马达	气启动马达启动连续超过 15s	IV	机械伤害	气启动马达每次启动连续运转不得超过 15s，两次启动应间隔 1min 以上	岗位	柴油机司机 大班司机
	运行	启动按钮	柴油机启动后，未立即释放启动按钮	IV	机械伤害	柴油机启动后，应立即释放启动按钮，以免损坏气动马达	岗位	柴油机司机 大班司机

续表

设备设施名称	管理单元	管理内容	危害因素	风险等级	事故分类	控制措施	控制级别	具体岗位
柴油机	启动运行	急速	柴油机启动后急速高	Ⅳ	机械伤害	调节油门操纵装置，使柴油机转速控制在600~800r/min的范围内急速运行，检查运行是否正常。然后再逐渐提高转速	岗位	柴油机司机大班司机
		拖带启动	车带车启动柴油机	Ⅲ	机械伤害	严禁采用联动柴油机拖带的方式（俗称"车带车"方式）进行启动，以及带负荷启动	钻井队	柴油机司机大班司机
		冬季保温	冬季使用柴油机水温过低时，带负荷使用	Ⅳ	机械伤害	冬季使用柴油机水温超过55℃时，方可挂负荷使用	岗位	柴油机司机大班司机
		负荷	挂负荷操作不平稳	Ⅳ	机械伤害	柴油机带负荷时，为避免转速猛变，要求操作平稳，气囊离合器应三次合上	岗位	柴油机司机大班司机
		并车转速	柴油机并车时，转速不一致	Ⅳ	机械伤害	柴油机并车不得超过40~50r/min，必须使二车转速一致（其差不得超过40~50r/min），以免车带车运转	岗位	柴油机司机大班司机
		低转速带负荷	柴油机低转速带负荷	Ⅳ	机械伤害	柴油机空转不到1200r/min以上，不允许带负荷	岗位	柴油机司机大班司机
		停车	带负荷停车	Ⅳ	机械伤害	非紧急情况下严禁带负荷停车	岗位	柴油机司机大班司机
		超速	柴油机超速使用	Ⅲ	机械伤害	柴油机在任何情况下不得超过额定转速使用	钻井队	柴油机司机大班司机
		停车操作	柴油机停车操作不正确	Ⅳ	机械伤害	正常情况下，柴油机停车前应逐步卸载，降低转速，待油、水温度降至60℃以下时，柴油机停车	岗位	柴油机司机大班司机

续表

设备设施名称	管理单元	管理内容	危害因素	风险等级	事故分类	控制措施	控制级别	具体岗位
柴油机	停止与保养	冷却水箱	设备停用未放冷却水	Ⅳ	机械伤害	放尽冷却系统的冷却水	岗位	柴油机司机大班司机
		机油	长期停用润滑油未放	Ⅴ	机械伤害	润滑系统放尽机油，并清洗机油滤清器	岗位	柴油机司机大班司机
		防护	长期封存未做保护	Ⅳ	机械伤害	需要长期封存时内注油外部包裹	岗位	柴油机司机大班司机
	应急处理	飞车	（飞车）在需要紧急停车时，未采取紧急措施	Ⅲ	机械伤害物体打击	柴油机运行过程中，当出现意外故障，如不及时停车将危及人身及设备安全时，应迅速扳动停车手柄至停车位置，使柴油机紧急停车	钻井队	柴油机司机大班司机
		并车	（并车）在需要紧急停车时，未采取紧急措施	Ⅳ	机械伤害物体打击	柴油机运行过程中，当出现意外故障，如不及时停车将危及人身及设备安全时，应迅速扳动停车手柄，摘掉并车离合器，立即关闭空气防爆装置，油路，使柴油机紧急停车	岗位	柴油机司机大班司机
		紧急停车	柴油机在紧急停车后，未及时盘车	Ⅳ	机械伤害	柴油机紧急停车后，务必立即人工反复盘车一段时间，且应同时用预供油泵泵油，使润滑油充满各摩擦面	岗位	柴油机司机大班司机

表 2-38 节能发电机操作风险管控

设备设施名称	管理单元	管理内容	危害因素	风险等级	事故分类	控制措施	控制级别	具体岗位
节能发电机	启动前检查	发电机	固定螺栓松动、缺少备帽	Ⅳ	机械伤害	各螺栓紧固，运行正常	岗位	柴油机司机 大班司机
		油质油量	轴承保养不到位	Ⅳ	机械伤害	轴承运转无异响，温升不超过45℃	岗位	柴油机司机 大班司机
		油量油质	气囊护罩缺损、变形、固定松动	Ⅲ	机械伤害	护罩齐全完好，固定牢靠	钻井队	柴油机司机 大班司机
		控制手柄	气囊本体、进气管线破损	Ⅲ	机械伤害	本体及进气管线完好不刺漏	钻井队	柴油机司机 大班司机
		气源压力	散热滤网堵塞、破损	Ⅲ	机械伤害	风机滤网完好、清洁通畅	钻井队	柴油机司机 大班司机
	启动运行	启动顺序	中性点接地导线不符合标准	Ⅳ	触电 机械伤害	发电机及零母排接地可靠，中性点接地导线不小于50mm²，接地保护齐全、有效，电阻不大于4Ω	岗位	柴油机司机 大班司机
		预供油压	线缆老化、破皮、有接头、与金属接触处无绝缘护套	Ⅲ	触电 火灾	电缆线无接头、破皮、老化，与金属接触处有绝缘护套	钻井队	柴油机司机 大班司机
		气启动马达	接线端螺纹压接不牢	Ⅲ	触电	压接牢靠	钻井队	柴油机司机 大班司机
		启动按钮	接线防爆盒密封失效	Ⅲ	触电 爆炸	检查好密封垫完好无缺失	钻井队	柴油机司机 大班司机
		增速箱	润滑油温油量不足或变质	Ⅳ	机械伤害	润滑油质，油量符合要求	岗位	柴油机司机 大班司机
		拖带启动	固定松动	Ⅳ	机械伤害	固定牢靠	岗位	柴油机司机 大班司机

续表

设备设施名称	管理单元	管理内容	危害因素	风险等级	事故分类	控制措施	控制级别	具体岗位
节能发电机	启动运行	冬季保温	运行中压力过低	Ⅳ	机械伤害	确保润滑泵运行正常，滤子干净	岗位	柴油机司机大班司机
		联轴器	护罩缺失或损坏，固定不牢靠	Ⅳ	机械伤害	护罩齐全、固定牢靠	岗位	柴油机司机大班司机
		并车转速	联轴器同轴度偏差大	Ⅳ	机械伤害	联轴器同轴度符合标准	岗位	柴油机司机大班司机
		低转速带负荷	减震损坏、缺失	Ⅴ	机械伤害	减震齐全、完好	岗位	柴油机司机大班司机
		开关状态和锁定标识	不挂牌操作	Ⅳ	其他伤害	按规定挂牌提示作业状态	岗位	柴油机司机大班司机
		操作程序	不按操作规程进行操作	Ⅳ	机械伤害	按照操作规程进行操作	岗位	柴油机司机大班司机
		冷却水箱	设备停用未放冷却水	Ⅳ	机械伤害	放尽冷却系统的冷却水	岗位	柴油机司机大班司机
	停止与保养	润滑油	长期停用润滑油未放	Ⅳ	机械伤害	润滑系统放尽机油，并清洗机油滤清器	岗位	柴油机司机大班司机
		防护	长期封存未做保护	Ⅳ	机械伤害	需要长期封存时内注油外部包裹	岗位	柴油机司机大班司机

五、设备设施操作风险分级管控目录

设备设施操作在风险辨识和评价后,编制包括全部风险点、风险等级、事故类别、管控层面、责任人等风险信息的设备设施操作风险分级管控目录。见表2-39。

表2-39 设备设施操作风险分级管控目录

序号	风险点 类别	风险点 分项	风险等级	事故类别	管控层面	钻井队责任人	责任单位（部门）	责任人
1	设备设施操作	司钻操作台（司控房）	IV	机械伤害 其他伤害 触电	岗位	司钻	装备部门	部门负责人
2		起升井架、钻台缓冲装置	III	触电 机械伤害 火灾	岗位	大班司钻	装备部门	部门负责人
3		天车	III	机械伤害 物体打击 其他伤害	岗位	井架工	装备部门	部门负责人
4		游车	III	机械伤害 物体打击 其他伤害	岗位	井架工	装备部门	部门负责人
5		大钩	III	机械伤害 其他伤害	岗位	井架工	装备部门	部门负责人
6		水龙头	III	机械伤害 其他伤害	岗位	井架工	装备部门	部门负责人
7		绞车（机械）	IV	机械伤害 其他伤害	岗位	内钳工	装备部门	部门负责人
8		绞车（电动）	IV	机械伤害 其他伤害	岗位	内钳工	装备部门	部门负责人
9		绞车电机	IV	机械伤害 其他伤害	岗位	内钳工	装备部门	部门负责人
10		风冷电磁刹车	IV	机械伤害 其他伤害	岗位	内钳工	装备部门	部门负责人
11		水冷电磁刹车	IV	机械伤害 其他伤害	岗位	内钳工	装备部门	部门负责人
12		转盘	III	机械伤害 其他伤害 物体打击	岗位	井架工	装备部门	部门负责人

续表

序号	风险点 类别	风险点 分项	风险等级	事故类别	管控层面	钻井队责任人	责任单位（部门）	责任人
13	设备设施操作	转盘电机	IV	机械伤害 其他伤害	岗位	井架工	装备部门	部门负责人
14		综合液压站	IV	机械伤害 其他伤害 触电	岗位	外钳工	装备部门	部门负责人
15		盘刹液压站	IV	机械伤害 其他伤害	岗位	外钳工	装备部门	部门负责人
16		电动绞车	IV	机械伤害 其他伤害 触电	岗位	井架工	装备部门	部门负责人
17		气动绞车	IV	机械伤害 其他伤害	岗位	井架工	装备部门	部门负责人
18		钻杆动力钳	IV	机械伤害 其他伤害	岗位	外钳工	装备部门	部门负责人
19		套管动力钳	IV	机械伤害 其他伤害	岗位	外钳工	装备部门	部门负责人
20		液压猫头	IV	机械伤害 其他伤害	岗位	外钳工	装备部门	部门负责人
21		方钻杆	III	机械伤害 其他伤害	岗位	钻井工程师	工程技术部门	部门负责人
22		顶驱	III	机械伤害 其他伤害	岗位	大班司钻	装备部门	部门负责人
23		顶驱电控房	III	机械伤害 其他伤害 触电 火灾	岗位	大班司机	装备部门	部门负责人
24		顶驱操作台	IV	机械伤害 其他伤害 触电	岗位	司钻	装备部门	部门负责人
25		防碰天车（插拔、过卷阀、电子）	IV	机械伤害	岗位	大班司钻	装备部门	部门负责人
26		指重表	IV	机械伤害 其他伤害	岗位	司钻	工程技术部门	部门负责人

续表

序号	风险点		风险等级	事故类别	管控层面	钻井队责任人	责任单位（部门）	责任人
	类别	分项						
27		钻井参数仪	Ⅲ	其他伤害	岗位	技术员	工程技术部门	部门负责人
28		提升短节	Ⅳ	机械伤害 其他伤害	岗位	外钳工	工程技术部门	部门负责人
29		联顶节	Ⅲ	机械伤害 其他伤害	岗位	技术员	工程技术部门	部门负责人
30		钻具	Ⅳ	机械伤害 其他伤害	岗位	场地工	工程技术部门	部门负责人
31		吊卡	Ⅳ	机械伤害 其他伤害	岗位	外钳工	工程技术部门	部门负责人
32		吊环	Ⅳ	机械伤害 其他伤害	岗位	外钳工	工程技术部门	部门负责人
33		液压吊卡	Ⅳ	机械伤害 其他伤害	岗位	外钳工	工程技术部门	部门负责人
34		吊钳	Ⅳ	机械伤害 其他伤害	岗位	外钳工	工程技术部门	部门负责人
35	设备设施操作	气动卡瓦	Ⅳ	机械伤害 其他伤害	岗位	外钳工	工程技术部门	部门负责人
36		液动卡瓦	Ⅳ	机械伤害 其他伤害	岗位	外钳工	工程技术部门	部门负责人
37		卡瓦提升装置	Ⅳ	机械伤害 其他伤害	岗位	大班司钻	装备部门	部门负责人
38		载人绞车（气动、电动）	Ⅳ	其他伤害 高处坠落	岗位	大班司钻	装备部门	部门负责人
39		铁钻工	Ⅳ	物体打击 机械伤害 其他伤害	岗位	外钳工	装备部门	部门负责人
40		机械手	Ⅳ	物体打击 机械伤害 其他伤害	岗位	井架工	装备部门	部门负责人
41		动力猫道	Ⅳ	物体打击 机械伤害 其他伤害	岗位	场地工	装备部门	部门负责人
42		防喷器吊移装置	Ⅳ	机械伤害 其他伤害	岗位	井架工	装备部门	部门负责人

续表

序号	风险点 类别	风险点 分项	风险等级	事故类别	管控层面	钻井队责任人	责任单位（部门）	责任人
43		防喷器地面移运装置	Ⅳ	机械伤害 其他伤害	岗位	井架工	装备部门	部门负责人
44		钻机液压整体推移装置	Ⅳ	物体打击 机械伤害 其他伤害	岗位	柴油机司机	装备部门	部门负责人
45		远程控制房	Ⅲ	机械伤害 其他伤害 触电	岗位	副司钻	工程技术部门	部门负责人
46		司钻控制台	Ⅳ	机械伤害 其他伤害	岗位	司钻	工程技术部门	部门负责人
47		压井管汇	Ⅳ	机械伤害 其他伤害	岗位	外钳工	工程技术部门	部门负责人
48		节流管汇	Ⅳ	机械伤害 其他伤害	岗位	场地工	工程技术部门	部门负责人
49		钻井四通	Ⅲ	机械伤害 其他伤害	岗位	技术员	工程技术部门	部门负责人
50	设备设施操作	单闸板防喷器	Ⅳ	机械伤害 其他伤害 触电 中毒	岗位	井架工	工程技术部门	部门负责人
51		双闸板防喷器	Ⅳ	机械伤害 其他伤害 触电 中毒	岗位	井架工	工程技术部门	部门负责人
52		环形防喷器	Ⅳ	机械伤害 其他伤害 触电 中毒	岗位	井架工	工程技术部门	部门负责人
53		旋转防喷器	Ⅳ	机械伤害 其他伤害 触电 中毒	岗位	井架工	工程技术部门	部门负责人
54		剪切防喷器	Ⅳ	机械伤害 其他伤害 触电 中毒	岗位	井架工	工程技术部门	部门负责人

续表

序号	风险点		风险等级	事故类别	管控层面	钻井队责任人	责任单位（部门）	责任人
	类别	分项						
55	设备设施操作	防喷管汇	IV	机械伤害 其他伤害	岗位	外钳工	工程技术部门	部门负责人
56		放喷管线	IV	机械伤害 其他伤害	岗位	外钳工	工程技术部门	部门负责人
57		节流阀控制箱	IV	机械伤害 其他伤害	岗位	井架工	工程技术部门	部门负责人
58		液气分离器	IV	机械伤害 其他伤害	岗位	副司钻	工程技术部门	部门负责人
59		灌浆设施	IV	机械伤害 其他伤害	岗位	场地工	工程技术部门	部门负责人
60		振动筛液压管排架（液压管线）	IV	机械伤害 其他伤害	岗位	副司钻	工程技术部门	部门负责人
61		防喷器防提装置	IV	机械伤害 其他伤害	岗位	副司钻	工程技术部门	部门负责人
62		点火装置	IV	机械伤害 其他伤害	岗位	副司钻	工程技术部门	部门负责人
63		旋转防喷器控制房	IV	机械伤害 其他伤害	岗位	副司钻	工程技术部门	部门负责人
64		直读式液位标尺	IV	机械伤害 其他伤害	岗位	副司钻	工程技术部门	部门负责人
65		方钻杆上下旋塞	III	机械伤害 其他伤害	岗位	技术员	工程技术部门	部门负责人
66		顶驱旋塞	III	机械伤害 其他伤害	岗位	技术员	工程技术部门	部门负责人
67		钻具回压阀	III	机械伤害 其他伤害	岗位	技术员	工程技术部门	部门负责人
68		防喷立柱（单根）	IV	机械伤害 其他伤害	岗位	场地工	工程技术部门	部门负责人
69		钻井液回收管线	IV	机械伤害 其他伤害	岗位	外钳工	工程技术部门	部门负责人
70		侧导流装置	III	机械伤害 其他伤害	岗位	钻井液工	工程技术部门	部门负责人

续表

序号	风险点		风险等级	事故类别	管控层面	钻井队责任人	责任单位（部门）	责任人
	类别	分项						
71		轴流风机	Ⅲ	机械伤害 其他伤害	岗位	电气大班	工程技术部门	部门负责人
72		射流漏斗	Ⅲ	机械伤害 其他伤害	岗位	钻井液工	工程技术部门	部门负责人
73		套管头	Ⅲ	机械伤害 其他伤害	岗位	技术员	工程技术部门	部门负责人
74		防磨法兰	Ⅲ	机械伤害 其他伤害	岗位	技术员	工程技术部门	部门负责人
75		挡泥伞	Ⅳ	机械伤害 其他伤害	岗位	副司钻	工程技术部门	部门负责人
76		钻井泵	Ⅳ	机械伤害 其他伤害	岗位	大班司钻	装备部门	部门负责人
77		交流变频电机	Ⅲ	机械伤害 其他伤害 触电	岗位	大班司机	装备部门	部门负责人
78	设备设施操作	柴油机	Ⅲ	机械伤害 其他伤害 物体打击	岗位	大班司机	装备部门	部门负责人
79		节能发电机	Ⅲ	机械伤害 其他伤害 触电 火灾	岗位	大班司机	装备部门	部门负责人
80		传动装置	Ⅲ	机械伤害 其他伤害 物体打击	岗位	大班司机	装备部门	部门负责人
81		螺杆压缩机	Ⅲ	机械伤害 其他伤害	岗位	大班司机	装备部门	部门负责人
82		无热再生干燥装置	Ⅲ	机械伤害 其他伤害	岗位	大班司机	装备部门	部门负责人
83		储气瓶	Ⅳ	机械伤害 其他伤害	岗位	大班司机	装备部门	部门负责人
84		井场供配电系统	Ⅳ	机械伤害 触电 其他伤害	岗位	大班司机	装备部门	部门负责人

续表

序号	风险点		风险等级	事故类别	管控层面	钻井队责任人	责任单位（部门）	责任人
	类别	分项						
85	设备设施操作	喷油器校验器	IV	机械伤害 触电	岗位	柴油机司机	装备部门	部门负责人
86		电子加热装置	IV	其他伤害 触电	岗位	柴油机司机	装备部门	部门负责人
87		发电机组	IV	机械伤害 其他伤害	岗位	大班司机	装备部门	部门负责人
88		配电室	III	机械伤害 其他伤害 触电 火灾 爆炸	岗位	大班司机	装备部门	部门负责人
89		柴油罐	III	物体打击 其他伤害	钻井队	大班司机	装备部门	部门负责人
90		柴油计量系统	III	物体打击 其他伤害	钻井队	大班司机	装备部门	部门负责人
91		振动筛	IV	物体打击 触电 机械伤害 其他伤害	岗位	场地工	装备部门	部门负责人
92		离心机	IV	物体打击 触电 机械伤害 其他伤害	岗位	场地工	装备部门	部门负责人
93		除砂、除泥器	IV	物体打击 触电 机械伤害 其他伤害	岗位	场地工	装备部门	部门负责人
94		除砂泵	IV	物体打击 触电 机械伤害 其他伤害	岗位	场地工	装备部门	部门负责人
95		搅拌器	IV	物体打击 触电 机械伤害 其他伤害	岗位	场地工	装备部门	部门负责人
96		真空除气器	IV	机械伤害 其他伤害	岗位	场地工	装备部门	部门负责人

续表

序号	风险点 类别	风险点 分项	风险等级	事故类别	管控层面	钻井队责任人	责任单位（部门）	责任人
97	设备设施操作	剪切泵	Ⅳ	机械伤害 其他伤害	岗位	场地工	装备部门	部门负责人
98		灌注泵	Ⅳ	机械伤害 其他伤害	岗位	场地工	装备部门	部门负责人
99		加重泵	Ⅳ	机械伤害 其他伤害	岗位	场地工	装备部门	部门负责人
100		动力隔膜泵	Ⅳ	机械伤害 其他伤害	岗位	场地工	装备部门	部门负责人
101		配药罐	Ⅳ	机械伤害 其他伤害	岗位	钻井液工	装备部门	部门负责人
102		电动离心式砂泵	Ⅳ	机械伤害 其他伤害	岗位	钻井液工	装备部门	部门负责人
103		钻井岩屑螺旋输送机	Ⅳ	机械伤害 其他伤害	岗位	副司钻	装备部门	部门负责人
104		压滤机	Ⅳ	机械伤害 其他伤害	岗位	场地工	装备部门	部门负责人
105		活塞式空气压缩机	Ⅲ	其他爆炸 其他伤害	钻井队	柴油机司机	装备部门	部门负责人
106		寿力压缩机及气源净化系统	Ⅲ	机械伤害 其他伤害 中毒	岗位	大班司机	装备部门	部门负责人
107		套装水罐	Ⅳ	物体打击 其他伤害	岗位	场地工	装备部门	部门负责人
108		轮式装载机	Ⅳ	机械伤害 其他伤害	岗位	大班司机	装备部门	部门负责人
109		电代油设施	Ⅳ	触电 其他伤害	岗位	柴油机司机	装备部门	部门负责人
110		气代油设施	Ⅳ	机械伤害 其他伤害	岗位	柴油机司机	装备部门	部门负责人
111		抽绳器（倒绳机）	Ⅳ	物体打击 其他伤害	岗位	大班司钻	装备部门	部门负责人
112		MWD测斜仪	Ⅳ	其他伤害	岗位	钻井工程师	工程技术部门	部门负责人

续表

序号	风险点 类别	风险点 分项	风险等级	事故类别	管控层面	钻井队责任人	责任单位（部门）	责任人
113	设备设施操作	台钻	IV	机械伤害 触电 其他伤害	岗位	大班司钻	装备部门	部门负责人
114		砂轮机	IV	机械伤害 触电 其他伤害	岗位	大班司钻	装备部门	部门负责人
115		手电钻	IV	机械伤害 触电 其他伤害	岗位	大班司钻	装备部门	部门负责人
116		型材切割机	IV	机械伤害 触电 其他伤害	岗位	大班司钻	装备部门	部门负责人
117		等离子切割机	IV	机械伤害 触电 其他伤害	岗位	大班司钻	装备部门	部门负责人
118		电焊机	IV	机械伤害 触电 其他伤害	岗位	大班司钻	装备部门	部门负责人
119		风镐	IV	机械伤害 触电 其他伤害	岗位	大班司钻	装备部门	部门负责人
120		电动扳手	IV	机械伤害 触电 其他伤害	岗位	大班司钻	装备部门	部门负责人
121		气动扳手	IV	机械伤害 触电 其他伤害	岗位	大班司钻	装备部门	部门负责人
122		气体切割焊	IV	机械伤害 触电 其他伤害	岗位	大班司钻	装备部门	部门负责人
123		角磨机	IV	机械伤害 触电 其他伤害	岗位	大班司钻	装备部门	部门负责人
124		地钻	IV	机械伤害 触电 其他伤害	岗位	大班司钻	装备部门	部门负责人
125		高压清洗机	IV	机械伤害 其他伤害	岗位	场地工	装备部门	部门负责人

续表

序号	风险点 类别	风险点 分项	风险等级	事故类别	管控层面	钻井队责任人	责任单位（部门）	责任人
126		手提式二氧化碳灭火器	IV	其他爆炸 其他伤害	岗位	柴油机司机	装备部门	部门负责人
127		手提式干粉ABC灭火器	IV	其他爆炸 其他伤害	岗位	柴油机司机	装备部门	部门负责人
128		推车式灭火器	IV	其他爆炸 其他伤害	岗位	柴油机司机	装备部门	部门负责人
129		手抬机动消防泵	IV	机械伤害 触电 其他伤害	岗位	大班司钻	装备部门	部门负责人
130		登梯助力器	IV	高处坠落 其他伤害	岗位	井架工	质量健康安全环保部	部门负责人
131		云梯攀升保护器	III	高处坠落 其他伤害	钻井队	大班司钻	质量健康安全环保部	部门负责人
132		安全带	IV	其他伤害	钻井队	副队长	质量健康安全环保部	部门负责人
133	设备设施操作	速差自控器	IV	其他伤害	岗位	钻井液工	装备部门	部门负责人
134		洗眼器	IV	其他伤害	岗位	钻井液工	装备部门	部门负责人
135		接地电阻检测仪	IV	其他伤害	岗位	电气工程师	质量健康安全环保部	部门负责人
136		便携式四合一气体检测仪	IV	其他伤害	钻井队	副队长	质量健康安全环保部	部门负责人
137		固定式气体检测仪	IV	其他伤害	钻井队	副队长	质量健康安全环保部	部门负责人
138		正压式空气呼吸器	IV	窒息 其他伤害	钻井队	大班司钻	质量健康安全环保部	部门负责人
139		二层台逃生装置	IV	高处坠落 其他伤害	钻井队	副队长	质量健康安全环保部	部门负责人
140		空气呼吸压缩机	IV	窒息 其他伤害	钻井队	副队长	质量健康安全环保部	部门负责人
141		动力设备集中监控系统	IV	触电 其他伤害	岗位	电气工程师	装备部门	部门负责人

续表

序号	风险点 类别	风险点 分项	风险等级	事故类别	管控层面	钻井队责任人	责任单位（部门）	责任人
142	设备设施操作	更换活塞胶皮工具	IV	机械伤害 其他伤害	岗位	副司钻	装备部门	部门负责人
143		水泥搅拌机	IV	机械伤害 其他伤害	岗位	场地工	装备部门	部门负责人
144		冰点测试仪	IV	触电 其他伤害	岗位	电气工程师	装备部门	部门负责人
145		阀取出器	IV	机械伤害 其他伤害	岗位	副司钻	装备部门	部门负责人
146		电动升降操作平台	IV	机械伤害 触电 其他伤害	钻井队	副队长	装备部门	部门负责人
147		气动润滑脂加注机	IV	其他伤害	岗位	内钳工	装备部门	部门负责人
148		土工膜焊接机	IV	烫伤 触电	岗位	钻井液工	装备部门	部门负责人
149		方钻杆推送器	IV	物体打击 其他伤害	岗位	井架工	装备部门	部门负责人
150		液压扭矩扳手	IV	物体打击 其他伤害	岗位	井架工	装备部门	部门负责人
151		防爆蒸汽发生器	IV	烫伤 其他伤害	岗位	柴油机司机	装备部门	部门负责人
152		动力机余热回收装置	IV	烫伤 其他伤害	岗位	柴油机司机	装备部门	部门负责人

第三节　施工作业活动风险防控

一、施工作业活动安全风险评估单元

（一）施工作业活动作业项目清单

由具备钻井专业知识的钻井工程专家、安全专家、钻井队技术人员、管理人员、相关方等组成作业活动辨识专家组，结合《钻井作业规程》《钻井工作安全分析汇编》《钻井工艺流程》等专业书籍，对钻井施工作业活动作业项目进行全面梳理，形成钻井施工作业活动作业项目清单。见表2-40。

表 2-40 钻井施工作业活动作业项目清单

序号		作业活动	作业项目
1	1	设备拆卸	拆卸顶驱
	2		拆卸井架
	3		拆卸钻台（高位绞车）
	4		拆卸钻台（起放钻台高位绞车）
	5		拆卸钻台（低位绞车）
	6		拆卸绞车（低位绞车）
	7		拆卸机房
	8		拆卸泵房及循环罐
	9		拆卸井控设备
	10		拆卸管柱自动化系统
	11		拆卸水罐
2	12	搬迁作业	钻井设备装车作业
	13		钻井设备运输作业
	14		钻井设备卸车作业
3	15	安装作业	安装机房/绞车
	16		安装钻台
	17		安装井架
	18		起升井架/钻台及后续安装
	19		安装泵房/循环罐
	20		安装水罐
	21		摆放营房
	22		摆放管架
	23		安装管柱自动化系统
	24		安装顶驱
4	25	井口准备作业	冲鼠洞
	26		校正井口作业
	27		打圆井作业
	28		下导管作业
5	29	表层施工	一开钻进作业（方钻杆）
	30		一开钻进作业（顶驱）
	31		一开完井作业
6	32	二开（多开）前准备	安装井控装置

续表

序号		作业活动	作业项目
6	33	二开（多开）前准备	试压
7	34	钻进（含多开）	二开（多开）作业（方钻杆）
	35		顶驱钻进
8	36	取心作业	常规取心
	37		特殊取心
9	38	完井作业（含多开）	电测作业（缆测）
	39		电测作业（送测）
	40		通井作业
	41		下套管
	42		固井作业
	43		测三样
	44		试压
	45		拆卸封井器（带套管头）
	46		拆卸封井器（无套管头）
	47		多开作业换装井口
	48		换装封井器（配合井下作业）
10	49	辅助作业	甩钻杆作业
	50		甩钻铤作业
	51		测斜
	52		安装、拆卸MWD电池
	53		倒划眼（方钻杆在转盘内）
	54		倒划眼（方钻杆在转盘面以上或无法接方钻杆）
	55		倒划眼（使用顶驱）
	56		找漏试压（堵塞器）
	57		找漏试压（封隔器）
	58		堵漏（注水泥堵漏）
	59		堵漏（桥塞堵漏）
	60		砌方井
	61		装载机装卸管具
	62		调节刹把
	63		倒滑大绳

续表

序号		作业活动	作业项目
10	64	辅助作业	更换水龙带
	65		清理循环罐
	66		通排洗管具
	67		铺设钻井液池土工膜
	68		冬防保温包扎作业
	69		处理异常情况
11	70	井控作业	更换防喷器闸板作业
	71		低泵冲小排量循环试验作业
	72		地层破裂压力试验作业（钻井泵）
	73		地层破裂压力试验作业（水泥车）
	74		控压钻进
	75		关井作业（方钻杆）
	76		关井作业（顶驱）
	77		开井作业
	78		压井作业（司钻法）
	79		压井作业（工程师法）
	80		放喷点火作业
12	81	井下故障类作业	活动钻具（复杂故障）
	82		震击作业（地面）
	83		震击作业（井下）
	84		打捞作业（外螺纹、内螺纹、打捞筒、捞矛、打捞器）
	85		打铅模作业
	86		倒扣作业
	87		爆炸松扣作业
	88		套铣作业
	89		泡油、泡酸、泡 KCl 作业
	90		磨铣
	91		注水泥填井
	92		开窗侧钻
13	93	检维修作业	井架底座焊修和检测
	94		天车高空更换滑轮
	95		绞车维修

续表

序号		作业活动	作业项目
13	96	检维修作业	带刹系统维修
	97		盘刹系统维修
	98		柴油罐焊修
	99		寿力压缩机维修
	100		高压管汇焊修
	101		储气瓶焊修和检测
	102		并车传动箱维修
	103		传动设备维修
	104		水龙头维修
	105		离合器更换摩擦片
	106		液压大钳检维修
	107		顶驱检维修
	108		电控系统维修
	109		阀岛系统维修
	110		电代油设备安装调试
	111		发电机维修
	112		主动力系统电缆更换
	113		一般电气设备维修
	114		电路检修
	115		钻井泵维修
	116		防碰系统维修
	117		气（液）动卡瓦检维修
	118		液压猫头检维修
	119		离心机维修
	120		固控系统维修
	121		水罐维修
	122		柴油机维修
	123		安全阀检修更换
	124		液压站维修
	125		气路检修
	126		冬防保温设施检维修

（二）施工作业活动管理矩阵

结合钻井施工作业活动作业项目清单，根据岗位作业指导书和作业规程，筛选出施工作业活动的管理部门和岗位，编制钻井施工作业活动管理矩阵。见表2-41。

表2-41 钻井施工作业活动管理矩阵

序号	作业项目/岗位部门	岗位											钻井队						项目部					公司				
		司钻	副司钻	井架工	内钳工	外钳工	场地工	机房司机	钻台大班	机房大班	电气大班/技术员	钻井液代班	队长	书记	生产副队长	技术副队长	钻井工程师	钻井液工程师	生产协调	技术管理	安全环保	设备管理	综合管理	生产协调部门	工程技术部门	质量健康安全环保部门	装备部门	综合部门
1	拆卸顶驱	√	√	√	√	√	√		√		√		√											√			√	
2	拆卸井架	√	√	√	√	√	√		√				√		√				√									
3	拆卸钻台	√	√	√	√	√	√		√				√		√				√									
4	拆卸绞车（低位）	√	√	√	√	√	√		√		√		√						√									
5	拆卸机房	√	√	√	√	√	√	√		√	√				√				√									
6	拆卸泵房及循环罐	√	√	√	√	√	√		√		√				√				√					√			√	
7	拆卸井控设备	√	√	√	√	√	√		√		√					√	√			√								
8	拆卸管柱自动化系统	√	√	√	√	√	√		√		√		√		√							√						
9	拆卸水罐	√	√	√	√	√	√		√		√				√				√									

续表

序号	作业项目/岗位部门	司钻	副司钻	井架工	内钳工	外钳工	场地工	机房司机	钻台大班	机房大班	电气大班/技术员	钻井液大班	队长	书记	生产副队长	技术副队长	钻井工程师	钻井液工程师	生产协调	技术管理	安全环保	设备管理	综合管理	生产协调部门	工程技术部门	质量健康安全环保部门	装备部门	综合部门
10	钻井设备装车作业	√	√	√	√	√	√		√	√	√	√	√		√		√	√	√									√
11	钻井设备运输作业	√	√	√	√	√	√						√		√		√		√									
12	钻井设备卸车作业	√	√	√	√	√	√		√	√	√	√	√		√						√							
13	安装机房/绞车	√	√	√	√	√	√		√	√	√		√		√		√	√			√							
14	安装钻台	√	√	√	√	√	√		√	√	√		√		√						√							
15	安装井架	√	√	√	√	√	√		√		√		√		√						√							
16	起升井架/钻台及安装	√	√	√	√	√	√		√	√	√	√	√		√		√				√			√			√	
17	安装泵房/循环罐	√	√	√	√	√	√		√		√				√						√							
18	安装水罐	√	√	√	√	√	√		√		√			√	√						√							
19	摆放营房	√	√	√	√	√	√		√												√		√					
20	摆放管架	√	√	√	√	√	√		√							√					√							

续表

序号	作业项目/岗位部门	岗位											钻井队						项目部					公司				
		司钻	副司钻	井架工	内钳工	外钳工	场地工	机房司机	钻台大班	机房大班	电气大班/技术员	钻井液大班	队长	书记	生产副队长	技术副队长	钻井工程师	钻井液工程师	生产协调	技术管理	安全环保	设备管理	综合管理	生产协调部门	工程技术部门	质量健康安全环保部门	装备部门	综合部门
21	安装管柱自动化系统	√	√	√	√	√	√		√	√	√	√		√	√							√						
22	安装顶驱	√	√	√	√	√	√		√	√	√		√						√			√					√	
23	冲鼠洞	√	√	√	√	√	√		√			√																
24	校正井口	√	√	√	√	√	√								√													
25	打圆井作业	√	√	√	√	√	√		√			√					√											
26	下导管作业	√	√	√	√	√	√								√		√											
27	一开钻进（方钻杆、顶驱）	√	√	√	√	√	√									√	√											
28	一开完井作业	√	√	√	√	√	√				√	√				√	√											
29	安装井控装置	√	√	√	√	√	√		√							√	√											
30	试压	√	√	√	√	√	√						√			√	√			√								

	公司					项目部					钻井队						岗位										
序号	作业项目/岗位部门	综合部门	装备部门	质量健康安全环保部门	工程技术部门	生产协调部门	综合管理	设备管理	安全环保	技术管理	生产协调	钻井液工程师	钻井工程师	技术副队长	生产副队长	书记	队长	钻井液大班	电气大班/技术员	机房大班	钻台大班	机房司机	场地工	外钳工	内钳工	井架工	副司钻	司钻
31	二开（多开）作业											√	√	√			√	√			√		√	√	√	√	√	√
32	顶驱钻进											√	√	√	√		√	√			√		√	√	√	√	√	√
33	取心作业（常规、特殊）									√		√	√	√			√	√			√		√	√	√	√	√	√
34	电测作业（缆测）												√	√							√		√	√	√	√	√	√
35	电测作业（送测）											√	√	√							√		√	√	√		√	√
36	通井作业											√	√	√	√					√	√	√	√	√	√	√	√	√
37	下套管											√	√	√	√		√			√	√	√	√	√	√	√	√	√
38	固井作业											√	√	√			√				√		√	√	√	√	√	√
39	测三样												√	√									√	√	√	√	√	√
40	试压									√			√	√			√				√		√	√	√	√	√	√
41	拆卸、换装井口（封井器）作业												√	√			√				√		√	√	√	√	√	√

续表

序号	作业项目/岗位部门	岗位											钻井队						项目部					公司				
		司钻	副司钻	井架工	内钳工	外钳工	场地工	机房司机	钻台大班	机房大班	电气大班/技术员	钻井液大班	队长	书记	生产副队长	技术副队长	钻井工程师	钻井液工程师	生产协调	技术管理	安全环保	设备管理	综合管理	生产协调部门	工程技术部门	质量健康安全环保部门	装备部门	综合部门
42	绷钻具作业（钻杆/钻链）	∨	∨	∨	∨	∨	∨	∨	∨								∨											
43	测斜	∨																										
44	安装/拆卸MWD测斜仪器电池																	∨											
45	倒划眼	∨	∨	∨	∨	∨	∨		∨			∨					∨	∨										
46	找漏试压（堵塞器/封隔器）	∨	∨	∨	∨											∨	∨			∨								
47	堵漏（注水泥/桥塞）	∨	∨	∨	∨	∨	∨					∨	∨			∨	∨	∨		∨								
48	砌方井	∨	∨	∨	∨	∨	∨								∨	∨	∨											
49	装载机装卸管具	∨	∨	∨	∨				∨						∨	∨	∨											
50	调节刹把	∨	∨	∨	∨	∨			∨						∨	∨	∨											
51	倒滑大绳	∨	∨	∨	∨				∨				∨		∨	∨	∨					∨						

续表

序号	作业项目/岗位部门	司钻	副司钻	井架工	内钳工	外钳工	场地工	机房司机	钻台大班	机房大班	电气大班/技术员	钻井液大班	队长	书记	生产副队长	技术副队长	钻井工程师	钻井液工程师	生产协调	技术管理	安全环保	设备管理	综合管理	生产协调部门	工程技术部门	质量健康安全环保部门	装备部门	综合部门
52	更换水龙带	✓	✓	✓	✓	✓	✓		✓						✓													
53	清理循环罐		✓				✓								✓													
54	铺设钻井液池土工膜		✓	✓	✓	✓	✓					✓			✓													
55	通排洗管具	✓	✓	✓	✓	✓	✓					✓			✓		✓											
56	冬防保温包扎作业	✓	✓	✓	✓	✓	✓					✓			✓													
57	处理异常（大绳打扭、跳槽、立柱出指梁）	✓	✓	✓	✓	✓	✓		✓	✓	✓		✓		✓													
58	更换防喷器闸板作业	✓	✓	✓	✓	✓	✓		✓		✓					✓	✓			✓								
59	低泵冲小排量循环试验作业	✓	✓	✓	✓	✓	✓									✓	✓				✓							

续表

序号	作业项目/岗位部门	公司					项目部					钻井队						岗位										
		综合部门	装备部门	质量健康安全环保部门	工程技术部门	生产协调部门	综合管理	设备管理	安全环保	技术管理	生产协调	钻井液工程师	钻井工程师	技术副队长	生产副队长	书记	队长	钻井液大班	电气大班/技术员	机房大班	钻台大班	机房司机	场地工	外钳工	内钳工	井架工	副司钻	司钻
60	地层破裂压力试验(泵/水泥车)													✓									✓	✓	✓	✓	✓	✓
61	控压钻进				✓					✓			✓	✓									✓	✓	✓	✓	✓	✓
62	井控险情处置(关、开、压井、放喷、点火)				✓					✓		✓	✓	✓	✓	✓	✓	✓	✓	✓			✓	✓	✓	✓	✓	✓
63	活动钻具(复杂故障)									✓			✓	✓			✓				✓		✓	✓	✓	✓	✓	✓
64	震击作业(地面/井下)									✓			✓	✓			✓				✓		✓	✓	✓	✓	✓	✓
65	打捞作业				✓					✓			✓	✓							✓		✓	✓	✓	✓	✓	✓
66	打钻模				✓					✓			✓	✓							✓		✓	✓	✓	✓	✓	✓
67	倒扣作业				✓					✓			✓	✓							✓		✓	✓	✓	✓	✓	✓
68	爆炸松扣作业				✓					✓			✓	✓							✓		✓	✓	✓	✓	✓	✓

续表

序号	作业项目/岗位部门	公司-综合部门	公司-装备部门	公司-质量健康安全环保部门	公司-工程技术部门	公司-生产协调部门	项目部-综合管理	项目部-设备管理	项目部-安全环保	项目部-技术管理	项目部-生产协调	钻井队-钻井液工程师	钻井队-钻井工程师	钻井队-技术副队长	钻井队-生产副队长	钻井队-书记	钻井队-队长	岗位-钻井液大班	岗位-电气大班/技术员	岗位-机房大班	岗位-钻台大班	岗位-机房司机	岗位-场地工	岗位-外钳工	岗位-内钳工	岗位-井架工	岗位-副司钻	岗位-司钻
69	套铣作业				✓					✓			✓	✓							✓		✓	✓	✓	✓	✓	✓
70	泡油、泡酸、泡KCl作业				✓					✓			✓	✓							✓		✓	✓	✓	✓	✓	✓
71	磨铣				✓					✓			✓	✓							✓		✓	✓	✓	✓	✓	✓
72	注水泥填井				✓					✓			✓	✓							✓		✓	✓	✓	✓	✓	✓
73	开窗侧钻				✓					✓			✓	✓							✓		✓	✓	✓	✓	✓	✓
74	井架焊修和检测																✓				✓					✓	✓	✓
75	天车高空更换滑轮																✓				✓					✓	✓	✓
76	绞车维修		✓					✓							✓				✓		✓				✓			✓
77	带刹系统维修		✓					✓							✓				✓		✓				✓			✓
78	盘刹系统维修		✓					✓							✓						✓				✓			✓
79	柴油罐焊修		✓					✓									✓			✓		✓						

第二章 钻井生产作业活动风险防控

续表

序号	作业项目/岗位部门	司钻	副司钻	井架工	内钳工	外钳工	场地工	机房司机	钻台大班	机房大班	电气大班/技术员	钻井液大班	队长	书记	生产副队长	技术副队长	钻井工程师	钻井液工程师	生产协调	技术管理	安全环保	设备管理	综合管理	生产协调部门	工程技术部门	质量健康安全环保部门	装备部门	综合部门
80	举力压缩机维修							√		√					√							√					√	
81	高压管汇焊修		√	√					√						√							√					√	
82	储气瓶焊修和检测				√			√	√	√					√							√					√	
83	并车传动箱维修								√	√					√							√						
84	传动设备维修							√	√	√					√													
85	水龙头维修	√		√	√				√						√													
86	离合器更换摩擦片	√						√	√						√													
87	液压大钳检修维修	√		√	√	√			√						√													
88	顶驱检修维修			√							√				√							√					√	

续表

序号	作业项目/岗位部门	司钻	副司钻	井架工	内钳工	外钳工	场地工	机房司机	钻台大班	机房大班	电气大班/技术员	钻井液大班	队长	书记	生产副队长	技术副队长	钻井工程师	钻井液工程师	生产协调	技术管理	安全环保	设备管理	综合管理	生产协调部门	工程技术部门	质量健康安全环保部门	装备部门	综合部门
89	电控系统维修									√	√				√							√						
90	阀岛系统维修								√						√							√						
91	电代油设备安装调试										√				√							√						
92	发电机维修							√		√	√				√							√						
93	主动力系统电缆更换										√				√							√						
94	一般电气设备维修										√				√													
95	电路检修								√		√				√							√						
96	钻井泵维修		√						√						√													
97	防碰系统维修	√													√													

续表

序号	作业项目/岗位部门	岗位											钻井队						项目部					公司				
		司钻	副司钻	井架工	内钳工	外钳工	场地工	机房司机	钻台大班	机房大班	电气大班/技术员	钻井液大班	队长	书记	生产副队长	技术副队长	钻井工程师	钻井液工程师	生产协调	技术管理	安全环保	设备管理	综合管理	生产协调部门	工程技术部门	质量健康安全环保部门	装备部门	综合部门
98	气/液动卡瓦检修				√				√						√													
99	液压猫头检修维修					√			√						√													
100	离心机维修								√			√			√							√						
101	固控系统维修								√			√			√													
102	水罐维修						√		√						√													
103	柴油机维修							√		√					√													
104	安全阀检修更换					√			√	√					√													
105	液压站维修								√						√							√						
106	气路检修								√		√				√													
107	冬防保温设施检修维修	√							√	√	√																	

注：打"√"的岗位、管理部门应对所对应的施工作业活动进行管控。

二、施工作业活动分解与危害因素辨识

(一) 分解施工作业活动作业步骤

按照作业活动的先后顺序、工艺流程顺序，排列常规生产活动、辅助活动和相关方作业原则，根据施工作业活动作业项目清单，将设备设施安装、拆卸、钻井作业流程分解若干既相对独立又相互关联的作业单元，将作业单元分解为作业内容，最后将每个作业内容分解成施工作业活动作业步骤。以拆卸顶驱作业项目为例见表2-42。

表 2-42 拆卸顶驱作业

编号	序号	作业项目	作业单元	作业步骤
1	1	拆卸顶驱	准备工作	1. 顶驱运移支架吊至猫道上，顶驱本体运移房及导轨房吊至猫道侧面。 2. 切断顶驱电源，上锁挂签，液压站泄压
	2		拆卸附件固定顶驱	1. 下放顶驱到钻台面，刹车，拆掉水龙带、吊卡、吊环、液压管线及顶驱电缆。 2. 上提顶驱对正第7节导轨连接销孔，高处作业人员在井架背梁上安装好连接销，并穿好别针，使顶驱与第7节导轨连接
	3		拆卸最下端导轨	1. 缓慢提游车，使导轨重量中和点位于第6节与第7节导轨之间。 2. 将载人提篮上提至顶驱导轨第6节下端位置；作业人员拆除导轨别针、锁销、销轴，缓慢下放游车，使第7节导轨挂在第6节导轨下端挂钩内。 3. 高处作业人员打开反扭矩梁爪耳，刹把操作人员缓慢上提游车至合适位置（钩板能脱开），高处作业人员在井架背梁上向后方搬动导轨，使第7节导轨与第6节分离。 4. 再次上提游车使下方有效高度能放置运移架
	4		安装运移架、吊移顶驱	1. 吊车将顶驱运移架吊上钻台，用气动小绞车挂 $\phi 25mm \times 16m$ 2根绳套提住顶驱运移架上端，作业人员扶正垂直放置在顶驱正下方。 2. 吊车用2根 $\phi 25mm \times 5m$ 绳套轻提运移架下部吊耳，使其与顶驱同向倾斜，缓慢下放顶驱到运移架内，穿好下部的固定销。放松气动绞车并取下吊钩。 3. 吊车与游车配合将顶驱缓慢下放，直立于钻台面，放松游车，高处作业人员拉开大钩，拆除平衡油缸与副钩之间的专用卸扣（或者拆除游车一面提环销轴），上提游车使顶驱分离。 4. 锁闭大钩（或装上游车提环），倒换 $\phi 25mm \times 16m$ 2根绳套绳套挂至顶驱运移架上部吊耳，上提游车使运移架距离转盘面0.5m左右，用吊车提住运移架下部吊耳并向大门方向拉动，确保运移架下端与钻台面保持0.5m左右距离，下放游车，配合将顶驱平放至钻台面，安装顶驱各支撑杆。 5. 确认顶驱各支撑杆支撑到位；游车与吊车同时升起，使运移架离开钻台面0.5m左右，吊车向猫道方向拉动顶驱，直至运移架完全绷出大门坡道，游车与吊车缓慢下放，平放至猫道。场地人员吊装顶驱进顶驱房。 6. 拆卸天意顶驱时，将本体提到最高位，先脱离导轨和调节板，气动小绞车挂在第一节导轨上部扶正，按拆卸导轨步骤1~3拆导轨，再按步骤1~2，拆卸顶驱本体

续表

编号	序号	作业项目	作业单元	作业步骤
1	5	拆卸顶驱	拆卸导轨	1. 提出转盘方瓦或衬套（275转盘提出一片、375转盘只提出衬套）。 2. 用游车将导轨安装架从第6节导轨下部穿入，上提至顶驱导轨顶部吊起导轨。 3. 高处作业人员拆下调节板与滑轨间连接销，使导轨与调节板脱开，将调节板下端固定在井架侧面。下放第6节导轨下端穿过转盘，在导轨上部处销孔穿入实心钢棒，导轨支承于转盘面。 4. 拆开顶驱第6节导轨与第5节定位销、别针、连接销，上提游车使导轨出转盘面，导轨安装2只提环，使用3t卸扣连接钢丝绳套绳环挂在吊车吊钩上，用吊车配合将导轨提平，并距离钻台面0.5m左右，使第6节导轨与第5节导轨呈90°左右，略微下放游车，脱开导轨钩板，用吊车将导轨吊放至场地导轨运移架内。 5. 依次将各节导轨拆下。 注意：拆卸第1节和第2节导轨时，需要使用气动绞车将第1节导轨上部提住，防止倾斜

（二）施工作业活动危害因素辨识

根据施工作业活动作业项目作业步骤、制订生产工艺流程图、HSE作业程序、工作安全分析表、工艺技术规程。通过访谈、调查表、现场观察、头脑风暴、工艺危害分析（PHA）、危险与可操作性分析（HAZOP）、工作前安全分析（JSA）、事故树（FTA）、事件树（ETA）、对标分析、专家判断等方法，辨识施工作业活动危害因素进行风险分析，形成施工作业活动危害因素辨识表，以拆卸顶驱作业项目为例的危害因素辨识表见表2-43。

生产工艺根据井型分类，主要分为常规井、探井和水平井三类。生产工艺流程图如图2-1至图2-3所示。

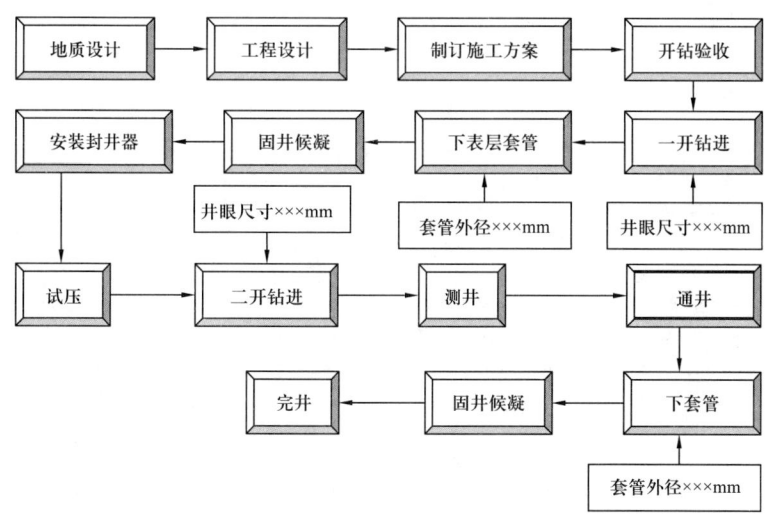

图2-1 常规井生产工艺流程图

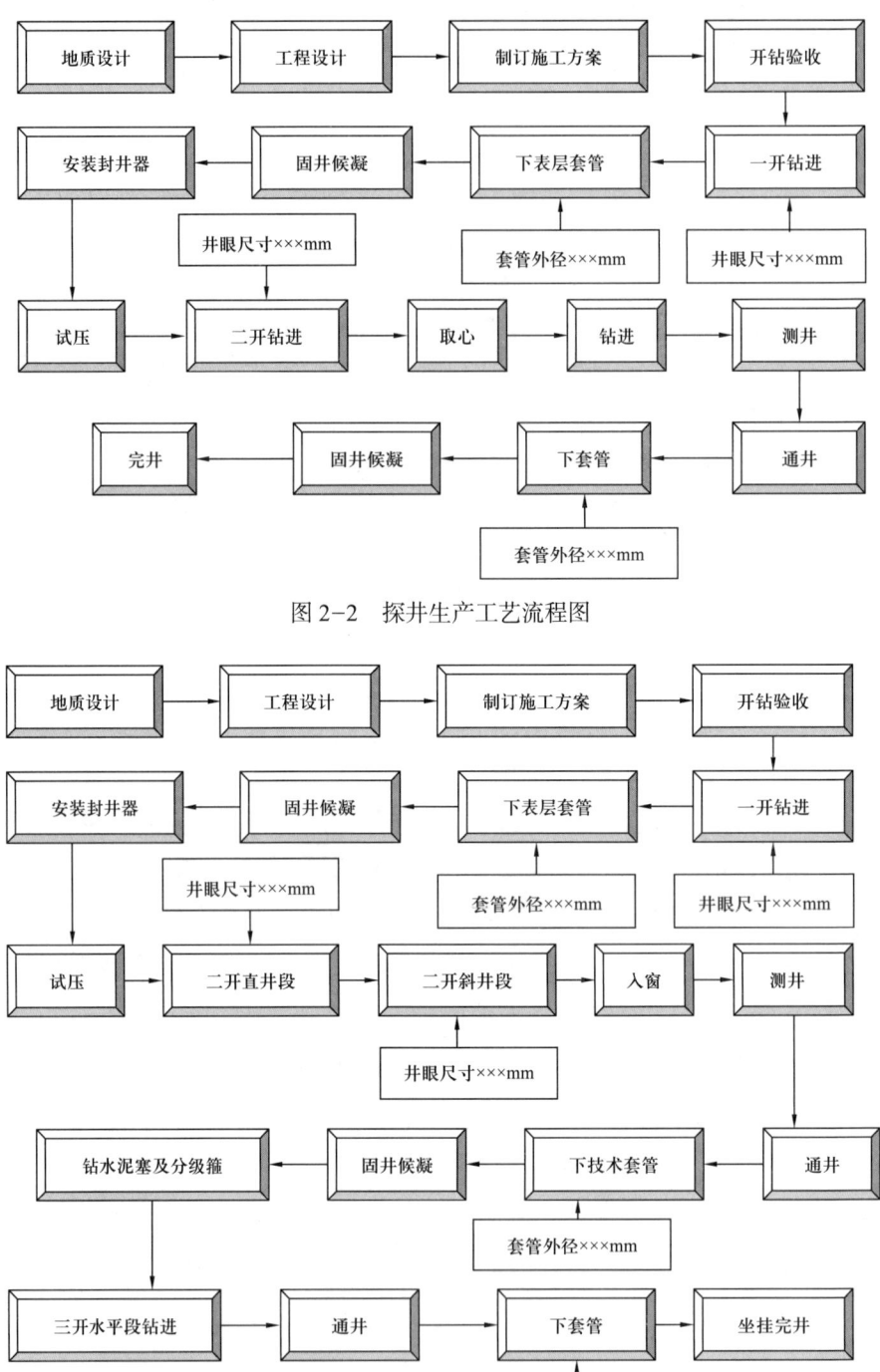

图 2-2 探井生产工艺流程图

图 2-3 水平井生产工艺流程图

表 2-43 拆卸顶驱作业危害因素辨识表

序号	作业项目	作业单元	作业步骤	危害因素	事故分类
1	拆卸顶驱	准备工作	1. 顶驱运移支架吊至猫道上，顶驱本体运移房及导轨房吊至猫道侧面。 2. 切断顶驱电源，上锁挂签，液压站泄压	1. 未断开总电源，信号控制，导致电击或顶驱动作伤人。 2. 断开总电源后，未上锁挂签，导致人员误操作，触电伤害。 3. 顶驱未关闭，高压剩漏伤害。 4. 储能瓶未泄压，管线弹起伤人。 5. 油品泄漏	触电、物体打击
2		拆卸附件固定顶驱	1. 下放顶驱到钻台面，刹车，拆掉水龙带、吊卡、吊环、液压管线及顶驱电缆。 2. 上提顶驱对正第 7 节导轨连接销孔，高处作业人员在井架背梁上安装好连接销，并穿好别针，使顶驱与第 7 节导轨连接	1. 拆卸时水龙带、吊环摆动坠落砸伤人员。 2. 高处坠落、落物伤害	高处坠落、物体打击
3		拆卸最下端导轨	1. 缓慢提游车，使导轨重量中和点位于第 6 节与第 7 节导轨之间。 2. 将载人提篮上提至顶驱导轨第 6 节下端位置；作业人员拆除导轨销、锁销、销轴，缓慢下放游车，使第 7 节导轨挂在第 6 节导轨下端挂钩内。 3. 高处作业人员打开反扭矩梁爪耳，利把操作人员缓慢上提游车至合适位置（钩板能脱开），高处作业人员在井架背梁上向后掀动导轨，使第 7 节导轨与第 6 节分离。 4. 再次上提游车使下方有效高度能放置运移架	1. 高处作业未系安全带，工具失拴尾绳，高处坠落、落物伤害。 2. 运移架碰坏顶驱附件。 3. 拆连接销与扳手伤害	高处坠落、高空落物、起重伤害

续表

序号	作业项目	作业单元	作业步骤	危害因素	事故分类
4	拆卸顶驱	安装运移架、吊移顶驱	1. 吊车将顶驱运移架吊上钻台，作业人员扶正垂直放置在顶驱运移架上端。用气动小绞车挂住顶驱运移架正下方。 2. 吊车用2根φ25mm×16m 2根绳套提住顶驱运移架下部吊耳，使其与顶驱同向倾斜，缓慢下放顶驱到运移架内，穿好下部的固定销。 3. 吊车与游车配合将顶驱缓慢下放，直立钻台面，放松游车，高处作业人员拉开大钩，拆除平衡油缸与捕收之间的专用卸扣（或者拆除游车一面提环销轴），上提游车使顶驱分离。 4. 锁闭大钩（或装上提环），倒换φ25mm×16m 2根绳套挂至顶驱运移架上部吊耳，上提游车使运移架距离钻台面0.5m左右，用吊车提住运移架下部吊耳并向大门方向拉动，确保运移架下端与钻台面挡住0.5m左右距离，下放游车，配合将顶驱平放至钻台面，安装顶驱各支撑杆。 5. 确认顶驱各支撑杆支撑到位：游车与吊车同时起升，使运移架离开钻台0.5m左右，吊车向猫道方向拉动顶驱。直至运移架完全脱出大门口坡道，气动小绞车缓慢下放车至猫道，场地人员安装顶驱进顶驱房。 6. 拆卸天意平台，将本体提到最高位，先脱离导轨和调节板，按拆卸导轨步骤1~3拆卸导轨，再拆卸顶驱本体	1. 运移架碰坏顶驱附件。 2. 游车、吊车配合不当，损坏设备或伤人。 3. 吊装作业时起重伤害。 4. 顶驱直立外力作用倾倒伤人	高处坠落、高空落物、起重伤害
5		拆卸导轨	1. 提出转盘方瓦或衬套（275转盘提出一片，375转盘只提出衬套）。 2. 用游车将导轨安装架从第6节导轨下部穿入，上提至顶驱导轨顶部吊起导轨。 3. 高处作业人员拆下调节板与调节轨间连接棒，使导轨与调节板下端固定在井架侧面。下放第6节导轨下端节穿过转盘，在导轨上部处销孔穿入实心钢棒，导轨支承于转盘面。 4. 拆卸第6节导轨与第5节定位销、别针、连接销，上提游车使导轨出转盘面，导轨安装2只提环，使用3t倒扣连接钢丝绳套绳环将在吊车吊钩上，用吊车配合使导轨与第6节导轨呈90°左右，略微下放，并脱离钻台0.5m左右，使第6节导轨吊至场地导轨运移架内。 5. 依次将各节导轨拆下。 注意：拆卸第1节和第2节导轨时，需要使用气动小绞车将第2节导轨上部提住，防止倾斜	1. 刹把操作过快，导轨摆动碰伤人员。 2. 游车下放最后两节导轨时，发生倾翻碰伤作业人员。 3. 高处作业未系安全带，工具未拴尾绳，高处坠落、落物伤害。 4. 拆连接销夹手伤害。 5. 游车、吊车配合不当，损坏设备或伤人。 6. 吊装作业时起重伤害	高处坠落、物体打击、起重伤害

三、施工作业活动风险分析与风险评估

施工作业活动至少应分析控制文件是否齐全,HSE 标准化作业程序、作业许可、岗位应急处置方案和岗位应急处置卡、岗位培训矩阵等是否完善、是否存在隐患、是否发生过事故、事件等。

在危害因素辨识的基础上组织开展风险评估,确定风险等级,按风险等级划分标准,从高到低划分为高风险、次高风险、中风险和低风险,分别用红、橙、黄、蓝四种颜色标示。

四、施工作业活动风险分级管控

根据风险评估的结果,针对安全风险特点,采用技术、工艺、管理措施等管控作业活动风险,将每个风险管控责任按照风险等级逐一落实到公司、项目部(专业公司)、基层队站和班组(岗位),形成包括设备拆卸、搬迁、安装、井口准备、表层施工、二开(多开)前准备、钻进、取心、完井、辅助、井控、井下故障类、检维修等 13 类施工作业活动风险分级管控表,示例见表 2-44 至表 2-70。

(一)设备拆卸作业风险分级管控示例

(1)拆卸顶驱作业风险分级管控见表 2-44。

(2)拆卸 K 型井架作业风险分级管控见表 2-45。

(二)搬迁作业风险分级管控示例

(1)钻井设备装车作业风险分级管控见表 2—46。

(2)钻井设备卸车作业风险分级管控见表 2-47。

(三)设备安装作业风险分级管控示例

(1)安装钻台底座(起升式)作业风险分级管控见表 2-48。

(2)起升井架(拼装式底座)作业风险分级管控见表 2-49。

(四)井口准备作业风险分级管控示例

(1)冲装大小鼠洞作业风险分级管控见表 2-50。

(2)下导管作业风险分级管控见表 2-51。

(五)表层施工作业风险分级管控示例

(1)连接钻具组合作业风险分级管控见表 2-52。

(2)下表层套管作业风险分级管控见表 2-53。

(六)二开(多开)前准备作业风险分级管控示例

(1)安装防喷器作业风险分级管控见表 2-54。

（2）防喷器半封试压作业风险分级管控见表2-55。

（七）钻进作业风险分级管控示例

（1）接单根作业风险分级管控见表2-56。

（2）顶驱接立柱风险分级管控见表2-57。

（八）取心作业风险分级管控示例

（1）常规取心风险分级管控见表2-58。

（2）特殊取心风险分级管控见表2-59。

（九）完井作业风险分级管控示例

（1）水平井电缆送测风险分级管控见表2-60。

（2）下套管风险分级管控见表2-61。

（十）辅助作业风险分级管控示例

（1）绷钻杆风险分级管控见表2-62。

（2）通排洗套管风险分级管控见表2-63。

（十一）井控作业风险分级管控示例

（1）更换防喷器闸板风险分级管控见表2-64。

（2）地层破裂压力试验作业风险分级管控见表2-65。

（十二）井下故障类作业风险分级管控示例

（1）震击作业风险分级管控见表2-66。

（2）钻具倒扣作业风险分级管控见表2-67。

（十三）检维修作业风险分级管控示例

（1）绞车维修作业风险分级管控见表2-68。

（2）检修并车传动箱作业风险分级管控见表2-69。

（3）顶驱检维修作业风险分级管控见表2-70。

第二章 钻井生产作业活动风险防控

表 2-44 拆卸顶驱作业风险分级管控

工作任务描述	拆卸顶驱			风险等级	高风险		
设备工具准备	吊车、钢丝绳套（4根 ϕ25mm×16m，2根 ϕ25mm×5m，2根 ϕ16mm×6m），3t 卸扣 2 个、O形提环 2 个、12t 卸扣 4 个，检查合格；载人提篮及引绳若干、手锤、撬杠、活动扳手各 2 把、ϕ50mm×1.6m 实心钢棒 1 根，对讲机、安全带完好						
序号	作业项目	作业单元	作业步骤	危害因素	风险等级	事故分类	控制措施	控制级别	具体岗位
---	---	---	---	---	---	---	---	---	---
1	拆卸顶驱	准备工作	1. 顶驱运移支架至吊猫上，顶驱本体运移及导轨房吊至猫道侧面。 2. 切断顶驱电源，上锁挂签，液压站泄压	1. 未断开总电源，信号控制，导致电击或顶驱动作伤人。 2. 断开总电源后，未上锁挂签，导致人员误操作，触电伤害。 3. 顶驱未夹闭、高压刺漏伤害。 4. 储能瓶未泄压，弹起伤人。 5. 油品泄漏	Ⅲ	触电 物体打击	1. 断开总开关，信号控制，并上锁挂签。 2. 检测，确认无电后方可作业。 3. 泄压后观察压力表示值为零后方可进入下步作业。 4. 将顶驱齿轮油使用油桶回收	钻井队	副队长
2		拆卸附件固定顶驱	1. 下放顶驱到钻台面，刹车、吊环、吊卡、水龙带、掉扣电缆、液压管线及顶驱电缆。 2. 上提顶驱对正第 7 节导轨连接销孔，高处作业人员在井架平梁上安装好连接销，并装好别针，使顶驱与第 7 节导轨连接	1. 拆卸时水龙带、吊环摆动坠落砸伤人员。 2. 高处坠落、落物伤害	Ⅰ	高处坠落 物体打击	1. 卸开水龙带，吊环前用气动小绞车上提带劲，拉好引绳控制摆动。 2. 高处作业佩戴好双钩安全带、尾绳挂挂牢靠，工具拴好保险绳。拆卸液压管线时先用气动小绞车带劲，逐根拆卸逐根下放，禁止人员站在电缆下方	公司	部门生产主管 项目部现场监控人员 钻井队长 副队长 钻台大班

续表

序号	作业项目	作业单元	作业步骤	危害因素	风险等级	事故分类	控制措施	控制级别	具体岗位
3	拆卸顶驱	拆卸最下端导轨	1.缓慢提游车，使导轨重量中和在点位于第6节与第7节导轨之间。2.将载人提篮上提至顶驱导轨第6节下端位置；作业人员拆除导轨别针、锁销、销轴，缓慢下放游车，使第7节导轨挂在第6节导轨下端挂钩内。3.高处作业人员打开反扣抽矩爪耳，刹把操作人员缓慢上提游车至合适位置（钩板能脱开），高处作业人员在井架背梁上向后方撬动导轨，使第7节导轨与第6节分离。4.再次上提游车使下方有效高度能放置运移架。	1.高处作业未系安全带、工具未拴尾绳，高处坠落、落物伤害。2.运移架碰坏顶驱附件。3.拆卸连接销夹手伤害。	I	高处坠落 高空落物 起重伤害	1.高处作业佩戴好双钩安全带、尾绳拴挂牢靠，工具拴好保险绳。严禁顶驱摆动，高处人员连接去掉，防止上提下放损伤设备。2.导机销穿好防止顶驱摆动，各部位连接去掉，防止上提下放损伤设备。3.拆卸连接销人员待游车停稳后再作业，严禁手指放在销孔，肢体代替手工具。	公司	部门生产主管 项目部现场监控人员 钻井队长 副队长 钻台大班
4		安装运移架、吊移顶驱	1.吊车将顶驱运移架吊上钻台，用气动小绞车挂φ25mm×16m绳套2根提往顶驱运移架上端，作业人员扶正垂直放置在顶驱正下方。2.吊车用2根φ25mm×5m绳套轻提运移架下部吊耳，使其与顶驱同向倾斜，缓慢下放直驱到运移架内，穿好下部的固定销。放松气动绞车取下吊钩。	1.运移架架碰坏顶驱附件。2.游车、吊车配合不当，损坏设备或伤人。3.吊装作业时起重伤害。4.顶驱直立外力作用下倾倒伤人。	I	高处坠落 高空落物 起重伤害	1.专人指挥，游车和气动小绞车平稳操作。2.专人指挥，吊车操作与刹把操作步调一致，平稳缓慢操作，其他人员站在井架大腿两侧。3.严格执行"十不吊"。吊车专人指挥、手势清楚，吊车司机操作平稳，使用好引绳，取出绳套使用专用取挂器。	公司	部门生产主管 项目部现场监控人员 钻井队长 副队长 钻台大班

续表

序号	作业项目	作业单元	作业步骤	危害因素	风险等级	事故分类	控制措施	控制级别	具体岗位
4	拆卸顶驱	安装运移架、吊移顶驱	3. 吊车与游车配合将顶驱缓慢下放，直立于钻台面，放松游车，高处作业人员拉开大钩，拆除平衡油缸与副钩之间的专用卸扣（或者拆除游车一面提环销轴），上提游车使顶驱分离。 4. 锁闭大钩（或装上游车提环），倒换φ25mm×16m绳套2根挂至顶驱运移架上部吊耳，上提游车使运移架距离转盘面0.5m左右，用平车提住运移架下部吊耳并向大门方向拉动，确保运移架下端与钻台面保持0.5m左右距离，下放游车，配合将顶驱平放至钻台面，安装顶驱各支撑杆。 5. 确认顶驱各支撑杆支撑到位，游车与吊车同时起升，使运移架离开钻台面0.5m左右，吊车向猫道方向拉动顶驱，直至运移架完全甩出大门坡道，游车与吊车缓慢下放平放至猫道场地人员吊装顶驱进顶驱房。 6. 拆卸天意顶驱时，将本体提钩提高位，先脱离导轨和调节板，气动小绞车挂在第一节导轨上部找正，拆卸导轨步骤1~3拆卸顶驱轨，再按步骤1~2，拆卸顶驱本体	1. 运移架碰不顶驱附件。 2. 游车、吊车配合不当，损坏设备或伤人。 3. 吊装作业时起重伤害 4. 顶驱直立外力作用倾倒伤人	I	高处坠落 高空落物 起重伤害	4. 顶驱直立后用一根φ25mm绳套穿过顶驱运移架，绕至井架方梁后用10t卸扣相连，防止倾倒	公司	部门生产主管 项目部现场监控人员 钻井队长 副队长 钻台大班

- 201 -

续表

序号	作业项目	作业单元	作业步骤	危害因素	风险等级	事故分类	控制措施	控制级别	具体岗位
5	拆卸顶驱	拆卸导轨	1. 提出转盘方瓦或衬套(275转盘提出一片,375转盘只提出衬套)。 2. 用游车将9号导轨安装架从第6节导轨下部穿入,上提至顶驱导轨顶部吊起导轨。 3. 高处作业人员拆下调节板与滑槽同连接销,使调节板下端与井架侧面脱开,将调节板下端穿过转盘,在导轨上部龙销孔穿入实心钢棒,导轨支承于转盘面。 4. 拆顶驱第6节导轨与第5节定位销、别针、连接销,上提游车使导轨出转盘面,导轨支装2只提环,使用3t卸扣连接钢丝绳套,绳环挂在吊车吊钩上,用吊车配合将导轨与第6节导轨0.5m左右,使第6节导轨与第5节导轨呈90°左右,略微下放游车,脱开导轨钩板,用吊车将导轨吊放至场地导轨运移架内。 5. 依次将各节导轨拆下。 注意:拆卸第1节和第2节导轨时,需要使用气动绞车将第1节导轨上部提住,防止倾斜。	1. 刹把操作过快,导轨摆动碰伤人员。 2. 游车下放最后两节导轨时,发生倾翻碰伤作业人员。 3. 高处作业未系安全带,工具未拴尾绳,高处坠落、落物伤害。 4. 拆连接销夹手伤害。 5. 游车、吊车配合不当,损坏设备或伤人。 6. 吊装作业时的起重伤害	1	高处坠落物体打击起重伤害	1. 司钻平稳操作刹把,缓慢上提、下放游车。 2. 游车下放最后两节导轨时,使用气动小绞车提住上方,配合扶正。 3. 高处作业佩戴好双钩安全带、尾绳拴挂牢靠,工具栓好保险绳。高处作业面下方隔离,严禁人员进入。 4. 拆卸连接销人员待游车停稳后再作业,严禁手指放在销孔,肢体代替手工具。 5. 专人指挥,吊车操作与司钻操作者步调一致,平稳缓慢操作,其他人员站在井架大腿两侧。 6. 严格执行"十不吊",落实"五个确认"。吊车专人指挥,手势清楚,吊装吊吊作平稳,使用好引绳,取出绳套使用专用取连器	公司	部门生产主管 项目部现场监控人员 钻井队长 副队长 钻台大班

第二章 钻井生产作业活动风险防控

表2-45 拆卸K型井架作业风险分级管控

工作任务描述	拆卸K型井架作业				风险等级	次高风险		
设备工具准备	吊车、钢丝绳套φ25mm×8m 2根（45-K及以上井架φ30mm×8m 4根）、φ16mm×8m、φ13mm×6m各4根符合标准、15m引绳4根、3t吊带1根、绳套取偏器4个、大小橇杠、手锤、冲子、管钳、扳手、钢丝刷等齐全完好；双尾绳安全带4副，检查合格							
作业项目	作业单元	作业步骤	危害因素	风险等级	事故分类	控制措施	控制级别	具体岗位
拆卸K型井架作业	准备工作	1. 断开井架电、气、液路，拆除电源线及缓冲缸管线。 2. 吊移、清理作业区域地面杂物，预留井架摆放位置。 3. 拆除锁节（牛鼻子）连接销，起架大绳	1. 风险不清，配合不当，造成人员伤害。 2. 拆电、气、液线路时触电、高空伤害或高处坠落。 3. 拆除锁节（牛鼻子）连接销、起吊大绳时高处坠落、物体打击、落物伤害	Ⅱ	触电 高处坠落 物体打击	1. 在当班作业前安全会上识别风险，制定防控措施，并向本单位及承包商所有作业人员交底及现场必须指定作业负责人及监管人员。 2. 严格遵守操作规程，先关闭再拆除、专人监护，攀爬或高处人员正确使用双尾绳安全带。 3. 人员上井架使用双尾绳安全带、拴挂生命线、站稳扶好、交替使用尾绳钩，销子下方及运动方向严禁站人或穿行	项目部	项目部现场监控人员 钻井队长 副队长 钻台大班
	拆移二层台、倒换小支架	1. 摆放吊车。将二层台处悬吊系统绳索拴挂在井架上方，不影响拆除二层台。 2. 吊车从井架正中猴台位置放下吊钩，司索人员将2根φ16mm绳套兜挂在二层台或猴台指梁挡销上，吊车挂上吊钩。 3. 吊车带载，场地人员用引绳拉住二层台撑杆下部，砸掉撑杆下连接销，与二层台合适连接	1. 吊车千斤顶支撑不实，带载翻侧或操作预井架。 2. 吊点选择不当，井架失衡摆动伤人。 3. 绳套断裂脱钩，吊物砸伤碰伤人员。 4. 吊车操作失误或误伤人员。 5. 井架拆销下部，砸掉撑杆下部，坠落	Ⅱ	高处坠落 物体打击 起重伤害	1. 千斤打平，避开垫方和暗洞，严禁超载及歪拉斜吊。 2. 正确选用专用吊点挂绳套，试吊找平、起吊时人员保持安全距离，引绳长度和牵引位置适当。 3. 绳套载荷匹配，检查合格，吊挂牢靠，棱刀处衬垫，吊物1.5倍半径内严禁逗留	项目部	项目部现场监控人员 钻井队长 副队长 钻台大班

续表

序号	作业项目	作业单元	作业步骤	危害因素	风险等级	事故分类	控制措施	控制级别	具体岗位
2	拆卸K型井架作业	拆移二层台、倒换小支架	4. 吊车继续带载，井架人员分别砸掉二层台与井架连接销，指挥吊车下放将二层台放置于井架一侧。 5. 吊钩从井架外侧放下，重新吊挂二层台，平稳移出定点放置。 6. 摆放小支架至井架中上段两边支撑位置。 7. 指挥吊车伸吊钩到天车头正上方，井架人员将2根φ25mm（或φ32mm）绳兜挂在井架天车头段吊点衬套上，将井架据离大支架0.2~0.5m停稳。 8. 使用装载机摆放好大支架后，放实支架，吊车继续带载拆卸天车头。 9. 下放井架过程中，场地人员用引绳在井架外侧拉住二层台撑杆下部，放稳后砸掉撑杆连接销，回收撑杆	6. 销子飞出或工具掉落伤人。 7. 二层台撑杆或附件捆绑不牢，摆动伤人。 8. 装载机推移或拖移调整支架时碰撞、倾倒，绳套断裂伤人	Ⅱ	高处坠落 物体打击 起重伤害	4. 专人指挥，信号明确；吊车司机精力集中，平稳操作，找准重心，避免蹩劲，安装人员不遮挡司机视线。 5. 拆卸前检查井架各部位生命线处于待用状态；人员上井架使用双尾绳安全带，挂挂正确牢靠，移动时站稳扶好，交替挂靠尾绳钩；安装前放好位置及架挂避路线，避免碰挂。 6. 销子下方及运动方向严禁站人。 7. 使用剖撑杆销子时，先用棕绳固定撑杆或用吊车悬吊，引绳扶正；二层台附件捆绑牢靠，避免踩空。 8. 推移、拖移调整时由专人指挥装载机，车辆行进轨迹及绳套附近严禁站人	项目部	项目部现场监控人员 钻井队长 副队长 钻台大班

续表

序号	作业项目	作业单元	作业步骤	危害因素	风险等级	事故分类	控制措施	控制级别	具体岗位
3	拆卸K型井架作业	拆卸天车头及悬吊系统	1. 42-K及以下井架：吊车挂2根φ25mm绳套吊钩伸至天车段上方，井架人员将绳套兜挂在吊点护套上，吊车带载，井架人员砸掉天车段四角拴好引绳，平稳吊绳，接卸天车头放天车至正下方连接销，平稳放天车头放天车至正下方地面。 2. 45-K及以上井架：两台吊车分别用2根φ32mm绳套挂在天车段井架前后端，井架人员砸掉上下连接销，引绳扶稳，平稳吊起放天车至正下方地面。然后吊放天车头附件，定点摆置。 3. 抽悬吊系统绳索、吊钳、吊耳，防碰天车大钩丝绳）回收盘绳防坠落、拆除防力器，登梯助装置、收至室内存放	1. 两台吊车配合不当造成吊物滑落或摆动伤人。 2. 吊点选择不当，吊物掉落衡摆动伤人。 3. 绳套断裂或脱钩，吊物砸伤、碰伤人员。 4. 吊车操作失误过猛，吊物砸伤、碰伤人员。 5. 井架拆卸人员高处坠落。 6. 销子飞出或工具掉落伤人。 7. 抽、盘绳索夹手、扎手	Ⅱ	高处坠落 物体打击 起重伤害	1. 两台吊车配合，由1名吊装指挥统一指挥，吊车动作时鸣笛或使用对讲机沟通，操作平稳。 2. 试吊找平。 3. 绳套载荷匹配，检查合格，吊挂牢靠。 4. 专人指挥，信号明确。 5. 生命线完好；人员上井架使用双尾绳安全带，拴挂正确牢靠。 6. 销子下方及运动方向严禁站人或穿行。 7. 提前检查绳索，处理绳头及毛刺；拉拽时戴好手套，协调用力；抽绳时严禁手抓滑轮或伸进滑轮槽	项目部	项目部现场监控人员 钻井队长 副队长 钻台大班

续表

序号	作业项目	作业单元	作业步骤	危害因素	风险等级	事故分类	控制措施	控制级别	具体岗位
4	拆卸K型井架作业	拆卸井架主体及附件	1. 摆放好吊车，在吊钩上挂2根ϕ13mm绳套（梁）正上方中心位置，伸至井架人员挂人吊耳，拴挂引绳，吊车收直绳套，井架人员拆除别针及连接销，对向推拉筋脱离井架，吊车吊移绳至地面。按此步骤从前向后依次拆除其他拉筋（梁）。 2. 吊车倒换2根ϕ16mm绳套，兜挂单片井架吊点护套上，拆除单片井架别针及连接销，指挥吊车微摆摆使井架尾分离，吊单片井架定置摆放，并捆绑拆卸另一侧单片井架，按此步骤拆卸另一侧单片井架。 3. 吊另2个小支架至下节井架预支撑点，司索人员配合摆放到位。	1. 吊点选择不当，井架失衡摆动伤人。 2. 绳套断裂或脱钩，吊物砸挂伤、碰伤人员。 3. 吊车操作失误或过猛，吊物砸损、碰伤人员。 4. 井架人员拆卸脱落高处坠落。 5. 销子飞出或工具棒落伤人。 6. 横梁、拉筋摆动，碰伤井架人员。 7. 鹅颈管转动或水龙带缠绕绳钩，伤人或夹手。 8. 井架笼梯开合夹伤碰伤。 9. 装载机推移或拖移调整支架时碰撞、倾倒、绳套断裂伤人。	Ⅱ	高处坠落 物体打击 起重伤害	1. 正确选用专用吊点挂绳套，先试吊找平，起吊时人员保持安全距离，引绳长度和牵引位置适当。 2. 绳套载荷匹配，检查合格，吊挂牢靠，棱刃处衬垫，吊物1.5倍半径内严禁逗留。 3. 专人指挥，信号明确；吊车司机精力集中、平稳操作，找准重心、避免憋劲，安装人员不遮挡司机视线。 4. 拆卸前检查井架各部位生命线处于待用状态；人员上井架使用双尾绳安全带，拴挂正确牢靠，移动时站稳扶好，交替挂尾绳钩；安装前找好位置及躲避路线，避免碰挂。 5. 销子悬吊拉筋（梁）时对正，或芽行，井架上不存放杂物，工具完好，尾销拴挂牢靠。 6. 吊车悬吊拉筋（梁）时对正，提直绳套，避免憋劲，拉筋两端引绳拴牢；吊车匀速缓慢转。	项目部	项目部现场监控人员 钻井队长 副队长 钻台大班

续表

序号	作业项目	作业单元	作业步骤	危害因素	风险等级	事故分类	控制措施	控制级别	具体岗位
4	拆卸K型井架作业	拆卸井架主体及附件	4.配合吊车换φ25mm绳套(45-K反以上井架吊车挂2根φ32mm绳套)井架人员将绳套兜挂在井架最前端的横梁上(衬垫接触井架面),指挥吊车将井架提离小支架0.2m悬停。场地人员从井架外侧用撬杠、绳索或机具移动2个小支架调整至中心点,抽取待拆井架下部的小支架,下放坐实后拆除小支架。按照步骤1~3拆卸其余井架。 5.拆卸中段井架前,吊车带φ13mm绳套吊挂立管操作台、套管扶正台,拆卸井移捆绑、挂吊带险绳,起吊水龙带上端,收盘水龙带。拆卸每节井架前,砸松松旋开活接头(由王)及其他对应立管活接头、松开笼梯连接护链拆除其他扎固定,拆除其他需拆除的附件	1.吊点选择不当,井架失衡摆动伤人。 2.绳套断裂或脱钩,吊物砸伤、碰伤人员。 3.吊车操作失误或过猛,吊物砸到、碰伤人员。 4.井架拆卸人员高处坠落。 5.销子飞出或工具掉落伤人。 6.横梁、拉筋摆动,碰伤人员。 7.鹅颈管转动或水龙带猛劲伤物人或夹手。 8.井架笼梯开合夹伤。 9.装载机推移或拖移调整时支架碰撞、倾倒,绳套断裂伤人	Ⅱ	高处坠落物体打击起重伤害	7.砸松活接头(由王),释放扭劲再旋开;吊挂挂牢靠,严禁把手放在吊带挂井架空隙之间。鹅颈管护链与井架空隙之间。 8.松开笼梯护链时及时合紧,捆绑牢靠。 9.推移、拖移调整时由专人指挥装载机,车辆行进轨迹及绳套附近严禁站人。	项目部	项目部现场监控人员 钻井队长 钻台大班

续表

序号	作业项目	作业单元	作业步骤	危害因素	风险等级	事故分类	控制措施	控制级别	具体岗位
5	拆卸K型井架作业	拆卸方梁及井架下段	1. 移停好吊车，在吊钩上挂4根φ16mm绳套，伸至方梁中心，井架人员挂吊耳，拴引绳，吊车带载，拆除别针及连接销，吊车吊放方梁至场地。 2. 吊车移绳套至井架下段上方，井架人员兜挂在单片井架吊点护栏上，绳环挂入吊钩，井架两端拴挂引绳。指挥吊车将井架提离小支架，作业人员拆除连接销，吊车起吊至场地规划位置放置。 下段至场地规划位置放置。 （45-K及以上井架由两台吊车挂φ32mm绳套配合拆离井架支座，吊放至场地后拆除井架支腿连接螺栓，吊至场地规划区域）	1. 吊点选择不当，井架失衡摆动伤人。 2. 绳套断裂或脱钩，吊物砸伤碰伤人员。 3. 吊车操作失误或过猛，吊物砸伤、碰伤人员。 4. 井架拆卸人员高处坠落。 5. 销子飞出或工具掉落伤人。 6. 方梁摆动，碰伤井架人员	II	高处坠落 物体打击 起重伤害	1. 两台吊车配合，由1名吊装指挥统一指挥，吊车动作时鸣笛或使用对讲机沟通，操作平稳。 2. 专人指挥，信号明确。吊车找正提平，砸销子及配合人员在基座上站位合理，撤离路线畅通，引绳两边牵稳。 3. 绳套载荷匹配、检查合格，吊挂牢靠。 4. 人员安全带挂正确牢靠。 5. 销子下方及运动方向严禁站人或穿行	项目部	项目部现场监控人员 钻井队队长 副队长 钻台大班

第二章 钻井生产作业活动风险防控

表 2-46 钻井设备装车作业风险分级管控

工作任务描述									风险等级		中风险		
设备工具准备	吊车、卡车、绞棍、绳套、倒链、吊带、铁丝、断丝钳、牵引绳、铁锹												
序号	作业项目	作业单元	作业步骤	危害因素					风险等级	事故分类	控制措施	控制级别	具体岗位
1	钻井设备装车作业	吊车就位	1. 摆放吊车。2. 放垫板。3. 支千斤腿	1. 无专人指挥或多人指挥,导致车辆、起重伤害。2. 手放在垫板下方碰撞、挤压伤害。3. 垫板未支撑在中心;地面强度不够;吊车支撑水平、作业时吊车倾覆。4. 吊车移动时未收回千斤、拔杆,吊车移动时碰撞设备、人员,拔杆未收回可能造成吊车倾覆。5. 代替吊车司机支千斤,人员伤害					Ⅳ	车辆伤害	1. 专人指挥吊车,佩戴明显指挥标识。2. 搬放垫板时注意防止手部挤压。3. 垫板支撑在支腿中心,地面有下陷应垫起后重新支撑;吊车摆放水平。4. 吊车移动时干斤、拔杆全部收回。5. 由吊车司机支好千斤,再进行下一步作业	岗位	吊装指挥
2		起吊设备设施	1. 挂绳套。2. 试吊。3. 起吊。4. 吊物运移到装车位置	1. 未检查绳套或绳套负荷不符合被吊物重量,吊索有缺陷,负荷不足起吊时断裂,脱落,吊物下陷。2. 未试吊直接起吊,导致吊车倾覆,致人员伤害,设备损坏。3. 危险区域有人停留起吊;吊物摆动碰撞、挤压伤害。4. 未使用工具挂绳套,人员伤手。5. 吊物吊点选择不当,吊挂不稳,吊物倾倒、滑脱致使人员伤害,设备损坏					Ⅲ	起重伤害	1. 司索工在绳套使用前检查完好,负荷符合吊物重量要求,不使用大绳套吊小物件、小绳套吊大物件。2. 专人指挥,起吊前试吊,起吊前吊车稳定性,确保吊10~20cm,观察吊车稳定性,确保吊下陷不倾斜,吊车平稳操作,刹车灵活可靠。3. 使用引绳,吊车平稳操作。听从指挥人员指挥。4. 挂绳套使用工具。5. 对吊点进行标识,吊物吊点选择固定吊点,无固定点的吊物试吊平稳后起吊	钻井队	副队长吊装指挥

- 209 -

续表

序号	作业项目	作业单元	作业步骤	危害因素	风险等级	事故分类	控制措施	控制级别	具体岗位
3	钻井设备装车作业	卡车就位	1. 装超过马槽设备设施时打开马槽。 2. 车辆行驶或起倒车至吊装设备设施下方	1. 人员在马槽正面打开马槽，马槽翻倒时砸伤人员。 2. 无人指挥情况下移动卡车，导致车辆伤害	Ⅳ	车辆伤害	1. 专人指挥卡车运行，根据被吊物重量选车辆，指挥人员引导车辆到指定位置（车速不大于5km/h）。 2. 人员在马槽内或马槽侧面打开马槽	岗位	吊装指挥 司钻
4		装车	1. 下放吊物至马槽。 2. 摘取绳套	1. 吊物下放不平稳，导致人员挤伤。 2. 作业人员与吊车配合不当，工具取绳套，导致人员挤伤。 3. 绳套未移离吊物起升或摆动，伤人、挂坏设备	Ⅲ	起重伤害	1. 司索人员扶正被吊物后，指挥人员指挥吊车缓慢下放至车槽，被吊物重量全部放到卡车上。卡车司机确认可后再进行下一步作业。 2. 指挥人员指挥吊车缓慢下放绳套，司索人员使用工具摘掉绳套放松后，司索人员确认绳套移离吊物体。 3. 指挥人员确认绳套摘掉后指挥吊车缓慢升钩，绳套离开被吊物体	钻井队	副队长 吊装指挥
5		货物捆绑	1. 车辆行驶至捆绑区。 2. 捆绑货物	1. 无专人指挥车辆，导致车辆伤害。 2. 货物未捆绑，物体掉落导致设备损坏，人员伤害。 3. 捆绑时人员配合不当，挤压人员、撬杠、铁丝伤人。 4. 捆绑时车辆移动，造成人员伤害	Ⅳ	车辆伤害 物体打击	1. 专人指挥卡车运行。 2. 用8号铁丝双股四角捆绑并绞紧或倒链拉紧，卡车司机对捆绑情况进行验收，确认捆绑牢靠后告知指挥人员。 3. 捆绑时人员相互配合，提醒。 4. 捆绑时车辆熄火、刹车	岗位	司钻

第二章 钻井生产作业活动风险防控

表2-47 钻井设备卸车作业风险分级管控

工作任务描述									
设备工具准备	吊车、卡车、绞棍、倒链、绳套、吊带、铁丝、断丝钳、牵引绳、铁锨								
作业项目	作业单元	作业步骤	危害因素	风险等级		中风险			
				风险等级	事故分类	控制措施	控制级别	具体岗位	
钻井设备卸车作业	吊车就位	1.摆放吊车。2.放垫板。3.支千斤腿	1.无专人指挥车辆，导致车辆伤害。2.手放在垫板下方，人员手部碰撞、挤压伤害。3.垫板未支撑在中心，作业时吊车倾覆。4.地面强度不够，作业时吊车倾覆。5.吊车支撑不水平，作业时吊车倾覆。6.吊车移动时未收回千斤顶、支杆，吊车移动时可能碰撞设备、人员，拔杆未收回可能造成吊车倾覆	Ⅳ	车辆伤害	1.专人指挥吊车。2.搬放垫板时注意防止手部挤压。3.垫板支撑在支腿中心，地面有下陷应垫起后重新支撑。4.吊车摆放水平。5.吊车移动时千斤顶、拔杆全部收回	岗位	吊装指挥
	卡车就位	车辆行驶或倒车到位置	无人指挥情况下移动卡车，导致车辆伤害	Ⅳ	车辆伤害	专人指挥卡车运行，根据被吊物重量选择车辆，指挥人员引导车辆到指定位置（车速不大于5km/h）	岗位	吊装指挥
	拆除捆绑	1.使用断丝钳剪断捆绑铁丝。2.拆除导链捆绑	1.剪断铁丝时能量释放，铁丝在吊物上未取掉，导致作业人员划伤手。2.站在态不稳固的设备施工上，捆绑释放后，物体移动伤人	Ⅳ	车辆伤害、物体打击	1.作业人员使用断丝钳剪断铁丝并将铁丝收到指定位置，安全位置解除捆绑。2.人员站在稳固、安全位置解除捆绑	岗位	司钻

- 211 -

续表

序号	作业项目	作业单元	作业步骤	危害因素	风险等级	事故分类	控制措施	控制级别	具体岗位
4	钻井设备卸车作业	从车上卸设备设施	1.挂绳套。2.试吊。3.起吊。4.指挥卡车驶离。5.吊物运移到卸车位置。	1.未检查钢丝绳或绳套负荷不符合被吊物重量，吊索有缺陷，吊时断裂、脱落，吊物下降。2.未试吊直接起吊，导致吊车倾覆，致人员伤害、设备损坏。3.危险区域有人停留或通过，吊物摆动碰撞、挤压设备、人员。4.未套挂引绳，吊物摆动碰撞、挤压设备、人员。5.未使用工具挂绳套，导致人员挤压伤手。6.吊物吊点选择不当，吊具不平稳、倾倒，滑脱致使人员伤害、设备损坏。7.无人指挥车辆运移，导致车辆伤害。	III	起重伤害	1.司索工在绳套使用前检查完好，负荷符合吊物重量要求，不使用大绳套吊小物件，小绳套吊大物件。2.专人指挥，起吊前试吊，高度10～20cm，观察吊车稳定性，确保不下陷不倾斜，刹车灵活可靠。3.吊挥人员指挥吊车起吊至适合高度利车，指挥卡车驶离作业范围。4.吊物运移使用好牵引绳，避免被吊物撞击其他物体，并保证运移平稳。听从指挥人员指挥。5.挂绳套。6.对吊点进行标识，吊物吊点选择固定吊点，无固定吊点的吊具试吊平稳后起吊	钻井队	副队长 吊装指挥
5		下放井摆放吊物	1.下放吊物至指定位置。2.松绳套，摘取绳套	1.吊物下放不平稳，导致人员碰撞挤压受伤。2.人员处于挤压、碰撞等挤压位置，导致人员碰撞挤压受伤。3.作业人员与吊车配合不当，工具取放不当，绳套摆动导致人、挂坏设备。4.绳套未移离吊物起升摆动，绳套或吊物摆动导致伤人、挂坏设备	III	起重伤害	1.指挥人员指挥吊车缓慢下放被吊物至指定位置。2.吊物放置平稳指挥吊车缓慢下放绳套，绳套放松后，司索人员使用工具摘绳套。3.指挥人员确认绳套摘掉后指挥吊车缓慢升吊钩，绳套移离吊物被吊离物体	钻井队	副队长 吊装指挥

表 2-48 安装钻台底座（起升式）作业风险分级管控

工作任务描述	安装钻台底座（起升式）						
设备工具准备	吊车、钢丝绳套（φ22mm×8m，φ16mm×8m 各 4 根、φ16mm×4m 2 根）检查合格，3t 卸扣 4 个，15m 引绳 4 根、绳套取挂器 6 个（其中长柄 2 个）完好，大锤、撬杠 2 把、顶杠 2 根，高处作业工具尾绳牢靠						
			风险等级		次高风险		
序号	作业项目	作业单元	作业步骤	危害因素	风险等级	事故分类	控制措施	控制级别	具体岗位
1	安装钻台底座（起升式）	准备工作	1. 清理轨道面，及各底座泥污及附着物。 2. 如未安装绞车底，需先测定基座位置，并在轨道上标记	1. 轨道未清理干净，后续推移井架阻力大，推移困难。 2. 定位不准座错位	IV	其他伤害	1. 清理干净轨道面及各底座泥污及附着物。 2. 测定基座位置，并在轨道上标记。	岗位	副队长 技术员
2		安装左右基座及延伸座	1. 指挥吊车移至指定位置。司索人员挂好 4 根 φ22mm 绳套，四角挂车引绳。 2. 指挥吊车试水平稳后，将基座吊至轨道上方，缓慢靠近绞车底座连接耳板，对准销孔下放，安装连接销对准销孔及别针。若绞车底座未安装，直接将基座对齐井基座。 3. 另一个吊车挂 4 根 φ16mm 绳套，水平吊挂基座后连接架，用引绳牵引基座至安装位置，先安装一侧底座连接销，再对另一侧销孔，吊基座的吊车配合对正安装。 4. 用 4 根 φ16mm 绳套挂绳套将延伸座吊至安装位置（区分左右），对准耳板销孔安装连接销及引绳，同方法安装另一侧底座延伸及前连接销。 5. 检查基座与轨道，井口的相对位置是否平行、对正	1. 双吊车抬放基座时，失稳或脱钩滑落。 2. 吊索具断裂、吊物脱钩滑落伤人。 3. 吊物摆动、碰撞、挤压人员。 4. 敲击作业导致铁屑飞溅伤人。 5. 对销孔或摘挂绳套时夹手	II	起重伤害 物体打击 其他伤害	1. 吊车停放及支撑位置合理，地基压实、吊正确，吊挂牢靠，双车必须同一人指挥，信号明确，找准平衡点平稳移动，同时缓慢下放；危险区严禁逗留。 2. 正确选择并检查吊索具；理顺绳套，夹角不得超过 120°；吊挂牢靠，棱角处有衬垫；指挥人员落实"五个确认"。 3. 吊装过程中，作业半径范围严禁站人。 4. 敲击前检查好手锤无卷边或手柄松动，敲击作业戴好护目镜、手锤运行方向下方严禁站人。 5. 销孔提前清理干净；对孔时使用撬杠，摘挂绳套时使用绳套取挂器	项目部	项目部现场监控人员 钻井队长 副队长 钻台大班

续表

序号	作业项目	作业单元	作业步骤	危害因素	风险等级	事故分类	控制措施	控制级别	具体岗位
3		安装左右立柱及片架	1. 用4根ϕ16mm绳套入前立柱吊耳、牵拉引绳，指挥吊车吊移前立柱至安装位置，下端与基座内对应耳板对正连接。 2. 用相同方法将先下后上的顺序安装同侧前后段立柱及前、斜、后片架。其中斜片架上下段均需连接，滑轮放入导轨。 3. 按照上述步骤依次安装另一侧前立柱、斜、后片架。后片架及上座，也可两台吊车左右同时安装	1. 吊索具断裂，吊物脱钩滑落伤人。 2. 吊物摆动、碰撞、挤压人员。 3. 敲击作业或导致铁屑飞溅伤人。 4. 对销孔或摘挂绳套时关手	Ⅱ	起重伤害 物体打击 其他伤害	1. 正确选择并检查吊索具，吊挂牢靠，指挥人员落实"五个确认"。 2. 吊装过程中，作业半径范围严禁站人。 3. 敲击作业戴好护目镜，手锤运行方向及下方严禁站人。 4. 对孔时使用橇杠，摘挂绳套时使用绳套取挂器	项目部	项目部现场监控人员 钻井队长 副队长 钻台大班
4	安装钻台底座（起升式）	安装立根台、上座及直梯	1. 吊车吊钩挂4根ϕ16mm绳套，绳环挂入4根吊耳，四角拴引绳牵拉，指挥吊车水平吊移立根台至左右基座之间，两边分别与基座耳板连接。 2. 用4根ϕ16mm绳套挂在左右上座吊耳，指挥吊车水平吊移至安装位下放对销孔，前部与立根台用固定销连接。 3. 用同样方法水平吊装连接梁，与左右上座后部耳板连接。 4. 吊钩上换ϕ16mm绳套，挂钻台前或后安装的直梯（上短下长），成自然斜度带吊绳套，试吊平稳后吊移至安装位置，对销孔安装连接销及别针	1. 吊物摆动、碰撞、挤压人员。 2. 吊臂不平、不稳、吊物倾斜下砸伤人或碰撞伤人。 3. 人员临边作业时无防坠落措施坠落伤害。 4. 手锤敲击作业飞溅、打击伤害	Ⅱ	起重伤害 物体打击 高处坠落	1. 指挥人员落实"五个确认"，使用好引绳。注意观察吊物走向，设备时不得在可能受挤压空间作业。 2. 吊物时试吊平稳后起吊；用引绳控制吊物摆动。 3. 作业人员使用好安全带。 4. 检查好手锤，敲击作业戴好护目镜，人员远离手锤运行轨迹方向	项目部	项目部现场监控人员 钻井队长 副队长 钻台大班

第二章 钻井生产作业活动风险防控

续表

序号	作业项目	作业单元	作业步骤	危害因素	风险等级	事故分类	控制措施	控制级别	具体岗位
5	安装钻台底座（起升式）	安装转盘及铺台等	1. 转盘（含底座）挂绳套，上提吊移至左右上座之间，安装两边驱动橇至右上座之间。 2. 吊放安装转盘驱动橇至左右上座之间连接销及别针。 3. 安装人字架。 4. 安装钻台铺加宽台。 5. 将钻台护栏吊上钻台，安装钻台前后护栏（可安装部分）。 6. 吊放和固定司控房、液压猫头、气动绞车等钻台设施。 7. 安装钻台偏房支架、偏房、BOP装置。 8. 底座起升后安装左右小铺台、补全其余钻台护栏、安装钻台梯子、钻台逃生滑道。	1. 吊物摆动、碰撞、挤压人员。 2. 吊挂不平、不稳，吊物倾斜下砸碰撞伤人。 3. 高处临边作业时滑跌、坠落或坠落物伤人。 4. 手锤敲击作业飞溅、打击伤害。	Ⅱ	起重伤害 物体打击 高处坠落	1. 指挥人员落实"五个确认"，绳套挂车，使用好引绳。注意察被吊物走向，人员扶设备时不得在可能受挤压空间作业。 2. 吊物时试吊平稳后起吊；使用引绳控制吊物摆动。 3. 在底座上作业或移动必须站稳扶牢，吊耳较高时使用钩取挂绳挂耳环，2m以上须正确使用安全带和防坠落固定装置，锚固点安全带生命线固定牢靠，优先安装可安装的护栏。 4. 敲击作业戴好护目镜，人员远离手锤运行轨迹方向。	项目部	项目部现场监控人员 钻井队长 副队长 钻台大班

表 2-49 起升井架（拼装式底座）作业风险分级管控

工作任务描述	起升井架（拼装式底座）						
设备工具准备	绞车、液压站、井架固定U形卡、钻机动力、起升三角架（或平衡滑轮）、φ13mm×8m钢丝绳套2根或3t吊带2根、安全带2副、引绳2根、扳手、手锤、撬杠完好						
			风险等级			高风险	
序号	作业项目	作业单元	作业步骤	危害因素	风险等级	事故分类	控制措施	控制级别	具体岗位
1	起升井架（拼装式底座）	准备工作	1. 配备底座水柜的应加满水，满足配重要求。 2. 连接井架缓冲液缸管线，并进行试运行。 3. 调试辅助刹车，校准作重表。 4. 调整绞车过卷防碰装置，将滚筒大绳整齐排列不少于一层半。 5. 将二层台翻转井固定牢靠，清理井架上杂物，整理井架绳索及水龙带。 6. 清理井架周围场地杂物，对危险区隔离警示。 7. 检查井架各绳索、导向滑轮、起升三角架（或平衡滑轮）、起放井架大绳、钻机动力、供电系统等设备、工具完好。 8. 作业负责人办理作业许可令，召开作业前安全会	1. 人员高处坠落风险。 2. 排滚筒大绳时机械伤害、物体打击伤害。 3. 设备和工具检查不到位造成井架起升失败或造成事故。 4. 风险辨识不清，配合不当，造成人员伤害。	Ⅲ	高处坠落 物体打击 机械伤害	1. 人员上井架佩戴安全带，规范使用生命线。 2. 平稳操作绞车，缓慢转动滚筒，防止人员卷入大绳弹跳伤人，排绳人员使用手锤时戴好护目镜，手锤运行轨迹方向严禁站人。 3. 起升设备和工具仔细检查无问题。 4. 任作业前安全会上识别风险，制订防控措施，并向本单位及承包商所有作业人员交底。现场必须指定作业负责人及监督人员	钻井队	钻井队长 副队长 钻台大班 司钻
2		试起井架	1. 副队长负责台监控，机房大班负责动力，电力、气路监控，队长负责现场地监控，底座井架两边安排人员实时监控。 2. 作业负责人沟通就绪后发出指令，刹把梁作业人员鸣长笛，机械钻机间断挂钩或电动钻机电机转速50r/min速度合，大钩提升速度不大于0.2m/s，匀速平稳将起井架大绳与钻井架拉紧，将井架提离大支架20～30cm后稳。	1. 大绳夹在挡杆与滑轮之间，损伤起井架大绳。 2. 准备起井架时平稳操作，专人拉紧。	Ⅰ	物体打击 其他伤害	1. 起升时专人负责查看起井架大绳拉紧情况。 2. 准备起井架时对危险区域警示隔离，试起井架时钻井架大绳下负责清理危险区域人员	公司	公司生产部门主管 项目部现场监控人员 钻井队长 副队长 钻台大班 司钻

续表

序号	作业项目	作业单元	作业步骤	危害因素	风险等级	事故分类	控制措施	控制级别	具体岗位
2	起升井架（拼装式底座）	试起井架	3. 静止5min后缓慢下放井架至大支架上且大绳绷紧，进行全面检查：井架、人字架各部位连接牢靠，无变形、焊缝开裂等现象，无附着物，各滑轮、绳索受力正常，无跳动。（1）起升大绳锁节（牛鼻子）绳头固定牢靠，无滑移现象。（2）死绳固定器钢丝绳压紧，死绳无滑动。（3）底座连接及与基础间隙正常。（4）指重表指示吨位与起升井架重量一致	1. 大绳夹在挡杆与滑轮之间，损伤起升井架天绳。2. 试起井架时井架下砸伤人	I	物体打击 其他伤害	1. 起升时专人负责查看起升井架大绳拉紧情况。2. 准备起井架时对危险区域警示隔离，专人负责清理危险区域人员	公司	公司生产部 门主管 项目部现场监控人员 钻井队队长 副队长 钻台大班 司钻
3		起升井架	1. 负责人发出起升指令，刹把操作人员鸣长笛，操作绞车使大钩提升速度不大于0.2m/s，匀速起升井架，并注意指重表变化，无特殊情况中途不得停顿。2. 当井架起升至与地面约75°时，操作缓冲操作箱上的"伸出/缩回"控制手柄至"伸出"位置，然后将"伸出/缩回"控制手柄均置于中位，压力调整控制手柄保持在原始位置。3. 当井架起升贴近缓冲油缸塞杆时，操作"伸出/缩回"控制手柄至"缩回"位置慢收活塞杆缓冲井架，机房人员缓慢下降柴油机转速至900r/min左右，刹把操作人员同时放气，大钩提升速度不大于0.02m/s平稳拉井架入位，悬重保持在150~200kN刹停，观察监控	1. 井架上留有物件，下砸伤人。2. 配重不足，井架倾倒引起的风险。3. 井架大绳阻卡或断裂，造成设备损伤。4. 缓冲装置操作不当，与刹把操作配合失误，致使井架变形。5. 刹把操作失灵或控制失灵拉拉倒井架。6. 起升过程中指重表读数突然增加风险。7. 起升井架时，拉井架绳索龙带、井架绳索	I	坍塌 物体打击	1. 检查井架各部位无遗留物。2. 水柜加满水，满足起升要求。3. 起井架各滑轮润滑转动良好，滑销销紧固，与滑轮间隙合适，低挡平稳拉起井架，起升过程中无特殊情况不能滴气－开关放气和刹车。4. 按操作要求收缓冲液压油顶杆，井架靠自重停靠到位，刹把操作时认真观察指重表。5. 严格设备检查，确保灵敏可靠，按操作要求操作刹把，发现异常后将井架放至大支架，仔细检查排除故障后再起升。6. 停止起升，检查大绳、滑轮无异常，刹把无异常，绳索婴娑放合适，避免起升过程人员进入危险区域调整	公司	公司生产部 门主管 项目部现场监控人员 钻井队队长 副队长 钻台大班 司钻

续表

序号	作业项目	作业单元	作业步骤	危害因素	风险等级	事故分类	控制措施	控制级别	具体岗位
4	起升井架(拼装式底座)	固定井架及起井架大绳	1. 井架工攀爬到人字架与井架固定位置，安装U形卡及压板，紧固螺栓，背帽。 2. 固定起井架大绳。 (1) 平衡滑轮：刹把操作人员下放大钩，钻台作业人员顺势将起井架大绳盘好固定，平衡滑轮接近钻台面同时在平衡滑轮上拴挂吊吊索，使用气动绞车将平衡滑轮吊起，打开大钩锁销，将平衡滑轮从大钩中取出，吊放至指定位置井固定。 (2) 起三角架：刹把操作人员下放大钩至三脚架接近钻台面，起升大绳上拴挂吊吊索，架上拆下，起升大绳提至井架内侧横梁至三角绞车将大绳提至井架内侧横梁的悬绳器处，下放井架大绳挂人悬横梁至钻台，取下吊索，放气动绞车吊钩至三脚架，使用气动绞车吊起，打开大钩锁销，将三角架从人字钩中取出，吊放至指定位置放好	1. 人员上井架作业高处坠落、高处落物伤人。 2. 固定U形卡时，人员夹伤手。 3. 大绳吊索拴挂不牢，大绳高处掉落。 4. 吊放平衡锁起升三角架高处坠落，碰伤风险	Ⅰ	高处坠落 物体打击 其他伤害	1. 攀爬时正确使用防坠落装置，高处作业工具拴有尾绳，高处作业下方警示隔离，严禁站人。 2. 将U形卡缺口对正，从人字架端缓慢推人。 3. 大绳吊索，气动绞车吊钩挂牢靠。 4. 合理使用气动绞车小绞车、手工具，吊带配合吊放三角架，人员推放时，手不得放在可能受挤压位置	公司	公司生产部门主管 项目部现场监控人员 钻井队队长 副队长 钻台大班 司钻

表 2-50 冲装大小鼠洞作业风险分级管控

工作任务描述	冲装大小鼠洞					
设备工具准备	井口工具，气动绞车工作正常，吊钩及绳索完好，接头、钻头完好		小滑轮完好，提丝、卸扣、钢丝绳套（ϕ16mm×6m 2根）、吊带（3t）检查合格，钻具			
				风险等级	中风险	
序号	作业项目	作业单元	作业步骤	危害因素	风险等级	事故分类	控制措施	控制级别	具体岗位
1	冲装大小鼠洞	准备工作	1. 技术员（钻井工程师）计算冲鼠洞方。 2. 连接冲鼠洞钻具组合、钻头	1. 接头、钻头倾倒砸伤人。 2. 对扣时方钻杆压伤手。 3. B型大钳摆动伤人	Ⅲ	起重伤害 物体打击	1. 使用多功能井口管拱接装置。 2. 扶接头时手不能放在上端面，司钻下放方钻杆时缓慢。 3. B型大钳拉紧以后人员撤离到B型大钳摆动范围以外	钻井队	工程技术员 司钻
2		拉方钻杆入鼠洞	1. 司钻上提方钻杆（或顶驱钻具）0.5m，内外钳工配合用钻杆钩子拉方钻杆（顶驱钻具）入鼠洞。 2. 下放方钻杆（顶驱钻具）离地面0.2m处刹车	1. 方钻杆（顶驱钻具）摆动伤人。 2. 人员滑倒伤害	Ⅲ	物体打击	1. 多人配合使用引绳或钻杆钩子，人员禁止站在方钻杆（顶驱钻具）回摆方向。 2. 清理钻台钻井液，脚下站到安全位置	钻井队	副队长 司钻
3		冲大小鼠洞	1. 开泵，采用吊打，钻至方入。 2. 钻台下安排人员观察钻井液返出情况及有无外溢。 3. 上提方钻杆（顶驱钻具），转动方向，将方钻杆（顶驱钻具）提出鼠洞，重复2~3次。 4. 冲大鼠洞完成后先安装鼠洞管，放置在转盘内。 注：小鼠洞冲成后不需冲洗大鼠洞。使用顶驱钻具不需冲大鼠洞	1. 闸阀流程错误误憋泵或高压刺漏伤人。 2. 井漏或钻井液外溢造成环境污染	Ⅲ	物体打击	1. 检查阀门组各闸阀流程正确，缓慢开泵，防止高压刺漏、泵房、钻台下人员站到安全位置。 2. 缓慢开泵，防止憋地层，溢、反钻井液外溢漏或钻井液，堵漏和清理钻井液后再冲鼠洞	钻井队	副队长 司钻

续表

序号	作业项目	作业单元	作业步骤	危害因素	风险等级	事故分类	控制措施	控制级别	具体岗位
4	冲装大小鼠洞	安装大小鼠洞	1. 场地工在鼠洞上挂牢绳套。 2. 井架工以上岗位操作气动小绞车将场地鼠洞吊上钻台。 3. 钻台上内外钳工扶正鼠洞管放入鼠洞口，钻台下人员使用钩子扶正鼠洞管放入完成的鼠洞眼内，利用目重吊放到位。 4. 如吊放剩50cm不到位，可取掉吊放鼠洞绳套，卸掉钻头，将方钻杆（顶驱驱钻具）插入鼠洞管内下压到位。 5. 盖上小鼠洞盖板。 6. 大鼠洞安装到位后，将方钻杆拉送器安装到位。	1. 起吊鼠洞下砸伤人，鼠洞摆动碰伤人员。 2. 钻台下扶正人员跌落伤害。 3. 肩方钻杆下压鼠洞，游车倒车。	Ⅲ	起重伤害 物体打击	1. 吊鼠洞时绳套拴挂牢靠，操作气动小绞车平稳，使用引绳控制摆动。 2. 人员站到安全位置，系牢安全带。 3. 方钻杆下压时，注意观察大钩弹簧。	钻井队	副队长 司钻 井架工 场地工

表 2-51　下导管作业风险分级管控

工作任务描述	下导管						
设备工具准备	气动绞车工作正常，吊钩及绳索完好，φ16mm 钢丝绳套完好，3t 吊带 2 根、3t 卸扣 2 只检查合格，φ≥50mm×1m 实心承重棒完好，φ22mm 固定绳和正反螺栓完好，等离子切割机、电焊设备性能完好						
序号	作业项目	作业单元	作业步骤	危害因素	风险等级	事故分类	控制措施	控制级别	具体岗位

序号	作业项目	作业单元	作业步骤	危害因素	风险等级	事故分类	控制措施	控制级别	具体岗位
1		准备工作	1. 导管上端面约 30mm 处开通孔使用卸扣吊装。 2. 导管上端面约 500mm 处开通孔用于穿导管承重管	1. 劳保护具穿戴不齐全，触电，灼烫。 2. 开孔距离边缘太近，承重能力不足	Ⅲ	触电 灼烫	1. 切割机接地良好，专用手套。 2. 按要求开孔	钻井队	大班司钻
2		吊导管上钻台	1. 操作气动绞车使用卸扣，吊索将导管上端吊放在大门坡道上。 2. 吊索穿过吊环，两端使用卸扣与导管装扣相连。 3. 游车缓慢上提导管上钻台	1. 起吊导管摆动伤人。 2. 吊索未系挂牢靠，导管掉落，滑落伤人。 3. 起吊导管时人员未离开危险位置	Ⅲ	起重伤害 物体打击	1. 平稳操作，引绳控制摆偏，起吊危险区确认无人，井口人员操作时选择好站位，使用好兜绳。 2. 吊导管绳套、卸扣挂牢，防止脱落，放置在猫道上时下方设置防滑措施，人员避开此区域	钻井队	大班司钻 司钻 井架工
3	下导管	下导管入圆井	1. 提出方瓦，导管下入井内，扶正导管入转盘孔内。 2. 导管上端承重管开口距转盘面 100mm 时穿入导承重管，继续下放，将承重管坐于转盘面。 3. 按"吊导管上钻台"步骤起吊下一根导管，在井口扶正与第一根导管对接，实施焊接。 4. 焊接完成后上提导管，抽出承重管，补焊导管吊孔。 5. 重复作业下导管到设计深度，记录下导管数据	1. 对导管时手放在两根导管之间。 2. 动火作业时触电、灼烫、火灾。 3. 电焊杆未接地。 4. 井下落物。 5. 导管焊接不牢靠、断裂	Ⅲ	起重伤害 物体打击 火灾 触电	1. 手部不得放在两根导管之间，使用专用手套、面罩。 2. 电焊机接地良好，使用专用手套、面罩。 3. 清理钻台面与钻台下方易燃物，放置灭火器专人监护。 4. 将补焊导管口钢材用铁丝拴住。 5. 焊接达到施工要求	钻井队	大班司钻 司钻 井架工

续表

序号	作业项目	作业单元	作业步骤	危害因素	风险等级	事故分类	控制措施	控制级别	具体岗位
4	下导管	水泥固导管并固定	1. 根据需要，按固周表层套管的方式进行固井或从坏空固井。2. 使用φ22mm固定绳和正反螺栓，一端绳绕导管，另一端向上连接井架底座，导管对正井口，拧紧正反螺栓。3. 回填，割导管	1. 人员滑跌。2. 倒链、钢丝绳套夹伤手。3. 触电、灼伤、刺伤眼睛	III	物体打击、灼烫、火灾、其他伤害	1. 作业人员系好安全带。2. 挂绳套，拉倒链时手放的位置合适。3. 使用好电焊面罩，戴好电焊手套。4. 清理易燃物，放置灭火器专人监护	钻井队	大班司钻

表 2-52 连接钻具组合作业风险分级管控

工作任务描述	连接钻具组合							
设备工具准备	液压泵站及液气大钳、液压猫头工作正常，吊钳、卡瓦、安全卡瓦、吊卡等工具完好，钢丝绳扣1个、5t滑轮1个、钻杆钩子2个、钻头装卸工具（钻头盒）、手锤、扳手、毛毡、引绳完好，螺杆提丝、螺杆提丝各1个、5t卸扣1只、引绳完好，气动小绞车工作正常							
序号	作业项目	作业单元	作业步骤	危害因素	风险等级	事故分类	控制措施	控制级别	具体岗位
1	连接钻具组合	准备工作	1. 丈量钻头、钻具、螺杆、接头尺寸，钻头水眼装喷嘴。2. 螺杆及短钻链等部件放至猫道上或正对大门坡道，钻头、接头等吊具放到钻台备用。3. 倒好泵房高压阀门组、仪器	1. 起吊钻头、接头时掉落或摆动碰伤人员。2. 高压阀门倒正确憋泵风险	IV	起重伤害、物体打击	1. 操作气动小绞车平稳起吊，提丝上紧，使用好引绳，上钻台时使用好钻杆钩状正确摆动。2. 副司钻按流程倒好阀门组并确认	岗位	工程技术员

中风险

续表

序号	作业项目	作业单元	作业步骤	危害因素	风险等级	事故分类	控制措施	控制级别	具体岗位
2	连接钻具组合	接螺杆	1. 锁转盘，井口放好钻头小盒，使用气动绞车将提升短节放入小鼠洞，司钻下放空吊卡扣人提升短节，取掉吊带（或提丝），上提游车将提升短节提出小鼠洞2m以上。 2. 场地工将螺杆提丝加力上紧，用台气动小绞车吊钩挂好提丝，螺杆另一端用吊带拴挂在场地气动小绞车吊钩上，操作双气动绞车锚绳将导向滑轮上（或地锚），将螺杆绷至钻合面，取下螺杆传动轴一端吊带，螺杆放人小鼠洞，卡好安全卡瓦（螺杆尺寸大，放不进小鼠洞时，直接将螺杆放人井口，下放螺杆至上端距转盘面0.5m左右，坐好安全卡瓦。 3. 司钻慢放游车，内外钳工配合提升短接与螺杆对扣，链钳引扣，再用吊钳和液气大钳紧扣至规定扭矩。 4. 提升游车将螺杆提出鼠洞（或井口）	1. 绷吊螺杆上钻台时掉落、摆动人员伤害。 2. 挂吊卡素、地锚绷绳导向滑轮时夹手伤害。 3. 上卸安全卡瓦时夹手、敲击伤害。 4. 液气大钳、吊钳摆动伤害。 5. 司钻误操作，转盘转动伤及人员	Ⅲ	起重伤害 物体打击	1. 提丝上紧，绳套拴挂牢靠，双气动小绞车操作专人指挥，配合一致，平稳操作，绷吊螺杆时井口人员及场地人员严禁打击范围内，不得遮挡操作者视线，螺杆上钻台后使用钻杆钩扶正控制摆动。 2. 严禁将手伸到绳环内；扶导向轮时不得将手放在钢丝绳与滑轮之间。 3. 抓提及敲击安全卡瓦时，手放在上下空隙之间，作业时戴好护目镜。 4. 平稳操作液气大钳，气缸液压猫头附近严禁站人，液压猫头紧扣，井口人员撤离到井架外侧，严禁跨越、穿行。 5. 确认转盘锁定，井口人员不得站在转盘旋转区域	钻井队	工程技术员 司钻

续表

序号	作业项目	作业单元	作业步骤	危害因素	风险等级	事故分类	控制措施	控制级别	具体岗位
3	连接钻具组合	接钻头	1. 钻头盒铺好毛毡，钻头上好提升，用气动小绞车吊放小绞车吊放钻头到钻盒内，卸掉提丝。 2. 司钻下放游车将螺杆与钻头对扣，使用吊钳将钻头与螺杆按规定扭矩紧扣（有近钻头方位伽马短节的，将短节安装在螺杆与钻头之间）	1. 吊放钻头入钻头盒时夹手。 2. 钻头上扣时短节倒扣下砸伤人。 3. 液气大钳、吊钳摆动伤害。 4. 司钻误操作，转盘转动伤及人员	Ⅲ	起重伤害 物体打击	1. 使用工具吊放，不得将手放在钻头与钻头盒之间。 2. 将提升短节与螺杆紧扣，钻头上扣时观察好上部钻具情况。 3. 平稳操作，井口人员撤离。 4. 确认转盘锁定，井口人员不得站在转盘旋转区域	钻井队	工程技术员 司钻
4		螺杆测试入井	1. 司钻上提游车，提出钻头，以转盘取出钻头盒，缓慢下放游车至螺杆上接头距转盘面0.5m左右，内外钳工配合坐上多片式卡瓦，在距卡瓦5~10cm处的螺杆上卡安全卡瓦。 2. 司钻放松吊卡，使用吊带，提升短节。方支架肉支架肉井固定。 3. 卸吊卡，接方钻杆（或接顶驱钻具），并紧扣至规定扭矩。 4. 司钻平稳上提游车，内外钳工提出多片式卡瓦，将螺杆旁通阀下放至转盘面以下，缓慢开泵，试螺杆正常后，司钻观察记录钻具。 5. 试螺杆正常后，卸方钻杆入人鼠洞（或卸顶驱钻具）	1. 提升短节放人支架时倾倒或操作挤压伤人。 2. 方钻杆出入鼠洞时刹把操作过猛，方钻杆、吊环摆动伤人。 3. 摘挂吊卡时夹手。 4. 开泵高压刺漏伤人	Ⅲ	起重伤害 物体打击	1. 上紧提丝或栓挂挂好吊带，人员扶正短节放人支架。 2. 方钻杆出入鼠洞时平稳操作，使用方钻杆推拉器防止摆动。 3. 作业时抓手卡手柄位置或推拉吊环本体，避开吊环与吊卡连接部位。 4. 人员远离井口及立管汇组；将连接螺纹放至转盘以下再平稳开泵	钻井队	工程技术员 司钻

续表

序号	作业项目	作业单元	作业步骤	危害因素	风险等级	事故分类	控制措施	控制级别	具体岗位
5	连接钻具组合	接其他钻具部件	1. 吊卡扣提升短节，使用提丝吊提短钻链至鼠洞，卡好安全卡瓦，下放游车将提升短节与短钻链对扣，使用液气大钳，吊钳上扣至规定扭矩，上提游车将短钻链提出鼠洞，一同样方法将扶正器、接头、钻链等规定扭矩。 2. 用同样方法将扶正器、接头、钻链等部件连接入井	1. 上卸安全卡瓦时夹手，敲击飞溅伤害。 2. 液气大钳、吊钳摆动伤害。 3. 司钻误操作，转盘转动伤及人员 4. 井下落物风险	Ⅲ	起重伤害 物体打击	1. 严禁手放在卡瓦上下空隙之间，作业时戴好护目镜。 2. 平稳操作液气大钳及液压猫头，人员不得在危险区域。 3. 确认转盘锁定。 4. 井口使用手工具系好尾绳，作业时拿稳	钻井队	工程技术员 司钻

表 2-53 下表层套管作业风险分级管控

工作任务描述	下表层套管								
设备工具准备	动力设备、绞车工作正常。气动绞车工作正常。吊钩及绳索好好，套管钳灵活可靠，背钳完好；悬吊钢丝绳牢靠。表套吊卡等井口工具灵活可靠。3t 吊带 2 根，3t 倒扣 2 个检查完好。套管密封脂足量，钢丝刷完好								

风险等级 中风险

序号	作业项目	作业单元	作业步骤	危害因素	风险等级	事故分类	控制措施	控制级别	具体岗位
1	下表层套管	准备工作	1. 通、排、洗井丈量待入井套管，计算下深。 2. 更换套管钳及钳头，并校准上扣扭矩。 3. 准备与表套尺寸匹配的吊卡等井口工具。 4. 更换下表层套管鼠洞，鼠洞内保持干净，插入挡销。 5. 气动绞车钢丝绳卡入二层台指梁内，插入挡销	1. 更换套管、鼠洞时碰撞掉落。 2. 上二层台时人员高处坠落。 3. 通、排、洗套管时碰撞、挤压伤人员。 4. 套管丈量不准，螺纹清洗不干净，上扣扭矩未校准，影响下套管质量	Ⅲ	起重伤害 物体打击	1. 操作气动小绞车平稳起吊，吊索拴挂牢靠，使用好引绳，上钻台时使用工具扶正控制摆动。 2. 上下井架及高处使用好防坠落装置。 3. 使用好工具，人员站在套管侧面。 4. 准确丈量，螺纹清洗干净，校准好上扣扭矩	钻井队	工程技术员 大班司钻

续表

序号	作业项目	作业单元	作业步骤	危害因素	风险等级	事故分类	控制措施	控制级别	具体岗位
2	下表层套管	接套管串	1. 使用气动绞车、吊将将第一根表套从场地吊至钻台面。 2. 取下吊带、吊卡扣合鼠洞内表套、放入鼠洞。上提套管出鼠洞，卸护丝。 3. 内、外钳工配合司钻将第一根表套人井，下放游车坐钻卡子转盘上，换空吊卡，上提吊卡高于肉接箍刹车。 4. 按序号吊套管入小鼠洞，取吊带，司钻操作游车配合内、外钳工扣合鼠洞表套，上提套管出鼠洞与井口套管对扣。 5. 操作套管钳上扣至额定扭矩，上提游车，打开井移开井口吊卡，下放套管串。 6. 重复上述步骤至下完所有套管	1. 套管坠落伤人。 2. 套管上钻台摆动伤人。 3. 卸护丝时套管下落伤人。 4. 套管钳受力伤人。 5. 吊卡活门掰挂取开风险。 6. 套管较短取吊带夹伤手	Ⅲ	起重伤害 物体打击	1. 吊带在节箍下20～30cm处，气动小绞车平稳起吊，严格执行十不吊。 2. 人员不得站在套管和井口之间，不正背对大门坡道，正确使用引绳和钻杆钩子。 3. 卸护丝时手放在侧面，严禁放在下方，人员双腿分开站立。 4. 人员站在受力方向，平稳操作套管。 5. 严禁小绞车和游车同起同放，使用吊钩钩取吊带，不得用肢体代替工具 6. 使用工具钩取吊带夹伤手工具	钻井队	工程技术员 司钻
3		开泵循环	1. 接循环接头，方钻杆、顶驱钻机接1根钻杆连接，上提套管离开井底10cm左右，开泵单阀顶泵。 2. 顶通后大排量下放至井底循环	1. 憋泵高压刺漏伤人。 2. 套管上顶的风险	Ⅲ	起重伤害 物体打击	1. 平稳开泵。 2. 严格落实单阀顶泵，观察泵压变化及套管上行情况，发现异常立即停泵	钻井队	工程技术员 司钻

表 2-54 安装防喷器作业风险分级管控

工作任务描述	安装防喷器		风险等级		次高风险		
设备工具准备	动力设备、绞车、气动绞车工作正常，吊钩及绳索良好，防喷器吊移，防喷器腔内无杂物，法兰面及钢圈槽完好，无碰伤、刺伤、腐蚀。检查 φ19mm×8m 2 根钢丝绳套、10m 引绳 1 根，卸扣 4 副，18lb 手锤、专用扳手 1 套等工具完好。压力表合格，螺母、螺栓、活接头螺纹完好。管汇水眼畅通、防爆对讲机 3 部、电量充足，频率一致，悬挂位置正确。对合钻台高度要求，型号与合钻台高度要求，差速器 2 套，差双尾绳安全带 2 副完好。推移 BOP 各部件完好、固定牢靠、运行正常。检查套管头各部件完好，闸板、旋塞阀灵活，螺纹完好，无损坏或刺伤、碰伤，钢圈清洁、无刺伤，信号良好						
序号	作业项目	作业单元	作业步骤	危害因素	风险等级	事故分类	控制措施	控制级别	具体岗位
1	安装防喷器	准备工作	1. 绷小鼠洞到场地，并盖好鼠洞口。 2. 清洁法兰密封槽和钢圈，并涂抹密封脂。 3. 清除钻台下钻井液及杂物，平整井口周围。 4. 作业负责人办理专项作业许可	1. 绷小鼠洞时掉落、磕碰。 2. 井口坍塌伤害。 3. 人员滑跌。 4. 法兰密封槽和钢圈未清洁，试不住压	IV	起重伤害 物体打击 其他伤害	1. 绳套拴挂牢靠，使用引绳或绷绳绷鼠洞。 2. 固完井后，及时回填井口清理干净钻台下钻井液。 3. 法兰密封槽和钢圈清洁干净	岗位	司钻
2		安装套管头（或底法兰）	1. 在螺纹处涂抹套管密封脂，两人配合装双公短节，用手引正后链钳上扣。 2. 气动绞车从井口吊平套管头（或底法兰），人员扶稳对扣，对正后人员力上不动为止。 3. 气动绞车提平变径法兰至套管头（或底法兰）上部，对正后人员力上不动戴好螺栓。 4. 气动绞车提平上扣法兰与变径法兰螺栓上紧。 5. 游车带好方钻杆（或钻杆）下放对扣上法兰，对正后缓慢正转接（或顶驱）上扣直至双外螺纹余扣不超过 3 扣即可（根据表套尺寸扣型确定最大上扣扭矩）。 6. 紧扣完成后，人员对称上紧防喷顶丝，保证其固定目居中	1. 双外螺纹损坏风险。 2. 上扣法兰螺栓不牢，飞出伤人。 3. 配合安装作业时存在夹手、物体挤压人员伤害风险	III	起重伤害 物体打击 其他伤害	1. 吊套管头（或底法兰）时平稳操作，对扣时，上下有人工引扶，放正扣，确保螺纹完好。 2. 上扣上紧螺栓固定，上下带专人对讲机指挥，人员远离井口。 3. 方井配合人员站位合理，上部禁止放置任何阶面处，上下沟通畅通，专人指挥	钻井队	工程技术员 司钻

续表

序号	作业项目	作业单元	作业步骤	危害因素	风险等级	事故分类	控制措施	控制级别	具体岗位
3	安装防喷器	安装防喷器	1. 用游车和气动小绞车配合（或操作防喷器吊装置吊钩）将闸板防喷器及四通圆整体提到变径法兰上方。 2. 清洁四通、变径法兰平面及钢圈槽。 3. 缓慢下放至变径法兰0.2m时用螺栓引扣，对正坐到变径法兰上。 4. 对角依次插入螺栓，上紧螺栓。 5. 按照1,2,3方法依次安装环形防喷器（推移井架时使用吊装托盘直接将防喷器组整体安装）	1. 绳套未挂牢，防喷器脱装落人或砸坏底法兰，双公。 2. 游车与气动绞车或操作防喷器吊装置配合不当造成伤害。 3. 使用风炮扳手等手工具不当造成伤害。 4. 对法兰孔时挤压伤手。 5. 敲击作业，砸到手或飞溅造成眼部伤害。 6. 井口落物。 7. 人员高处坠落或物体打击伤害	Ⅱ	起重伤害 物体打击 其他伤害	1. 使用防喷器专用绳套，并上好防脱卡，人员远离井口。 2. 操作时专人指挥，对正操作，密切配合。 3. 抓牢扶稳，对正螺栓后再打开气源，推移过程中人员远离推移轨道和危险区域。 4. 钻台上下各安排一人配合指挥。下放时手不得放在两个法兰之间，检查螺孔时，不得将手指伸入螺孔，采用小撬杠等工具对螺孔。 5. 敲击时，扳手用绳索固定，禁止直接用手扶扳手，作业人员戴好护目镜。 6. 吊法兰、四通、防喷器时盖好井口。 7. 人员在封井器上作业时系好保险带，正确使用差速器，高空作业工具系好尾绳	项目部	项目部现场监管人员 钻井队队长 工程师 司钻
4		安装防溢管及其他附件	1. 靠近法兰的部位挂好10m长的引绳，配合气动小绞车将防溢管吊装在环形防喷器上。 2. 对正螺孔上紧栽丝螺栓。 3. 依次安装出口管线、防淋伞和灌浆管线。 4. 若需安装旋转防喷器可省略上述1、2、3步骤，使用气动小绞车配合游车将旋转防喷器安装在环形防喷器上，然后安装旋转防喷器相关设备和管线。 5. 安装手动锁紧梢，用4根φ≥16mm钢丝绳和导链或紧绳器成下"八字形"对角对称固定防喷器	1. 对法兰孔时压伤手。 2. 引绳脱落、防溢管等管线摆动伤人。 3. 人员高空坠落或物体坠落伤害	Ⅱ	起重伤害 物体打击 高处坠落 其他伤害	1. 上提时，禁止人员用手直接扶防溢管，对法兰不得放在法兰之间，检查销孔时，不得将手伸入销孔。 2. 引绳拴车，管线运动方向不得站人。 3. 安装转旋喷器、防淋伞出口管线和灌浆管线在正确高处坠落时系好安全带，高空作业时正确使用差速器，高空作业工具系好尾绳	项目部	项目部现场监管人员 钻井队队长 工程师 司钻

表2-55 防喷器半封试压作业风险分级管控

工作任务描述								
设备工具准备	远程控制台，司钻控制台，试压车工作正常，压力表、井内管柱尺寸与闸板尺寸相符，套管内留有足够强度的水泥塞							

				风险等级		中风险		
序号	作业项目	作业单元	作业步骤	危害因素	风险等级	事故分类	控制措施	控制级别	具体岗位
1	防喷器半封试压（试压车）	试压前准备	1. 从压井管汇活接头（由壬）接口处连接试压管线。 2. 调整井内确认各阀门开关状态，向井内灌满钻井液或清水后关井	1. 管线上扣未紧扣，管线刺漏。 2. 砸活接头（由壬）时物体打击伤害。 3. 阀门开关状态错误，导致试压不全面，存在试压盲区	IV	物体打击 其他伤害	1. 连接管线活接头（由壬）时，用手锤砸紧。 2. 砸活接头（由壬）戴好护目镜，人员不在手锤运行轨迹范围内。 3. 专人逐一确认阀门开关状态	岗位	司钻工
2		试低压	1. 缓慢开泵，观察低量程压力表，直到压力上升到1.4~2.1MPa停泵。 2. 观察压力表变化，观察防喷器、闸阀、双公短节、底法兰及法兰等连接处有无渗漏（稳压时间不少于10min，压力降低小于0.7MPa，各连接处无渗漏为合格）。 3. 打开节流阀前的平板阀，通过节流阀泄压	1. 区域未隔离，高压刺漏，造成人员伤害。 2. 未观察压力，压力超过规定，憋坏低量程压力表。 3. 稳压时间不足发现不了泄漏点。 4. 泄压流程不规范导致设备损坏、人员伤害	III	物体打击 其他伤害	1. 试压区域进行有效隔离，区域不得站人，待压力稳定后，再观察压力稳定部位密封情况。 2. 试压车平稳操作，低转速缓慢升压。 3. 严格执行稳压10min要求。 4. 从节流阀泄压后，再打开防喷器	钻井队	技术员
3		试高压	1. 关闭节流阀及其前的平板阀和低量程压力表，直到压力。 2. 缓慢开泵，观察压力表，直到压力上升到防喷器额定工作压力停泵，观察压力表变化及各密封部位压降不低于0.7MPa，压降不低于0.7MPa为合格）。 3. 合格后泄压开井	1. 打压时未观察压力，压力超过规定工作压力损坏设备。 2. 高压区域未隔离，高压刺漏，造成人员伤害。 3. 稳压时间不足发现不了泄漏点。 4. 泄压流程不规范导致设备损坏、人员伤害	III	物体打击 其他伤害	1. 打压时人员平稳操作，密切观察压力表，达到规定压力停止打压。 2. 高压危险区域严禁人员进入，打压后，再观察压力降及密封部位密封情况。 3. 按照要求，稳压10min后从节流阀泄压，开井	钻井队	技术员

表 2-56 接单根作业风险分级管控

工作任务描述	接单根						
设备工具准备	气动绞车，液气大钳运行正常；B 型/DB 型内、外吊钳、吊卡、卡瓦、安全卡瓦灵活好用；手锤、扳手、钻杆钩子等手工具好好，护丝、提丝、钻具螺纹油规格适合、足量、清洁、螺纹刷完好						
序号	作业项目	作业单元	作业步骤	危害因素	风险等级	事故分类	控制措施	控制级别	具体岗位
1	接单根	准备工作	1.吊单根待接单根入小鼠洞，检查单根并涂抹螺纹油。2.开启液压泵站，检查并试运转正常	1.吊单根时，螺纹或吊钩连接不牢靠，导致钻具下砸伤人。2.管线破裂或堵塞，可能导致液压开启泵站时刺漏	IV	起重伤害 高压刺漏	1.吊单根时螺纹旋紧，用工具紧扣，吊钩连接牢靠。2.井架工平稳操作气动绞车，钻具对正坡道，坡道前和钻具合下禁止站人。3.开泵站前检查泵站和管线各部位正常完好	岗位	井架工 场地工 内钳工
2		上提钻具停泵	1.司钻停转盘，上提方钻杆出钻合面约0.5m刹停钻具。2.司钻鸣笛停泵，副司钻确认泵压回零，打开回水。3.内外钳工坐吊卡或安全卡瓦（钻杆：先用专用钩将小补心入方孔，再用钻杆钩子拉吊卡至钻具上，扣好吊卡并确认；钻铤：内外钳工配合坐实多片式卡瓦，距井口5~10cm卡安全卡瓦，敲击紧），司钻慢放刹把，坐实钻具，释放截荷	1.坐卡瓦上安全卡瓦时夹手。2.井口未放小补心，卡瓦牙不牢靠，工具不稳，可能造成钻具或工具落井	IV	其他伤害 井下落物	1.抓卡瓦手柄时手心向上，卡安全卡瓦时双手端平夹紧钻链，防止下滑夹手。2.井口工具匹配并检查合格，安全卡瓦与卡瓦贴牢敲击上紧。3.司钻平稳提放，井口周围禁放置工具杂物，坐卡瓦前安放小补心，填补空隙	岗位	司钻 内钳工 外钳工
3		卸方钻杆	1.外钳工打开钳框，内钳工协助检查定位手柄在卸扣位，并推扶液大钳咬住钻具，内钳工扣合钳框。2.外钳工操作液大钳低速松扣，高速卸扣，外钳工操作液大钳退出井口，关闭钳框、操作手柄限位装置反及气源	1.未停泵卸扣，导致钻井液刺漏伤人。2.操作吊卸、液大钳不平稳，钳具过猛，可能造成摆动碰伤、夹伤	III	高压刺漏 物体打击 其他伤害	1.内外钳及司钻确认停泵，压力回零，再卸扣，上提。2.平稳操作液大钳，伸缩气缸严禁用手直接接扶，严禁人员逗留，大钳与钻具之间严禁穿行，使用完毕及时断气上锁。	岗位	司钻 内钳工 外钳工

第二章 钻井生产作业活动风险防控

续表

序号	作业项目	作业单元	作业步骤	危害因素	风险等级	事故分类	控制措施	控制级别	具体岗位
3	接单根	卸方钻杆	2. 扣太紧或 7m 以上钻链使用吊钳配合液压猫头松扣： （1）内钳工二手握钳头手柄，一手握钳扣手柄，摆动吊钳扣方钻杆保护接头，双腿前弓蹬推紧钳扣咬合钻具； （2）外钳工用相同方法打外钳扣（分体式控制箱由井架工或副司钻操作液压猫头，推紧猫头； （3）司钻操作液压猫头手柄拉紧猫头绳，待外钳工撤离危险区（分体式控制箱由井架工或副司钻操作液压猫头），内外钳工松吊钳复扣。 3. 松扣后外钳工操作液气大钳卸扣，7m 以上钻链用链钳卸扣。 4. 内外钳工在井口钻具上扣后防喷盒，待司钻轻提方钻杆放尽钻井液后钻杆链吊喷盒	3. 液压猫头松扣时，危险区站人，钳子滑脱或摆动伤人。 4. 开关钳框，使用链钳不当，钳子打人。 5. 脚下未站稳或踩在钻井液上可能滑倒	Ⅲ	高压刺漏 物体打击 其他伤害	3. 卸扣时先打内钳后打外钳，打钳子时操作人员手抓在大钳手柄上，严禁放在钳头、销轴及扣合部位。 4. 吊钳打平，角度适当，确认钳尾绳牢靠，受力后严禁站人。钳绳套上防喷盒时周围危险区严禁站人。 5. 钻台防滑垫铺设连接完整，及时清理钻井液。使用链钳时卡年扶钳，相互配合	岗位	司钻 内钳工 外钳工
4		接鼠洞单根	1. 司钻轻挂起升离合器，将方钻杆提离井口钻具内螺纹接箍 0.1～0.2m 刹停，内钳工用钩子捞取钻杆滤子放入鼠洞单根内，外钳工用钻杆钩子拉方钻杆对正鼠洞单根内螺纹，司钻平稳下放对扣。 2. 内钳工倒换液气大钳扶稳气大钳定位方钳杆手柄至上扣位，打开钳框，配合外钳工推紧对扣大钳对正钻井口钻具。 3. 接 7m 以上钻链，对扣后内外钳工相松扣同步紧扣（按吊钳扣相同步骤动作，内钳在下，外钳在上），内外钳工松吊钳复扣。 4. 司钻上提方钻具（钻链）约 0.2m 刹停，内外钳工配合卸除安全卡瓦。内钳工在井口钻具内螺纹涂抹螺纹油	1. 司钻上提不平稳，或内外钳工站在钻杆摆动的行程内被钻具碰伤。 2. 用手推方钻杆对扣手放位不当踫伤。 3. 扶钻具对扣手钩，严脚踏或肢体处于钻具下方。 4. 上扣，紧扣时大钳摆动伤人。 5. 开关钳框，上卸安全卡瓦，上斜钳夹手	Ⅲ	物体打击 其他伤害	1. 司钻上提时操作平稳，对扣时精力集中，对正后平稳下放。 2. 内外钳工使用钻钩子或绳索拉方钻杆，配合用力平稳对正，摆动行程内严禁站人，严禁阻挡视线。 3. 扶钻具使用吊钩，严禁脚踏或肢体处于钻具下方。 4. 吊钳打平，角度适当，确认钳尾绳牢靠，受力后严禁站人。钳绳套上防喷盒时周围危险区严禁站人。 5. 操作液气大钳时正确使用高低速，平稳操作。 6. 开关钳框，上卸大钳时，手抓在安全卡瓦位置	岗位	司钻 内钳工 外钳工

— 231 —

续表

序号	作业项目	作业单元	作业步骤	危害因素	风险等级	事故分类	控制措施	控制级别	具体岗位
5	接单根	连接井口钻具、开泵	1. 司钻挂起升离合器提单根出鼠洞（中途试放气），外螺纹离井口内螺纹接箍0.1～0.2m刹停。 2. 内外钳工扶正钻具，配合司钻下放钻具对扣。 3. 内外钳工配合用液气大钳或吊钳上扣紧扣（具体参照合用单根2、3步骤）。 4. 司钻上提钻具0.2m刹车，内外钳工打开吊卡，拉离转盘面；或卸除安全卡瓦，司钻上提钻具及内外钳工配合提出卡瓦。 5. 司钻下放钻具，使钻具内外螺纹连接处略低于转盘平面，鸣笛，听到泵房回复后同歇出合器，开泵。 6. 司钻持续关注泵压至钻井液返出，同时内外钳观察井口内外螺纹是否刺漏，钻具螺纹是否刺漏，调整方补心人转盘，无异常后司钻下放钻具，恢复钻进刹车、平稳挂合器。	1. 钻具摆动，碰伤夹伤井口人员。 2. 上扣时滚子方补心摆动缠绕悬吊系统绳索。 3. 司钻误挂转盘，碰伤井口人员，击伤卡瓦。 4. 上卸卡瓦、安全卡瓦，开关钳框夹手。 5. 开泵时高压刺漏伤人。	Ⅲ	物体打击 其他伤害 机械伤害 高压刺漏	1. 司钻平稳操作刹把，上提及对扣时井口人员避开井口和危险区，不挡司钻视线，用钻杆钩或钢丝绳视定钻具。 2. 司钻操作刹把时盯好悬重，防止下放过多压弯钻具，液气大钳操作时拉转方补心摆动情况。 3. 转盘旋转区或禁站人；严禁放置工具等异物。 4. 开关钳框，上卸安全卡瓦时，手抓在安全位置。 5. 钻具接缝放至转盘面以下再挂接，人员离开高压区域，观察正常后再进行其他作业	岗位	司钻 内钳工 外钳工

表 2-57 顶驱接立柱风险分级管控

工作任务描述	顶驱接立柱						
使用工具准备	液压站、液气大钳运行正常；B型/DB型内、外导钳、吊卡、卡瓦、安全卡瓦灵活好用；手锤、扳手、钻杆钩子等手工具完好、护丝好用、提丝、钻具螺纹油规格适合、足量、清洁、螺纹刷完好						
				风险等级			
序号	作业项目	作业单元	作业步骤	危害因素	风险等级	事故分类	控制措施	控制级别	具体岗位

序号	作业项目	作业单元	作业步骤	危害因素	风险等级	事故分类	控制措施	控制级别	具体岗位
1	顶驱接立柱	准备工作	1. 开启液压泵站。 2. 检查液气大钳、液压猫头和井口工具正常完好	1. 管线破裂堵塞，导致开启液压泵站时刺漏。 2. 钳牙、销子等松动造成落物	Ⅳ	高压刺漏	1. 开泵站前检查泵站和管线各部位正常完好。 2. 检查大钳、猫头液压系统、绳索、井口工具各部位完好牢靠、灵活好用	岗位	外钳工 内钳工
2		上提钻具停泵	1. 司钻将顶驱转速回零，钻具停止转动释放扭矩后，操作刹把上提钻具，井内钻具出钻台面约0.5 m刹停顶驱、停泵。 2. 内外钳工配合坐人三片式卡瓦；若是钻链、内外钳工配合坐实多片卡瓦，间隔50～100mm卡牙好安全卡瓦归零。外钳工观察压表好并开水。 3. 司钻下放游车，悬重压表保持在200kN	1. 摘扣时卡或坐卡瓦时夹手。 2. 上卸扣安全卡瓦时夹手、敲击时飞溅伤人。 3. 井口未放安全卡瓦，卡瓦牙不牢牢，工具拿不稳，可能造成钻具或工具落井	Ⅳ	其他伤害 井下落物	1. 内外钳工精力集中，配合同步，手抓在手柄位置或使用钻杆钩子拉动。严禁将手放在活门卡门和吊环之间。 2. 内外钳配合密切，抓提及敲击安全卡瓦时严禁手放在上下空隙之间，作业时戴好护目镜。 3. 检查好井口工具，井口周围严禁放工具等杂物	岗位	司钻 内钳工 外钳工
3		卸扣	1. 司钻按顶驱卸扣操作规程操作，将保护接头与钻杆内螺纹卸开，放尽钻井液。 2. 若是钻链、司钻按顶驱卸扣操作规程操作，将保护接头与钻链接提升卸节连接卸开，上提顶驱。外钳工操作液气大钳卸节提升卸扣，内螺纹端上紧提丝，挂上吊钩，使用气动绞车将提升短节吊至专用支架内	1. 未停泵卸扣，可能导致高压钻井液刺漏伤人。 2. 井口作业时人员滑跌伤害。 3. 转盘转动打伤井口人员	Ⅲ	高压刺漏 滑跌 机械伤害	1. 外钳工协助司钻确认停泵压力归零。 2. 钻台防滑垫铺设连接完整，使用好钻井液防溅盒，及时清理钻井液。 3. 司钻卸扣前确认转盘惯刹打到刹车位，井口人员严禁站在转盘旋转面上	岗位	司钻 内钳工 外钳工

续表

序号	作业项目	作业单元	作业步骤	危害因素	风险等级	事故分类	控制措施	控制级别	具体岗位
4	顶驱接立柱	接立柱紧扣	1. 司钻上提游车,中途放气并观察游车上行位置,游车过二层台时井架工发出提醒信号,司钻摘离合器刹车。 2. 司钻操作回转吊头旋转对正猴台,操作吊环前倾。井架工挂好兜绳,拉立柱出指梁,放人吊卡,确认吊卡扣合后发定升信号。 3. 内外钳工用兜绳或钻杆钩拉扶立柱,司钻操作吊环浮动,挂离合器上提立柱,内外钳工送立柱至井口,配合司钻对扣。 4. 外钳工操作液气大钳上扣至规定扭矩(钻链额板无法匹配时用链条钳上扣,双吊钳紧扣)。 5. 钻铤缓慢下放顶驱,使立柱上端内螺纹接箍引入导向口,与保护接头对扣。 6. 按照顶驱上扣操作规程,司钻操作顶驱背钳夹紧,操作顶驱旋转上扣并紧扣,上紧钻具立柱与顶驱主轴保护接头螺纹。	1. 井架工高空坠落。 2. 游车、顶驱上行下放操作不当造成翻压翻猴台。 3. 钻具摆动碰伤井口人员。 4. 钻具上扣紧扣时肢体打击伤害。 5. 顶驱对扣下放过多压弯钻杆	Ⅲ	高处坠落 物体打击 其他伤害	1. 上下井架使用好防坠落装置,二层台操作时使用好速差器,系好保险带。 2. 司钻平稳操作,及时将吊环浮动复位,目视游车顶驱过猴台。 3. 司钻平稳操作,上提及对扣时井口人员站位合理,不挡司钻视线,使用兜绳或钻杆钩稳定钻具。 4. 平稳操作液气大钳,确认钳头,扣好钳头,钳头吃劲后,液压猫头吊绳松绳,液压猫牢靠,吊绳吃劲后,液压猫头吃劲时,人员离开井架外侧,严禁跨越穿行。 5. 观察好指重表,控制下放速度	班组	司钻 井架工 内钳工 外钳工
5		开泵恢复钻进	1. 司钻上提游车,内外钳工配合提出卡瓦(钻铤先卸安全卡瓦,再提出卡瓦)。 2. 司钻打喇叭提示,副司钻回复正常挂合后钻井泵,启动顶驱,恢复钻进	1. 上卸卡瓦、安全卡瓦,开关钳夹手。 2. 开泵时高压刺漏伤人	Ⅲ	其他伤害 高压刺漏	1. 内外钳工密切配合,手抓在安全位置。 2. 确认阀门开关正确,开泵平稳,人员离开井口及高压区域	岗位	司钻 内钳工 外钳工

第二章 钻井生产作业活动风险防控

表 2-58 常规取心风险分级管控

工作任务描述	取心作业							
设备工具准备	检查内外取心筒完好畅通，并测量记录，岩心盒、岩心爪、岩心钳、手锤等专用工具齐全，匹配、完好；井口工具完好，灵活好用；柴油机、钻井泵、绞车、刹车系统正常；液气大钳、液压卸头等系统正常							
序号	作业项目	作业单元	作业步骤	危害因素	风险等级	事故分类	控制措施	控制级别	具体岗位
1	常规取心	准备工作	依次对钻台工作面、绞车、钻井泵、柴油机等进行检查	1. 未盖好井口和小鼠洞。 2. 未清理井口工具。 3. 未检查刹车系统。 4. 未检查钻井泵。 5. 未检查柴油机	IV	其他伤害	1. 用钻头盒子及封盖井口。 2. 安放钻头盒子时端平、端正、轻放。 3. 检查气路、电路、油路、刹车片、刹车毂及相关附件，确保其灵敏可靠。 4. 按流程检查维护钻井泵。 5. 检查维护柴油机及电路气路	岗位	各岗位
2		地面检查取心筒	1. 卸保护筒。 2. 检查内筒	操作不当，导致保护筒脱落	IV	其他伤害	操作平稳，注意力集中，人员站位合理，保护筒悬挂保护绳	钻井队	技术员
3		吊取心筒	1. 连接提升短节。 2. 吊取心筒上钻台。 3. 入鼠洞。 4. 卡安全卡瓦	1. 操作不当。 2. 螺纹未紧到位。 3. 吊带脱落，取心筒脱落。 4. 操作手锤失误	III	起重伤害 物体打击	1. 统一协调指挥，精心配合操作。 2. 专人协调指挥，螺纹按照规定接紧紧固，并确认。 3. 统一指挥、精心操作。 4. 操作人员配合得当，敲击时佩戴护目镜	钻井队	副队长
4		钻台检查取心筒	1. 挂吊卡、提升短节紧扣，卸安全卡瓦。 2. 提出取心筒，放入井口。 3. 检查内筒。 4. 卸保护筒。 5. 装取心钻头	1. 空间挤小，配合操作不当。 2. 敲击作业时飞溅物伤人。 3. 上提入筒时，提升速度过快，产生晃动。 4. 提出内筒检查后，将其放入小筒操作不当。 5. 保护筒卸扣过程中脱落。 6. 取心钻头引扣配合操作不平稳，导致钻头突然下落	III	起重伤害 物体打击	1. 操作人员应相互配合，协调操作到位。 2. 敲击作业时，人员佩戴护目镜。 3. 专人协调指挥，平稳操作，控制起升速度。 4. 操作人员站位合理，指挥配合到位，游车平稳下放。 5. 人员站位合理，精心操作，防止砸伤人员。 6. 引扣时配合得当，人员手脚严禁位于钻头下方	钻井队	技术员

- 235 -

续表

序号	作业项目	作业单元	作业步骤	危害因素	风险等级	事故分类	控制措施	控制级别	具体岗位
5	常规取心	下钻、校对方入	1. 下钻，分段循环。 2. 到底前核对方入	丈量方入时被转盘旋转绊倒	III	其他伤害	与司钻沟通、锁好转盘	钻井队	副队长
6		取心钻进	1. 投球循环。 2. 取心钻进	1. 堵心造成憋泵高压刺伤人员。 2. 接单根时井下落物	III	其他伤害	1. 刹把操作平稳，密切注视泵压表，泵压急剧升高时，停泵或降泵冲；人员远离高压区；严格执行技术措施和参数，防止顿、溜钻。 2. 清理井口工具，人员操作时分工明确	钻井队	技术员 司钻
7		割心	1. 割心。 2. 循环起钻	1. 拔脱岩心爪或拔断取心筒。 2. 堵心造成憋泵高压刺伤人员。 3. 上提或起钻时掉心。 4. 遇阻硬提发生卡钻	III	其他伤害	1. 多次割心时，割心悬重不要超过原悬重150kN。 2. 刹把操作平稳，密切注视泵压表，泵压急剧升高时，停泵或降泵操作，人员远离高压区。 3. 起钻时平稳操作，禁止转动转盘。 4. 遇阻时，反时处理钻井液，进行循环	钻井队	技术员
8		出心作业	1. 卸取心内筒。 2. 甩取心内筒。 3. 卸岩心爪座。 4. 出心	1. 提升短节发生晃动伤人。 2. 游车操作不平稳，操作人员配合不当。 3. 内筒向大门坡道移送过程中，配合操作不平稳。 4. 内筒下放过程中，平滑道上人员未撤离。 5. 链钳扣合不紧，人员操作失误。 6. 内筒外流钻井液，导致工作面湿滑。 7. 操作人员操作不当，站位不合理，岩心突然窜出。 8. 岩心出心困难，进行敲击作业时，岩心碎石溅伤人。 9. 岩心出筒砸伤手脚	III	物体打击	1. 专人协调指挥，人员站位合理，平稳操作。 2. 平稳操作经过游车，控制下放速度，使内筒准确进入鼠洞。 3. 使用绳拉送内至坡道，配合协调到位。 4. 内筒下放过程中，平滑道上严禁人员停留。 5. 操作要平稳操作。 6. 及时清理工作面钻井液。 7. 操作人员站位合理，配合操作。 8. 敲击作业时，操作人员佩戴护目镜。 9. 岩心出筒时人员远离岩心筒下端，使用钻杆钩子将岩心拉出岩心筒下方	钻井队	副队长

第二章 钻井生产作业活动风险防控

表 2-59 特殊取心风险分级管控

工作任务描述	特殊取心				风险等级	中风险		
设备工具准备	检查内外取心完好畅通,并测量记录;岩心爪、岩心盒、岩心钳、手锤等专用工具齐全、匹配、完好;井口工具完好,灵活好用;液气大钳、液压猫头等系统正常							
序号	作业项目	作业单元	作业步骤	危害因素	风险等级	事故分类	控制措施	控制级别	具体岗位
1	特殊取心	钻台检查取心筒	1.挂吊卡,提升短节紧扣,卸安全卡瓦。2.提出取心筒,放入井口。3.检查内筒。4.卸保护筒。5.装取心钻头	1.空间狭小,配合操作不当。2.敲击作业时飞溅物伤人。3.上提内筒时,提升速度过快,出外筒产生晃动。4.提出内筒检查后,将其放入外筒时操作不当。5.保护筒卸扣过程中突然脱落,配合操作不当。6.取心钻头引扣过程中,导致钻头云下落	Ⅲ	起重伤害物体打击	1.操作人员配合协调,操作到位。2.敲击作业时,人员佩戴护目镜。3.专人协调指挥、平稳操作,控制起升速度。4.操作人员站位合理,指挥配合到位,游车平稳下放。5.人员站位合理,精心操作,防止砸伤人员。6.引扣时配合得当,人员手脚严禁位于钻头下方	钻井队	技术员
2		下钻、循环较对方入	1.下钻,分段循环。2.到底前校对方入	丈量方入时被转盘旋转绞倒	Ⅲ	其他伤害	与司钻沟通、锁好转盘	钻井队	副队长
3		取心钻进	1.投球循环。2.取心钻进	1.堵心造成憋泵高压刺伤人员。2.接单根时井下落物	Ⅲ	其他伤害	1.刹把操作平稳,密切注视泵压表,泵压剧升高时,停泵或降泵冲;远离高压区,严格执行技术措施和参数,防止顿、溜钻。2.清理井口工具,人员操作时分工明确	钻井队	技术员

— 237 —

续表

序号	作业项目	作业单元	作业步骤	危害因素	风险等级	事故分类	控制措施	控制级别	具体岗位
4	特殊取心	割心	1. 割心。 2. 循环起钻。	1. 拔脱岩心爪或拔断取心筒。 2. 堵心造成憋高压刺伤人员。 3. 上提或起钻时掉心。 4. 遇阻硬提发生卡钻	Ⅲ	其他伤害	1. 多次割心时，割心悬重不要超过原悬重150kN。 2. 刹把操作平稳，密切注视泵压表，泵压剧升高时，停泵或降泵冲；人员远离高压区。 3. 起钻时平稳操作，禁止转动转盘。 4. 遇阻时，及时处理钻井液，进行循环。	钻井队	技术员
5		出心作业	1. 卸取心内筒。 2. 甩取心内筒。 3. 卸岩心爪座。 4. 出心。	1. 提升短节发生晃动伤人。 2. 游车操作不平稳，操作人员配合不当。 3. 内筒向大门坡道移动过程中，配合操作不平稳。 4. 内筒下放过程中，平滑道上人员未撤离。 5. 链钳扣合不紧，人员操作失误。 6. 内筒外流钻井液，导致工作面湿滑。 7. 操作人员操作不当，岩心突然窜出。 8. 取心筒出心困难，进行敲击作业时，物体飞溅伤人	Ⅲ	物体打击	1. 专人协调指挥，人员站位合理，平稳操作。 2. 平稳操作游车，控制下放速度，使内筒准确进入鼠洞。 3. 使用兜绳拉送内筒至坡道，操作人员站位合理，配合协调到位。 4. 内筒下放过程中，平滑道上严禁人员停留。 5. 操作人员平稳操作。 6. 及时清理工作面钻井液。 7. 操作人员站位合理，配合操作。 8. 敲击操作时，人员佩戴护目镜。 9. 岩心出筒时人员远离岩心筒下端，用钻杆钩子将岩心拉出岩心筒下方。	钻井队	副队长

第二章 钻井生产作业活动风险防控

表 2-60 水平井电缆送测风险分级管控

工作任务描述	水平井电缆送测							
设备工具准备	检查气动绞车各部位完好正常，气压 0.6~0.8MPa，钢丝绳及吊钩牢靠；大钳、吊卡、卡瓦等井口工具完好正常；检查旁通接头完好，测井作业队仪器正常							
作业项目	作业单元	作业步骤	危害因素	风险等级		次高风险		
				风险等级	事故分类	控制措施	控制级别	具体岗位
水平井电缆送测								
1	准备工作	1. 协调确认电测车停靠到位，仪器准备到位，对作业区域进行隔离警示。 2. 安装天滑轮，将电缆穿过天滑轮，天滑轮及旁通与湿接头连接	1. 风险不清，配合不当，造成人员伤害。 2. 移动车辆碰伤压伤。 3. 装天滑轮安全带系挂不牢或未站稳坠落。 4. 高处作业工具坠落伤人	Ⅱ	车辆伤害 高处坠落 高空落物	1. 与配合单位共同召开作业前安全会，明确任务，分工、权责，进行风险和措施交底，指定作业负责人及监管人员。 2. 专人指挥移动停靠车辆。 3. 双尾绳安全带系挂牢靠，高挂低用，高处站稳扶牢。 4. 高处工具尾绳系挂牢靠。	项目部	项目部现场监管人员 钻井队长副队长 钻台大班 钻井现场负责人 测井现场负责人
2	接仪器下钻	1. 接好钻具与下井仪器，以 3~4min/立柱的速度下钻。 2. 下钻到达预定深度，卸开方钻杆（或顶驱）与井口工具连接	1. 井口落物的风险。 2. 摩阻过大或者遇阻造成仪器损坏。 3. 螺纹油进入湿接头内，螺纹内润仪器失效	Ⅲ	井下落物 井下复杂 设备损坏	1. 井口用毛毡盖好，禁放杂物，工具抓牢拿稳。 2. 司钻平稳控制速度，司控房专人使用对讲机与仪器操作密切联系，注意张力指示，遇阻显示大于 20kN，应立即停止下钻并分析。 3. 螺纹油必须均匀涂抹在外螺纹端，不得外溢掉落	钻井队	副队长 钻台大班 司钻 测井现场负责人

续表

序号	作业项目	作业单元	作业步骤	危害因素	风险等级	事故分类	控制措施	控制级别	具体岗位
3	水平井电缆送测	吊旁通接头、校深度、接湿接头及送测及上测	1. 用气动绞车将旁通接头吊至井口钻具接掇上方约15～20cm处。 2. 测井队进行绞车深度对零，下放湿接头，连续下放至井内停车，连接湿接头与钻具。 3. 调整旁通孔对正大门，继续下放电缆。 4. 当湿接头内螺纹距外螺纹200m处停车，接方钻杆（或顶驱）下放使旁通下入井内约5m左右，开泵下放电缆，对接湿接头。 5. 对接成功后，卸下方钻杆器供电，卸下方钻杆（顶驱带钻具），同步下放钻具与电缆下测。 6. 每隔3个立柱用卡子将电缆锁紧。 7. 送测到位，进行上提测量，遇到电缆卡子，实时停车卸下井妥善保存	1. 接旁通或固定和摘取电缆卡子时，井下落物、电缆缠绕。 2. 方钻杆（顶驱带钻具）摆动伤人或挂断电缆。 3. 憋泵或泵压过高，高压刺伤。 4. 测试电缆拉力，电缆断裂。 5. 下钻时夹断，拉断测井电缆。 6. 遇阻或下放到底造成仪器损坏。 7. 坐吊卡时，拉断电缆。 8. 井喷风险	Ⅲ	井下落物 物体打击 高压伤人 仪器损失 井喷	1. 用毛毡围好井口，防止密封填料，卡子落入井内，上旁通时专人盯住电缆悬吊动，防止电缆摆动与其他钻头缠绕。 2. 使用钻杆钩子或引绳扶好，控制摆动。 3. 平稳开泵，人员远离高压区。 4. 人员远离井口危险区域。 5. 下钻平稳，固定好电缆，计算好下入电缆深度，接单根时电缆应避开液气大钳或B型钳。 6. 密切注意张力指示，遇阻显示大于20kN，停止下钻及时分析原因。 7. 降低上提速度，钻具下滑控制20cm内，遇特殊情况，通知作业队。 8. 坐岗人员连续监控，起钻按要求空灌满钻井液	钻井队	副队长 钻台大钻 司钻 测井现场负责人

第二章 钻井生产作业活动风险防控

续表

序号	作业项目	作业单元	作业步骤	危害因素	风险等级	事故分类	控制措施	控制级别	具体岗位
4	水平井电缆送测	卸旁通、卸泵下接头并固定	1. 当旁通提出井口时，卸下旁通接头上的电缆锁紧器，上提电缆拉开湿接头的内外螺纹。 2. 当电缆起至距井口200m处停车，卸开旁通，用游车吊起电缆，继续起电缆直至泵下接头起出井口。 3. 卸下湿接头的泵下接头、旁通接头，起钻。	1. 夹断、拉断测井电缆。 2. 拉开内外螺纹时，电缆甩动打到作业人员。 3. 卸接头时砸伤手脚。 4. 工具下砸作业人员。	Ⅲ	物体打击仪器损坏其他伤害	1. 操作液气大钳或大钳注意电缆位置，先液气大钳卸松后使用链钳。 2. 拉内外螺纹时，操作平稳，密切观察。 3. 卸接头时使用小绞车平稳上提，多人配合时，专人指挥，信号一致。 4. 工具及时清理回收，严禁从钻台上往下扔工具。	钻井队	副队长钻台大班司钻测井现场负责人

表 2-61 下套管风险分级管控

工作任务描述				风险等级		次高风险		
使用工具准备				\multicolumn{5}{l|}{套管钳安装固定完好、吊钳灵活好用、钳牙匹配、钳牙完好、液压猫头完好。气动绞车状况良好、刹车系统可靠。吊带 2 套（φ140mm 及以上套管使用）、套管单根吊卡 2 只（φ140mm 及以上下套管使用）、提单根吊卡的 φ13mm 钢丝绳套（相同长度 12 套完好。套管扶正器型号尺寸匹配，充足完好；套管密封脂、油юшка清洁，符合要求；钻杆钩、钢丝刷、引绳等工具完好}				
作业项目	作业单元	作业步骤	危害因素	风险等级	事故分类	控制措施	控制级别	具体岗位
1	下套管	准备工作	1. 更换与套管尺寸匹配的防喷器闸板芯子，取出套管头防磨套，堵塞试压合格；复合管准备好转换防喷单根。 2. 更换带背钳套管钳（备用一个），校准上扣扭矩。 3. 灌浆装置及管线调试正常；更换下套管鼠洞，使用捅板调节好高度；准备好相应尺寸的补心内衬。 4. 排浆通洗井装置，丈量、计算好下入深度，不入井套管做好转标记，浮箍、浮鞋等扣正常。 5. 安装好套管头双公（使用顶驱井双公有效长度大于吊卡高度 5cm 以上）与最后一根套管紧扣套规定扭矩包扎好备用。 6. 气动绞车钢丝绳放入二层台指梁内，插好销	1. 风险不清，配合人员不当，造成人员伤害。 2. 更换防喷器闸板风险。 3. 卸防溢管过程人员高空坠落，防溢管倾斜碰撞挤压，保护法兰下砸伤人。 4. 取防磨套过程遇卡强提造成钻杆上弹伤人。 5. 防喷器试压作业风险。 6. 排通洗套管作业风险。 7. 更换鼠洞、套管碰撞挤压、下钳碰撞挤压风险	Ⅱ	高处坠落 物体打击 高压伤害 起重伤害 其他伤害	1. 在班前会或作业前安全会上明确任务、分工及作业步骤，识别风险，制订防控措施并落实到人。向参与作业人员及相关承包商人员交底。现场必须指定作业负责人及监管人员。 2. 严格执行更换防喷器闸板 HSE 作业程序。 3. 卸防溢管过程使用好防坠落装置及安全带；防溢管吊平，取卸保护法兰过程，人员远离作业口下方。 4. 用气动小绞车上提，严禁用游车上提；上提过程人员远离井口。 5. 严格执行防喷器试压 HSE 作业程序措施。 6. 严格执行排通洗套管 HSE 作业程序措施。 7. 更换鼠洞先用游车缓慢提起无阻力后，再用小绞车提出鼠洞，鼠洞挂牢靠，套管钳上下钻台用索挂牢靠，必要时使用绷绳	项目部	项目部 现场监管人员 钻井队长 工程师 司钻

续表

序号	作业项目	作业单元	作业步骤	危害因素	风险等级	事故分类	控制措施	控制级别	具体岗位
2	下套管	接套管串及附件入井	1. 接浮鞋，浮箍。在场地上将浮鞋接在第一根套管外螺纹端，用链钳将扣上紧，将浮箍接在设计要求的套管外螺纹端，用链钳上紧戴好护丝。 2. 场地工将套管单根吊卡扣合在第一根套管上，吊索挂在气动绞车吊钩，外螺纹端拴好引绳，钻台操作气动绞车将套管吊入小鼠洞，内外钳工配合扶好套管，开套管吊卡入井下放到场地。 3. 内外钳工配合将套管吊卡扣合到鼠洞内套管上，司钻上提游车提套管出鼠洞（使用顶驱时前倾吊环扣卡，悬浮吊环提套管），使用套管钳线与第一根套管紧扣。 4. 司钻下放套管入井，坐吊卡，摘吊环，挂好另一个吊卡。	1. 吊套管上钻台时坠落，要动伤人。 2. 卸护丝时套管下落伤人。 3. 套管钳、吊钳摆动伤人。 4. 井口接卸套管过程，吊卡话门误开套管脱落下砸伤人。 5. 吊短套管（或长度较短套管）入鼠洞后，取卡带时夹手。 6. 套管上斜损坏螺纹，密封失效。 7. 钻具立柱挡住小绞车操作人员视线，误操作。 8. 接循环接头，钻杆忘接好扣中退扣（反扣）倒扣	Ⅱ	起重伤害物体打击其他伤害井下落物	1. 扣合套管单根吊卡后确认，吊索挂牢靠，专人指挥，平稳起吊，严格执行"十不吊"，套管从大门坡道至鼠洞过程，使用兜绳兜放，方可扶人，套管停止摆放后，人员不得站在大门坡道和转盘之间。 2. 小绞车刹车牢靠，卸管护丝人员手放在护丝两侧，腿脚不得放在套管正下方。 3. 井口人员平稳操作，旋转范围，吊钳范围不得站人。 4. 严格遵守下套管气动绞车操作的"四个严禁"及"十不吊"。操作套管钳上扣前，观察吊卡及游车状况，确认游车放松，吊卡活门紧闭。	项目部	项目部现场监管人员钻井队队长工程师司钻

续表

序号	作业项目	作业单元	作业步骤	危害因素	风险等级	事故分类	控制措施	控制级别	具体岗位
2	下套管	接套管串及附件入井	5.吊下一根管套管上钻台，卸护丝后入鼠洞，卸护丝，与井口套管对扣，操作套管钳上扣至规定扭矩（带有浮箍的套管，先用套管钳将浮箍与套管紧扣后，再与井口套管对扣，上扣至规定扭矩）。注意：井口上扣作业时将场地套管吊至大门坡道安全链处，等待上扣套管下放到井口，再用吊套管入鼠洞，防止下放套管交叉作业刮开吊卡	1.吊套管上钻台时坠落、摆动伤人。2.卸护丝时套管下落伤人。3.套管钳、吊钳摆动伤人。4.井口接卸套管过程，吊卡活门误开套管脱落下砸伤人。5.吊短套管（或长度较短套管）入鼠洞，取导卡钳夹手。6.套管上斜损坏螺纹，密封失效。7.钻具立柱挡住小绞车操作人员视线，误操作。8.接循环接头，方钻杆过程中退扣再接头（反扣）倒扣	Ⅱ	起重伤害 物体打击 其他伤害 井下落物	5.下放套管座子吊卡，取掉吊钩，挂吊环上提游车至适当距离，用另一根吊带拴车体，在吊卡下方套管本体，上提10~15cm，使用工具取下第一根吊带；放松吊钩，取下吊带。6.操作套管钳上扣前抬头观察套管是否倾斜，联顶节、分级箍等提前使用链钳引扣再紧扣。7.下套管前起钻合理摆放钻台立柱，套管在钻台时安排专人指挥小绞车操作。8.套管坐挂到位，联顶节前提坐好卡瓦	项目部	项目部现场监管人员 钻井队长 工程师 司钻

续表

序号	作业项目	作业单元	作业步骤	危害因素	风险等级	事故分类	控制措施	控制级别	具体岗位
3	下套管	灌浆循环	1. 在下套管过程中，接灌浆接头，活动套管，根据设计要求灌满钻井液，直至下完套管。 2. 接循环接头，接方钻杆或顶驱，小排量顶通泵压正常后，逐步提升排量循环	1. 灌浆管线打伤、绊倒作业人员。 2. 灌浆过程中卡套管。 3. 开泵循环憋泵或高压刺漏伤人	Ⅱ	物体打击 高压刺漏 井下复杂	1. 使用灌浆泵、专用灌浆接头灌浆，专用灌浆管线，严禁直接使用钻井泵灌浆，严禁将灌浆管线使用钻井泵连接车靠；灌浆管线与套管申连接车靠，严禁直接使用钻井泵连接车靠；灌浆完毕将灌浆管线放置在井架大腿外侧。灌浆时排气管线口应固定，防止摆动。 2. 灌浆过程中保持套管上下活动正常，活动距离伸缩量总和。 3. 开泵时多次挂合，平稳开泵，密切关注泵压变化	项目部	项目部现场监管人员 钻井队队长 工程师 司钻

表2-62 绷钻杆风险分级管控

工作任务描述				风险等级		中风险		
设备工具准备	作业单元	作业步骤	危害因素	风险等级	事故分类	控制措施	控制级别	具体岗位
气动绞车各部位完好正常，刹车可靠，钢丝绳合格，排列整齐，旋转自锁吊钩及软连接完好、气源压力0.65~0.8MPa。使用单根卡型号与钻杆匹配的单根吊卡绷钻具，小撬杠1根，钻杆钩子2个。3m×3t吊带2根，3t卸扣1只，5t卸扣2只，钻杆提丝、护丝各2个，磨损未超标。	准备工作	1. 清理场地管架/垫杠、猫道、坡道，腾留管具位置和通道。 2. 清理钻台，用钻头盒遮盖井口。 3. 检查小鼠洞、鼠洞内无杂物，保持干净。 4. 方钻杆人大鼠洞，水龙头不干涉游车及钻具；若使用单根吊卡绷钻具将游车（或顶驱）上提停放在二层台以上位置，不影响立柱提放。 5. 试顶防碰天车，确认两路可靠。	1. 风险不清，配合不当，造成伤害。 2. 方钻杆人大鼠洞风险。	Ⅲ	物体打击 高处落物	1. 班前会或作业前安全会识别风险，制订防控措施并责任到人。 2. 严格执行方钻杆出人大鼠洞HSE作业程序	钻井队	值班干部 钻台大班 司钻
	立柱人鼠洞	1. 使用游车：司钻上提游车，当吊卡过二层台摘离合器，得到井架工信号后，操作气动绞车上用单根吊卡，提空单根吊卡，过猴台停稳。 2. 井架工挂好兜绳，推人吊卡、关闭活门，梁，发出起升信号。	1. 气路失灵或操作失误，导致上顶下砸。 2. 气动绞车吊钩、单根吊卡挂猴台、顶天清轮。 3. 钻具高空脱落。 4. 钻杆摆动伤人。	Ⅲ	高处坠落 高处落物 物体打击 其他伤害	1. 调试好防碰天车，司钻集中精力，注意游车位置及人员手势，上提时中途放气，下放时中途点刹，控制速度；井架工和内外钳工认真观察，及时提醒。 2. 专人平稳操作，上下信号沟通良好，必要时井架工扶正，吊卡吊钩重量>32kg。	钻井队	钻台大班 司钻 井架工 内外钳工

作业项目：绷钻杆　序号：1、2

续表

序号	作业项目	作业单元	作业步骤	危害因素	风险等级	事故分类	控制措施	控制级别	具体岗位
2	绷钻杆	立柱入鼠洞	3. 司钻缓慢上提钻杆立柱提离立根盒，内外钳使用钻杆钩子拉住立柱，将钻具提至小鼠洞，二层台井架工取掉兜绳。 4. 内外钳工用钻杆钩或棕绳扶正立柱对正小鼠洞口。司钻操作刹把或气动绞车下放立柱，待第一根钻杆外螺纹接箍距鼠洞口 0.5m 处刹车，内外钳工扣合鼠洞卡或钻杆卡挡板，司钻继续下放立柱坐实，放松吊卡，刹车。	5. 兜绳未取下放钻具，压断绷绳伤人。 6. 立柱阻挡气动绞车视线，逆伤井口人员。 7. 高处坠落或高空落物伤害	Ⅲ	高处坠落 高处落物体打击 其他伤害	3. 扣合吊卡活门再次确认后，单根吊卡插好保险销。 4. 平稳操作绞车或气动绞车；提立柱时井架工松兜绳先扶正，内外钳控制摆动。 5. 司钻下放时观察二层台，确认二层台作业人员手势，确保兜绳取掉再下放钻具。 6. 专人指挥气动绞车起放，气动绞车操作者严格按信号进行操作。 7. 防坠落设施和安全带完好牢靠，上井架人员正确使用，操作时不跨出栏杆；井架上所有工具必须拴保险绳；游动系统平稳操作避免碰挂。每立柱在钻台面检查单根吊卡插销连接可靠	钻井队	钻台大班 司钻 井架工 内外钳工

续表

序号	作业项目	作业单元	作业步骤	危害因素	风险等级	事故分类	控制措施	控制级别	具体岗位
3	绷钻杆	绷第一、第二根钻杆	1. 外钳工操作液气大钳小鼠洞卸扣。内钳工用钻杆钩扶住钻杆，司钻操作绞车或气动绞车提出井口钻头盒、刹车，平稳放入井口钻头盒。 2. 内、外钳将鼠洞内钻杆上紧提丝，用软连接与另一台气动绞车吊钩连接，副司钻操作气动绞车上提0.5m刹住，内外钳打开并移除鼠洞吊卡或挡板，继续上提出鼠洞。 3. 内外钳工一人扶钻杆，一人戴护丝，取掉大门防护链，推钻杆出大门坡道，待钻杆下放至猫道，挂好防护链。 4. 场地工卸掉护丝、护垫杠，将钻具平稳撬上管架或垫杠，副司钻操作气动绞车将提丝、护丝提上钻台。 5. 司钻挂离合上提游车或操作气动绞车上提井口立柱，内外钳工扶正钻井口立柱人小鼠洞内。 6. 重复1~4步，绷第二根钻杆	1. 液气大钳碰伤、夹伤。 2. 钻杆脱钩、脱扣，下砸伤人。 3. 坡道下放的单根碰伤钻台人员。 4. 推扶钻杆时滑倒、碰伤，夹伤或从钻台坠落。 5. 钢丝绳绷劲转动夹手	Ⅲ	物体打击 高处坠落 其他伤害	1. 平稳操作，避免磕跳，液气大钳前后及液缸附近严禁站人，卸扣时严禁胶体接触，使用完及时断气上锁。 2. 使用软连接；上提丝未出大门坡道力上紧；钻杆未起动大门坡道下放单根时，井口作业人员不得背对大门坡道。 3. 单根、提丝上下行时，大门坡道及猫道附近严禁站人，场地人员保持距离。 4. 钻井液前防滑垫好，及时清理钻井液，推扶钻杆时身体不得出门柱外及时拉好防护链。 5. 不得在钢丝绳绷劲情况下，手握钢丝绳，卸扣或者提丝绳环；连接卸扣时，气动绞车操作者不得进行上提	钻井队	钻台大班 司钻 井架工 内外钳工

序号	作业项目	作业单元	作业步骤	危害因素	风险等级	事故分类	控制措施	控制级别	具体岗位
4	绷钻杆	绷第三根钻杆	1. 司钻上提游车或操作气动绞车提第三根钻杆至小鼠洞，内外钳扶正，司钻下放钻杆人架洞，将吊卡单根吊卡直接坐于小鼠洞。 2. 重复绷第一、第二根钻杆步骤2～4步，将第三根钻杆绷至场地	风险与上一步骤相同	Ⅲ	物体打击 高处坠落 其他伤害	控制措施与上一步骤相同	钻井队	钻台大班 司钻 井架工 内外钳工
5		滚排钻具	1. 场地作业人员甩掉提绳、护丝，将钻杆平稳撬上管架或垫杠，排齐。 2. 各岗位人员重复上述操作步骤至钻杆立柱绷完	1. 场地滚排钻具，起吊的钻具掉落伤人。 2. 场地人员滚排钻具，碰伤夹伤	Ⅳ	物体打击 其他伤害	1. 钻具下放时，人员远离危险区域。 2. 场地人员在绷单根时不得过高（超过3层须有防滚落措施），排放钻具两端挡销牢靠，管架或垫杠；严禁撬正对胸口	岗位	司钻 场地工 内外钳工

表2-63 通排洗套管风险分级管控

工作任务描述	通排洗套管				低风险		
使用工具准备	通径规符合标准：套管规格不低于219mm时、通径规长度不低于152mm，通径规直径小于8mm、通径规内径不超过3.2mm。大小撬杠各2把，钻杆钩2副、24in小管钳1把（或卸护丝专用工具1套）、钢丝刷2把、毛巾2条、12m套管防夹卡1套、橡胶手套2副、洗衣粉1袋、水桶1个、垫杠或钢丝绳若干、8号镀锌铁丝或5分钢丝绳1根						
序号	作业项目	作业单元	作业步骤	危害因素	风险等级	事故分类	控制措施	控制级别	具体岗位
1	通排洗套管	准备工作	1. 套管已摆放到垫杠或管架上。 2. 准备防渗布用于洗螺纹时铺设，作为防污染措施	风险不清，配合不当，造成伤害	Ⅳ	无	指定作业负责人，安排任务及分工，进行风险和防控措施交底	岗位	钻井工
2		排套管	1. 根据堆放情况，从空间大、堆较少区域的一边平摊起，使用铁丝，捆好限位桩定套管。 2. 用工具将第一根套管滚到位。 3. 套管内外螺纹调整套管前后距离，配合大套管，使用两根撬杠将套管两端滚套管内螺纹接箍端排整齐。 4. 第一层排好后，用铁丝或限位桩固定。 5. 在第一层套管上铺设固定两根垫杠或旧大绳。 6. 依据2、3步排完第二、三层，直到排完所有套管	1. 卸护丝时套管夹伤人员手部。 2. 撬杠滑脱伤人。 3. 排套管时，套管碰伤作业人员。 4. 站在套管上作业或行走，人员跌倒或破套管夹伤。 5. 套管塌陷限位或压伤人员	Ⅳ	物体打击 坍塌 其他伤害	1. 卸护丝时使用套管防夹卡固定套管。 2. 使用撬杠时侧身站立，且侧推。 3. 两端作业人员注意联系配合，不要站在套管运移前方，撬滚套管时确认。 4. 人员站在套管两端作业，严禁在套管上作业或行走。 5. 人员站在套管两端撬套管，及时用铁丝、限位桩固定套管，防因塌陷，随排随放	班组	钻井工

第二章 钻井生产作业活动风险防控

序号	作业项目	作业单元	作业步骤	危害因素	风险等级	事故分类	控制措施	控制级别	具体岗位
3	通洗套管	通套管	常规通径规通套管步骤： 1. 用铁丝或钢丝绳连接通径规。 2. 作业人员站在套管内螺纹端，将铁丝头或钢丝绳头顺势将铁丝头或钢丝绳头从下一根套管外螺纹端送入套管里，边拉边送，直到通径规放入下一根套管里。 3. 外螺纹端作业人员接到第二根套管内螺纹端伸出的铁丝头或钢丝绳头时，将铁丝或钢丝绳送入第三根套管内，重复以上动作，直至通完所有套管。 ZNTG-Ⅱ智能通径规通套管步骤： 1. 选配匹配的规片安装到通径规，挂到把手上，打开电源开关。 2. 作业人员平托将通径规有液晶屏一头放入套管内向前平推进入套管后通径规自动向前行走，逆向旋转旋钮使导向轮收缩进入套管，行走轮停止工作，当前部导向轮走出套管时，通径结束。 3. 在通径规即将出套管时工作人员用手接住通径规，将其放入第二根套管里，直至通完所有套管。 4. 通径规若遇变形、缩径无法通过等情况，通径规将自动退出，并记录一次未通过根数。如通径规卡死无法退出可用安全绳将其拉出	1. 通径规（智能通径规）砸伤人员。 2. 放通径规时智能通径规（含智能）人套管时配合失误夹伤手。 3. 观察套管口铁丝或钢丝绳弹出迸被扎到眼部或头部。 4. 使用方法不当，检查不到位导致智能通径规提前损坏	Ⅳ	物体打击其他伤害	1. 取放通径规时抓实，双脚开立，通径规快出套管时，保持一定安全距离。 2. 两端作业人员联系好，放通径规时注意手部位置，一端拉通径规待放通径规人员放好通径规后再拉。 3. 严禁对准套管口观察套管内铁丝或钢丝绳过近，被扎到眼部或头部。作业人员佩戴好护目镜、安全帽。 4. 使用通径规提前3h检查电池电压、电量，如电量不足，电压低于21V应及时充电以保证其正常运行。充电器要处于通风处，严禁包裹覆盖。及时清理通径规油污清理干净，防止损坏	岗位	钻井工

续表

序号	作业项目	作业单元	作业步骤	危害因素	风险等级	事故分类	控制措施	控制级别	具体岗位
4	通排洗套管	洗套管螺纹	1. 作业人员使用大撬杠将套管外螺纹端或内螺纹端撬开，放入套管放夹卡固定套管，作业人员用小管钳（或卸钉套专用工具）卸掉护丝，使用毛巾蘸清洗液（洗衣粉水）擦扶护丝，洗螺纹和护丝，逐根清洗干净后戴上护丝。2. 依照以上方法，逐根清洗，直至完成所有套管螺纹清洗	1. 清洗剂伤及手部皮肤或眼部，毛刺割伤手。2. 移动套管防护带或护丝时手部夹伤。3. 清洁剂洒落污染土壤	Ⅳ	其他伤害 环境污染	1. 清洗螺纹戴橡胶手套和护目镜。2. 使用套管防夹卡或撬杠固定套管。3. 螺纹下放铺设防渗布或其他防污染措施	岗位	钻井工

表2-64 更换防喷器闸板风险分级管控

工作任务描述	更换防喷器闸板								
使用工具准备	防喷器闸门螺栓专用锤击扳手或风炮扳手、手锤、撬杠等工具完好，吊闸板提环栽丝、φ13mm钢丝绳吊索、引绳1根完好，钻台下防坠落装置，安全带完好								
						风险等级	次高风险		
序号	作业项目	作业单元	作业步骤	危害因素	风险等级	事故分类	控制措施	控制级别	具体岗位
1	更换防喷器闸板	准备工作	1. 清理钻台下积水、钻井液、配合不当，造成人员伤害。2. 作业负责人办理作业许可。3. 检查备用闸板密封件完好，尺寸与下步施工管柱外径匹配。4. 远控房压力正常（蓄能器压力10.5±0.7MPa），管汇工压力17.5~21MPa，管汇闸门全带完好	1. 风险不清，合不当，造成人员伤害。2. 搭设工作台时碰伤，夹伤作业人员	Ⅲ	其他伤害	1. 在班前会或作业前安全会上明确任务，分工及作业步骤，识别风险，制订防控措施并责任到人，向参与作业人员交底，钻井技术员和钻台大班全过程参加。2. 抬、搭建工作平台时，注意脚下防滑跌，人员站位合理，不进太狭小受限空间；正确合理使用工具	钻井队	副队长

第二章 钻井生产作业活动风险防控

续表

序号	作业项目	作业单元	作业步骤	危害因素	风险等级	事故分类	控制措施	控制级别	具体岗位
2	更换防喷器闸门	打开侧闸门	1. 开关活动闸板，清除闸板腔内泥沙（当闸内无管柱，试验关闭半封闸板时，最大液控压力不能超过3MPa，当井内有管柱时，严禁关闭全封闸板）。 2. 作业负责人在远控房确认对应控制对象三位专用扳手或风炮扳手松开一侧的固定螺栓，使用撬杠打开侧门时打开两侧的固定螺栓（不能同时打开两侧门）	1. 敲击作业飞溅，物体打击伤害。 2. 用撬杠打开侧门时，打伤人员或挤伤手部。 3. 使用风炮扳手不当造成伤害。 4. 拆卸螺栓作业人员滑跌伤害	Ⅱ	物体打击	1. 敲击作业戴好护目镜，人员不得站在手锤运行方向，锤击扳手尾部进行敲击作业，禁止用手扶住扳手进行敲击作业。 2. 使用撬杠打开侧门时，人员站在同侧，清理撬杠运行方向上的杂物，人员不得站在撬杠运行方向上。 3. 合理使用手工具，抓牢扶稳，对正顶紧螺栓套筒后再打开风炮扳手气源。 4. 清理积水，钻井液，防止滑跌，高处作业使用工作平台，系好安全带，使用好防坠落装置	项目部	技术管理办公室井控主管井队队长技术员
3		更换闸板	1. 在闸板上安装好提环栽丝，挂好吊索，使用气动绞车配合起吊，将闸板总成从闸板轴尾部水平向外侧拉出，拆下旧闸板。 2. 气动绞车配合平稳将旧闸板放至指定位置，卸下提环栽丝。 3. 在备用闸板上安装提环栽丝，用气动绞车起吊至闸板轴处。 4. 将闸板总成从闸板轴尾部水平由外侧推入，装好备用闸板	1. 井下落物。 2. 闸板芯子夹手，下砸伤人。 3. 气动绞车操作不当，造成人员手部挤伤，碰伤。 4. 更换闸板时，高处作业存在滑跌风险	Ⅱ	物体打击起重伤害其他伤害	1. 打开侧门后，禁止将手工具放置在闸板腔内，防止手工具掉入井内。 2. 吊闸板提环载丝上紧，人员不得站在闸板芯子下方，使用气动绞车时手不得放在闸板运动方向。 3. 气动小绞车专人指挥，钢丝绳排列整齐。 4. 高处作业使用好工作平台，系好安全带，人员脚下注意防滑	项目部	技术管理办公室井控主管井队队长技术员

— 253 —

续表

序号	作业项目	作业单元	作业步骤	危害因素	风险等级	事故分类	控制措施	控制级别	具体岗位
4	更换防喷器闸板	关闭侧门紧固螺栓	1. 关闭侧门，安装防喷器侧门上螺杆，紧固螺栓。 2. 重复以上步骤更换另一侧闸板	1. 关闭侧门时夹手。 2. 敲击作业飞溅，物体打击伤害。 3. 使用风炮扳手等工具不当造成伤害	Ⅱ	物体打击其他伤害	1. 人员手不得抓在活门内侧面，合理使用撬杠。 2. 敲击作业戴护目镜，锤击扳手尾部拴好尾绳，人员不得站在手锤击运行方向。禁止用手扶住扳手进行敲击作业，抓牢扶稳，对正顶紧螺栓套筒后再打开风炮扳手气源。 3. 合理使用手工具	项目部	技术管理办公室井控主管井队队长技术员

表 2-65 地层破裂压力试验作业风险分级管控

工作任务描述	地层破裂压力试验作业						
使用工具准备	钻井泵等						
序号	作业项目	作业单元	作业步骤	危害因素	风险等级	事故分类	控制措施	控制级别	具体岗位
						中风险			
1	地层破裂压力试验作业（钻井泵）	试验前准备	压力表及各闸阀灵敏可靠	压力表及管线刺漏、爆裂	Ⅲ	其他伤害	检查好压力表和闸阀，表和闸阀灵敏可靠	钻井队	副队长
			防喷器控制系统工作正常	防喷器控制系统误操作	Ⅲ	其他伤害	专人检查，防喷器控制系统工作正常	钻井队	副队长
			内控管线闸阀开关位置正确	内控管线闸阀开关错误、管线刺漏伤人	Ⅲ	其他伤害	专人检查，内控管线闸阀开关位置正确	钻井队	副队长

续表

序号	作业项目	作业单元	作业步骤	危害因素	风险等级	事故分类	控制措施	控制级别	具体岗位
2	地层破裂压力试验作业（钻井泵）	停泵、关闸板防喷器	上提方钻杆使钻头进入套管鞋，停泵，关闭半封闸板防喷器，打开4#阀，关闭节流阀和节流阀前的平板阀	1. 未停泵就使闭封井器，造成憋泵或憋漏地层。2. 钻具接箍位置不当造成闸板芯子损坏，无法实现关井	IV	其他伤害	1. 先停泵，后关井。严格按照关井作业程序进行关井。2. 接箍上提至离转盘面0.5m站人	岗位	司钻
3		钻井泵试压	缓慢挂泵，每隔2min记录井口压力和泵入量。当压力上升到一定压力值后压力下降，慢慢趋于平稳时停泵。做出泵入量-井口压力曲线	1. 未逐一检查连接话接头（由王）紧固情况，高压刺漏造成伤害。2. 达到漏失点未及时停泵，引发失压性损失。3. 挂泵时过猛，导致憋泵，造成人员伤害受设备损坏	III	物体打击其他伤害	1. 检查各连接话接头（由王）上紧，开泵时，高压区域不得站人。2. 试验过程专人指挥，达到漏失点时及时停泵。3. 挂泵时平稳操作，多次挂合	钻井队	技术员
4		泄压、开闸板防喷器	通过节流阀泄压，打开半封闸板防喷器	未泄压直接开井，钻井液喷出井口，造成人员伤害，设备损坏	IV	其他伤害	先打开节流阀进行泄压，后开井	岗位	司钻
1	地层破裂压力试验作业（试压车）	试验前准备	压力表及各闸阀灵敏可靠	压力表管线刺漏、爆裂	III	其他伤害	检查好压力表和闸阀，确保压力表和闸阀灵敏可靠	钻井队	副队长
			防喷器控制系统工作正常	防喷器控制系统误操作	III	其他伤害	专人检查，防喷器控制系统工作正常	钻井队	副队长
			内控管线闸阀开关位置正确，试压管线话接头（由王）紧固	内控管线闸阀开关错误，试压管线话接头（由王）漏漏伤人，管线刺漏伤人	III	其他伤害	专人检查，内控管线闸阀开关位置正确	钻井队	副队长

续表

序号	作业项目	作业单元	作业步骤	危害因素	风险等级	事故分类	控制措施	控制级别	具体岗位
2	地层破裂压力试验（试压车）作业	关闭板防喷器	提出方钻杆使钻头进入套管鞋，停泵，关闭半封闸板防喷器，打开4#阀，关闭井流阀和节流阀前的平板阀	1. 未停泵就关闭封井器，造成憋泵损憋漏地层。2. 钻具未处于悬吊状态，半封井未在井有效关井位置	IV	其他伤害	1. 先停泵，后关井。严格按照关井作业程序进行关井。2. 接猫上提至离转盘面0.5m	岗位	司钻
3		连接管线	用试压管线连接试压车与压井管汇，倒好各阀门，试压管线拴好保险绳	高处作业飞溅伤害	IV	物体打击 其他伤害	在敲击时戴好防护眼镜	岗位	试压人员
4		试压车试压	启动试压车小排量（0.8~1.32L/s）向井内注入钻井液，直到钻压力不再上升时，停泵。每隔2min记录一次泵入量和相应的井口压力。作泵入量-井口压力曲线	1. 未逐一检查连接话接头（由丁）紧固情况，高压刺漏造成伤害。2. 达到漏失点未及时停泵，引发失返性漏失。3. 挂泵过猛造成人员伤害或设备损坏	III	其他伤害	1. 检查各连接话接头（由丁）上紧，开泵时，高压区域不得站人。2. 试压车操作平稳，达到漏失点时及时停泵	钻井队	技术员
5		泄压	通过试压车泄压	未泄压直接开井，液从井口喷出，导致人员伤害、设备损坏	IV	其他伤害	试压车泄压后再开井	岗位	司钻

第二章 钻井生产作业活动风险防控

表 2-66 震击作业风险分级管控

工作任务描述	震击作业						
使用工具准备	超级震击器、短钻杆、三面式卡瓦等						
序号	作业项目	作业单元	作业步骤	危害因素	风险等级	事故分类	控制措施	控制级别	具体岗位
1	震击作业（地面）	设备和工具检查	检查井架、游车、大钩、死活绳头、指重表、刹车系统、井架连接销及各附件	井架、死活绳头检查、连接销不固定导致震击过程中出现松动造成设备损坏，严重的震倒井架	Ⅱ	其他伤害	震击前卸钩掉吊环、气动马达、大钩锁不捆绑固定，紧固天车护罩，死活绳头固定好，转盘面以上钻具各部位连接螺纹紧固，指重表灵敏应达到规定要求，刹车系统安全可靠	项目部	技术管理办公室主任
2			捆绑大钩	震击时从大钩处脱钩导致下砸风险及人身伤害	Ⅱ	其他伤害	用 5/8in 钢丝绳捆绑大钩	项目部	技术管理办公室主任
3		地面检查震击器	将地面震击器摩擦卡瓦调至归零，将行程完全拉开，并注满机油	1. 震击器放平后卸开堵丝，根据标识方向将摩擦卡瓦调至归零。 2. 根据震击器理论行程拉至最大。 3. 边调零边注机油	Ⅱ	其他伤害	连接前拉至开位	项目部	技术管理办公室主任
		接震击器	确认震击器行程拉开	震击器无法工作	Ⅱ	其他伤害	1. 按照震击钻具组合正确连接。 2. 确保震击器丝堵在转盘面上方，够用震击短钻杆调节	项目部	技术管理办公室主任
			地面震击器与方钻杆连接，使调节丝堵漏出转盘面	1. 连接顺序错误导致无法震击。 2. 调节丝堵在转盘面下，无法调节	Ⅱ	其他伤害			
4		震击	上下拉动，震击	1. 无法震击，拉伸钻具拉断。 2. 高吨位震击会导致钻具拉断，带来二次故障或人身伤害	Ⅱ	其他伤害	1. 反复拉动使机油发热震击器才能正常工作。 2. 调节吨位切忌一次过大，每次不得超过2格。 3. 同一吨位不得连续多次震击。 4. 调一吨位，震击时毛毡盖好井口	项目部	技术管理办公室主任

续表

序号	作业项目	作业单元	作业步骤	危害因素	风险等级	事故分类	控制措施	控制级别	具体岗位
4	震击作业（地面）	震击	上提钻具产生震击，震击结束后，下放行程回位，重复调节，震击	1.摩擦芯轴失效，不能震击 2.震击时间过长导致钻具疲劳，井架晃动过大，导致井架倾倒或人身伤害	Ⅱ	其他伤害	1.震击器长时间不震击，可能摩擦芯轴已坏，应该及时更换震击器。 2.派专人盯住震击器的拉伸行程和拉伸量，观察震击力和井架晃动情况，合理调节震击力大小。 3.不震击时，拉伸操作不少于3次，再调节震击吨位。 4.推荐使用卡点井深700~2600m。 5.震击吨位不得超过卡点以上自由端钻具重量	项目部	技术管理办公室主任
		复位	每次震击后派专人在合适位置观察震击器复位情况，大绳情况及大钩位置	未复位或复位过度，导致游车大钩偏斜，压弯方钻杆，上顶下砸甚至人身伤害	Ⅱ	其他伤害	派专人观察震击器复位情况，复位过度立即提示司钻，防止上顶下砸	项目部	技术管理办公室主任
5			解卡后，调节地面震击器复位，将震击器调节至初始位置	解卡后现场地不复位导致下次无法使用	Ⅱ	其他伤害	使用完后，在场地上卸开丝扣，将摩擦卡瓦调至归零，封好丝扣备用	项目部	技术管理办公室主任
1	震击作业（井下）	设备和工具检查	检查井架、游车、大钩、死活绳头、指重表、刹车系统、井架连接销及各附件	井架、大钩舌头、死活绳头、连接销不固定导致震击过程中出现松动	Ⅱ	其他伤害	震击前钩掉吊环，大钩舌头捆绑固定，紧固天车护罩，绞车钢丝绳排列整齐，死活绳头固定好，转盘面以上钻具各部连接螺纹紧固，指重表灵敏度应达到规定要求，刹车系统安全可靠	项目部	技术管理办公室主任

- 258 -

第二章 钻井生产作业活动风险防控

续表

序号	作业项目	作业单元	作业步骤	危害因素	风险等级	事故分类	控制措施	控制级别	具体岗位
1		设备和工具检查	捆绑大钩	震击时从大钩处脱钩导致下砸风险或人身伤害	Ⅱ	其他伤害	用5/8in钢丝绳捆绑大钩	项目部	技术管理办公室主任
2		选择震击器和接钻具组合	选择合适规格系列的震击器和加速器	选择的震击器和加速器不匹配（不匹配），震击时不工作，导致无法解卡	Ⅱ	其他伤害	根据井眼尺寸和钻具重量，选择匹配的震击器和加速器	项目部	技术管理办公室主任
	震击作业（井下）		按照要求接钻具组合	接钻具组合中加速器和超级震击器接反无法震击甚至造成人身伤害	Ⅱ	其他伤害	震击器和加速器辨识清楚，做好标记，接组合时专人盯在现场，防止接反	项目部	技术管理办公室主任
3		下钻、循环冲洗鱼头和对扣	下钻	1. 下放速度过快导致下放遇阻。 2. 高处作业人员未系安全带、未使用防坠落装置	Ⅱ	其他伤害 高处坠落	1. 提示易遇阻井段，下钻控制下放速度。 2. 下钻1000m顶通循环。 3. 高处作业人员系好安全带，使用好防坠落装置	项目部	技术管理办公室主任
			循环冲洗鱼头	1. 鱼头位置计算错误导致伤扣，造成无法对扣。 2. 冲洗鱼头不彻底导致后期对扣失败	Ⅱ	其他伤害	准确计算鱼头位置，距离鱼头3m提前开泵，缓慢下探，待泵压上涨后上提0.5m开始循环，循环30min为宜	项目部	技术管理办公室主任
			对扣	鱼头不干净导致无法对扣	Ⅱ	其他伤害	确保鱼头上升管循环干净后，开始对扣，下放至泵压上升后停泵，上提0.5m开始对扣，控制好转盘圈数和反扣，紧扣后用正转圈数和反转圈数来验证是否紧扣成功	项目部	技术管理办公室主任

- 259 -

续表

序号	作业项目	作业单元	作业步骤	危害因素	风险等级	事故分类	控制措施	控制级别	具体岗位
4	震击作业（井下）	震击作业	下放钻柱关闭超级震击器，上提钻具，使钻具产生足够的弹性伸长，刹住卡把，等上述操作复上述操作	1. 砸不开卡点，无法解卡。2. 震击上顶造成地面事故。3. 心轴拉开砸伤人员。4. 超吨位震击导致二次事故发生	Ⅱ	其他伤害	1. 震击前以转盘面为基点，在方钻杆上分别做出下击点标记，拉开时标记，即自由行程；准确记录鱼顶以上钻柱在钻井液中的悬重；砸击卡点时要快，砸到卡点要准。2. 震击器上方安放钻铤。3. 超级震击器及加速器提出井眼时通常是足够打开位置，应当关闭震击器。4. 井下震击应从较低吨位开始，逐渐加大，但不允许大于表中所规定的井下最大提拉力	项目部	技术管理办公室主任

表 2-67 钻具倒扣作业风险分级管控

工作任务描述	井下故障处理钻具倒扣作业								
使用工具准备	铣鞋、焊口短节、套铣管、大小头等								
序号	作业项目	作业单元	作业步骤	危害因素	风险等级	事故分类	控制措施	控制级别	具体岗位
1	钻具倒扣作业	下钻	接倒扣接头下钻	1. 装配时，配合不当接头翻倒伤人。2. 接头从井口落入，碰到鱼头造成接头损坏扣套。3. 接头选用不当造成损坏	Ⅱ	其他伤害	1. 接倒扣接头上扣，盖好井口、井口人员与司钻配合上扣，扣上后用液气大钳紧扣。2. 涨扣套使用三次应更换，涨扣套有变形、裂纹、崩齿应及时更换。3. 准确计算鱼头位置，提前控制下放速度，防止落鱼位置不清或计算不准	项目部	技术管理办公室主任

— 260 —

第二章 钻井生产作业活动风险防控

续表

序号	作业项目	作业单元	作业步骤	危害因素	风险等级	事故分类	控制措施	控制级别	具体岗位
2	倒扣作业	对扣	造扣	1. 无法下探鱼顶，无法判断打捞工具进入落鱼造扣水眼。 2. 停泵加压造成公锥滑扣。 3. 造扣无效后，上下活动钻具，造成钻具多段落井。	Ⅱ	其他伤害	1. 停泵加压 10~40kN 间断转动转盘造扣（小公锥最大加压不得超过50kN，防止公锥滑扣；母锥或大头公锥造扣可以适当增加钻压，建议不超过80kN）。转动圈数由少到多逐渐增加，造扣时转盘一次性增大转动圈数不得超过5圈，有效进扣圈数4~5圈就可以了。 2. 当引锥捕入落鱼水眼之后，正转5~6转，使胀扣套与落鱼上部接头螺纹旋合，上紧。	项目部	技术管理办公室主任
3		倒扣		1. 未倒开扣，钻具释放扭矩使刹车起不起作用。 2. 反扣钻杆涨扣，越倒越多，物体打击伤人。	Ⅱ	物体打击 其他伤害	1. 倒扣前检查转盘喷剂，保证可靠好用。 2. 下反扣钻杆时上扣扭矩大于正扣上扣扭矩。 3. 除操作和指挥人员外，其余人员撤离至安全区域。 4. 倒扣前上提活动钻具，下放吨位不能低于捞柱悬重，倒扣上提拉力大小以要倒开钻具重量与打捞钻具重量之和为宜。	项目部	技术管理办公室主任

表 2-68 绞车维修作业风险分级管控

工作任务描述	绞车维修						
使用工具准备	吊索、引绳、取挂绳套工具、手锤、扳手等工具						
序号	作业项目	作业单元	作业步骤	危害因素	风险等级	事故分类	控制措施	控制级别	具体岗位

序号	作业项目	作业单元	作业步骤	危害因素	风险等级	事故分类	控制措施	控制级别	具体岗位
1	绞车维修	更换传动轴	1. 拆卸护罩。 2. 拆卸螺栓和链条。 3. 拆装更换传动轴。 4. 安装螺纹和链条及护罩	1. 未清理杂物和油污。 2. 无专人指挥或多人指挥，吊车操作人员与挂绳套人员配合不当。 3. 使用不符合要求的吊索具，绳套滑脱。 4. 牵引绳长度不足，拴挂位置不合适，吊物吊点选择不当，吊物体摆动大。 5. 手工具及配件放置在高处，手放在手工具与链条之间，拆卸链条时油污飞溅。 6. 使用完工具未及时回收	Ⅱ	起重伤害 其他伤害 设备损坏	1. 清理脚下（作业现场）油污和杂物。 2. 专人指挥吊车，佩戴明显指挥标识。 3. 严格执行起重作业"十不吊"和指着人员"五确认"。 4. 作业前检查好吊索具，确保吊索具负载符合被吊物要求。 5. 选择固定吊点，无固定吊点的吊物试吊平稳后起吊。 6. 牵引绳拴挂于被吊物上，长度、尺寸、材质符合要求。 7. 操作人员未得到明确信号，严禁操作，使用对讲机联系，吊车平稳操作。 8. 人员穿戴好劳保护具，站位合理，正确使用手工具。 9. 高处禁放手工具（及配件），不要站在有人使用手锤的区域，禁止使用手代替工具。 10. 清点回收现场工具。	项目部	项目部设备管理员 副队长 大班司钻 司钻

续表

序号	作业项目	作业单元	作业步骤	危害因素	风险等级	事故分类	控制措施	控制级别	具体岗位
2	绞车维修	更换刹车盘	1. 拆卸护罩。 2. 拆卸左右安全钳。 3. 拆卸刹利链条。 4. 拆卸离合器。 5. 拆卸链轮。 6. 拆装更换刹车盘。 7. 安装链轮、离合器、螺栓和链条、安全钳及护罩。	1. 未清理杂物和油污。 2. 无专人指挥或多人指挥，吊车操作人员与挂绳套人员配合不当。 3. 使用不符合要求的吊索具、绳套清脱。 4. 牵引绳长度不足，拴挂位置不合适，吊物点选择不当，吊物体摆动大。 5. 手工具及配件放置在高处，手放在手工具与链条之间，拆卸链条时油污飞溅。 6. 使用完工具未及时回收。	II	起重伤害 其他伤害 设备损坏	1. 清理脚下油污和杂物。 2. 专人指挥吊车，佩戴明显指挥标识。 3. 严格执行起重作业"十不吊"和指挥人员"五确认"。 4. 司索工在绳套使用前检查完好，负荷符合吊物重量要求，不使用大绳套吊小物件，小绳套吊大物件。 5. 对吊点进行标识，吊物吊点选择固定吊点，无固定吊点的吊物挂挂于被吊物上，长度、尺寸、材质符合要求。 6. 牵引绳挂挂于被吊物上试吊平稳后起吊。 7. 操作人员未得到明确信号，严禁操作。 8. 人员穿戴好劳保护具，吊车平稳操作。 9. 高处禁放工具，不要站在有人使用手锤的区域，注意手与手锤摆放位置。 10. 清点回收现场工具	项目部	项目部设备管理员 副队长 大班司钻 司钻

续表

序号	作业项目	作业单元	作业步骤	危害因素	风险等级	事故分类	控制措施	控制级别	具体岗位
3	绞车维修	更换刹车毂	1. 拆卸护罩。 2. 拆卸左右安全钳。 3. 拆卸螺栓和链条。 4. 拆卸离合器。 5. 拆卸链轮。 6. 安装链轮、螺栓和链条、离合器。 7. 安装刹车毂、安全钳及护罩。	1. 未清理杂物和油污。 2. 无专人指挥或多人指挥，吊车操作人员与挂绳套人员配合不当。 3. 使用不符合要求的吊索具，绳套滑脱。 4. 牵引绳长度不足，拴挂位置不合适，吊物吊点选择不当，吊物体摆动大。 5. 手工具放置在高处，手放在手工具与链条之间，拆卸链条时油污飞溅。 6. 使用完工具未及时回收	Ⅱ	起重伤害 其他伤害 设备损坏	1. 清理脚下油污和杂物。 2. 专人指挥吊车，佩戴明显指挥标识。 3. 严格执行起重作业"十不吊"和指挥人员"五要求"。 4. 司索工在绳套使用前检查完好，负荷符合吊物重量要求，不使用大绳套吊小物件，小绳套吊大物件。 5. 对吊点进行标识，吊物点选择固定吊点，无固定吊点的吊物试吊平稳后起吊。 6. 牵引绳拴挂于被吊物上，长度、尺寸、材质符合要求。 7. 操作人员得到明确信号，严禁操作，使用对讲机联系，吊车平稳操作。 8. 人员穿戴好劳保护具，站位不要站在有人使用手锤区域，注意手与指摆放位置。 9. 高处禁放工具，不要站在有人使用手锤区域，注意手与指摆放位置。 10. 清点回收现场工具	项目部	项目部设备管理员 副队长 大班司钻 司钻

— 264 —

续表

序号	作业项目	作业单元	作业步骤	危害因素	风险等级	事故分类	控制措施	控制级别	具体岗位
4	绞车维修	更换链条	1. 拆卸链条。 2. 拉出链条。 3. 安装链条	1. 未清理杂物和油污。 2. 手放在手工具与链条之间。 拆卸链条时油污飞溅。 3. 使用完工具未及时回收。 4. 链轮转动链条下砸到人。 5. 链条摆动伤人。 6. 敲击作业时飞溅伤人或砸到手。 7. 安装、拆卸护罩时挤压、碰撞伤害	Ⅲ	其他伤害 设备损坏	1. 清理脚下油污和杂物。 2. 人员站在应用力合理，正确使用手工具，注意手与手指摆放位置。 3. 清点回收现场工具。 4. 现场专人负责。 5. 固定链条时，引绳固定牢固。 6. 专人指挥，平稳起吊，配合人员牵好引绳，人员站到安全区域。 7. 佩戴好目镜、劳保护具齐全；敲击时看准位置轻敲。 8. 使用吊车或气动绞车，信号清楚，人员站位正确	钻井队	副队长 大班司钻 司钻
5		润滑系统检修	1. 拆管线。 2. 气管吹出脏物。 3. 清洗机油泵滤芯	1. 未清理杂物和油污。 2. 手放在手工具与管线之间。 3. 吹管线时油污与杂物飞溅	Ⅳ	其他伤害	1. 清理脚下油污和杂物。 2. 人员穿戴好劳保护具。 3. 人员站在应用力合理，正确使用手工具，注意手与手指摆放位置	岗位	大班司钻 司钻
6		排绳器检修	1. 摆放吊车。 2. 拆卸排绳器。 3. 检修	1. 使用不符合要求的吊索具、绳套滑脱。 2. 吊物吊点选择不当	Ⅲ	起重伤害 其他伤害 设备损坏	1. 严格执行起重作业"十不吊"和指挥人员"五确认"。 2. 司索工在绳套使用前检查完好，负荷符合吊物重量要求，不使用大绳套吊小物件，小绳套吊大物件。 3. 对吊点进行标识，吊物起吊前选择固定吊点，无固定吊点的吊物试吊平稳后起吊。 4. 人员穿戴好劳保护具，站位用力合理，正确使用手工具	钻井队	大班司钻 司钻
7		其他检维修项目	1. 拆卸螺栓。 2. 检修	1. 手工具放置在高处。 2. 手放在手工具与设备之间。 3. 人员踩到脚下杂物和油污	Ⅲ	其他伤害	1. 清理脚下油污和杂物。 2. 人员站在应用力合理，正确使用手工具，注意手与手指摆放位置。 3. 清点回收现场工具	钻井队	大班司钻 司钻

表 2-69 检修井车传动箱作业风险分级管控

工作任务描述	检修井车传动箱							
使用工具准备	扳手、大小撬杠、手锤、接链器、黄油枪、手钳							
作业项目	作业单元	作业步骤	危害因素	风险等级	事故分类	控制措施	控制级别	具体岗位
序号								
1	更换传动轴	1. 停动力。 2. 拆链条，并用细钢丝绳固定。 3. 拆传动轴。 4. 装传动轴。 5. 装链条。 6. 试运转	1. 误挂合。 2. 手工具使用不当。 3. 误操作转动轴吊挂不平，传动轴吊挂不平或安装不到位。 4. 敲击作业时物体飞溅。 5. 试运转时零部件、螺钉等甩出	Ⅲ	机械伤害 物体打击 其他伤害	1. 停机挂牌，专人监护。 2. 正确使用手工具。 3. 松螺栓用力得当，紧螺纹时对称上紧，观察好四周间隙。 4. 吊传动轴时使用两根绳套，选择合适吊点，吊挂平稳，专人指挥。 5. 护目镜等劳保穿戴齐全，手锤运动方向不要站人。 6. 清理井车箱上油污，接链器紧到松紧条之间适，手未要放在接链器与链条之间， 7. 试运转时清理干净螺钉、工具，人员远离	钻井队	副队长
2	更换链条	1. 停动力。 2. 砸开旧链条连接轴销。 3. 新旧链条简易连接，旧链条另一端用细棕绳拴住。 4. 拉出旧链条，棕绳和新链条另一端连接拉紧，卡上接链器。 5. 安装链条连接轴销及保险钉。 6. 试运转	1. 误挂合。 2. 手工具使用不当。 3. 棕绳磨断。 4. 敲击作业时物体飞溅。 5. 试运转时零部件、螺钉等甩出	Ⅲ	机械伤害 物体打击 其他伤害	1. 停机挂牌，专人监护。 2. 正确使用手工具。 3. 松螺栓用力得当，紧螺纹时对称上紧，观察好四周间隙。 4. 吊传动轴时使用两根绳套，选择合适吊点，吊挂平稳，专人指挥。 5. 护目镜等劳保穿戴齐全，手锤运动方向不要站人。 6. 清理井车箱上油污，接链器紧到松紧条之间适，手未要放在接链器与链条之间， 7. 试运转时清理干净螺钉、工具，人员远离	钻井队	副队长

第二章　钻井生产作业活动风险防控

续表

序号	作业项目	作业单元	作业步骤	危害因素	风险等级	事故分类	控制措施	控制级别	具体岗位
3	检修并车传动箱	润滑系统检修	1. 停动力。 2. 拆出润滑系统管线。 3. 检查并整改或更换管线。 4. 装上润滑系统管线。 5. 试运转	1. 误挂合。 2. 工具使用不当,手工具打滑。 3. 人员配合不当,站立不稳,未戴护目镜。 4. 润滑油高温。 5. 试运转时人员未远离	Ⅲ	机械伤害、其他伤害	1. 停机挂牌,专人监护。 2. 正确使用手工具。 3. 链条上铺好毛毡做好防滑,待润滑油冷却后再作业。 4. 护目镜等劳保穿戴齐全。 5. 及时清理油污。 6. 试运转时清理杂物,人员远离	钻井队	副队长或司机长、柴油机司机

表2-70　顶驱检维修作业风险分级管控

工作任务描述	顶驱检维修							
使用工具准备	手锤、扳手、撬杠、锁线钳、引绳、绳套、气动绞车、电焊机、检测仪、万用表、电笔							
序号	作业项目	作业单元	作业步骤	危害因素	风险等级	事故分类	控制措施	控制级别	具体岗位
1	顶驱检维修	电机更换	1. 工具准备。 2. 停动力上锁挂签。 3. 固定绞车、顶驱。 4. 拆卸顶驱电机连接电缆、管线。 5. 拆卸顶驱电机,吊装下钻台。	1. 使用工具不符合要求。 2. 误操作。 3. 吊钩、吊索及载人提篮断裂。 4. 敲击作业时物体飞溅。 5. 固定销、电缆、管线、电机等掉落。	Ⅰ	高处坠落、其他伤害、设备损坏	1. 准备符合要求的手工具,正确使用手工具。 2. 切断顶驱电源,上锁挂签,专人监护。 3. 专人平稳规范操作顶驱气动绞车,拉好载人提篮引绳,提篮上端由检维修人员用引绳固定于顶驱本体,控制提篮摆动。 4. 敲击作业时戴好护目镜,人员远离手锤运行的方向。	公司	部门设备管理岗、项目部设备管理员、钻井队长、副队长、钻台大班

高风险

续表

序号	作业项目	作业单元	作业步骤	危害因素	风险等级	事故分类	控制措施	控制级别	具体岗位
1	顶驱检维修	电机更换	6. 吊装顶驱电机上顶驱，安装。 7. 连接顶驱电机连接电缆、管线。 8. 清理工具。	6. 载人气动绞车摆动造成人员伤害。 7. 高处落物、井下落物。	I	高处坠落 其他伤害 设备损坏	5. 配合作业，提前使用气动小绞车悬吊电缆、管线，拆下吊后至低位。 6. 作业人员佩戴好安全带并悬挂于载人提篮本体上。 7. 钻台配合人员远离提篮正下方，所用工具系好保险绳，围好井口。 8. 清点维修工具并回收。	公司	部门设备管理岗 项目部设备管理员 钻井队长 副队长 钻台大班
2		导轨焊接校正	1. 摆放吊车。 2. 挂绳套、拴引绳。 3. 起吊顶导轨。 4. 焊接作业。 5. 检测。	1. 无专人指挥或多人指挥，吊车操作人员与挂绳套人员配合不当。 2. 使用不符合要求的吊索具，绳套滑脱。 3. 牵引绳长度不合适，拴挂位置不当。 4. 电焊机接线不正确，焊接高温。 5. 检测操作不平稳。	I	起重伤害 其他伤害 灼烫 设备损坏	1. 专人指挥吊车，佩戴明显指挥标识。 2. 严格执行起重作业"十不吊"和指挥人员"五怀"。 3. 司索工在绳套使用前检查完好，负荷符合吊物重量要求。 4. 对吊点进行标识，吊物吊点选择固定吊点，无固定吊点的吊物试吊平稳后起吊。 5. 牵引绳拴挂牢固不破吊物，长度、尺寸、材质符合要求。 6. 操作人员未得到明确信号，严禁操作。 7. 专人负责电焊作业，劳保护具齐全，高温区域隔离。 8. 专业人员检测，专人监护。	公司	部门设备管理岗 项目部设备管理员 钻井队长 副队长 钻台大班

续表

序号	作业项目	作业单元	作业步骤	危害因素	风险等级	事故分类	控制措施	控制级别	具体岗位
3	顶驱检维修	主电缆更换	1. 工具准备。 2. 停动力上锁挂签。 3. 拆卸电缆连接头。 4. 拆除电缆接头压板。 5. 起吊电缆放置低位。 6. 新电缆起吊安装。 7. 连接电缆接头	1. 使用工具不符合要求。 2. 误操作。 3. 人员高处坠落。 4. 敲击作业时物体飞溅。 5. 螺栓、压板脱落。 6. 电缆脱落	I	高处坠落 其他伤害 触电 设备损坏	1. 准备符合要求的手工具，正确使用手工具。 2. 专人负责动力，上锁挂签。 3. 高处作业，站稳扶牢，系好安全带。 4. 携带工具必须有专用工具袋，工具系好尾绳，卸螺栓、压板放置在工具袋内。 5. 敲击作业时戴好护目镜，人员远离手锤运行的方向。 6. 配合作业，起吊指挥信号明确，绳套吊挂电缆牢固、合理。 7. 逐作安装、固定牢固。 8. 清点维修工具并回收	公司	部门设备管理岗 项目部设备管理员 钻井队队长 副队长 钻台大班
4		控制系统维修	1. 工具准备。 2. 上锁挂签。 3. 对控制系统进行检修	1. 使用工具不符合要求。 2. 误操作。 3. 工具掉落	II	其他伤害 触电 设备损坏	1. 准备符合要求的手工具，正确使用手工具。 2. 专人监护。 3. 专业人员作业，做好防触电措施。 4. 仔细检查确认，专业人员试运行	项目部	项目部设备管理员 副队长 大班司钻 司钻
5		冲管更换	1. 工具准备。 2. 停动力上锁挂签。 3. 拆卸旧冲管。 4. 安装新冲管。 5. 检查试运行	1. 使用工具不符合要求。 2. 人员高处坠落。 3. 敲击作业时物体飞溅。 4. 冲管总成、工具掉落。 5. 载人气动绞车摆动造成人员伤害。 6. 高处落物、井下落物	III	高处坠落 其他伤害 设备损坏	1. 准备符合要求的手工具，正确使用手工具。 2. 专人负责动力，上锁挂签。 3. 作业人员佩戴好安全带手悬挂于载人提升本上。 4. 携带工具必须有专用工具袋，工具系好尾绳，操作气动绞车配合作业。 5. 敲击作业时戴好护目镜，人员远离手锤运行的方向。 6. 配合作业，作业人员联系信号明确。 7. 钻台配合人员远离提篮正下方，所用工具系好保险绳，围好井口	钻井队	副队长或大班司钻

续表

序号	作业项目	作业单元	作业步骤	危害因素	风险等级	事故分类	控制措施	控制级别	具体岗位
6	顶驱检修	更换保护接头	1. 工具准备。 2. 停动力上锁挂签。 3. 拆卸背钳扶正、正套、锁紧机构。 4. 上提、固定背钳。 5. 卸保护接头。 6. 安装保护接头。 7. 安装锁紧装置、背钳扶正环、扶正套。	1. 使用工具不符合要求。 2. 误操作。 3. 敲击作业时物体飞溅。 4. 销轴等部件脱落、掉落。 5. 接头下砸。	Ⅲ	其他伤害 设备损坏 井下落物	1. 准备符合要求的手工具，正确使用手工具。 2. 专人负责停动力、上锁挂签。 3. 井口防落物装置。 4. 配合作业、作业人员联系信号明确。 5. 敲击作业时戴好护目镜，人员远离手锤运行的方向。 6. 人员站位合理	钻井队	副队长或大班司钻
7		更换内防喷器	1. 工具准备。 2. 停动力上锁挂签。 3. 拆卸背钳扶正、正套、锁紧机构。 4. 上提、固定背钳。 5. 卸内防喷器旋塞接头。 6. 安装内防喷器旋塞接头。 7. 安装锁紧装置、背钳扶正环、扶正套。	1. 使用工具不符合要求。 2. 误操作。 3. 敲击作业时物体飞溅。 4. 销轴等部件脱落、掉落。 5. 接头下砸。	Ⅲ	其他伤害 设备损坏 井下落物	1. 准备符合要求的手工具，正确使用手工具。 2. 专人负责停动力、上锁挂签。 3. 井口防落物装置。 4. 配合作业、作业人员联系信号明确。 5. 敲击作业时戴好护目镜，人员远离手锤运行的方向。 6. 人员站位合理	钻井队	副队长或大班司钻

第二章 钻井生产作业活动风险防控

续表

序号	作业项目	作业单元	作业步骤	危害因素	风险等级	事故分类	控制措施	控制级别	具体岗位
8	顶驱检维修	油滤更换	1. 工具准备。 2. 停动力上锁挂签。 3. 拆卸油滤。 4. 安装油滤。 5. 检查试运行	1. 使用工具不符合要求。 2. 误操作。 3. 人员高处坠落。 4. 敲击高处作业时物体飞溅。 5. 油滤总成、工具掉落	Ⅲ	高处坠落 其他伤害 设备损坏	1. 准备符合要求的手工具，正确使用手工具。 2. 专人负责停动力、上锁挂签。 3. 高处作业时必须系好安全带，使用载人提篮。 4. 携带工具必须有尾绳，操作气动绞车配合作业。 5. 敲击作业时戴好护目镜，人员远离手锤运行的方向。 6. 观察记录运行参数	钻井队	副队长或大班司钻
9		润滑系统维修	1. 工具准备。 2. 上锁挂签。 3. 对润滑系统进行检修。 4. 检查试运行	1. 使用工具不符合要求。 2. 误操作。 3. 人员高处坠落。 4. 敲击作业时物体飞溅。 5. 部件、工具掉落	Ⅲ	高处坠落 触电 其他伤害 设备损坏	1. 准备符合要求的手工具，正确使用手工具。 2. 专人监护。 3. 高处作业时必须系好尾绳，使用载人提篮。 4. 携带工具必须有尾绳，操作气动绞车配合作业。 5. 敲击作业时戴好护目镜，人员远离手锤运行的方向。 6. 专业人员检查操作，运行参数正常	钻井队	副队长或大班司钻
10		液压系统维修	1. 工具准备。 2. 上锁挂签。 3. 对液压系统进行检修。 4. 检查试运行	1. 使用工具不符合要求。 2. 误操作。 3. 高压，触电。 4. 敲击作业时物体飞溅。 5. 油污	Ⅲ	触电 其他伤害 设备损坏	1. 准备符合要求的手工具，正确使用手工具。 2. 人员作业时断动力电源，上锁挂签。 3. 系统泄压。 4. 使用土工膜防油污措施。 5. 敲击作业时戴好护目镜，人员远离手锤运行的方向。 6. 专业人员检查操作，运行参数正常	钻井队	副队长或大班司钻

五、施工作业活动风险分级管控目录

施工作业活动风险分级管控目录见表 2-71。

表 2-71 施工作业活动风险分级管控目录

序号	类别	风险点 分项	风险等级	事故类别	管控层面	钻井队责任人	责任单位（部门）	责任人
1	设备拆卸	拆卸顶驱	I	起重伤害、物体打击	公司	队长	生产协调部门、装备部门	部门负责人
2		拆卸井架	II	起重伤害、高处坠落、物体打击	项目部	队长	生产协调部门、装备部门	部门负责人
3		拆卸钻台（高位绞车）	II	起重伤害、高处坠落、物体打击	项目部	队长	生产协调部门、装备部门	部门负责人
4		拆卸钻台（起放钻台高位绞车）	II	起重伤害、高处坠落、物体打击	项目部	队长	生产协调部门、装备部门	部门负责人
5		拆卸钻台（低位绞车）	II	起重伤害、高处坠落、物体打击	项目部	队长	生产协调部门、装备部门	部门负责人
6		拆卸绞车（低位绞车）	I	起重伤害、物体打击	公司	队长	生产协调部门、装备部门	部门负责人
7		拆卸机房	II	起重伤害、高处坠落、物体打击	项目部	队长	生产协调部门、装备部门	部门负责人
8		拆卸泵房及循环罐	II	起重伤害、高处坠落、物体打击、其他伤害	项目部	队长	生产协调部门、装备部门	部门负责人
9		拆卸井控设备	II	起重伤害、物体打击、其他伤害	项目部	队长	工程技术部门	部门负责人
10		拆卸管柱自动化系统	III	起重伤害、高处坠落、其他伤害	钻井队	队长	装备部门	部门负责人
11		拆卸水罐	III	起重伤害、高处坠落	钻井队	副队长	生产协调部门	部门负责人

第二章 钻井生产作业活动风险防控

续表

序号	类别	风险点 分项	风险等级	事故类别	管控层面	钻井队责任人	责任单位（部门）	责任人
12	搬迁作业	钻井设备装车作业	Ⅲ	起重伤害、车辆伤害	钻井队	副队长	生产协调部门	部门负责人
13	搬迁作业	钻井设备运输作业	Ⅱ	车辆伤害	项目部	队长	生产协调部门	部门负责人
14	搬迁作业	钻井设备卸车作业	Ⅲ	起重伤害、车辆伤害	钻井队	副队长	生产协调部门	部门负责人
15	安装作业	安装机房	Ⅱ	起重伤害、高处坠落、物体打击	项目部	队长、司机长	生产协调装备部门	部门负责人
16	安装作业	安装绞车	Ⅰ	起重伤害、物体打击	公司	队长	生产协调装备部门	部门负责人
17	安装作业	安装钻台	Ⅱ	起重伤害、物体打击	项目部	队长	生产协调装备部门	部门负责人
18	安装作业	安装井架	Ⅱ	起重伤害、高处坠落、物体打击、触电	项目部	队长	生产协调装备部门	部门负责人
19	安装作业	起升井架/钻台及后续安装	Ⅰ	坍塌、高处坠落、物体打击	项目部	队长	生产协调装备部门	部门负责人
20	安装作业	安装泵房/循环罐	Ⅱ	起重伤害、高处坠落、物体打击	公司	队长	生产协调装备部门	部门负责人
21	安装作业	安装顶驱	Ⅰ	起重伤害、高处坠落、触电	公司	队长	生产协调装备部门	部门负责人
22	安装作业	安装水罐	Ⅲ	起重伤害、高处坠落、物体打击	钻井队	副队长	生产协调部门	部门负责人
23	安装作业	摆放管房	Ⅲ	起重伤害	钻井队	书记	生产协调部门	部门负责人
24	安装作业	摆放管架	Ⅲ	起重伤害	钻井队	副队长	工程技术部门	部门负责人

续表

序号	风险点 类别	风险点 分项	风险等级	事故类别	管控层面	钻井队责任人	责任单位（部门）	责任人
25	安装作业	安装管柱自动化系统	Ⅲ	起重伤害、高处坠落、物体打击、触电	钻井队	副队长	装备部门	部门负责人
26	井口准备作业	冲鼠洞	Ⅲ	起重伤害、物体打击、其他伤害	钻井队	副队长	工程技术部门	部门负责人
27	井口准备作业	校正井口作业	Ⅲ	坍塌、起重伤害、高处坠落、物体打击	钻井队	副队长	装备部	部门负责人
28	井口准备作业	打闹井作业	Ⅳ	起重伤害、物体打击、其他伤害	钻井队	司钻	工程技术部门	部门负责人
29	井口准备作业	下导井作业	Ⅳ	起重伤害、物体打击、其他伤害	钻井队	副队长	工程技术部门	部门负责人
30	表层施工	一开钻进作业（方钻杆）	Ⅲ	起重伤害、物体打击、机械伤害、高处坠落、其他伤害	钻井队	副队长	工程技术部门	部门负责人
31	表层施工	一开钻进作业（顶驱）	Ⅲ	起重伤害、物体打击、机械伤害、高处坠落、其他伤害	钻井队	副队长	工程技术部门	部门负责人
32	表层施工	一开完井作业	Ⅲ	起重伤害、物体打击、机械伤害、高处坠落、其他伤害	钻井队	副队长	工程技术部门	部门负责人
33	二开（多开）前准备	安装井控装置	Ⅱ	起重伤害、物体打击、高处坠落、触电、其他伤害	项目部	队长	工程技术部门	部门负责人
34	二开（多开）前准备	试压	Ⅲ	物体打击、其他伤害	钻井队	队长	工程技术部门	部门负责人
35	钻进（含多开）	二开（多开）作业（方钻杆）	Ⅲ	物体打击、起重伤害、其他伤害	钻井队	技术员	工程技术部门	部门负责人
36	钻进（含多开）	顶驱钻进	Ⅳ	物体打击、起重伤害、其他伤害、高处坠落	钻井队	技术员	工程技术部门	部门负责人

第二章 钻井生产作业活动风险防控

续表

序号	风险点 类别	分项	风险等级	事故类别	管控层面	钻井队责任人	责任单位（部门）	责任人
37	取心作业	常规取心	Ⅲ	物体打击、起重伤害、机械伤害、其他伤害	钻井队	副队长	工程技术部门	部门负责人
38		特殊取心	Ⅲ	物体打击、起重伤害、机械伤害、其他伤害	钻井队	副队长	工程技术部门	部门负责人
39		电测作业（缆测）	Ⅲ	车辆伤害、物体打击、其他伤害	钻井队	副队长	工程技术部门	部门负责人
40		电测作业（送测）	Ⅲ	起重伤害、高处坠落、其他伤害	钻井队	副队长	工程技术部门	部门负责人
41		通井作业	Ⅲ	物体打击、其他伤害、井喷	钻井队	副队长	工程技术部门	部门负责人
42		下套管	Ⅱ	物体打击、起重伤害、起重伤害	项目部	队长	工程技术部门	部门负责人
43	完井作业（含多开）	固井作业	Ⅱ	车辆伤害、起重伤害、其他伤害、触电、淹溺	项目部	队长	工程技术部门	部门负责人
44		测三样	Ⅲ	物体打击、其他伤害	钻井队	副队长	工程技术部门	部门负责人
45		试压	Ⅲ	起重伤害、其他伤害	钻井队	副队长	工程技术部门	部门负责人
46		拆卸封井器（带套管头）	Ⅱ	起重伤害、物体打击、火灾、灼烫、触电	项目部	副队长	工程技术部门	部门负责人
47		拆卸封井器（无套管头）	Ⅱ	起重伤害、物体打击、火灾、灼烫、触电	项目部	副队长	工程技术部门	部门负责人
48		多开作业换装井口	Ⅱ	起重伤害、其他伤害、触电	项目部	副队长	工程技术部门	部门负责人
49		换装封井器（配合井下作业）	Ⅱ	物体打击、其他伤害、起重伤害、触电	项目部	副队长	工程技术部门	部门负责人

- 275 -

续表

序号	风险点 类别	风险点 分项	风险等级	事故类别	管控层面	钻井队责任人	责任单位（部门）	责任人
50		甩钻杆作业	Ⅲ	高处坠落、物体打击、起重伤害、其他伤害	岗位	司钻	工程技术部门	部门负责人
51		甩钻铤作业	Ⅲ	高处坠落、物体打击、起重伤害、其他伤害	岗位	司钻	工程技术部门	部门负责人
52		测斜	Ⅳ	其他伤害	岗位	技术员	工程技术部门	部门负责人
53		安装/拆卸MWD电池	Ⅲ	其他爆炸、其他伤害、环境污染	钻井队	技术副队长随钻测量工	工程技术部门	部门负责人
54		倒划眼（方钻杆在转盘内）	Ⅲ	物体打击、其他伤害	钻井队	副队长	工程技术部门	部门负责人
55	辅助作业	倒划眼（方钻杆在转盘面以上或无法接方钻杆）	Ⅲ	物体打击、其他伤害	钻井队	副队长	工程技术部门	部门负责人
56		倒划眼（使用顶驱）	Ⅲ	物体打击、其他伤害	钻井队	副队长	工程技术部门	部门负责人
57		找漏试压（堵塞器）	Ⅲ	物体打击、其他伤害	钻井队	副队长	工程技术部门	部门负责人
58		找漏试压（封隔器）	Ⅲ	物体打击、其他伤害	钻井队	副队长	工程技术部门	部门负责人
59		堵漏（注水泥堵漏）	Ⅲ	物体打击、高处坠落、其他伤害	钻井队	副队长	工程技术部门	部门负责人
60		堵漏（桥塞堵漏）	Ⅲ	物体打击、高处坠落、其他伤害	钻井队	副队长	工程技术部门	部门负责人
61		砌方井	Ⅳ	物体打击、坍塌、其他伤害	岗位	司钻	生产协调部门	部门负责人
62		装载机装卸管具	Ⅲ	车辆伤害、物体打击、其他伤害	钻井队	副队长	装备部门	部门负责人
63		调节刹把	Ⅳ	机械伤害、其他伤害	岗位	司钻	装备部门	部门负责人
64		倒滑大绳	Ⅱ	物体打击、高处坠落、起重伤害、其他伤害	项目部	队长	装备部门	部门负责人

续表

序号	风险点 类别	风险点 分项	风险等级	事故类别	管控层面	钻井队责任人	责任单位（部门）	责任人
65	辅助作业	更换水龙带	Ⅲ	高处坠落、物体打击、起重伤害、其他伤害	钻井队	副队长	装备部门	部门负责人
66		清理循环罐	Ⅲ	中毒窒息、机械伤害、其他伤害	钻井队	副队长	装备部门	部门负责人
67		通排洗管具	Ⅳ	物体打击、其他伤害	岗位	司钻	工程技术部门	部门负责人
68		铺设钻井液池工膜	Ⅲ	坍塌伤害、高处坠落、灼烫	钻井队	副队长	生产协调部门	部门负责人
69		冬防保温包扎作业	Ⅳ	高处坠落、灼烫、触电	岗位	司钻	生产协调部门	部门负责人
70		处理异常情况	Ⅱ	高处坠落、物体打击、其他伤害	项目部	队长	工程技术部门	部门负责人
71		更换防喷器闸板作业	Ⅱ	物体打击、其他伤害	项目部	队长	工程技术部门	部门负责人
72		低泵冲小排量循环试验作业	Ⅲ	其他伤害	钻井队	副队长	工程技术部门	部门负责人
73		地层破裂压力试验作业（钻井泵）	Ⅲ	物体打击、其他伤害	钻井队	副队长	工程技术部门	部门负责人
74		地层破裂压力试验作业（水泥车）	Ⅲ	车辆伤害、物体打击、其他伤害	钻井队	副队长	工程技术部门	部门负责人
75		控压钻进	Ⅲ	其他伤害	钻井队	副队长	工程技术部门	部门负责人
76	井控作业	关井作业（方钻杆）	Ⅱ	中毒和窒息、火灾、其他伤害	项目部	队长	工程技术部门	部门负责人
77		关井作业（顶驱）	Ⅱ	中毒和窒息、火灾、其他伤害	项目部	队长	工程技术部门	部门负责人
78		开井作业	Ⅱ	其他伤害	项目部	队长	工程技术部门	部门负责人
79		压井作业（司钻法）	Ⅱ	中毒和窒息、其他伤害	项目部	队长	工程技术部门	部门负责人

续表

序号	风险点		风险等级	事故类别	管控层面	钻井队责任人	责任单位（部门）	责任人
	类别	分项						
80	井控作业	压井作业（工程师法）	Ⅱ	中毒和窒息、其他伤害	项目部	队长	工程技术部门	部门负责人
81		放喷点火作业	Ⅰ	中毒窒息、灼烫、其他伤害	公司	队长	工程技术部门	部门负责人
82	井下故障类作业	活动钻具（复杂故障）	Ⅲ	其他伤害	钻井队	队长	工程技术部门	部门负责人
83		震击作业（地面）	Ⅱ	其他伤害	项目部	队长	工程技术部门	部门负责人
84		震击作业（井下）	Ⅱ	其他伤害、高处坠落	项目部	队长	工程技术部门	部门负责人
85		打捞作业（公锥、母锥、打捞筒、捞矛、打捞器）	Ⅱ	物体打击、其他伤害	项目部	队长	工程技术部门	部门负责人
86		打钻模作业	Ⅲ	其他伤害	钻井队	队长	工程技术部门	部门负责人
87		倒扣作业	Ⅱ	物体打击、其他伤害	项目部	队长	工程技术部门	部门负责人
88		爆炸松扣作业	Ⅱ	其他爆炸、其他伤害	项目部	队长	工程技术部门	部门负责人
89		套铣作业	Ⅱ	起重伤害、其他伤害	项目部	队长	工程技术部门	部门负责人
90		泡油、泡酸、泡KCl作业	Ⅱ	其他伤害	项目部	队长	工程技术部门	部门负责人
91		磨铣	Ⅱ	物体打击、其他伤害	项目部	队长	工程技术部门	部门负责人
92		注水泥填井	Ⅱ	物体打击、其他伤害	项目部	队长	工程技术部门	部门负责人
93		开窗侧钻	Ⅱ	物体打击、其他伤害	项目部	队长	工程技术部门	部门负责人

六、钻井专业设备检维修作业分级管控清单

全面梳理现场设备检维修项目,建立设备检维修作业分级管控责任清单,按照作业风险分级设置分级作业许可,将检维修作业纳入关键作业安全管控计划,明确直线责任部门、作业许可审批、管控责任人,严格落实各项管控措施和管理责任。某公司共梳理设备检维修作业项目240项,其中高风险19项,次高风险35项、中风险138项、低风险48项。见表2-72。

表2-72 设备检维修作业分级管控清单

序号	风险等级	设备名称	具体检维修项目	管控级别	管控岗位	备注
1	高风险	顶驱	电机更换	二级单位 三级单位 基层队站	部门设备管理岗 项目部设备管理员 平台经理/书记/设备副经理、钻台大班	
2			主电缆更换			
3			更换液压管缆			
4			导轨焊接校正			
5			更换调节板或导轨			
6			倒换顶驱			
7		井架	高空焊修和检测	二级单位 三级单位 基层队站	部门设备管理岗 项目部设备管理员 平台经理/书记/设备副经理、钻台大班	
8		底座	高空焊修和检测	二级单位 三级单位 基层队站	部门设备管理岗 项目部设备管理员 平台经理/书记/设备副经理、钻台大班	
9		天车	高空更换滑轮	二级单位 三级单位 基层队站	部门设备管理岗 项目部设备管理员 平台经理/书记/设备副经理、钻台大班	
10			高空倒换天车			
11		高压管汇	高空焊修	二级单位 三级单位 基层队站	部门设备管理岗 项目部设备管理员 平台经理/书记/设备副经理、钻台大班	
12		压缩机	更换机头	二级单位 三级单位 基层队站	部门设备管理岗 项目部设备管理员 平台经理/书记/设备副经理、钻台大班	

续表

序号	风险等级	设备名称	具体检维修项目	管控级别	管控岗位	备注
13	高风险	储气瓶	焊修和检测	二级单位 三级单位 基层队站	部门设备管理岗 项目部设备管理员 平台经理/书记/设备副经理、钻台大班	
14		游车	倒换游车	二级单位 三级单位 基层队站	部门设备管理岗 项目部设备管理员 平台经理/书记/设备副经理、钻台大班	
15		二层台	高空更换机械手	二级单位 三级单位 基层队站	部门设备管理岗 项目部设备管理员 平台经理/书记/设备副经理、钻台大班、机电工程师、机电大班	
16		绞车	更换滚筒	二级单位 三级单位 基层队站	部门设备管理岗 项目部设备管理员 平台经理/书记/设备副经理、钻台大班	
17		电磁刹车	更换电磁刹车	二级单位 三级单位 基层队站	部门设备管理岗 项目部设备管理员 平台经理/书记/设备副经理、钻台大班	
18		风动（电动）小绞车	高空回收吊绳	二级单位 三级单位 基层队站	部门设备管理岗 项目部设备管理员 平台经理/书记/设备副经理、钻台大班	
19		油罐	焊修油罐	二级单位 三级单位 基层队站	部门设备管理岗 项目部设备管理员 平台经理/书记/设备副经理、钻台大班	
20	次高风险	二层台	更换机械手各电机	三级单位 基层队站	项目部设备管理员 副平台经理/书记/设备副经理、钻台大班	
21			更换机械手指梁锁			
22			维修机械手锁定装置			
23			机械手其他维修			
24			维修栏杆			
25			维修猴台			
26			更换猴台			

续表

序号	风险等级	设备名称	具体检维修项目	管控级别	管控岗位	备注
27	次高风险	井架底座	焊修和检测	三级单位 基层队站	项目部设备管理员 副平台经理/书记/设备副经理、 钻台大班	
28		绞车	更换传动轴	三级单位 基层队站	项目部设备管理员 副平台经理/书记/设备副经理、 机电工程师、机电大班	
29			更换刹车盘			
30			更换刹车鼓			
31			更换主电机			
32			更换大绳			
33		电代油设备	安装调试	三级单位 基层队站	项目部设备管理员 副平台经理/书记/设备副经理、 机电工程师、机电大班	
34		顶驱	控制系统维修	三级单位 基层队站	项目部设备管理员 副平台经理/书记/设备副经理、 钻台大班	
35			更换动力电缆	三级单位 基层队站	项目部设备管理员 副平台经理/书记/设备副经理、 机电工程师、机电大班	
36			更换冷却风机	三级单位 基层队站	项目部设备管理员 副平台经理/书记/设备副经理、 机电工程师、机电大班	
37			更换导轨销	三级单位 基层队站	项目部设备管理员 副平台经理/书记/设备副经理、 钻台大班	
38		钻井泵	动力端维修	三级单位 基层队站	项目部设备管理员 副平台经理/书记/设备副经理、 钻台大班	
39			更换皮带轮			
40			更换空气包总成			
41			更换阀箱总成			
42		液压吊卡	检修液压吊卡控制 电缆、控制阀组	三级单位 基层队站	项目部设备管理员 副平台经理/书记/设备副经理、 机电工程师、机电大班	
43		高压管汇	更换闸阀	三级单位 基层队站	项目部设备管理员 副平台经理/书记/设备副经理、 钻台大班	
44			更换滤子			

续表

序号	风险等级	设备名称	具体检维修项目	管控级别	管控岗位	备注
45	次高风险	压缩机	检修调压装置	三级单位 基层队站	项目部设备管理员 副平台经理/书记/设备副经理、钻台大班	
46			控制部分维修			
47			压缩机其他维修			
48		转盘	更换主电机、减速箱	三级单位 基层队站	项目部设备管理员 副平台经理/书记/设备副经理、机电工程师、机电大班	
49		装载机	更换发动机	三级单位 基层队站	项目部设备管理员 副平台经理/书记/设备副经理、机电工程师、机电大班	
50			维修变速箱			
51		大钩	维修制动装置	三级单位 基层队站	项目部设备管理员 副平台经理/书记/设备副经理、钻台大班	
52		插拔式防碰天车	维修防碰天车	基层队站	钻台大班	
53		数码防碰天车	更换控制箱	基层队站	机电工程师、机电大班	
54			更换编码器、电磁气阀等			
55	中风险	电控系统	维修、更换整流单元	基层队站	机电工程师、机电大班	
56			维修、更换发电机控制系统			
57			维修、更换逆变单元			
58			维修、更换电容补偿单元			
59			维修、更换制动电阻与制动单元			
60			维修、更换变压器			
61			电控系统其他方面维修			
62		阀岛系统	维修	基层队站	机电工程师、机电大班	
63		井架	高空落物检查	基层队站	钻台大班	
64			维修灯具、摄像头	基层队站	机电工程师、机电大班	

续表

序号	风险等级	设备名称	具体检维修项目	管控级别	管控岗位	备注
65	中风险	天车	保养滑轮	基层队站	钻台大班	
66			检修天车自动注脂装置	基层队站	钻台大班	
67		游车	保养滑轮	基层队站	钻台大班	
68		底座	更换灯具	基层队站	机电工程师、机电大班	
69		绞车	维修排绳器	基层队站	钻台大班	
70			倒、滑移大绳	基层队站	钻台大班	
71			维修过卷阀	基层队站	钻台大班	
72			更换主动力电缆	基层队站	机电工程师、机电大班	
73			更换联轴器	基层队站	钻台大班	
74			更换风机	基层队站	机电工程师、机电大班	
75			检修信号开关	基层队站	机电工程师、机电大班	
76			维修润滑系统	基层队站	钻台大班	
77			维修换挡、锁挡执行机构	基层队站	机电工程师、机电大班	
78			维修高、低速离合器	基层队站	钻台大班	
79			维修送钻离合器及执行机构	基层队站	机电工程师、机电大班	
80			更换链条	基层队站	机电工程师、机电大班	
81			维修下角速箱	基层队站	钻台大班	
82			维修变速箱	基层队站	钻台大班	
83			维修万向轴	基层队站	钻台大班	
84		电动小绞车	更换编码器、维修盘刹、更换钢丝绳	基层队站	机电工程师、机电大班	
85		风动小绞车	维修配气阀	基层队站	钻台大班	
86			维修脚、手刹、更换钢丝绳	基层队站	钻台大班	
87		转盘	更换风机	基层队站	机电工程师、机电大班	
88			检修信号开关	基层队站	机电工程师、机电大班	
89			维修离合器	基层队站	钻台大班	

续表

序号	风险等级	设备名称	具体检维修项目	管控级别	管控岗位	备注
90	中风险	转盘	维修万向轴	基层队站	钻台大班	
91			维修锁紧装置	基层队站	钻台大班	
92			维修变速箱	基层队站	钻台大班	
93			维修上角速箱	基层队站	钻台大班	
94			更换链条	基层队站	机电工程师、机电大班	
95		整传	更换链条	基层队站	机电工程师、机电大班	
96			维修润滑系统	基层队站	钻台大班	
97			维修万向轴	基层队站	钻台大班	
98			检修离合器	基层队站	钻台大班	
99			维修液力变矩器、耦合器	基层队站	钻台大班	
100			检修传动箱、并车箱传动轴	基层队站	钻台大班	
101		钻井泵	维修阀箱（动火、打磨）	基层队站	钻台大班	
102			更换液力端阀体	基层队站	钻台大班	
103			更换液力端阀座	基层队站	钻台大班	
104			更换液力端（缸套、活塞、耐磨盘、活塞杆、中心拉杆）	基层队站	钻台大班	
105			更换主电机	基层队站	机电工程师、机电大班	
106			更换主动力电缆	基层队站	机电工程师、机电大班	
107			更换风机	基层队站	机电工程师、机电大班	
108			检修信号开关	基层队站	机电工程师、机电大班	
109			更换联轴器	基层队站	钻台大班	
110			更换吸入、排出空气包胶囊	基层队站	钻台大班	
111			空气包充氮	基层队站	钻台大班	
112			维修喷淋系统	基层队站	钻台大班	
113			维修润滑系统	基层队站	钻台大班	

续表

序号	风险等级	设备名称	具体检维修项目	管控级别	管控岗位	备注
114	中风险	水龙头、顶驱	更换冲管	基层队站	钻台大班	
115			更换水龙带			
116			维修旋扣马达			
117			更换 S 管			
118			更换保护接头、IBOP			
119			维修液动 IBOP 执行机构			
120			维修液压系统			
121			维修润滑系统			
122			油滤更换			
123			其他检维修项目			
124			保养顶驱			
125			维修本体子站（主阀块组）			
126		盘刹液压站及刹车装置	调节刹车钳间隙	基层队站	钻台大班	
127			更换刹车片	基层队站	钻台大班	
128			更换安全钳碟簧	基层队站	钻台大班	
129			维修刹车钳	基层队站	钻台大班	
130			更换储能器胶囊	基层队站	钻台大班	
131			更换泵头	基层队站	钻台大班	
132			更换销轴	基层队站	钻台大班	
133			蓄能器检查	基层队站	钻台大班	
134			检修液压系统	基层队站	钻台大班	
135			检修电气系统	基层队站	机电工程师、机电大班	
136		钻台机械手	维修机械手电控系统	基层队站	钻台大班	
137			更换机械手各伺服电机			
138			维修机械手液压系统			
139			机械手其他维修			

续表

序号	风险等级	设备名称	具体检维修项目	管控级别	管控岗位	备注
140	中风险	铁钻工	维修液压系统	基层队站	钻台大班	
141			维修电气系统	基层队站	机电工程师、机电大班	
142			维修机械系统	基层队站	钻台大班	
143		离心机	维修电控箱	基层队站	机电工程师、机电大班	
144			更换皮带	基层队站	钻台大班	
145			检修内筒堵塞	基层队站	钻台大班	
146			维修供液泵	基层队站	钻台大班	
147			离心机其他维修	基层队站	钻台大班	
148		钻井液罐	电气维修	基层队站	机电工程师、机电大班	
149			清掏罐、管线	基层队站	钻台大班	
150			维修底部阀	基层队站	钻台大班	
151			更换蝶阀	基层队站	钻台大班	
152		气动加重装置	更换安全阀	基层队站	钻台大班	
153			更换进气管线、出料管线	基层队站	钻台大班	
154		加重系统	维修更换加重泵	基层队站	钻台大班	
155		井口吊	维修液压管线、阀件	基层队站	钻台大班	
156			清理轨道	基层队站	钻台大班	
157			更换行吊	基层队站	钻台大班	
158		动力猫道	维修电气系统、液压系统	基层队站	机电工程师、机电大班	
159		气控箱	电气维修	基层队站	机电工程师、机电大班	
160		油罐	维修自动启停控制器	基层队站	机电工程师、机电大班	
161		柴油机	更换充电机	基层队站	机电工程师、机电大班	
162			更换启动马达			
163			维修加热器			
164			更换活塞			
165			更换缸套			
166			维修电控系统			

续表

序号	风险等级	设备名称	具体检维修项目	管控级别	管控岗位	备注
167	中风险	发电机	维修励磁机	基层队站	机电工程师、机电大班	
168			更换缸套			
169			更换活塞			
170			维修配电系统			
171		电控房	维修发电机控制系统	基层队站	机电工程师、机电大班	
172			维修整流器			
173			维修逆变器			
174			维修制动控制单元			
175			维修制动电阻			
176			维修补偿电容			
177			维修变压器			
178			维修空调			
179			维修水冷系统			
180			电控房其他维修			
181		电动倒绳器	维修电控系统	基层队站	机电工程师、机电大班	
182		会议室、值班室、营房	检修漏电保护开关	基层队站	机电工程师、机电大班	
183		死绳固定器	检修传压器	基层队站	钻台大班	
184			检修钻井大绳打扭等			
185		液压吊卡	检修液压吊卡本体、执行机构及其他维修	基层队站	钻台大班	
186		液压猫头	维修底座（动火、打磨）	基层队站	钻台大班	
187		振动筛、一体机	更换振击电机（动火）	基层队站	钻台大班	
188			维修筛框（动火）			

续表

序号	风险等级	设备名称	具体检维修项目	管控级别	管控岗位	备注
189	中风险	储气瓶	更换安全阀	基层队站	机电工程师、机电大班	
190		二层台	维修电话、喇叭、摄像头	基层队站	机电工程师、机电大班	
191			维修二层台小绞车	基层队站	钻台大班	
192		司钻房工业监控系统	维修、更换摄像头（高空）	基层队站	机电工程师、机电大班	
193	低风险	柴油机	检修配气、油装置	基层队站	机电工程师、机电大班	
194			更换水箱			
195			更换缸盖			
196			更换耦合器			
197			更换气门			
198			更换高压油泵			
199			更换水泵			
200			更换减震器			
201			更换中冷器			
202			更换三滤			
203			维修散热器			
204			更换喷油器			
205			更换风扇、皮带			
206			更换涡轮增压器			
207			柴油机其他维修			
208		带刹系统	检查调节	基层队站	钻台大班	
209			更换带刹块			
210			其他检修			
211		气（液）动卡瓦	执行机构及其他检维修	基层队站	钻台大班	
212		安全阀	检修更换	基层队站	钻台大班	
213		压缩机	空滤、油滤更换	基层队站	钻台大班	
214		气路	检修	基层队站	钻台大班	

续表

序号	风险等级	设备名称	具体检维修项目	管控级别	管控岗位	备注
215	低风险	一般电气设备	维修	基层队站	机电工程师、机电大班	
216		电路	检修	基层队站	机电工程师、机电大班	
217		固控系统	修理	基层队站	钻台大班	
218		水罐	修理	基层队站	钻台大班	
219		冬防保温设施	检维修	基层队站	钻台大班	
220		现场同类设备	更换	基层队站	钻台大班	
221		清洗机	更换泵头、皮带	基层队站	钻台大班	
222		液气大钳	更换坡板	基层队站	钻台大班	
223			更换高、低速离合器			
224			更换液马达			
225			维修扭矩仪			
226			维修各液、气缸，液、气阀件			
227			其他检维修			
228		液压猫头	更换密封件	基层队站	钻台大班	
229		振动筛、一体机	检修电控箱	基层队站	钻台大班	
230			维修振击电机			
231			维修升降装置			
232			更换旋流器			
233		搅拌器	维修减速箱	基层队站	钻台大班	
234			更换靠背轮			
235		砂泵	更换泵头	基层队站	钻台大班	
236			更换靠背轮			
237		螺旋传输装置	维修电控箱	基层队站	机房大班	
238			维修螺旋传输器	基层队站	钻台大班	
239			更换尼龙防磨承板	基层队站	钻台大班	
240			更换电机	基层队站	机房大班	

七、作业许可作业分级管控清单

各单位应建立作业许可项目清单,特殊、非常规作业进行作业许可。某公司按作业风险等级建立企业、二级单位、项目部(专业公司)、基层队站作业许可四级审批清单。

(1)一级风险作业许可项目清单(企业级审批)见表2-73。

表2-73 一级风险作业许可项目清单

序号	作业项目	作业内容	许可方式	责任部门	审批人
1	设备作业	新型设备的首次启用,包括成套钻机、成套空气钻井设备、不压井作业设备等	设备作业许可审批表	装备管理部门	企业设备管理部门分管负责人
2		企业级及以上科研项目研发、试验和推广应用设备的首次启用			
3		企业投资计划和安全隐患治理项目的技术改造升级设备的启用,包括钻机、空气钻井设备等			
4	井控作业	打开油气层后井口无控制条件下换装井口装置作业	井控作业报告审批表	技术管理部门	企业井控管理负责人
5		打开油气层后泡酸解卡作业			
6		溢流关井后被迫放喷点火的作业			
7		溢流关井后的起下钻作业			
8		油气层井漏液面不在井口的吊灌起钻作业			

(2)二级风险作业许可项目清单(二级单位审批)见表2-74。

(3)三级风险作业许可项目清单(项目部、专业公司审批)见表2-75。

(4)四级风险作业许可项目清单(基层队站审批)见表2-76。

表 2-74　二级风险作业许可项目清单

序号	作业项目	作业内容	许可方式	责任部门	审批人	升级审批部门	升级审批人
1	钻机搬迁	跨项目部搬迁、钻机及其他特殊作业	公文系统审批	生产运行部门	公司主管领导	公司	公司主要领导
2	设备作业	新购成套设备、钻机配套设备的首次启用，包括钻机、顶驱装置、成套空气钻井设备、不压井作业设备；电代油、气代油设备现场安装后的首次启用	设备作业许可审批表	装备部门	部门领导	公司	公司设备主管领导
3		公司安全隐患治理项目中的动力设备、电控设备和技术改造升级设备的启用					
4		公司科研项目研发、试验和推广应用的动力、电控和自动化设备的首次启用					
5		公司一级风险检维修作业项目；非常规维修作业项目；可能造成火灾、爆炸，能量意外释放的检维修作业，可能造成着火、爆炸、中毒、窒息的检维修作业；存在易燃易爆气体泄漏或有毒有害物质或爆燃易爆气体泄漏的检维修作业	设备检维修分级管控申请审批表	装备部门	部门领导	公司	公司设备主管领导
6	井控作业	溢流压井后的起钻作业					
7		悬挂固井后降钻井液密度作业					
8		油气层打开后修井防喷器作业或一级风险油气井洞气层打开后更换闸板总成作业	井控作业报告审批表	技术管理部门	部门领导	公司	公司主管领导
9		气上水平井裸眼封隔器完井眷无固相工作液作业					
10		打开油气层后出现钻具水眼堵塞的起钻作业					
11	井控验收	气田区域探井、气体大平衡井	钻开油气层检查验收证书	技术管理部门	部门领导	公司	公司主管领导

表 2-75 三级风险作业许可项目清单

序号	作业项目	作业内容	许可方式	责任部门	审批人	升级审批部门	升级审批人
1	启动验收	生产启动开工验收	开工令	生产办安全办	生产启动验收小组组长	项目部领导	主要领导
2	开钻验收	新井场第一口井，井架放倒重新安装的井	一开验收检查表	生产办安全办	验收组组长	项目部领导	主要领导
3	钻机搬迁	钻井队钻机项目部区域内搬迁	搬迁作业计划书	生产办安全办	安全、生产主管领导	项目部领导	主要领导
4		公司二级风险检维修作业项目	设备检维修分级管控申请审批表	设备办	办公室负责人	项目部	分管领导
5	设备作业	偏离安全标准、规则、程序要求的作业；无程序可控制的作业；其他需要控制风险的作业	设备检维修分级管控申请审批表				
6		井架、底座、绞车、顶驱装置等重点关键部件和设备大修后的首次启用	设备作业许可审批表	设备办	设备主管领导	项目部	主要领导
7		新配属附属设备的首次启用（如装载机、等离子切割机等）	启动前安全检查				
8		新工具、新工装、新材料、新工艺及五小成果的投入使用	设备作业许可审批表				
9	动火作业	钻开油气层后距离井口30m内动火作业	作业许可证	安全办	办公室正、副主任	项目部	分管领导
10	单井、推移井架、搬家HSE计划书	项目作业风险控制	项目HSE计划书	安全办生产办	办公室正、副主任	项目部	分管领导
11	井下事故复杂处理	使用地面震击器解卡、爆炸松扣	作业许可证	技术办	办公室主任	项目部	分管领导

续表

序号	作业项目	作业内容	许可方式	责任部门	审批人	升级审批部门	升级审批人
12	井控验收	气田区域探井、气体欠平衡井、井控一级风险井	钻开油气层检查验收证书	技术办	验收小组组长	项目部	分管领导
13		其他天然气井、油井单井、油井丛或井场第一口井					
14		油层套管固井后的换装井口作业					
15	井控作业	二级风险气井和二级、三级油气井打开后的更换闸板总成作业	井控作业报告审批表	技术办	分管领导	项目部	主要领导
16		硫化氢含量≥30mg/m³的起下钻作业					
17		油气层打开后的井口试压期间超过安全作业时间					
18		进入目的层后的井口试压作业					

表2-76 四级风险作业许可项目清单

序号	作业项目	作业内容	许可方式	责任单位	审批人	升级审批部门	升级审批人
1	开钻验收	丛式井井场第一口及后续井	一开验收表	钻井队	队长	生产办	项目部验收组组长
2	井控验收	丛式油井井场第二口及后续井	井控验收表	钻井队	队长	技术办	项目部验收组组长
3	设备作业	非搬家过程中大型成套设备的安装、拆卸	设备作业许可审批表	钻井队	— 队长	设备办	办公室负责人
4		公司三级风险检维修作业项目	检维修分级管控申请审批表	钻井队	值班干部	钻井队	队长

续表

序号	作业项目	作业内容	许可方式	责任单位	审批人	升级审批部门	升级审批人
5	临时吊装	更换维修设备、临时装卸管具、推移井架过程中的拆卸安装作业、其他非常规吊装作业	许可票	钻井队	副队长	钻井队	队长
6	进入受限空间	清理循环罐、维修循环罐内设备设施及附件	许可票	钻井队	副队长	钻井队	队长
7	高处作业	井架、封井器上维护保养、检维修等作业	许可票	钻井队	副队长	钻井队	队长
8	动火作业	打开油气层前井场内使用明火、打开油气层后，距井口30m外的井场使用明火、喷灯及割焊作业	许可票	钻井队	副队长	钻井队	队长
9	倒、滑大绳		许可票	钻井队	副队长	钻井队	队长
10	动土作业	挖方井、深度0.5m以上的动土挖掘作业	许可票	钻井队	副队长	钻井队	队长
11	试压作业	防喷器、管汇等井控设备试压、完井井口试压、堵塞器试压	许可票	钻井队	副队长	钻井队	队长
12	封井器更换闸板芯子（除一级风险井）		许可票	钻井队	副队长	钻井队	队长
13	装载机使用	装载转运物件、管材、挖掘等	许可票	钻井队	副队长	钻井队	队长
14	临时用电	检修电器、电路等	许可票	钻井队	队长	钻井队	队长
15	起、放井架		许可票	钻井队	副队长	设备办	办公室负责人
16	拆、装封井器	倒扣	许可票	钻井队	副队长	钻井队	队长
17	井下事故复杂处理		许可票	钻井队	队长	技术办	办公室负责人

第三章　生产管理活动风险防控

第一节　生产管理活动安全风险评估单元

通过收集石油钻井企业公司组织机构图、机关部门职责，项目部（分公司）、钻井队组织架构、职责等资料，梳理各层级生产管理活动清单及生产管理活动管理内容清单，以管理活动为单元，分解为若干细小的生产管理活动内容，开展生产管理活动危害因素辨识、风险分析与评估，对风险进行分级，制订相应对策，控制生产管理活动风险。

一、公司级生产管理活动及内容清单

公司级生产管理活动及内容清单见表3-1。

表 3-1　公司级生产管理活动及内容清单

序号		部门	管理活动	管理内容
1	1	企管计划部门	新改扩项目	安全环保投入
2				"三同时"
3				计价定额
4	2		合规性	法律法规辨识
5	3		法律纠纷	HSE 相关法律纠纷案件处理
6	4		"三基"	标准化建设工作
7	5		承包商管理	资质
8				教育、培训
9				检查
10	6		招投标	招投标
11	7		绩效考核管理	综合业绩考核
12	8	财务资产部门	安全生产费用管理	预算
13				计提
14				上缴

续表

序号		部门	管理活动	管理内容
15	8	财务资产部门	安全生产费用管理	确认
16				接收费用化、资本化安全生产费用文件
17				使用
18				核销
19				上缴结余
20	9	监察部门（纪委办公室）	事故事件管理	HSE 事故事件调查
21				HSE 事故事件审理
22	10	总公司（党委）办公室	督查督办	总公司领导例会、总经理办公会议决定的重大安全环保事项和领导对安全环保工作重要指示落实情况的督查督办
23	11		文件控制	文件传达、处理
24	12		印信管理	制度管理
25	13		保密工作	实行保密工作责任制
26	14		信息搜集与传达	重大安全环保信息的收集、动态跟踪及汇报与传达工作
27	15		应急管理	应急管理的协调工作，协助应急体系建设
28	16	技术管理部门	管理制度	技术管理、质量管理、井控管理及科研项目管理等相关制度
29				技术标准、作业规程
30				区域性的钻井技术方案
31				工艺安全管理制度体系
32	17		工艺技术风险管控措施	工艺危害分析相关知识培训
33				循环开展工艺危害分析，完善技术规程
34				开展特殊井、重点井工艺危害分析，制订技术方案
35				开展"四新"技术工艺危害分析，制订风险控制措施
36				工程设计的分级管理
37				QC 小组活动组织与管控
38	18		所属业务范围内的 HSE 风险管控	钻井液实验室 HSE 风险管控
39				计量站 HSE 风险管控

续表

序号	部门	管理活动	管理内容
40	技术管理部门	技术应用过程中的工艺风险控制	现场执行情况的监督检查
41			特殊井、重点井、新技术试验井的现场工艺技术安全把关
42			重点井施工动态跟踪监控
43		钻具工具及井控设备设施使用中的风险管控	井下工具、井口工具及井控设备设施等现场使用过程中的隐患排查与治理
44		故障复杂处理及调查	分析原因和经过,组织制订处理方案和进行故障复杂的处理
45			制订防范措施
46			通报故障,给出相关责任人处理意见
47		井控安全管理	井控相关设备设施完整性管理
48			井控安全检查,对存在的井控安全隐患负责协调和督促整改,处理井控违章责任人
49			井控例会,井控知识培训
50			井控应急预案的编制、培训、演练和井控险情(溢流、气侵等)的预防与处理
51		工程技术相关产品及技术服务管理	工程技术应用相关产品、工具及技术服务进行技术和质量可靠性前置审查
52			工程技术应用相关产品、工具及技术服务应用过程中的HSE风险评估后及应用中制订防范控制措施
53		质量安全	质量安全检查与质量问题督查整改
54			质量安全问题的调查和处理
55		科研项目安全	对本部门所承担的科研项目安全环保风险进行识别、评估,制订管控措施并监督实施,督查其他科研项目部HSE风险控制措施的有效落实
56	质量安全环保部门	HSE责任制	目标指标及落实
57			HSE履职
58		HSE制度	制度体系
59		危害辨识与风险评价	危害辨识
60			风险评价
61			风险控制

续表

序号		部门	管理活动	管理内容
62	29	质量安全环保部门	隐患治理	隐患立项
63				费用投入
64				监察督办
65	30		行为安全管理	观察与沟通
66				行为安全正向激励
67				程序与规程
68				相关方行为安全
69	31		HSE 检查	检查策划
70				检查实施
71				问题整改
72				HSE 分析
73	32		HSE 培训	培训计划
74				组织实施
75				效果评价
76	33		三标一规范	标准化现场
77				标准化操作
78				标准化管理
79				规范化控制
80	34		交通安全管理	内部准驾证
81				驾驶员档案
82				车辆动态监控
83	35		消防安全管理	防火档案
84				专项检查
85				专项培训、演练
86	36		危险化学品管理	危险化学品建档
87				危险化学品管理
88				专项检查
89	37		环境保护管理	污染源档案（含应税污染物）
90				污染源分级管控

续表

序号	部门	管理活动	管理内容
91			环保设施
92			污染物管理
93	37	环境保护管理	排污许可
94			清洁生产
95			绿色示范队建设
96			环境统计
97			职业病防护设备设施管理
98			职业危害因素检测
99	38	健康管理	职业病危害告知
100			员工健康体检管理
101			档案管理
102			劳动保护
103			应急预案
104	39	质量安全环保部门	应急管理	应急演练
105			应急物资
106	40	安全设施管理	采购管理
107			监督管理
108			特种设备检验
109	41	特种设备监管	特种设备人员持证
110			系统维护
111			能源消耗统计
112	42	节能节水管理	节能节水管理考核
113			耗能设备效率监测
114			能源计量器具检测
115			梳理考核项
116	43	HSE 绩效考核	对标考核
117			考核兑现
118	44	事故、事件管理	事故事件报告
119			事故事件调查

续表

序号		部门	管理活动	管理内容
120	44	质量安全环保部门	事故、事件管理	事故事件处理
121				事故档案
122	45		体系审核	审核计划
123				审核实施
124				不符合管理（含内审与外部审核）
125	46		管理评审	评审组织
126				评审的实施
127				持续改进
128	47	市场开发与对外协调部门	探评井钻前施工管理	施工过程的安全监管
129				两点一线踏勘
130				签订施工合同
131	48		国内反承包项目管理	投标管理
132				施工过程监控
133	49	装备部门	设备操作规程	制修订设备操作规程，进行设备操作规程培训
134	50		设备检维修作业	一级设备检维修作业审批
135	51		设备检查表和启动前检查表	制修订设备检查表和启动前检查表
136	52		设备隐患管理	设备隐患立项、风险评估、排查治理、整改销项
137	53		设备变更管理	一般设备变更的审批
138	54		设备购置管理	设备购置技术方案审查
139	55		设备技术改造、革新	审查设备技术改造、革新技术方案
140	56		设备检测检验	设备检测检验专项检查
141	57		设备维护保养	制修订设备维护保养制度，进行设备维护保养培训
142	58		特种设备管理	特种设备安全检查、日常维护
143	59		专项检查	组织各单位开展专项检查
144	60	人事劳资部门	ERP数据维护	各岗所辖数据维护
145	61		法律、法规、系统文件学习	学习法律、法规、系统文件

续表

序号		部门	管理活动	管理内容
146	62		培训管理	培训需求和培训计划
147				培训实施
148				培训考核
149				培训档案
150				培训效果评价
151	63		养老保险	参保缴费记账
152	64		医疗保险	参保缴费、报销支付
153	65		工伤保险	参保缴费、待遇申领
154	66		失业保险	参保缴费、待遇申领
155	67		员工生育保险	参保缴费、待遇申领
156	68		养老金待遇管理	核查核对、待遇核算
157	69	人事劳资部门	特殊群体业务	核查核对
158	70		企业年金管理	参保缴费、支付退付
159	71		员工意外伤害保险	续保缴费、理赔退付
160	72		员工家属养老业务	核查核对、待遇申领
161	73		离退休职工家属、遗属医疗补助	核查核对、补助
162	74		劳动合同	编制劳动合同签订变更运行方案
163				参与劳动合同纠纷调解
164				劳动合同签订变更
165				劳动合同解除（终止）
166	75		机构和人力资源配置	管理机构设置
167				管理人员配置
168	76		岗位职责	工作职责和HSE职责制定
169	77		员工能力评价管理	在岗员工
170				离岗后重新上岗员工或新聘员工
171	78		人力资源招聘管理	劳务供方管理
172	79		人事报表	统计报表管理

续表

序号		部门	管理活动	管理内容
173	80	人事劳资部门	创先争优长效机制作用发挥	两年一度的评先选优
174	81		人事信息	人才引进及交流
175				业务外包管理
176	82		干部管理	干部考察程序不严密
177				专业技术人员职称评审、专家选聘
178				档案借阅未经有效审批
179	83		基本工资管理	基本工资调整和晋档
180				基本工资发放
181	84		效益工资管理	钻井队单井结算、发放
182				后勤及全体效益工资核算、发放
183	85		技能鉴定	技能资格鉴定
184				技能证书管理
185				技能操作管理
186	86	工会、团委	民主管理	维护职工劳动安全合法权益
187	87		事故管理	事故调查与处理
188	88		监督检查	参与"三同时"建设验收检查
189				工会劳动保护监督检查
190	89		劳动竞赛	开展安康杯劳动竞赛
191	90		应急管理	各类技术比武、大型文体活动专项应急预案编制
192	91	综合事务管理	大厦办公区域	安全用电
193				吸烟管理
194				内务管理
195	92		生活服务及野营房管理	生活服务管理
196				承包商管理
197				有毒有害药品管理
198				水源管理
199				营地安全用电
200				野营房管理

续表

序号	部门	管理活动	管理内容
201	综合事物管理 93	综治维稳	重点人管理
202			三禁一反管理
203			管制刀具和管制器械
204			队伍管理中存在的其他风险
205			群体性上访、分房
206	生产运行部门	生产组织 94	任务安排
207			启动回撤
208			钻前基础调配
209			供水设备调拨
210		队伍资质 95	资质办理
211			资质管理
212		生产数据 96	生产数据收集
213			生产日报、月报、年报等编制
214		运输承包商 97	招标引入
215			资质审查
216			合同协议
217			管理考核
218			培训
219		搬迁作业 98	制度办法
220			"两点一线"踏勘
221			搬迁作业计划书编制与审核
222			风险交底
223			现场监管
224		生产值班 99	信息处理
225		路单管理 100	路单审核
226		应急管理 101	管理制度
227			应急资源调查
228			风险评估

续表

序号	部门	管理活动	管理内容
229	生产运行部门 (101)	应急管理	应急预案管理
230			应急物资管理
231			应急演练
232			应急培训
233			应急处置
234			预警发布
235	102	防汛减灾	防洪防汛
236			冬防保温
237	钻井业务外包管理部门	103 资质办理	资料审核
238		104 队伍引入管理	公开招标或商谈
239		105 施工过程监管	派驻现场监管人员
240			一开、井控验收
241			专项检查、审核
242		106 隐患治理	违章管理
243			隐患管理
244		107 业绩考核管理	钻井队考核
245			现场监管人员考核
246			项目部考核
247			外包企业考核
248	企业文化部门	108 安全宣传	宣传内容背离HSE主题
249			安全方针、理念、政策、典型人物、经验宣传
250		109 应急管理	舆情防控
251			公共文化活动
252		110 安全文化	理念、方针、政策、氛围营造、安全文化活动

二、项目部级生产管理活动及内容清单

项目部级生产管理活动及内容清单见表3-2。

第三章 生产管理活动风险防控

表 3-2 项目部级生产管理活动及内容清单

序号		办公室	管理活动	管理内容
1	1	综合办公室	督查督办	项目部经理办公会议决定的重大安全环保事项和领导对安全环保工作重要指示落实情况的督查督办
2	2		文件控制	文件传达、处理
3	3		印信管理	制度管理
4	4		保密工作	实行保密工作责任制
5	5		安全宣传	宣传内容背离 HSE 主题
6				安全方针、理念、政策、典型人物、经验宣传
7	6		应急管理	应急管理的协调工作,协助应急体系建设
8				舆情防控
9				公共文化
10	7		安全文化	理念、方针、政策、氛围营造、安全文化活动
11	8		"三基"	标准化建设工作
12	9		绩效考核管理	综合业绩考核
13	10		法律法规文件学习	学习法律、法规、系统文件
14	11		民主管理	维护员工劳动安全合法权益
15	12		事故管理	事故调查与处理
16	13		监督检查	工会劳动保护监督检查
17	14		劳动竞赛	开展安康杯劳动竞赛
18	15		项目部办公区域	安全用电
19				吸烟管理
20				消防安全
21				食品安全
22				环境保护
23				物业承包商管理
24				综合治理
25				冬防保温
26				内务管理
27	16		生活服务及野营房管理	生活服务管理
28				承包商管理
29				有毒有害药品管理

续表

序号		办公室	管理活动	管理内容
30	16	综合办公室	生活服务及野营房管理	水源管理
31				营地安全
32				野营房管理
33	17		综治维稳	重点人管理
34				三禁一反
35				队伍管理中存在的其他风险
36				群体性上访、分房
37	18	生产市场与对外协调部门	生产组织	任务安排
38				启动回撤
39				钻前基础调配
40				供水设备调配
41	19		队伍资质	资质管理
42	20		生产数据	生产数据收集
43				生产日报、月报、年报等编制
44	21		运输承包商	管理考核
45				培训
46	22		搬迁作业	制度办法
47				"两点一线"踏勘
48				搬迁作业计划书编制与审核
49				风险交底
50				现场监管
51	23		生产值班	信息处理
52	24		路单管理	路单审核
53	25		应急管理	管理制度
54				应急资源调查
55				风险评估
56				应急预案管理
57				应急物资管理
58				应急演练

续表

序号		办公室	管理活动	管理内容
59	25	生产市场与对外协调部门	应急管理	应急培训
60				应急处置
61				预警发布
62	26		岩屑管理	钻井液不落地围堰；搬迁后岩屑维护；组织遗留岩屑拉运
63	27		钻井液转运	完井处理钻井液；转运计划
64	28		防汛减灾	防洪防汛
65				冬防保温
66	29	设备管理办公室	设备操作规程	设备操作规程修订（完善）、培训
67	30		设备检维修作业	二级设备检维修作业审批
68	31		设备检查表和启动前检查表	完善设备检查表和落实设备启动前安全检查
69	32		设备隐患管理	设备隐患排查治理、整改销项
70	33		设备变更管理	微小设备变更的审批
71	34		设备检测检验	设备检测检验专项检查
72	35		设备维护保养	严格落实设备维护保养制度，进行设备维护保养培训
73	36		特种设备管理	特种设备安全检查、日常维护
74	37		专项检查	组织开展专项检查
75	38		厂家服务	安全措施执行；申请审批；现场监控
76	39		机修服务	安全措施执行；申请审批；现场监控
77	40		冬防保温	冬季操作规程；冬防保温措施实施
78	41		新设备使用	设备安装、使用；风险识别及削减措施执行
79	42	质量健康安全环保办公室	HSE 责任制	目标指标及落实
80				HSE 履职
81	43		HSE 制度	制度体系
82	44		隐患治理	作业场所环境、设备设施存在的典型隐患
83	45		危害辨识与风险评价	危害辨识
84				风险评价
85				风险控制
86	46		行为安全管理	观察与沟通

续表

序号	办公室	管理活动	管理内容
87	46	行为安全管理	行为安全正向激励
88			程序与规程
89			相关方行为安全
90	47	HSE 检查	检查策划
91			检查实施
92			问题整改
93			HSE 分析
94	48	HSE 培训	培训计划
95			组织实施
96			效果评价
97	49	三标一规范	标准化现场
98			标准化操作
99			标准化管理
100			规范化控制
101	50	交通安全管理	车辆动态监控抽查
102	51	消防安全管理	防火档案
103			专项检查
104			专项培训、演练
105	52	危险化学品管理	危险化学品建档
106			危险化学品管理
107			专项检查
108	53	环境保护管理	污染源档案（含应税污染物）
109			污染源分级管控
110			环保设施
111			污染物管理
112			排污许可
113			清洁生产
114			绿色示范队建设
115			环境统计

（办公室列合并单元格为"质量健康安全环保办公室"）

续表

序号	办公室	管理活动	管理内容
116	质量健康安全环保办公室	健康管理	职业病防护设备设施管理
117			职业危害因素检测
118			职业病危害告知
119	54		员工健康体检管理
120			档案管理
121			劳动保护
122		应急管理	应急预案
123	55		应急演练
124			应急物资
125	56	安全设施管理	监督管理
126		特种设备监管	特种设备检验
127	57		特种设备人员持证
128			系统维护
129	58	节能节水管理	能源消耗统计
130			耗能设备效率监测
131		HSE 绩效考核	梳理考核项
132	59		对标考核
133			考核兑现
134		事故、事件管理	事故事件报告
135			
136			事故事件调查
137	60		
138			事故事件处理
139			
140			事故档案
141	61	体系审核	不符合管理（含内审与外部审核）
142	62	技术管理办公室	HSE 管理	各项技术管理资料、方案制订，钻井、下套管、固井、取心等特殊工况下过程管理，钻井液重复利用技术方案制订，钻井液转运，工艺变更

续表

序号		办公室	管理活动	管理内容
143	63	技术管理办公室	应急管理	24h 值班工作，对突发事件、预警信息依照程序及时上请下达；日常技术信息及应急状态下信息的收集、传达及记录工作，重点井日报
144	64		管理制度	技术管理、质量管理、井控管理等相关制度及科研项目落实
145				区域性的钻井技术方案
146				工艺安全管理制度体系
147	65		工艺技术风险管控措施	工艺危害分析相关知识培训
148				开展特殊井、重点井工艺危害分析，制订技术方案
149				QC 小组活动组织和落实
150	66		所属业务范围内的 HSE 风险控制	钻井液实验室 HSE 风险管控
151				现场执行情况的监督检查
152	67		技术应用过程中的工艺风险控制	特殊井、重点井、新技术试验井的现场工艺技术安全把关
153				重点井施工动态跟踪监控
154				井下工具、井口工具及井控设备设施等现场使用过程中的隐患排查与治理
155	68		钻具工具及井控设备设施使用中的风险管控	分析原因和经过，组织制订处理方案和进行故障复杂的处理
156	69		故障复杂处理及调查	制订防范措施
157				通报故障，给出相关责任人处理意见
158				井控相关设备设施完整性管理
159	70		井控安全管理	井控安全检查，对存在的井控安全隐患负责协调和督促整改，处理井控违章责任人
160				井控例会，井控知识培训
161				井控应急预案的编制、培训、演练和井控险情（溢流、气侵等）的预防与处理
162				工程技术应用相关产品、工具及技术服务应用过程中的 HSE 风险评估后及应用中制订防范控制措施
163	71		工程技术相关产品及技术服务管理	质量安全检查与质量问题督查整改
164	72		质量安全	质量安全问题的调查和处理

第三章　生产管理活动风险防控

续表

序号		办公室	管理活动	管理内容
165	73	人事劳资办公室	培训管理	培训需求和培训计划
166				培训实施
167				培训考核
168				培训档案
169				培训效果评价
170	74		岗位职责	工作职责和HSE职责制定
171	75		员工能力评价管理	在岗员工
172				离岗后重新上岗员工或新聘员工
173	76		人事报表	统计报表
174				管理
175	77		干部管理	干部考察程序不严密
176				专业技术人员职称评审、专家选聘
177	78		基本工资管理	基本工资调整和晋档
178				基本工资发放
179	79		效益工资管理	钻井队单井结算、发放
180				后勤及全体效益工资核算、发放
181	80	经营财务办公室	安全生产费用管理	计提
182				确认
183				接收费用化、资本化安全生产费用文件
184				使用
185				核销
186				上缴结余
187	81	合作（代管）业务管理部门	资质办理	资料审核
188	82		施工过程监管	派驻现场监管人员
189				一开、井控验收
190	82		施工过程监管	专项检查，审核
191	83		隐患违章治理	违章管理
192				隐患管理
193	84		绩效考核管理	外包钻井队考核
194				现场监管人员考核

三、队站级生产管理活动及内容清单

队站级生产管理活动及内容清单见表 3-3。

表 3-3　队站级生产管理活动及内容清单

序号	管理活动	管理内容	序号	管理活动	管理内容
1	领导和承诺	HSE 管理责任	24	设备设施	设备设施检查
2		HSE 承诺	25		设备设施维护保养
3	HSE 方针	HSE 方针、战略目标	26		设备拆卸搬迁安装
4	危害辨识、风险评价与控制措施	危害因素辨识	27		安全附件
5		风险分析、评估与防控	28		工、机具管理
6		环境因素与环境风险管理	29	承包商管理	相关方作业交底
7		隐患排查治理	30		入场教育、培训
8	合规性管理	法律法规及其他要求	31		施工作业过程监督检查和管理
9	目标、指标和方案	HSE 目标、指标及责任书	32		承包商、外来人员作业过程监管
10		HSE 绩效考核	33	作业许可	作业许可办理
11	机构、职责和安全环保投入	机构设置	34		风险识别
12		安全环保责任制	35		审查、审批
13		安全环保奖励机制	36		过程管控
14	能力培训和意识	安全环保履职能力评估	37		作业结束
15		HSE 培训	38		票证归档管理
16		宣传教育	39	职业健康	职业病危害场所管理
17		安全经验分享	40		职业健康监护
18	制度和规程	管理制度	41		劳动防护用品管理
19		管理记录	42	污染防治	污染源管理
20		操作规程及作业程序	43		固体废物管理
21	协商与沟通	外部沟通	44	变更管理	人员变更
22		内部沟通	45		工艺变更
23	设备设施	设备管理制度	46		设备变更

续表

序号	管理活动	管理内容	序号	管理活动	管理内容
47	变更管理	其他变更	64	运行控制	HSE 例会
48	井控管理	井控制度	65	应急管理	应急组织与职责
49		井控培训	66		应急预案管理
50		井控例会	67		应急物资与装备
51		井控设备设施	68		应急培训与演练
52		现场施工	69	消防安全	消防设施管理
53	运行控制	目视化管理	70	危化品管理	管理制度
54		行为安全	71		使用
55		工作前安全分析	72	标准化建设	HSE "三标一规范" 建设
56		上锁挂签	73		班组安全活动
57		营地管理	74	安全监督检查	日常检查
58		用电管理	75		周检查
59		吊装作业	76	事故事件管理	事件管理
60		高处作业	77		事故管理
61		干部跟班	78	文件控制	受控文件
62		班前班后会	79		相关记录文件
63		拆搬安控制	80		外来文件

第二节　生产管理活动危害因素辨识

根据梳理出的公司级、项目部级、队站级生产管理活动内容，运用调查表、头脑风暴、对标分析等方法，辨识公司、项目部、基层队站生产管理活动危害因素，进行危害因素辨识，再根据危害因素辨识结果制订控制措施，形成公司级、项目部级、队站级三级生产管理活动危害因素辨识表。

一、公司级生产管理活动危害因素辨识

公司级生产管理活动危害因素辨识见表 3-4。

表 3-4 公司级生产管理活动危害因素辨识

管理部门	管理单元	管理内容（步骤）	危害因素	可能导致的后果	控制措施	相应记录文件	控制岗位
企管计划部门	新改扩项目	安全环保投入	未将新建、改建、扩建项目的健康安全环保所需投入资金投入纳入项目概预算，未将安全环保费用纳入项目总投资	相关单位、钻井队安全环保投入不足	将新建、改建、扩建项目的健康安全环保所需投入纳入项目概预算，将安全环保费用纳入项目总投资	投资估算表	企管计划部门负责人、规划计划业务主管
		"三同时"	新、改、扩建项目落实健康、安全与环境管理"三同时"规定未有效执行	HSE设施存在缺陷或不完善，增大事故发生可能性	组织或督促新建、改建、扩建工程项目安全、环境设施"三同时"工作，并将相关费用纳入建设项目预算	可行性研究报告、施工图纸、竣工验收报告	企管计划部门负责人、规划计划业务主管
		计价定额	未将健康、安全与环境管理的计价定额标准纳入新建、改建、扩建项目的编制	定额标准不清，造成公司经济损失	严格执行国家、地方或上级单位下发的HSE定额标准	工程量清单	企管计划部门负责人、规划计划业务主管
	合规性	法律法规辨识	HSE相关法律法规辨识、理解不充分，相关内容宣贯不足	相关单位、钻井队生产经营过程中违反法律规定	对公司生产经营活动适用法律、法规及对外发文件进行收集、传递、管理和合规性评价；并对新（修）订法律法规相关政策组织宣贯学习	司法文书签收审批单、资格证件使用审批单	企管计划部门负责人、合同与法律管理、法律事务管理负责人
	法律纠纷	HSE相关法律纠纷案件处理	HSE管理相关证据、资料缺失	导致法律纠纷败诉	相关单位、部门应结合日常工作需求，建立健全HSE相关资料的保管、使用制度	法律事务授权审批单	企管计划部门负责人、合同与法律管理、法律事务管理负责人

续表

管理部门	管理单元	管理内容（步骤）	危害因素	可能导致的后果	控制措施	相应记录文件	控制岗位
	承包商管理	标准化建设工作	未将健康、安全与环境管理纳入"三基"工作，未组织或参与安全环保标准化建设	相关单位、钻井队安全生产标准化建设工作不符合要求并存在隐患，引发HSE事故	落实上级钻井作业标准化建设工作要求，系统组织、加强指导，定期检查	钻井队等级达标考核表、专业公司基层队等级达标考核表、车队等级达标考核表	企管计划部门负责人、基层建设负责人、基层建设管理岗
		资质	未组织审核承包商、供应商的健康、安全与环境人资质及安全环保业绩	承包商资质不够进入市场，设备、技术上的缺陷导致HSE事故	严格承包商资质审查并要求各单位在公司承包商库中选取服务对象	承包商准入申请表	企管计划部门负责人、承包商业务主管、承包商管理岗
		教育、培训	未组织或参与承包商、供应商的安全环保教育和培训，如实记录教育和培训情况	承包商不清楚作业现场作业领域的风险，未制订和落实防控措施，导致事故发生	组织和要求各单位强化承包商人员的安全教育和培训，并强化此项工作的检查	承包商管理培训实施方案、承包商管理培训班报名表、承包商管理培训实施计划	企管计划部门负责人、承包商业务主管、承包商管理岗
企管计划部门		检查	未组织或参与对承包商和供应商的安全环保检查，及时排查并发现和利正、提出改进的建议	承包商作业过程不规范，不能及时发现和纠正，导致质量、HSE事故等	组织和要求各单位强化承包商的HSE监管措施，落实化HSE检查	承包商年度评价表（承包商管理系统）	企管计划部门负责人、承包商业务主管、承包商管理岗
	招投标	招投标	招标方案不合理，中标人不符合生产需求	导致废标，给钻井队生产、公司声誉带来重大损失	加强招投标知识培训和职业道德教育；强化责任追究机制	招标方案报批表、长庆钻井公司级招标项目审查意见书	企管计划部门负责人、招标业务主管、招标管理岗
	绩效考核管理	综合业绩考核	绩效考核指标设置不合理，考核过程不规范，造成考核结果不符合管理要求	对员工的管理工作出现偏差，影响安全管理工作	广泛征求意见，并经专门会议讨论后，设置相关考核指标和考核规程	月度综合管理指标考核表、月度综合管理指标考核意见、月度综合管理指标考核通报、年度综合业绩责任书考核表、年度综合业绩考核通报	企管计划部门负责人、经营政策研究主管、综合管理考核岗

续表

管理部门	管理单元	管理内容（步骤）	危害因素	可能导致的后果	控制措施	相应记录文件	控制岗位
财务资产部门	安全生产费用管理	预算	未将安全专项储备及自筹的QHSE费用纳入公司整体预算	安全生产费用使用时无可用预算指标	按照国家法律或者公司规定将安全生产费用纳入公司级整体预算	公司级安全生产费用预算表	财务资产部门负责人、预算管理岗
		计提	公司级安全生产费用未及时、足额提取	公司级当期成本费用核算不准确	财务资产部成本核算岗位每月按照工作要求及时编制安全生产费用计算明细表，财务部门领导审核后，编制相关凭证并进行账务处理	公司级安全生产费用计提表	财务资产部门负责人、成本管理岗
		上缴	公司级计提安全生产费用未及时按规定比例足额上缴	公司级计提的安全生产费用无法及时、准确上缴	严格按照计提比例及时向财务处足额上缴安全生产经费	内部单位付款审批表、中油系统上缴凭证	财务资产部门负责人、成本管理岗
		确认	下拨经费未按下拨渠道确认入账	下拨经费未按下拨渠道及时确认入账、未专款专用	严格按照下拨经费渠道及时确认入账，按照下拨项目计划及预算，专款专用	安全专项经费下拨统计表、中油系统内部交易确认凭证	财务资产部门负责人、成本管理岗
		接收费用化、资本化安全生产费用文件	公司级费用化、安全生产费用文件未及时接收	公司级不能对安全生产费用使用情况及时稽核及销账务处理	及时关注OA系统中文件、财务处通知	安全经费相关文件接收表	财务资产部门负责人、综合管理岗
		使用	未严格按照下发年度计划项目预算实施	项目超预算、资本化项目费用化或者费用化项目资本化	严格按照下发经费计划项目安全技术措施实施	安全专项经费预算执行表	财务资产部门负责人、成本管理岗
		核销	未对公司级安全生产费用使用情况及时进行核销账务处理	公司级安全生产费用使用管理失控	认真审核发票，审核销销内容是否与安全生产费用计划相符，有无相关领导签字	安全专项经费使用情况表、相关凭证	财务资产部门负责人、成本管理岗、资产管理岗

续表

管理部门	管理单元	管理内容（步骤）	危害因素	可能导致的后果	控制措施	相应记录文件	控制岗位
财务资产部门	安全生产费用管理	上缴结余	下拨安全经费结余未按项目核对上缴	影响下年安全经费下拨	严格按照下发项目核算，建立健全各项目经费下拨使用台账，未使用完经费经签认后及时上缴财务处	统筹安全隐患整改资金使用情况表、内部单位付款审批表、中油系统内部交易上缴凭证	财务资产部门负责人、成本管理岗
监察部（纪委办公室）	事故事件管理	HSE事故事件调查	未参与和监督安全环保事故、事件的调查分析	不能发现事故、事件背后问题，对事故事件调查不严谨，程序不合规，以及事故事件原因分析和经验教训总结不到位，不真实，纠正，问题不能及时发现和事件的再次事故	积极参与，认真履职，充分发挥监督职能	事故调查报告、谈话笔录、事故事实意见材料等	监察部（纪委办公室）负责人及纪检监察员
		HSE事故事件审理	对安全环保事故、事件相关责任单位和责任人责任追究落实情况监督不到位	可能导致事故单位和责任人未得到相应处理，责任人得不到教育，责任人未受到影响，甚至导致同类事故再次发生	负责对安全环保事故、事件相关责任人提出处理意见并对处理结果落实情况进行监督检查	问题线索拟办呈批表、问题线索了结会议记录、案件集体讨论会议记录、立案报告、立案呈批表、案件决定书、案件移送审理登记表、审理报告、阅卷笔录、事故事件责任人处理意见、处分文件、结案呈批表、处分决定送达回执、事故责任追究情况备案的报告等	监察部（纪委办公室）负责人

续表

管理部门	管理单元	管理内容（步骤）	危害因素	可能导致的后果	控制措施	相应记录文件	控制岗位
公司级（党委）办公室	督查督办	公司级领导例会、总经理办公会议决定的重大事项和领导对安全环保工作重要指示落实情况的督查督办	督办不及时	公司的决策部署不能在基层得到有效落实	落实专人负责；认真梳理，加强与各部室、各单位沟通；加大督办、催办力度	公文处理情况通报	公司级（党委）办公室负责人
	文件控制	文件传达、处理	重要文件流转不及时	造成工作滞后，落实不到位	及时进行收发文处理，对所属单位、部门的公文处理及执行进行检查考核	公文处理情况通报	公司级（党委）办公室负责人
	印章信息管理	制度管理	管理制度落实不到位	定额标准不清，造成公司经济损失	建立印章使用管理制度并要求各单位严格执行	印章使用登记表	公司级（党委）办公室负责人
	保密工作	实行保密工作责任制	保密责任不落实	可能发生违规输传或失泄密事件	组织签订保密责任书；制订落实保密措施；加大人防、物防、技防力度	保密责任书	保密工作负责人
	信息搜集与传达	重大安全环保信息的收集、动态跟踪及汇报与传达工作	未开展收集、跟踪和传达工作	影响领导层及时科学决策	严格管理，专人负责收集传达	信息反映	公司级（党委）办公室负责人
	应急管理	应急管理的协调工作，协助应急体系建设	未履行相应职责	应急信息上传下达不及时，车辆调派不到位，影响应急效率，给公司造成严重损失	严格履行应急管理职责		公司级（党委）办公室负责人

续表

管理部门	管理单元	管理内容（步骤）	危害因素	可能导致的后果	控制措施	相应记录文件	控制岗位
技术管理部门	管理制度	技术管理、质量管理、井控管理及科研项目管理等相关制度	制定的相关制度偏离实际；未落实相关制度	缺乏正确有效的制度依据，管理出现偏差，影响项目部、专业公司和井队的技术推进和技术退速，增大事故发生的可能性	相关制度的制定要征求井队、项目部的意见。制定制度时必须由技术方面的领导和技术专家、项目部技术干部共同讨论制定	技术制度管理办法	技术管理部门负责人
		技术标准、作业规程	制定的技术标准与作业规程与实际不符；不完善	不能有效指导现场技术提速，影响生产，产生故障复杂	相关制度的制定要征求井队、项目部的意见。制定制度时必须由技术方面的领导和技术专家、项目部技术领导和井队技术员共同讨论制定	各种技术标准、作业操作规范	技术管理部门负责人
		区域性的钻井技术方案	具体区块的技术方案制订偏离实际；没有解决重难点问题	影响技术提速，导致区块共性问题增多，井下故障复杂频发	制订方案时必须由技术领导和技术专家，项目部技术领导和工程师，以及井队技术员共同讨论制定	各区块技术清单、钻井液清单	技术管理部门负责人
	工艺技术管控措施	工艺安全管理制度体系	制定的内容不全、针对性	影响技术提速、导致井下故障复杂甚至人身伤害	按变更内容识别好变更类型，做好工艺变更分析报告，形成技术规程	工艺安全管理办法	技术管理部门负责人
		工艺危害分析相关知识培训	培训内容不全、培训未落实	技术人员缺失工艺危害识别能力	工艺危害分析相关知识培训大纲梳理齐全，进行全面培训	工艺危害培训	技术管理部门负责人
		循环开展工艺危害分析、完善技术规程	不循环开展工艺，不完善规程	部分危害未识别到位，一些技术规程未定制，出现技术盲区	定时、定岗、定主题开展工艺危害分析，全面识别工艺风险	工艺危害分析	技术管理部门负责人

续表

管理部门	管理单元	管理内容（步骤）	危害因素	可能导致的后果	控制措施	相应记录文件	控制岗位
技术管理部门	工艺技术风险管控措施	开展特殊井、重点井工艺危害分析，制订技术方案	未开展特殊井、重点井工艺危害分析	影响特殊井、重点井技术提速，导致出现故障复杂	重点关注特殊井、重点井的关键流程和重难点问题，开展工艺危害分析，形成技术方案，指导提速	重点井技术方案	技术管理部门负责人
		开展"四新"技术工艺危害分析，制订风险控制措施	未在生产过程中开展"四新"技术工艺危害分析，未落实责任主体	责任主体不明，安全操作规程不清，发生人身和设备伤害	试验前做好安全风险评估，制订措施，试验过程中监控落实，完善措施	试验技术协议	技术管理部门负责人
		工程设计的分级管理	未进行工程设计的分级管理	影响钻井提速，导致出现故障复杂甚至人身伤害	对设计的管理体系进行梳理，明确各级职责，加强设计模板的统一和更新，严格执行保密措施	钻井工程设计	技术管理部门负责人
		QC小组活动组织与管控	未进行QC小组活动组织与管控	部分危害未识别到位，一些技术规程未定制，导致技术盲区	定期开展QC成果评比和QC成果发布，补齐补全技术标准和规程，完成标准的制订修订	QC成果发布	技术管理部门负责人
	所属业务范围内的HSE风险管控	钻井液实验室HSE风险管控	未进行钻井液实验室HSE风险管控	工作区域引起灼烫、容器爆炸、中毒和窒息	牢记岗位职责，用好风险控制工具，加强应急培训	钻井液处理剂产品质量检测	技术管理部门负责人
		计量站HSE风险管控	未进行计量站HSE风险管控	计量站区域导致触电、物体打击等人身伤害	牢记岗位职责，用好风险控制工具，加强应急培训	质量管理办法	技术管理部门负责人

续表

管理部门	管理单元	管理内容（步骤）	危害因素	可能导致的后果	控制措施	相应记录文件	控制岗位
技术管理部门	技术应用过程中的工艺风险控制	现场执行情况的监督检查	未监督检查现场执行情况	现场不按规程操作，导致井下故障复杂和人身伤害	通过电话、报表和网络信息平台跟踪现场生产动态，不定期下现场进行抽查	巡查记录	技术管理部门负责人
		特殊井、重点井、新技术试验井的现场工艺技术安全把关	项目部未驻井把关特殊井、重点井、新技术试验井的现场工艺技术安全	突出问题关键关节不受控，影响技术提速，故障复杂和人身伤害	驻井帮促、安全培训，进行技术方案宣贯和交底，对现场出现的问题进行处理	技术交底、技术方案审定	技术管理部门负责人
		重点井施工动态跟踪监控	未进行重点井施工动态跟踪监控	影响提速，导致故障复杂和人身伤害	通过电话、报表和网络信息平台跟踪现场生产动态，远程视频垂直管理，解决难题	重点井日报	技术管理部门负责人
	钻具工具及井控井口工具及井控设备设施使用过程中的风险管控	井下工具、井口工具及井控设备设施等现场使用过程中的隐患排查与治理	未对井下工具、井口工具及井控设备设施等现场使用过程中的隐患进行排查和治理	钻井队自查无法全面有效开展，隐患苗头不到位，导致故障复杂和人身伤害	开展月度专项排查和井控专项检查，进行专项排查工作，逐队跟踪落实隐患销项整改	井控专项检查表、隐患排查表	技术管理部门负责人
	故障复杂处理及调查	分析原因和经过，组织制订处理方案和进行故障复杂的处理	不分析故障原因，原因分析错误，故障复杂处理难度加大	故障复杂处理方向不正确，造成次生事故，造成更大的经济损失，引起人身伤害	通过事故快报如实汇报，会同技术专家制订有效的井下故障处理方案，督促和指导专项目部进行故障处理	事故报告	技术管理部门负责人

续表

管理部门	管理单元	管理内容（步骤）	危害因素	可能导致的后果	控制措施	相应记录文件	控制岗位
技术管理部门	故障复杂处理及调查	制订防范措施	未制订防范措施	同区块故障复杂重复出现，故障时率超标	出现故障复杂第一时间在各项目部通报警示，将重点区块的技术关键环节的技术方案进行提示和培训	事故警示、月度培训	技术管理部门负责人
		通报故障，给出相关责任人处理意见	未处理相关责任人	故障复杂得不到有效遏制	按照"四不放过"原则，对事故进行调查和通报，相关责任人处理客观、准确	事故处理决定	技术管理部门负责人
		井控相关设备设施完整性管理	未进行井控相关设备设施完整性管理	试压不合格，溢流时关不住井导致井喷	完善井控设备的软、硬件配套，严格落实关键部位监管和关键部位管控，落实管控责任，设施不完整整改设置开钻红线，做好隐患排查与治理	隐患排查表	技术管理部门负责人
		井控安全管理	井控安全检查，对存在的井控安全隐患负责协调和督促整改，处理井控违章责任人	不进行安全隐患整改，不处理井控违章责任人	井控隐患增多，典型违章增多，治理难度加大	制订具体的管理考核办法，从关键环节、关键人物着手，把重大井控隐患和严重违章按照井控事件进行处理，对违章人员进行严肃处理	井控安全检查表	技术管理部门负责人
		井控例会，井控知识培训	不召开井控例会，不进行井控知识培训	井控隐患和问题得不到发现，解决井控隐患和难题，重点工作得不到处理，井控方面的意识和能力差	定期召开有针对性的井控例会，解决井控隐患和难题，建立井控知识培训清单，建立井控知识培训清单，分项目部、分井队进行有效果的培训	井控培训制度	技术管理部门负责人

- 322 -

第三章 生产管理活动风险防控

续表

管理部门	管理单元	管理内容（步骤）	危害因素	可能导致的后果	控制措施	相应记录文件	控制岗位
技术管理部门	井控安全管理	井控应急预案的编制、培训、演练和井控险情（溢流、气侵等）的预防与处理	不进行井控应急预案的编制、培训，演练和井控险情的预防与处理	井控处理能力欠缺，出现险情处理不及时，造成井喷	成立井控现场技能培训小组，分项目部进行现场培训，形成井控月培训制度，多级联动进行井控应急预案演练，出现井控险情按照应急预案及时上井处置	井控突发事件专项应急预案	技术管理部门负责人
	工程技术产品及技术服务管理	工程技术应用相关产品、工具及技术服务进行技术和质量可靠性前置审查	不进行前置审查	产品质量参差不齐，工具性能不达标，技术服务不符合要求，导致技术提速目标无法实现，故障频发甚至人身伤害	严把工程技术应用相关产品、工具前置审查关，按照招标要求，不符合要求的产品、工具及技术服务一律排除	技术准人管理办法、技术准人申请表	技术管理部门负责人
		工程技术应用相关产品、工具及技术服务应用过程中的HSE风险评估及应用中制订防范控制措施	HSE风险评估后未制订防范控制措施	导致工程技术应用相关产品、工具及技术服务应用过程中的HSE风险重复出现	找出工程技术应用相关产品、工具及技术服务应用过程中的HSE风险内容，进行评估，制订出相应的防范控制措施	技术准人管理办法、技术准人申请表	技术管理部门负责人
	质量安全	质量安全检查与质量问题督查整改	不进行质量安全检查找不出问题，质量问题督查整改不落实	质量问题凸显，影响技术提速，引起井下故障甚至人身伤害	定期有计划地组织质量安全检查，对出现问题进行查整改	质量管理考核细则	技术管理部门负责人

续表

管理部门	管理单元	管理内容（步骤）	危害因素	可能导致的后果	控制措施	相应记录文件	控制岗位
技术管理部门	质量安全	质量安全问题的调查和处理	对质量安全问题不调查也不处理	导致质量安全问题恶性循环，影响技术提速	对出现的质量安全问题进行逐一排查，查找原因，暂时停用相同批次的产品立即进行抽检，对质量安全问题的相关责任人进行处理	质量管理考核细则	技术管理部门负责人
	科研项目安全	对本部门所承担的科研项目安全环保风险进行识别、评估，制订管控措施并监督实施，督查其他部门科研项目HSE风险控制措施的有效落实	未对本部门所承担的科研项目安全环保风险进行识别、评估，也未制订管控措施并监督实施，未督查其他部门HSE风险控制措施的有效性	科研项目失真，不能有效指导科研	科研立项前对安全环保风险进行识别、评估，组织进行评估，指导管控措施，定时督查实施情况，对出现的问题及时整改	科研项目HSE风险控制表	技术管理部门负责人
质量健康安全环保部门	HSE责任制	目标指标及落实	目标指标制定过高或过低，偏离实际	指标目标过高无法实现，过低事故事件得不到有效遏制，HSE业绩受损	结合实际制订各层级HSE目标指标，强化HSE目标指标过程考核	HSE责任书	质量健康安全环保部门负责人
		HSE履职	履职不力	管理效果受限或管理无效	强化HSE工作计划、个人行动计划的落实和HSE履职考核及过程检查	HSE履职能力评价试卷、访谈表	质量健康安全环保部门负责人
	HSE制度	制度体系	制度未建立或不完善	管理无依据，工作无标准，行为无约束	制定完善HSE管理制度，强化制度执行的检查	制度清单	质量健康安全环保部门负责人

续表

管理部门	管理单元	管理内容（步骤）	危害因素	可能导致的后果	控制措施	相应记录文件	控制岗位
质量健康安全环保部门	危害辨识与风险评价	危害辨识	未定期组织辨识或辨识不全	不能及时、全面发现危害因素	定期组织开展风险辨识，形成危害因素清单	危害因素清单	质量健康安全环保部门负责人
		风险评价	未评价或评价不准确	风险未分级、防控责任不清	使用适用的风险分析评估方法开展风险分级评估，依据标准进行风险分级，明确防控责任，确定责任部门和责任人	危害因素清单	质量健康安全环保部门负责人
		风险控制	未制订防控措施或措施针对性不强	发生事故可能性增大	针对重点防控的风险，制订风险控制措施，明确责任，风险分级防控措施，操作规程，检查表，应急处置卡，岗位培训矩阵	风险分级防控清单，岗位职责，操作规程，检查表，应急处置卡，岗位培训矩阵	质量健康安全环保部门负责人
	隐患治理	隐患立项	发现隐患未评估或评估不准确	无法确定隐患危害程度	各层级按规定组织开展事故隐患排查，逐级建立隐患台账，实行动态管理。对排查出的事故隐患进行评估，确定隐患治理项目	安全技术措施计划项目明细表，隐患发现报告，隐患评估报告，安全技术措施计划项目验收单	质量健康安全环保部门负责人
		费用投入	费用投入不到位	隐患不能及时治理	编制专项治理方案，方案内容完善，做到"五到位"（措施、责任、资金、时限和应急预案）。安全环保费用和隐患治理资金专款专用，故隐患治理投入人不足的，及时调整隐患治理费用使用计划，报财务部门追加	年度安全技术措施计划项目实施方案	质量健康安全环保部门负责人

续表

管理部门	管理单元	管理内容（步骤）	危害因素	可能导致的后果	控制措施	相应记录文件	控制岗位
质量健康安全环保部门	隐患治理	监察督办	对治理过程未进行跟踪和督办，治理后未进行验证	隐患治理不及时，不彻底	隐患整改销项前，制订落实有效的监控、防范和应急措施。安排专人对隐患治理过程进行跟踪督办，及时通报治理进度和状况。治理项目完成后，按规定组织验收销项，达到治理效果	年度安全技术措施计划项目每月跟踪表、安全技术措施计划项目验收单、事故隐患治理竣工审查验收及销项表、隐患治理服务合同	工业安全岗
		观察与沟通	未规范观察与沟通要求，未统计分析	观察与沟通在现场不能有效应用，行为安全得不到改进	规范观察与沟通的管理要求，对管理人员进行应用的培训和辅导。统计分析结果应用于行为安全的改进	安全观察与沟通统计分析	综合统计岗
	行为安全管理	行为安全正向激励	未建立或未执行行为安全正向激励机制	员工不主动查改违章，进行为安全习惯	建立行为安全正向激励机制，对主动查改违章、改进行为安全习惯的员工进行奖励表扬	奖励记录	综合统计岗
		程序与规程	作业程序缺失或不完善，违章行为未明确	程序不明、步骤不清，缺乏规定动作，风险不受控。违章行为无标准依据	组织编制作业程序，运用ICA完善、强化执行检查。明确常见作业中的违章行为，并积极宣传培训	HSE作业程序	HSE体系管理岗
		相关方行为安全	未执行统一标准	相关方违章频发	相关方员工行为安全按统一的HSE要求进行管理		

续表

管理部门	管理单元	管理内容（步骤）	危害因素	可能导致后果	控制措施	相应记录文件	控制岗位
质量健康安全环保部门	HSE检查	检查策划	未制订方案或方案针对性不强	管理制度未落实，检查重点不突出	严格执行HSE检查制度，制订切实可行的检查方案，突出重点，明确检查人员、检查内容、方式和要求	检查方案	质量健康安全环保部门负责人
		检查实施	未按方案实施	隐患得不到发现，违章得不到及时制止，管理短板得不到发现	严格按检查计划、检查人员严格按检查表进行检查；对检查发现的问题进行记录、沟通和报告	HSE不符合整改通知单	质量健康安全环保部门负责人
		问题整改	问题未整改或整改不彻底	隐患未消除，风险未控制	对检查发现的问题进行督促整改和验证	HSE不符合整改回执单	工业安全岗
		HSE分析	未分析或防控不到位	管理短板不清楚，防控措施未制订或针对性不强，同类问题的根源性质同一直存在	对检查发现问题定期进行汇总、分析，制订并采取相应防范措施	检查问题HSE信息系统录入	工业安全岗
	HSE培训	培训计划	培训计划未编制或针对性不强	培训无依据，培训内容缺失，不能满足岗位所需	开展培训需求调查分析，完善培训矩阵，编制HSE培训计划	安全类员工培训项目计划	HSE培训管理岗位
		组织实施	培训计划未落实或未有效落实	员工资质不全、能力不足	严格按照培训计划实施，对培训计划变更履行变更程序；对培训计划执行情况进行检查考核	培训实施计划、签到表	HSE培训管理岗位
		效果评价	未考核或考核不实	培训未达到预期目的，理论与实践未有机结合	严格考核过程，对培训考核不合格人员进行再培训，再考核；做到理论指导实践	考试试卷、考试成绩表	HSE培训管理岗位

续表

管理部门	管理单元	管理内容（步骤）	危害因素	可能导致的后果	控制措施	相应记录文件	控制岗位
质量健康安全环保部门	三标一规范	标准化现场	未建立"一图一单"或建立不规范	设备摆放不规范、风险提示不全、作业环境不良	按照标准化现场建设要求督促现场落实，强化答询、指导、帮促和检查	现场提示总图、生产设备设施清单、健康安全环保设施清单、应急物资器材清单、以及固态和动态风险管控清单	工业安全岗
		标准化操作	"两书一表"未制订或有缺陷	操作无规程、作业无程序、风险防控无措施、检查无标准、应急无预案	组织统一编制作业指导书，督促完善HSE计划书和各类检查表，强化两书一表的执行检查	作业计划书、作业指导书、安全检查表	工业安全岗
		标准化管理	未建立"三三一册"或建立不规范	职责不清、管理界面不明、管理流程不畅、执行力不强、行为无约束	夯实制度、培训、绩效三种管理，编制基层队站准化管理手册，强化日、周、月管理的落实检查	制度清单、培训记录、绩效考核记录	工业安全岗
		规范化控制	隐患排查和风险控制工具运用不到位	查患纠违无标准、控制无措施、行为不规范	根据三个办法两个标准、有效落实查患纠违和控制措施。积极推广运用"7+N"风险控制工具	违章台账、隐患台账及统计分析记录、风险管控工具运行记录	工业安全岗
	交通安全管理	内部准驾证	未取得内部准驾证或过期	违章驾驶、管控缺失	驾驶员按期培训考核合格，取得和按期更换内部准驾证；台账完善，及时更新	内部准驾证登记表	交通安全岗
		驾驶员档案	未建立驾驶员档案或缺项、未实时更新	信息不全、管理不规范	建立健全驾驶员档案，内容规范完整	驾驶员信息登记表	交通安全岗

续表

管理部门	管理单元	管理内容（步骤）	危害因素	可能导致的后果	控制措施	相应记录文件	控制岗位
质量健康安全环保部门	交通安全管理	车辆动态监控	动态管控缺位或监控系统失效	车辆运行过程失控	实行车辆卫星定位三级（公司级、车管单位、车队）监控，及时发布安全提示，发现制止违法违章驾驶，定期检查维护监控平台和车载终端，重点车辆实施全程监控	车辆GPS监控登记本	交通安全岗
	消防安全管理	防火档案	未建立防火档案或建立不全，未及时更新	防火重点单位或部位不清，管控责任不明	明确消防安全重点单位或部位，并实行分级管理，建立管理台账	××公司消防重点单位统计表	消防安全岗
		专项检查	未进行专项检查或检查针对性不强	火险隐患得不到发现、整改和防控	按照标准配备足够数量灭火器材，指派专人管理，定期检查，及时更新	隐患整改通知单	消防安全岗
		专项培训、演练	未培训演练或培训演练效果未评价	员工火场逃生技能和灭火知识不掌握，不能有效逃生和扑灭初期火灾	开展专项培训和演练	演练计划、演练方案、演练报告	消防安全岗
	危险化学品管理	危险化学品建档	未建立危险化学品清单和反应矩阵	不清楚危险化学品种类、数量、属性	建立危险化学品清单和反应矩阵	危化学品清单、危化学品反应矩阵	危险化学品管理岗
		危险化学品管理	未建立危险化学品管理制度，无MSDS	职责不明确，管理流程不清晰；不清楚危化品购买、存储、使用、运输、报废等方面的安全技术措施和应急处置要求	建立、完善危险化学品管理制度	危险化学品MSDS	危险化学品管理岗

续表

管理部门	管理单元	管理内容（步骤）	危害因素	可能导致的后果	控制措施	相应记录文件	控制岗位
质量健康安全环保部门	危险化学品管理	专项检查	未进行专项检查或检查针对性不强	对危险化学品管理状况不了解，隐患得不到发现、整改和防控	组织落实各项危险化学品管理措施，强化基层队伍站执行检查	隐患整改通知单	危险化学品管理岗
		污染源档案（含应税污染物）	未建立档案或档案不健全	不清楚污染源种类、数量及分布情况	建立并真实运行相关台账，建立分级管控制度，制订切实可行的污染源防控措施，检查落实情况	污染源档案、环境危害因素清单	环境保护岗
	环境保护管理	污染源分级管控	污染源未全部纳入分级管控范围	管理粗放，防污染管控措施针对性不强，重要污染源得不到综合治理	建立执行污染源分级管控制度，将所有污染源纳入分级管控范围；针对污染源制订了污染防控措施并落实，对重要污染源实施综合治理	环境危害因素清单、公司级环境风险评估、情况统计、公司级环境保护管理办法	分管环保负责人
		环保设施	设施未配置齐全，不能正常运行	污染源不到治理或达不到治理要求，造成污染	建立环保设施管理规章制度或设施配置要求，建立设施齐全及使用台账，现场环保设施稳定运行	环保设备设施台账	环境保护岗
		污染物管理	污染物未达标排放；未依法合规处置废物	减排任务和年度控制指标未完成；污染环境，承担法律责任	监测所有排污口的排放，确保排放量满足减排和控制指标；建立污染物管理制度，编制危险废物管理流程和计划；按法律、制度要求管理处置污染物	污染源监测计划、检测报告、危险废物管理计划	分管环保负责人

- 330 -

续表

管理部门	管理单元	管理内容（步骤）	危害因素	可能导致的后果	控制措施	相应记录文件	控制岗位
质量健康安全环保部门	环境保护管理	排污许可	未按要求办理排污证	违法排污，承担法律责任	按要求及时办理排污证相关排污费，过期延续	排污许可证统计表	环境保护岗
		清洁生产	使用高耗能工艺和设备，未研究推广环保技术	高能耗，高污染	用新型环保型设备和工艺，替代高耗能设备和工艺，研究应用环保技术和工艺	清洁生产方案，钻井液钻井液地实施方案，环保型钻井液技术方案	分管环保负责人
		绿色示范队建设	未制订创建方案、未实施验收和评比	未创建绿色示范队，或达标队数量不足不能覆盖所有基层单位	制订推广方案和建设，验收标准，对创建情况进行现场验收和评比	清洁生产方案，绿色示范队清单	分管环保负责人
		环境统计	未按规定开展环境数据统计、分析和资料报送	环境数据统计分析无法完成，不能准确掌握环境现状；受到上级考核	按时真实填报HSE信息系统的月报和年报	环境周报、月报；集团公司HSE信息系统环境月报	环境保护岗
	健康管理	职业病防护设备设施管理	设备设施配备不全或不符合要求，台账不健全	设备设施管理混乱，损坏、丢失，职业防护不到位，造成职业伤害	建立职业病危害防护设备、设施台账；职业病危害防护设施、检测，设备定期维护，检测；可能发生急性职业中毒的工作场所，设置报警装置、配置现场急救用品及冲洗设备，设立应急撤离通道及泄险区，并完好	职业病危害防护设备、设施台账	职业卫生管理岗
		职业危害因素检测	未编制检测计划，未按计划实施检测，检测超标场所未采取治理措施	不能及时了解掌握接害作业场所职业危害因素现状，不能制订可用应防护措施，导致职业病	编制职业病危害因素监测计划、检测周期、检测点设置符合要求，检测点设置符合规范要求，按计划组织开展职业病危害因素检测	职业病危害因素监测计划、职业病危害因素检测报告	职业卫生管理岗

续表

管理部门	管理单元	管理内容（步骤）	危害因素	可能导致的后果	控制措施	相应记录文件	控制岗位
质量健康安全环保部门	健康管理	职业病危害告知	未进行职业病危害因素告知	违反法规，员工不了解场所、岗位存在的职业病危害因素，防护措施不落实导致患职业病	在醒目位置设置公告栏，将危害因素检测结果及时公告，相关基层岗位员工知道检测结果	职业危害因素检测报告	职业卫生管理岗
		员工健康体检管理	员工健康体检不落实，职业健康体检率未达100%	不了解员工健康状况，不能及时发现员工潜在疾病和职业禁忌及疑似职业病人员；违反《中华人民共和国职业病防治法》	按要求对接害岗位员工进行岗前、岗中（含事故后）、离岗时的职业健康检查，体检率100%。将体检结果及时知员工，如根据体检机构的建议，及时安排需要复查和医学观察的员工进行复查和医学观察	接触职业危害因素人员花名册、作业人员及防护状况、职业病危害因素及接触职业危害因素人员统计、职业病患者统计、职业病观察对象统计、职业禁忌总人员统计、职检报告	职业卫生管理岗
		档案管理	未建立职业健康档案和员工健康档案或信息不全	管理不规范，信息不全，不能有效统计、分析，为工作改进提供业务支持	按职业健康档案管理要求，建立职业健康档案，内容齐全、完整，及时归档和更新，数据及时、准确、完整，录入HSE信息系统，并统计、分析	职业健康档案	职业卫生管理岗
		劳动保护	未明确劳动保护用品配备标准	劳保用品配备不到位，员工防护缺失造成伤害	执行劳动保护用品的购买、发放、使用等相关管理制度要求，明确不同专业、不同岗位的劳动保护用品配备标准	劳动保护用品配备标准	职业卫生管理岗

第三章 生产管理活动风险防控

续表

管理部门	管理单元	管理内容（步骤）	危害因素	可能导致的后果	控制措施	相应记录文件	控制岗位
质量健康安全环保部门	应急管理	应急预案	未编制或及时修订应急专项预案，未备案	无法有效应对突发事件，事态扩大引发次生灾害	编制、完善相应的专项应急预案，并对预案进行评审、备案	专项应急预案	质量健康安全环保部门负责人
		应急演练	未编制应急演练计划，未按计划开展应急演练，未对演练效果进行评价	预案可行性无法论证，应急预案和应急救援技能得不到培训，人员应急能力无法提升	按规定编制演练计划，按计划开展应急预案演练，持续改进演练质量	演练计划、演练方案、演练报告	质量健康安全环保部门负责人
		应急物资	未按规定配备应急物资，未进行检查、维护	发生突发事件时，无有效的应急物资可用，延误处置，导致事态扩大	按标准准备应急物资，并定期检查、维护，培训员工正确使用	应急物资清单	安全技术岗
		采购管理	未按程序采购	违规采购，产品质量得不到保障	按物资采购和隐患治理项目相关管理规定采购	需求建议、招标文件	质量健康安全环保部门负责人
	安全设施管理	监督管理	监管缺位	设备设施管理使用不规范、检测、维护保养不落实，带故障运行或失效导致设施及时中可能发生人员伤害	及时跟踪安全设施使用状况，按时检测，有故障设备设施及时组织维修	安全防护设备（设施）台账	安全技术岗
	特种设备监管	特种设备检验	特种设备未按期检验	不了解特种设备性能、状况，在使用过程中可能发生事故	及时督促设备管理部门、使用单位检验	特种设备台账	安全技术岗
		特种设备人员持证	特种设备作业人员证件过期或无证	违反禁令，人员不了解设备性能、操作、维护保养，操作时可能发生事故	及时督促人事劳资部、专业公司组织人员取复证	特种设备作业人员台账	安全技术岗

续表

管理部门	管理单元	管理内容（步骤）	危害因素	可能导致的后果	控制措施	相应记录文件	控制岗位
质量健康安全环保部门	特种设备监管	系统维护	未及时维护特种设备信息系统	不能有效监控设备、人员信息，违规使用未检验或检验过期设备，人员违反禁令操作	及时更新维护特种设备信息系统，对直线管理部门、专业公司提前1个月对检验到期设备和证件进行到期人员提示	特种设备信息系统	安全技术岗
	节能节水管理	能源消耗统计	未按规定开展能源消耗数据统计、分析和资料报送	无法准确掌握能源消耗现状，统计不真实，承担上级考核	按时真实填报节能节水信息系统的月报和年报	节能节水报表、统计台账	节能节水管理岗位
		节能节水考核	未考核或考核不严	资料收集不及时、失真	组织落实节能节水制度或措施	节能节水考核制度	节能节水管理岗位
		耗能设备效率监测	未按要求进行监测	不能及时发现低效高耗能设备，能源消耗量增加，排放增加	组织对老设备进行监测	节能检测报告	节能节水管理岗位
		能源计量器具检测	未建立台账或不全，未监督检测	能源计量器具管理混乱，能源消耗计量不准	监督职能部门按规定组织检测	检测台账、整改措施	计量管理岗位
	HSE绩效考核	梳理考核项	未梳理或漏项	考核无依据	收集全考核标准、要求	月度综合管理指标考核表、月度单井HSE指标考核表	HSE信息管理岗
		对标考核	未对标考核或考核不严格	考核项目不准确	严格按考核标准进行考核	综合业绩考核管理办法	HSE信息管理岗
		考核兑现	未兑现或未及时兑现	不能促进职责履行	严格按考核结果进行兑现	综合管理指标考核情况通报、月度单井HSE指标考核返还奖励呈批，HSE奖励基金管理办法	HSE信息管理岗

续表

管理部门	管理单元	管理内容（步骤）	危害因素	可能导致的后果	控制措施	相应记录文件	控制岗位
质量健康安全环保部门	事故、事件管理	事故事件报告	未按规定程序及时、准确报告	迟报、瞒报、谎报，影响组织抢险救援和处置，事故事件分享不到及时分享	掌握事故事件分级、上报程序、时间等，真实上报	事故事件快报、安全警示	工业安全岗
		事故事件调查	未及时准确调查	原因分析不清，事故责任不明，事故教训无法汲取，整改措施无法制订，不能形成完整的调查报告	按规定成立事故调查组，相关负责人及安全、生产、设备、人事劳资、监察、工会等相关职能部门人员参加调查，调查程序规范，证据收集全面，准确。调查报告编写规范，内容完整，事故原因（包括管理原因）、性质、责任等清晰明确	事故调查报告	工业安全岗
		事故事件处理	事故事件未按规定落实处理	安全生产责任制得不到落实，员工得不到警示教育，责任得不到追究	严格按照四不放过原则进行事故调查与处理	事故责任处理意见	质量健康安全环保部门负责人
		事故档案	未建立事故事件档案或不健全	无法统计分析、追溯	按照要求建立档案，日常案内容齐全、完整，至少包括事故调查报告、事故责任意见书面材料、调查笔录、证据资料、事故处理决定等	事故调查报告、调查笔录、责任认定书面意见、医疗证据、处理决定	工业安全岗

续表

管理部门	管理单元	管理内容（步骤）	危害因素	可能导致的后果	控制措施	相应记录文件	控制岗位
质量健康安全环保部门	体系审核	审核计划	审核无计划或计划制订有缺陷	审核实施不顺畅，审核效果达不到目的	制订审核计划，落实、培训审核人员，编制审核表并审批。内审计划明确审核重点，策划年度内审覆盖所有领导层、机关部门和所有下属单位主要业务和重点风险现场	审核人员清单，审核计划	HSE体系管理岗
		审核实施	未按计划实施审核，审核过程粗放	审核效果达不到要求，无法有效验证体系运行的符合性和有效性	审核前，组织审核员集中培训，学习有关审核标准、明确审核重点，完善检查表。审核结果及时向被审核单位通报，明确提出HSE管理存在问题和薄弱环节	审核标准，审核记录	HSE体系管理岗
		不符合管理（含内审与外部审核）	不符合未整改或验证确认	审核问题不能得到有效整改闭环，重复发生	下发审核清单，分析深层次原因，提出短板改进建议，问题得到有效跟踪、整改闭环，在规定的时限内关闭，并经过整改验证	HSE不符合整改通知单，HSE不符合整改回执单	HSE体系管理岗
	管理评审	评审组织	主要负责人未亲自组织	管理评审组织不力	根据体系文件要求编制评审计划，由主要负责人亲自组织，每年开展一次管理评审。针对组织机构重大调整、事故事件、外部环境变化等特定情况及时召开管理评审会议	管理评审计划	质量健康安全环保部门负责人

续表

管理部门	管理单元	管理内容（步骤）	危害因素	可能导致的后果	控制措施	相应记录文件	控制岗位
质量健康安全环保部门	管理评审	评审的实施	评审输入信息不能真实反映体系运行情况，重大事项未进行评审或不准确	不能确定体系运行的薄弱环节，无法科学地评价公司管体系的无分性、适宜性和运行的有效性	下发评审计划，针对HSE目标指标完成情况、重大风险管控情况、重大资源配置情况、合规性情况等重大事项进行评审。各职能部门根据汇报文件要求反实际运行中存在的要点并关注并提出改进建议	管理评审报告	质量健康安全环保部门负责人
		持续改进	未形成决议，未明确责任部门，改进措施落实不到位	达不到持续改进的目的	管理评审确定的决议由涉及的相关职能部门制订实施方案或计划，并及时完成。决议落实情况及时向主要负责人和有关人员汇报	评审决议、跟踪验证记录	质量健康安全环保部门负责人
市场开发与外协调部门	探评井钻前施工管理	施工过程的安全监管	未督促项目部对施工过程进行监督管理	1. 钻前工程质量不合格，存在坍塌、洪涝等风险。2. 钻前施工工程出现坍塌、挖断地下管线风险	1. 建立钻前施工监督管理台账，定期掌握施工进度及监管措施落实情况。2. 建立考核标准，定期开展考核	油气勘探总包项目井场接替表	市场开发与外协调部门负责人 勘探总包业务主管 对外协调岗
		两点一线踏勘	未督促项目部组织两点一线踏勘	1. 路线选择不合理道路隐患未消除，造成交通安全事故。2. 钻井队施工质量引发坍塌及洪涝风险	1. 执行两点一线勘踏机制。2. 对项目部两点一线踏勘落实情况进行考核	项目部两点一线踏勘表	市场开发与外协调部门负责人 勘探总包业务主管 对外协调岗

续表

管理部门	管理单元	管理内容（步骤）	危害因素	可能导致的后果	控制措施	相应记录文件	控制岗位
市场开发与对外协调部门	探评井钻前施工管理	签订施工合同	未督促项目部及时签订施工合同	施工责任不清，发生事故引起法律纠纷	建立施工合同同报制度，及时跟踪合同签订情况	钻前合同办理情况统计	市场开发与对外协调部门负责人勘探总包业务主管对外协调岗
	国内反承包项目管理	投标管理	不及时组织投标	失去国内反承包市场	安排专人跟踪市场信息，组织参加投标	招标公告、邀请函	市场开发与对外协调部门负责人市场开发业务主管岗
		施工过程监控	未督促项目组管理责任落实	施工现场管理水平低引发生产安全事故或影响公司级信誉	1. 定期对项目管理开展专项检查。 2. 定期考核项目参与单位业绩	项目管理报告	市场开发与对外协调部门负责人市场开发业务主管岗
设备管理部门	设备操作规程	制修订设备操作规程，进行设备操作规程培训	设备操作规程覆盖不全面；制定的操作规程存在缺陷；设备操作规程未培训	设备操作无有效指导规程，造成人员伤害、设备损坏	严格要求设备操作规程的制修订，达到全面覆盖；各单位组织对已有操作规程进行JCC验证；各单位对自用设备操作规程进行全面培训	设备操作规程	设备管理部门负责人现场运行管理岗
	设备检维修作业	一级设备检维修作业审批	未进行设备检维修作业审批或检维修作业未分级审批	设备检维修作业失控，造成人员伤害、设备损坏	严格执行设备检维修作业审批流程和设备检维修分级管控制度	设备检维修分级管控申请审批表	设备管理部门负责人机械修理及电气设备管理岗现场运行管理岗

续表

管理部门	管理单元	管理内容（步骤）	危害因素	可能导致的后果	控制措施	相应记录文件	控制岗位
设备管理部门	设备检查表和启动前检查表	制修订设备检查表和启动前检查表	设备检查表和启动前检查表内容不全面	设备检查漏项，造成人员伤害、设备损坏	组织专业人员对设备检查表和启动前检查表反复进行讨论、修订、验证	重要设备部位检查表、设备启动前检查表	设备管理部门负责人、现场运行管理岗
	设备隐患管理	设备隐患立项、风险评估、排查治理、整改销项	立项不全、风险评估不到位、排查治理漏项、整改销项不彻底	设备隐患未排除，造成人员伤害、设备损坏	全面梳理设备隐患，分析评估风险因素，专项排查治理隐患，彻底整改销项	发现报告、评估报告	设备管理部门负责人、设备技术管理岗
	设备变更管理	一般设备变更的审批	设备变更环节缺失或设备变更审批不严	设备变更风险分析不全面，变更后造成隐患，导致人员伤害、设备损坏	严格执行设备变更管理制度和审批流程，全面分析设备变更造成的安全风险，削减各项设备安全隐患因素	设备变更申请审批表	设备管理部门负责人、现场运行管理岗
	设备购置管理	设备购置技术方案审查	设备购置技术方案缺项，内容不完善	购置的设备存在本质安全隐患，造成人员伤害、设备损坏	组织专业人员论证设备购置技术方案，确保购置设备的可靠性、先进性、适用性和经济性	技术协议	设备管理部门负责人、设备技术管理岗
	设备技术改造、革新	审查设备技术改造、革新技术方案	设备技术改造、革新后危害因素识别不全面，未制订风险削减措施	设备技术改造、革新后存在安全隐患，导致人员伤害、设备损坏	组织设备使用单位对技术改造、革新后的设备全面分析各项危害因素，制订风险削减措施	技术协议	设备管理部门负责人、设备技术管理岗
	设备检测检验	设备检测检验专项检查	未组织设备检测检验或检测检验不到位	设备隐患被忽视，造成人员伤害、设备损坏	加强井架检测、评估，关键变害部位检查及钻机评估，重要设备部位探伤检测	检测、评估报告	设备管理部门负责人、现场运行管理岗

续表

管理部门	管理单元	管理内容（步骤）	危害因素	可能导致的后果	控制措施	相应记录文件	控制岗位
设备管理部门	设备维护保养	制定（修订）设备维护保养制度，进行设备维护保养培训	设备维护保养制度不完善或设备维护保养制度未培训	设备维护保养不到位，造成人员伤害、设备损坏	要求各单位严格执行设备维护保养制度，组织全面进行设备维护保养制度培训	设备运转记录	设备管理部门负责人现场运行管理岗
	特种设备管理	特种设备安全检查、日常维护	特种设备超期使用，未及时更新、维护	未及时更新、维护，造成人员伤害、设备损坏	加强压力容器、高压管汇、装载机、叉车等特种设备的安全检查、日常维护	检测报告	设备管理部门负责人特种设备管理岗
	专项检查	组织各单位开展专项检查	专项检查漏项或检查不到位	设备出现缺陷，导致人员伤害、设备损坏	组织电气安全检测检查、顶驱专项检查、冬防保温等各类设备专项检查	隐患整改通知单	设备管理部门负责人现场运行管理岗
	ERP数据维护	各岗所辖数据维护	ERP数据更新不及时，更新出错	ERP数据失效，利用出错	各岗位严格按ERP数据维护要求及标准定期维护，动态跟踪	人力资源管理系统数据维护记录	人事劳资部门负责人ERP业务分管负责人ERP所涉各岗
人事劳资部门	法律、法规、系统文件学习	学习法律、法规、系统文件	法律法规系统文件学习不及时，适用政策不配套	因适用政策错误而导致事件处理结果出现较大的偏差	按需紧跟国家法律法规更新系统文件，及时学习	《中华人民共和国劳动法》《中华人民共和国劳动合同法》《中华人民共和国社会保险法》《工伤保险条例》等业务相关法律文本及学习笔记	人事劳资部门负责人各业务岗位
	培训管理	培训需求和培训计划	未组织培训需求调查，建立培训矩阵	培训活动与岗位需求脱节，没有按照"缺什么补什么"的原则，员工相关能力、素质不符合要求，知识点欠缺	严格培训需求调查，合理安排时间，制订有针对性的培训计划	年度员工培训需求调查统计表、年度员工培训计划文件	人事劳资部门负责人业务分管负责人分管培训主管

续表

管理部门	管理单元	管理内容（步骤）	危害因素	可能导致的后果	控制措施	相应记录文件	控制岗位
人事劳资部门	培训管理	培训实施	未按培训计划组织实施	员工证件、能力、安全知识掌握不到位，个人综合能力不符合要求，员工没有及时学习操作技能和安全常识，产生安全隐患	严格按照培训计划实施，当需要变更时履行变更管理程序	培训实施计划、培训课件	人事劳资部门负责人、业务分管负责人
		培训考核	培训考核不严格，考试内容单一	员工真实能力水平与写岗位需求出现偏差，导致事故发生	严格培训考核，严禁考核不合格的员工上岗作业	学习笔记检查记录、结业考试卷、员工继续教育证书、培训评价表	人事劳资部门负责人、业务分管负责人
		培训档案	未按要求建立员工培训档案	不符合培训管理要求，不能及时掌握员工个人参训情况	建立健全员工培训档案	"四合一"培训矩阵的培训记录卡	人事劳资部门负责人、业务分管负责人
		培训效果评价	未开展培训效果评估或评估内容不全	不能掌握培训效果，导致安全管理上出现隐患	严格执行相关文件要求，落实各项工作的开展	"四合一"培训矩阵的培训记录卡、员工继续教育证书培训评价表	人事劳资部门负责人、业务分管负责人
	养老保险	参保缴费、记账	未建立养老保险账户记人不准确	政府处罚，个人无法核算待遇，待遇受损	依人事报表核对参保，当月支付工资缴费	养老保险个人账户信息库、年度基数个人申报表	人事劳资部门负责人、业务分管负责人
	医疗保险	参保缴费、报销支付	未建立医疗保险账户记人不准确	政府处罚，个人无法报销费用	依人事报表核对参保，当月支付工资缴费	月度参保信息表、申领表	人事劳资部门负责人、业务分管负责人
	工伤保险	参保缴费、待遇申领	未建立工伤保险账户记人不准确	政府处罚，个人无法申领费用，申领待遇	依人事报表核对参保，当月支付工资缴费	月度参保信息表、申领表	人事劳资部门负责人、业务分管负责人
	失业保险	参保缴费、待遇申领	未建立失业保险账户记人不准确	政府处罚，个人无法申领待遇，待遇受损	依人事报表核对参保，当月支付工资缴费	月度参保信息表、申领表	人事劳资部门负责人、业务分管负责人

续表

管理部门	管理单元	管理内容（步骤）	危害因素	可能导致的后果	控制措施	相应记录文件	控制岗位
人事劳资部门	员工生育保险	参保缴费、待遇申领	未建立生育保险、账户记入不准确	政府处罚、个人无法报销费用、申领待遇	依人事报表核对参保、当月支付工资缴费	月度参保信息表、享受待遇申领表	人事劳资部门负责人业务分管负责人生育保险岗
	养老金待遇管理	核查核对、待遇核算	个人档案核查不清、账户信息核对不准	无法审批、或个人待遇受损	依参保省规定对个人档案核查、记录相关数据、个人账户记载信息核算待遇	退休公示、基数认定表、老金领取资格认定表	人事劳资部门负责人业务分管负责人
	特殊群体业务	核查核对	个人档案核查不清、账户信息核对不准	无法审批、或个人待遇受损	依油田公司有关部门要求收集资料、信息、核对数据、正确反馈	有偿解除劳动合同人员信息表、养老保险代管及养老金领取申请审批表	人事劳资部门负责人业务分管负责人
	企业年金管理	参保缴费、支付退付	未建立企业年金、账户记入不准确	个人权益受损	依人事报表核对参保、当月支付工资缴费	建立企业年金申请表、暂停、续缴表、领取审批表	人事劳资部门负责人业务分管负责人
	员工意外伤害保险	续保缴费、理赔加付	漏保、资料不全或不实	无法赔付、个人权益受损	依参保省规定对个人信息核查、收集文书如实收集、上交资料	单位员工意外人身计划个人凭证、续保记录报案登记表	人事劳资部门负责人业务分管负责人
	员工家属养老业务	核查核对、待遇申领	个人信息不全或不符合	待遇核算无依据、追究法律责任	依参保省规定对个人信息核查核对、收集相关资料、出具有关证明	公司级所负责的家属、遗属人员信息表、参保人员信息表	人事劳资部门负责人业务分管负责人
	离退休职工家属遗属医疗补助	核查核对、补助	个人信息不全或不符合	无法补助	按公司级所管理的家属遗属人员资料、依补助规定及补助标准核算支付	公司级所负责的家属、遗属人员信息表、参保人员信息表	人事劳资部门负责人业务分管负责人

续表

管理部门	管理单元	管理内容（步骤）	危害因素	可能导致的后果	控制措施	相应记录文件	控制岗位
人事劳资部门	劳动合同	编制劳动合同签订变更运行方案	无运行方案	导致合同签订变更时运行混乱	根据合同运行情况编制运行方案	劳动合同签订运行方案、劳动合同书	人事劳资部门负责人业务分管负责人
		参与劳动合同纠纷调解	因劳动合同签订变更终止等引起纠纷	产生劳动合同纠纷	审核劳动合同签订变更终止程序，动态跟踪合同运行	劳动合同书、劳动合同纠纷调解协议书	人事劳资部门负责人业务分管负责人
		劳动合同签订变更	合同过期、丢失、遗漏	合同无法正常履行和利用	及时审查合同运行情况，合同到期依法续订及续跟踪	劳动合同书	人事劳资部门负责人业务分管负责人
		劳动合同解除（终止）	终止合同未续签、解除合同手续不完备	产生劳动合同纠纷	严格审查解除手续，建立健全组织机构设置	劳动合同终止或解除通知书、劳动合同书	人事劳资部门负责人业务分管负责人
	机构和人力资源配置	管理机构设置	单位组织机构设置不全或结构不合理	造成工作不落实，工作缺乏组织协调	按照文件要求，建立健全组织机构设置	机构设置文件、人力资源管理系统管理业务处理记录	人事劳资部门负责人业务分管负责人
		管理人员配置	未配置岗位负责人或管理人员	造成工作不落实，工作效率低	按照定员标准，配齐岗位管理人员	管理人员任免文件、人力资源管理系统管理人员业务处理记录	人事劳资部门负责人劳动用工管理岗
	岗位职责	工作职责和HSE职责制定	无工作职责和HSE职责或不能满足岗位运行的需要，满足直线管理的需要	岗位职责履行效率很低，监控缺失不到位，工作关系不和谐，不协调	制定岗位工作职责和HSE职责，并明确各管理部门职责，满足直线管理的需要	岗位工作职责和HSE职责文件汇编	人事劳资部门负责人业务分管负责人
	员工能力评价管理	在岗员工	员工能力评价覆盖不到100%	对员工能力不了解，造成不能胜任本岗工作或安全隐患	按照相关管理办法进行员工能力评价管理全覆盖，对不合格人员进行岗位调整或培训	关键管理岗位人员HSE履职能力沟通评估表、关键管理岗位人员HSE履职能力评估标准、关键管理岗位人员HSE履职能力评估反馈表	人事劳资部门负责人业务分管负责人

续表

管理部门	管理单元	管理内容（步骤）	危害因素	可能导致的后果	控制措施	相应记录文件	控制岗位
人事劳资部门	员工能力评价管理	离岗后重新上岗员工或新聘员工	能力评价覆盖到不到100%或未保存能力评价记录	员工能力不能胜任本岗工作或造成安全隐患	按照相关管理办法进行员工能力评价并保存评价记录，对不合格人员进行岗位调整或培训	新上岗人员培训实施计划、考核试卷	人事劳资部门负责人业务分管负责人
	人力资源招聘管理	劳务供方管理	未对外包公司进行资质审查，或未保留相关记录，纳入合格供方进行管理	造成相关方不安全事件，对公司安全用工埋下隐患	选择资质齐全的外包公司合作，并严格执行上级部门业务外包用工政策	劳务外包合同及相关资质证明材料	人事劳资部门负责人业务分管负责人
	人事报表	统计报表管理	统计报表失真、延误、漏项	企业管理决策失误	严格执行统计报表制度	人力资源管理系统报表	人事劳资部门负责人业务分管负责人
	创先争优长效机制作用发挥	两年一度的评先选优	不按照已形成的两个长效机制，认真开展晋级争先和创岗的考核评优，造成创先争优的机制作用发挥不到位	基层党组织和党员的评选优工作出现偏差，影响党组织和党员队伍建设工作质量和水平	严格执行公司级创先争优的两个长效机制中的办法和标准。坚持宁缺毋滥的原则，注重评先选优的质量，切实增强机制的正向激励作用	三分类三升级（党支部晋级争先创示范）：1. 基层党组织分类定级申报表。2. 基层党组织公开承诺书。3. 示范党支部申报表。4. 国有企业三类（软弱涣散）基层党组织台账。"一锋四范岗"争创：1. 考评得分表。2. 考评结果公示表	人事劳资部门负责人业务分管负责人
	人事信息	人才引进及交流	缺乏竞争优势，无法引进人才或引非所用	人才匮乏、引而无用，再培训增加管理负担	制定适应社会环境的人才引进策略，按需引进	人才引进需求计划	人事劳资部门负责人业务分管负责人

续表

管理部门	管理单元	管理内容（步骤）	危害因素	可能导致的后果	控制措施	相应记录文件	控制岗位
人事劳资部门	人事信息	业务外包管理	资质未确认，未正常对接，费用结算失控，未进行有效监督	给单位外包工作带来被动，甚至经济损失	严查资质，严格程序管理，加强结算风险控制	承包商准入申请表、承包商年度评价表、业务外包运行方案、合同履行结算单	人事劳资部门负责人业务分管负责人
		干部考察程序不严密	选人用人制度把控不严，未按照规定程序进行选拔	选拔出的领导干部与岗位要求不匹配，用人失察	人事劳资部根据上级部门干部考察程序，由干部管理办公室组织民主测评、组织考察，撰写干部管理人员考察材料，人事劳资审核会审核后主管领导审批，公司级党委会审批	考察预告、信任度民主测评及民主推荐表、考核测评汇总表、考察报告、谈话记录、任前公示、任免文件	人事劳资部门负责人干部管理岗
	干部管理	专业技术人员职称评审、专家选聘	专业技术职务评审、专家选聘程序不严谨	选聘出的人员职称晋升、专家选聘与岗位要求不匹配	人事劳资部严格按照个人申报、资格审查、组织评审、会议研究、组织公示的程序进行高层次专业技术人才选拔	专业技术职务任职资格评审表、技术专家述职报告、技术专家聘期考核评分表、技术专家年度（聘期）工作情况表	人事劳资部门负责人干部管理岗
		档案管借阅未经有效审批	档案管理出现漏洞	造成档案丢失、损毁、涂改等危害	相关人员填写查（借）阅审批单，人事劳资部副主任审核、人事劳资部门负责人审批	档案查（借）阅审批表	人事劳资部门负责人干部管理岗
	基本工资管理	基本工资调整和晋档	无依据调整晋档	造成员工基本工资标准失真，影响工资管理工作	严格按照相关程序和规定办理	基本工资档表和基本工资变动表、审批花名册	人事劳资部门负责人业务分管负责人
		基本工资发放	无考勤发放	造成员工基本工资发放不准确，影响工资管理工作	严格按考勤发放	工资发放名册和花名册汇总表	人事劳资部门负责人业务分管负责人

续表

管理部门	管理单元	管理内容（步骤）	危害因素	可能导致的后果	控制措施	相应记录文件	控制岗位
人事劳资部门	效益工资管理	钻井队单井结算、发放	无依据结算	造成效益工资超发或少发，影响安全管理工作	严格按照相关程序和规定办理	单井结算基本数据表、单井结算兑现数据表、结算分配花名册、汇总表	人事劳资部门负责人业务分管负责人
		后勤及全体效益工资核算、发放	未按规定执行	造成效益工资超发或少发，影响安全管理工作	严格按照相关程序和规定办理	奖金分配核算表、分配花名册、汇总表	人事劳资部门负责人业务分管负责人
	技能鉴定	技能资格鉴定	未将健康、安全与环境管理法律法规及相关知识纳入职业技能鉴定考核内容	员工HSE技能情况未知，存在发生HSE事故可能	将健康、安全与环境管理法律法规及相关知识及职业技能鉴定考核内容	相关工种初级、中级及高级工技能鉴定考试理论和实际操作考试试卷	人事劳资部门负责人业务分管负责人
		技能证书管理	未开展技能资格证书检查	技能检定结果不符合要求，可能导致发生HSE事故	开展技能资格证书检查、验证	技能证书发放、登记台账及人力资源管理系统录入记录	人事劳资部门负责人业务分管负责人
		技能操作管理	在实操考试中存在人身伤害可能	员工操作水平不一、设备装备等存在发生HSE事故隐患	做好考前应急预案，对设备装备进行考前安全检查	编制技能鉴定实际操作场所应急预案、考前场地安全检查记录表	人事劳资部门负责人业务分管负责人
工会、团委	民主管理	维护职工劳动安全合法权益	涉及职工利益的安全环保职代会未经职代会讨论、通过	出台的制度、办法不合规，出现偏差，损害职工利益	在出台职工安全保障重大制度办法前提交职代会审议并形成决议，并监督落实情况	职代会或工会主席团会议记录决议、职工反馈意见报告	工会副主席文体宣教岗主管
	事故管理	事故调查与处理	事故调查失真、失实	事故处理、责任追究存在偏差，员工不吸取教训，可能导致同类事故再发生	严格按照四不放过原则参与事故调查与处理	事故调查报告、调查记录	工会副主席经济技术岗主管

续表

管理部门	管理单元	管理内容（步骤）	危害因素	可能导致的后果	控制措施	相应记录文件	控制岗位
工会、团委	监督检查	参与"三同时"建设验收检查	监督检查不到位、失实	安全防护设施建设不配套、不合格，对职工健康安全存在隐患	依法合规进行建设过程监督检查和项目竣工验收	工程验收报告	工会副主席 文体育教岗主管
		工会劳动保护监督检查	网络不健全、监督不到位	损害职工健康安全合法权益	落实工会劳动保护监督检查三个制度，抓好监督检查员培训	劳动保护监督检查网络图、基层队站劳动保护检查记录	工会副主席 经济技术岗主管
	劳动竞赛	开展安康杯劳动竞赛	组织不力、考核不到位、兑现不及时	竞赛效果不明显，群众参与安全监管积极性挫伤；激励作用降低	及时组织和考核，公正、公平兑现，适时推广总结经验	年度劳动竞赛文件类	工会副主席 经济技术岗主管
	应急管理	各类技术文体比武、大型文体活动专项应急预案编制	未编制专项应急预案、未进行演练	不清楚应急程序，造成事故恶化或扩大	专项活动前编制、完善专项应急预案	各类大型活动应急预案	工会副书记 团委书记 活动组织实施岗位主管
综合事务管理部门	大厦办公区域	安全用电	违规使用大功率电气设备、电气设备老化短路负荷运行	电路、电气设备老化短路引发火灾事故、严重触电伤害、火灾事故	落实属地管理责任，严格下班前断电和日常检查	检查记录及隐患整改通知单	综合事务管理部门负责人 保卫武装业务主管 保卫武装业务负责人
		吸烟管理	吸烟明火、二手烟污染	吸烟引发火灾事故或慢性疾病	严格遵守、提醒、制止来访人员吸烟	检查记录及隐患整改通知单	综合事务管理部门负责人 保卫武装业务主管 保卫武装业务负责人
		内务管理	地面、台阶光滑有水渍、柜子高处置物滑落	摔伤、骨折、砸伤等人身伤害	提高安全意识，实施"5S"管理，保持地面清洁	检查记录及隐患整改通知单	综合事务管理部门负责人 保卫武装业务主管 保卫武装业务负责人

续表

管理部门	管理单元	管理内容（步骤）	危害因素	可能导致的后果	控制措施	相应记录文件	控制岗位
综合事务管理部门	生活服务及野营房管理	生活服务管理	服务过程中不按食品规范流程等操作，不执行食堂管理制度和操作规程、人员无健康证等	引发人身伤害和食物中毒事件	与承包商签订HSE协议，加强安全培训和检查，严格落实制度和操作规程	HSE协议，检查记录及隐患整改通知单	综合事务管理部门负责人 生活服务及野营房业务主管 生活服务及野营房管理岗位
		承包商管理	培训不及时、不到位	承包商人员不清楚作业现场或业务领域的风险，未制订和落实防控措施，导致事故发生	组织和督促各单位强化承包商人员的安全教育和培训，并强化此项工作的检查考核	培训记录，检查记录及隐患整改通知单	综合事务管理部门负责人 生活服务及野营房业务主管 生活服务及野营房管理岗位
			检查、考核、整改不落实	生活服务包商作业过程不规范，不能及时发现和纠正，导致质量、HSE事故等	组合和督促各单位强化承包商的HSE监管措施，落实HSE检查	检查记录及隐患整改通知单	综合事务管理部门负责人 生活服务及野营房业务主管 生活服务及野营房管理岗位
		有毒有害药品管理	采购、保管、发放不按规定执行	发生中毒、投毒事件	实行双人双锁，严格管理	检查记录及隐患整改通知单	综合事务管理部门负责人 生活服务及野营房业务主管 生活服务及野营房管理岗位

续表

管理部门	管理单元	管理内容（步骤）	危害因素	可能导致的后果	控制措施	相应记录文件	控制岗位
综合事务管理部门	生活服务及野营房管理	水源管理	水源污染或投毒	引发公共卫生和中毒事件	加强清洁卫生和水罐上锁管理，严密防范外来人员	检查记录及隐患整改通知单	综合事务管理部门负责人；生活服务及野营房业务主管；生活服务及野营房管理岗位
		营地安全用电	违章使用燃化设施；线路及电器元器件老化、电路过载；电控柜失效等	引发触电、火灾等事故	加强日常教育管理、检查和考核，严格执行规定	营地周检查表、食堂操作间安全用电日检查表、隐患整改通知单	综合事务管理部门负责人；生活服务及野营房业务主管；生活服务及野营房管理岗位
		野营房管理	野营房投资计划上报不及实施、隐患整改不及时，采购技术要求不符合HSE要求	导致野营房破损严重，产品不合格，安全隐患多，给钻井队生活、公司声誉带来重大损失，可能引发人身安全伤害	加强业务知识培训和职业道德教育，强化责任追究机制	野营房管理台账、野营房调拨单、隐患整改通知单	综合事务管理部门负责人；生活服务及野营房业务主管；生活服务及野营房管理岗位
	综治维稳	重点人管理	管理制度和措施不落实	重点人在管控失控的情况下，随心所欲，对单位和个人造成人身危害或财产损失	将重点人始终纳入管理视线，做到管理经常、教育深入，生活关心	重点人员摸底表及谈话记录	综合事务管理部门负责人；维稳综治业务主管；保卫武装业务负责人
		三禁一反管理	管理制度和措施不落实	发生内部盗窃、黄、赌、毒、内部资产流失，引发犯罪或政治安案件	加强管理、落实制度规定，加强监督检查，确保内部安全稳定	检查记录	综合事务管理部门负责人；维稳综治业务主管；保卫武装业务负责人

续表

管理部门	管理单元	管理内容（步骤）	危害因素	可能导致的后果	控制措施	相应记录文件	控制岗位
综合事务管理部门	综治维稳	管制刀具和管制器械	管理制度和措施不落实	人员法制意识淡薄，管制刀具和器械私藏较多，违法犯罪率上升，人身伤害率上升	严格落实《中华人民共和国治安管理处罚法》，定期检查；定期清理，加强法制教育	检查记录	综合事务管理部门负责人 维稳综治业务主管 保卫武装业务负责人
综合事务管理部门	综治维稳	队伍管理中存在的其他风险	违反公司级综合治理规定	因诈骗、私家客、非法借贷等引发人身伤害和财产损失	加强教育管理和重点问题整治，严格落实队伍管理制度、措施，做好化解防范	检查记录	综合事务管理部门负责人 维稳综治业务主管 保卫武装业务负责人
综合事务管理部门	综治维稳	群体性上访、分房	违反信访条例	群体性事件可能会产生较大的负面舆情，甚至可能会给公司级综合声誉造成重大影响，引发踩踏、人身伤亡事故	落实群体性预案，文明接访，分房做到透明公开	检查记录	综合事务管理部门负责人 维稳综治业务主管 维护稳定及信访岗位
生产运行部门	生产组织	任务安排	生产任务安排不合理，不切实际	任务无法按期完成，超越程序，盲目施工，造成安全事故	根据生产实际，制订可行的任务安排	月度钻井生产计划通知	生产运行部门负责人
生产运行部门	生产组织	启动回撤	计划书未审核或审核不严	计划书可行性不强，风险未识别，组织安排不合理，造成安全事故	认真编制启动、回撤计划书，严格对内容进行审核	启动、回撤计划书（项目部保存）	生产运行部门负责人
生产运行部门	生产组织		过程监管缺位	行车路线临意变更，风险控制措施未落实，造成事故	定期掌握车辆、人员动态情况，以反途中环境情况	值班记录本	生产运行部门负责人
生产运行部门	生产组织	钻前基础调配	调配不合理，钻机基础数量不够，摆放标准不符合钻机要求	钻机基础摆放不符合要求，造成井架下陷、倾斜	根据高求，合理调配基础；督促项目部对钻前施工人员进行相关业务能力培训	固定资产调拨登记表、设备调拨通知单	生产运行部门负责人

续表

管理部门	管理单元	管理内容（步骤）	危害因素	可能导致的后果	控制措施	相应记录文件	控制岗位
生产运行部门	生产组织	供水设备调拨	供水设备摆放和人员居住场所选址不合理	山体滑坡、洪汛破坏场所，导致安全事故	对风险进行提示，督促项目部进址前必须进行风险勘和进行必要的风险评价	固定资产调拨登记表、设备调拨通知单	生产运行部门负责人
			设备不能满足生产需求，不能及时供水	影响生产部署，或带来井下复杂	合理调拨，备足备件，及时保证设备正常运转	固定资产调拨登记表、设备调拨通知单	生产运行部门负责人
	队伍资质	资质办理	没有及时提交办理钻井队资质	影响生产部署	掌握资质有效期限，反时收集资料，办理资质	钻井队资质	生产运行部门负责人
		资质管理	资质没有统计管理，管理混乱	导致公司违视经营，有法律风险	统一管理，定期审核，督促项目部合规管理	资质管理台账	生产运行部门负责人
	生产数据	生产数据收集	数据收集或录入不认真、未核实，出现不全或错误	造成生产决策失误，影响生产结算	加强岗位责任心，增加数据校对环节，确保数据收集齐全并无误	ERP系统	生产运行部门综合管理岗
		生产日报、月报、年报等编制	数据统计、分析错误	导致编制的报表错误，影响生产决策	加强岗位责任心，增加数据校对环节，确保数据收集齐全无误后，专人编制	生产日报、月报、年报	生产运行部门综合管理岗
运输承包商		招标引入	招标方案制订不合理，对承包商的资质、能力、安全标准评价标准不明确	程序上不合规，评分无法操作，引进的承运商不符合公司要求	加强招投标知识培训，对招标方案内容进行审核	招标结果	生产运行部门负责人
		资质审查	对相关资质、能力审查不严	承运商管理、人员能力、设备设施等不满足生产、安全要求，导致安全事故	对承运商进行资质审查、能力评价，建立了合格承包商目录，并及时更新	公司准入承包商目录	生产运行部门负责人
		合同协议	未签订服务合同（协议）、HSE合同（协议）	权责不明确，导致安全事故	签订安全生产服务合同（协议）、HSE合同（协议）	服务合同（协议）、HSE合同（协议）	生产运行部门负责人

续表

管理部门	管理单元	管理内容（步骤）	危害因素	可能导致的后果	控制措施	相应记录文件	控制岗位
生产运行部门	运输承包商	管理考核	未制定承运商管理制度、考核标准或制定了但未结合实际进行修订完善	对承运商管理缺位，导致运商管理安全事故	制定相应作业的管理方法	运输承包商考核办法	生产运行部门负责人
			未定期对承运商进行审核、检查、考核	承运商管理松懈，限不上公司管理要求，导致安全事故	将承包商施工现场纳入统一的HSE审核，定期进入现场审核、检查	运输承包商审核记录	生产运行部门负责人
		培训	未对承运商进行培训	承运商对HSE要求不清楚，对安全技术不了解，导致安全事故	对承运商进行专项培训并组织考试	运输承包商培训记录	生产运行部门负责人
	搬迁作业	制度办法	未建立搬迁管理制度、办法或建立了但未结合实际进行修订完善	搬迁管理无章可循，无标可依，管理混乱造成事故	制定钻机搬迁管理办法	钻井队搬迁管理办法	生产运行部门负责人
		"两点一线"踏勘	"两点一线"踏勘未进行或落实不力	路线选择不合理或道路隐患未消除，造成交通安全事故	建立考核制度，明确踏勘内容和标准	"两点一线"踏勘记录表（项目部保存）	生产运行部门负责人
			发现的问题未整改到位	造成交通等安全事故	发现问题，专人负责跟踪落实整改	整改销项表（项目部保存）	生产运行部门负责人
		搬迁作业计划书编制与审核	未审核搬迁作业计划书或审核不严	风险未识别，人员分工不明确，作业组织安排不合理，影响施工安全	项目部生产副经理对钻井队、承运商的搬迁作业计划书内容进行审核	搬迁作业计划书（项目部保存）	生产运行部门负责人
		风险交底	未组织召开作业前安全会，未对所有作业相关方进行风险交底	各方人员不能掌握搬迁作业风险，不清楚各自安全职责	项目部组织钻井队、承运商、现场监督等相关单位召开现场协调会，填写记录	综合会议记录本（钻井队保存）	生产运行部门负责人

续表

管理部门	管理单元	管理内容（步骤）	危害因素	可能导致的后果	控制措施	相应记录文件	控制岗位
生产运行部门	搬迁作业	现场监管	未落实现场监管职责	安全措施得不到落实，导致安全事故发生	明确现场监管职责	监管记录	生产运行部门负责人
	生产值班	信息处理	值班人员不掌握相关流程	不能有效、及时、准确地传递信息	值班人员加强责任心，掌握信息收集、传递流程，学习应急预案内容	值班记录表	生产运行部门负责人
	路单管理	路单审核	审核不严，未进行核实	运费结算错误	专人负责路单审核，逐级把关	运单管理系统	生产运行部门负责人
	应急管理	管理制度	未制定应急管理制度、办法	应急管理混乱，应急管理能力低下，基础工作无法开展，导致法律风险	制定应急管理办法，应急管理相关工作制度，明确应急工作开展标准	应急管理办法及相关制度	生产运行部门负责人
		应急资源调查	未开展应急资源调查	不能准确掌握公司可用的应急资源，应急处置时决策失误	督促指导各单位如实开展应急资源调查，全面调查本地区、本单位可能发生的事故，明确第一时间可以调用的应急资源所在区域内可以请求援助的应急资源状况	应急资源调查报告（各项预案负责部门保存）	生产运行部门应急管理岗
		风险评估	未分析事故发生的可能性，以及可能产生的直接后果和次生、衍生后果，未评估各种后果危害程度和影响范围	应急预案体系建立错误，预案中处置错误或缺乏针对性和实用性	督促指导各单位开展风险评估，明确可能发生的事故，以及事故可能的影响范围、严重程度，为应急处置奠定基础	风险评估报告（各项预案负责部门保存）	生产运行部门应急管理岗
		应急预案管理	未督促编制应急预案或预案内容不完善，未定期修订	无法有效应对突发事件，事态扩大引发次生灾害	督促指导各单位编制应急预案，并对预案进行评审，不断修订和完善	突发事件应急预案	生产运行部门应急管理岗

续表

管理部门	管理单元	管理内容（步骤）	危害因素	可能导致的后果	控制措施	相应记录文件	控制岗位
生产运行部门	应急管理	应急预案管理	未对预案进行备案	带来法律风险，公司经济和声誉受损	按照法律法规要求，进行备案	备案回执单	生产运行部门应急管理岗
		应急物资管理	未建立应急物资管理制度、未明确应急物资储备清单	发生突发事件时，无有效的应急物资可用，延误处置，导致事态扩大	制定应急物资管理制度，指导建立各级应急物资清单	应急物资管理制度、台账	生产运行部门应急管理岗
		应急演练	未编制应急演练计划、未定期开展应急演练	预案可行性无法论证，人员能力无法提升，联动能力差，处置程序和措施无法掌握，单位应急能力较弱	编制应急演练计划，并严格按照计划落实	应急演练计划	生产运行部门应急管理岗
		应急培训	未督促对员工开展自救互救、逃生技能、应急知识培训	员工不具备应急能力，发生突发事件时不清楚如何应对	将应急培训纳入公司培训计划中	应急培训演练记录	生产运行部门应急管理岗
		应急处置	处置方式不当，突发事件信息处理不当	延误突发事件有效处置，导致事态扩大	做好应急准备，提高公司应急处置能力	值班记录本	生产运行部门负责人
		预警发布	未及时发布天气预警信息	未及时预防预警升级，造成事态难度增大	及时收集、发布天气预警并跟踪监控	值班记录本	生产运行部门负责人
	防汛减灾	防洪防汛	未建立重点要害部位防控措施	雨季引发洪汛险情	汛期按周摸排重点要害部位，并跟踪监控	重点要害部位监控表	生产运行部门负责人
			未督促落实汛期防洪灾害防范工作	引发洪汛灾害	制定相关标准、制度，定期排查，落实汛期安全防控措施	防洪防汛检查表	生产运行部门负责人
		冬防保温	冬防保温工作督促落实、未开展相关检查	引发安全事故	提前部署安排相关准备工作，定期开展专项检查，督促"八防一禁止"相关措施的落实	检查记录	生产运行部门负责人

第三章 生产管理活动风险防控

续表

管理部门	管理单元	管理内容（步骤）	危害因素	可能导致的后果	控制措施	相应记录文件	控制岗位
企业文化部门	安全宣传	宣传内容背离HSE主题	安全宣传舆论引导出现偏差	宣传主题背离HSE工作主线，影响安全环保工作推进和公司统一的声音	认真学习和严格落实公司宣传思想工作企业文化建设管理办法	年度宣传工作安排	企业文化部门负责人
		安全方针、理念、政策、典型人物、经验宣传	安全理念、知识等宣传引导不到位	导致员工对相关的安全理念、知识不知晓，了解、好的经验和做法不能得到有效推广	定期策划安全宣传主题，采取有效宣传手段，加大宣传力度	年度宣传工作安排	企业文化部门负责人
		舆情防控	舆论引导和危机应对能力不足	由于事故（事件）引发社会舆论传播和新闻媒体关注，肆意传播，损害公司社会声誉	强化培训，提高认识。通过演练提高应急处置能力，加强舆情监控，建立和完善与媒体的合作、交流、沟通机制	新闻媒体突发事件专项应急预案	企业文化部门负责人
	应急管理	公共文化活动	事前风险辨识和控制不到位，突发事件后应急处置工作不力	在文化活动和主产区域公共文化场所中可能发生火灾、爆炸、建筑物坍塌、拥挤踩踏、恐怖袭击等事件，造成人员伤害	严格执行突发事件总体应急预案，做好公共文化活动方案的审核，督促做好现场的风险防控	公共文化场所和文化活动突发事件专项应急预案	企业文化部门负责人
	安全文化	理念、方针、政策、氛围营造、安全文化活动	安全舆论引导出现偏差、安全理念、知识等宣传引导不到位	不能激发安全文化的正能量，不能充分发挥安全文化的导向、约束、凝聚和激励作用	认真落实公司级安全文化建设工作要求，加强管理文化，严抓严管的执行文化，力行立改的物态文化，标准统一的行为文化成为大家的共识和自觉行动	安全文化分委会会议记录和会议纪要	企业文化部门负责人

二、项目部级生产管理活动危害因素辨识

项目部级生产管理活动危害因素辨识见表 3-5。

表 3-5 项目部级生产管理活动危害因素辨识

管理部门	管理单元	管理内容（步骤）	危害因素	可能导致的后果	控制措施	相应记录文件	控制岗位
综合办公室	督查督办	项目部经理办公会议决定的重大安全环保事项和领导对安全环保工作重要指示落实情况的督查督办	督办不及时	项目部的决策部署不能在钻井队得到有效落实	落实专人负责；认真梳理，强与各办公室沟通，加大督办、催办力度	会议安排事项督查落实情况通报表	综合管理办公室负责人
	文件控制	文件传达、处理	重要文件流转不及时	造成工作滞后，落实不到位	及时进行收发文处理，对项目部公文处理及执行进行检查考核	OA电子公文系统、项目部文件传阅单	综合管理办公室负责人
	印信管理	制度管理	管理制度落实不到位	给单位生产经营等方面造成重大损失	建立印章使用管理制度并要求各办公室严格执行	印章管理使用登记表	综合管理办公室负责人
	保密工作	实行保密工作责任制	保密责任不落实	可能发生违规传输或失泄密事件	组织签订保密责任书；制订落实保密措施；加大人防、物防、技防力度	保密协议签订记录、涉密文件传递记录表	综合管理办公室负责人
	安全宣传	宣传内容背离HSE主题	安全宣传舆论引导出现偏差	宣传主题背离HSE工作主线，影响安全环保工作推进和项目部的声誉	认真学习和严格落实公司宣思想工作文化建设管理办法	项目部投稿件记录表	综合管理办公室负责人
		安全方针、理念、政策、典型人物、经验宣传	安全理念、知识等宣传引导不到位	导致员工对相关的安全理念、知识不知晓，了解、好的经验和做法不能得到有效推广	定期策划安全宣传主题，采取有效宣传手段，加大宣传力度	项目部投送稿件记录表	综合管理办公室负责人

第三章 生产管理活动风险防控

续表

管理部门	管理单元	管理内容（步骤）	危害因素	可能导致的后果	控制措施	相应记录文件	控制岗位
综合办公室	应急管理	应急管理的协调工作，协助应急体系建设	未履行相应职责	应急信息上传下达不及时，车辆调派不到位，影响应急效率，给项目部造成严重损失	严格履行应急管理职责	应急风险管理清单，应急物资储备表	综合管理办公室负责人
		舆情防控	舆论引导和危机应对能力不足	由于事故（事件）引发社会舆论和新闻媒体关注，肆意传播，损害公司社会声誉	强化培训，提高认识，通过演练提高应急处置能力，情情监控，建立和完善舆体的合作、交流、沟通机制	应急风险管理清单，应急物资储备表	综合管理办公室负责人
		公共文化	事前风险辨识和控制不到位，突发事件应急处置工作不力	在文化活动和生产区域中可能发生火灾、爆炸、坍塌、踩踏、恐怖袭击等事件，使人员伤害	严格执行突发事件应急总体方案，做好公共文化活动现场的物防，督促做到现场的风险预防控	应急风险管理清单，应急物资储备表	综合管理办公室负责人
	安全文化	理念、方针、政策、氛围营造、安全文化活动	安全舆论引导出现偏差，安全理念、安全文化的引导，安全宣传引导不到位	不能激发安全文化的正能量，不能充分发挥安全文化的引导、约束、凝聚和激励作用	认真落实项目部安全文化建设工作要求，加强宣传引导，严抓严管制度文化，力行改进的执行文化，标准统一的物态文化成为大家的共识和自觉行动	项目部党群工作运行考核表	综合管理办公室负责人
	三基	标准化建设工作	未将健康、安全与环境管理纳入"三基"工作，未组织或参与安全环保标准化建设	相关办公室、钻井队安全生产标准化建设工作不符合要求并存在隐患，引发HSE事故	落实公司级钻井作业标准化建设工作要求，系统组织、指导，定期检查	项目部三基工作任务书；三基工作任务分解表	综合管理办公室负责人

续表

管理部门	管理单元	管理内容(步骤)	危害因素	可能导致的后果	控制措施	相应记录文件	控制岗位
综合办公室	绩效考核管理	综合业绩考核	绩效考核指标目标值设置不合理，考核过程不规范，造成考核结果不符合管理要求	对员工的管理工作出现偏差，影响安全管理工作	广泛征求意见，并经经理办公会议讨论后，设置相关考核指标和考核规程	钻井队月度综合业绩考核表、项目部月度综合业绩考核表、钻井队年度综合业绩考核表	综合管理办公室负责人
	法律法规文件学习	学习法律、法规、系统文件	法律法规系统文件学习不及时，适用政策偏差	因适用政策错误而导致事件处理结果出现较大的偏差	按需紧跟国家法律法规及系统文件更新，及时学习	法律法规文件学习记录表	综合管理办公室负责人
	民主管理	维护员工劳动安全合法权益	涉及员工利益的安全环保制度未经项目部员工大会讨论、通过	出台的制度、办法不合规，出现偏差，损害职工利益	在出台员工安全环保办法前提交项目部员工大会审议并形成决议，并监督落实情况	民主管理监督落实登记表	综合管理办公室负责人
	事故管理	事故调查与处理	事故调查失真、失实	事故处理、责任追究存在偏差，员工不能吸取真实事故教训，可能导致同类事故再次发生	严格按照四不放过原则参与事故调查与处理	事故调查与处理表	综合管理办公室负责人
	监督检查	工会劳动保护监督检查	网络不健全，监督不到位	损害职工健康安全合法权益	落实工会劳动保护监督检查三个制度，抓好监督检查员培训	劳动保护监督检查表	综合管理办公室负责人
	劳动竞赛	开展安康杯劳动竞赛	组织不力，考核不到位，兑现不及时	竞赛效果不明显，群众参与安全监管积极性挫伤；激励作用降低	及时组织和考核，公平、公正，适时推广总结经验兑现	月度、季度及年度劳动竞赛统计表(指标)	综合管理办公室负责人
	项目部办公区域	安全用电	违规使用大功率电气设备，电气设备长时间高负荷运行	电路、电气设备老化路引发触电伤害、火灾事故	落实属地管理责任，严格下班前断电和日常检查	钻井队营地安全用电检查表	治安、生活服务管理负责人

续表

管理部门	管理单元	管理内容（步骤）	危害因素	可能导致的后果	控制措施	相应记录文件	控制岗位
综合办公室	项目部办公区域	吸烟管理	吸烟明火、二手烟污染	吸烟引发火灾事故或慢性疾病	严格遵守、提醒、制止未纺人员吸烟	钻井队营地周检查记录	治安、生活服务管理负责人
		消防安全	未建立消防器材台账、日常检查未落实	导致消防器材缺乏有效管理，不能正常使用	对现场使用的各类消防设施器材建立台账，落实好日常检查制度，及时更换或检修	消防器材管理办法	综合管理办公室负责人
		食品安全	食品卫生不达标；食品质量不合格；食品变质	食品污染、食物中毒	加强炊管人员培训；严格日常检查；严格落实采购、验收制度	食品安全管理要求、规定	综合管理办公室负责人
		环境保护	生活垃圾清理不及时；基地卫生环境不达标；井队生活垃圾，污水坑造成污染	环境污染	生活垃圾及时回收清理，保持基地、营地环境卫生清洁，井队生活垃圾分类、定点、回收，定期处理污水处理符合环保要求	环保法、环保管理制度	综合管理办公室负责人
		物业承包商管理	对承包商管理不善、考核力度不够；未对承包商进行安全培训、未进行安全文件传达；未按时对物业承包商进行审核、检查	承包商安全意识淡薄，容易发生安全事故	严格按照公司级管理制度对物业服务承包商进行考核；定期组织物业承包商安全培训、文件学习；现场对承包商安全操作、学习记录等进行审核，落实现场安全监控	生活服务承包管理办法、生活服务承包商考核通知单、HSE不符合整改通知单	综合管理办公室负责人
		综合治理	酗酒、打架斗殴、赌博、车辆交通伤害、偷盗	人员伤害	严格落实公司级三禁一反、私家车管理制度，开展"四个专项整治"排查，落实综合治理日汇报制度，做好职工及家属思想教育	公司级三禁一反、综合治理、私家车管理制度	综合管理办公室负责人

续表

管理部门	管理单元	管理内容（步骤）	危害因素	可能导致的后果	控制措施	相应记录文件	控制岗位
综合办公室	项目部办公区域	冬防保温	未执行冬季操作规程，冬防保温措施失效	设备损坏，人员伤害	执行好设备冬季操作规程，及时放水放气；落实好干部带班跟班制度；加强冬季防油水管理，落实冬季保温措施	冬季操作规程、冬季安全生产规定	综合管理办公室负责人
		内务管理	地面、台阶光滑有水渍，柜子高处置物滑落	摔伤、骨折、砸伤等人身伤害	提高安全意识，实施"5S"管理，保持地面清洁	钻井队营地周检查记录	治安、生活服务管理负责人
	生活服务及野营房管理	生活服务管理	服务过程中不按食品规范流程等操作，不执行食堂管理制度和操作规程，人员无健康证等	引发人身伤害和食物中毒事件	与承包商签订HSE协议，加强安全培训和检查，严格落实制度和操作规程	生活服务管理检查表	治安、生活服务管理负责人
		承包商管理	培训不及时，不到位	承包商人员不清楚作业现场或业务领域的风险，未制订和落实防控措施，导致事故发生	组织和督促各单位强化承包商人员的安全教育和培训，强化此项工作的检查考核	员工培训记录表	治安、生活服务管理负责人
			检查、考核、整改不落实	生活服务承包商作业过程不规范，不能及时发现和纠正，导致质量、HSE事故	组织和督促各单位强化承包商的HSE监管措施，落实HSE协议的检查	承包商签订的HSE协议	治安、生活服务管理负责人
		有毒有害药品管理	采购、保管、发放不按规定执行	发生中毒、投毒事件	实行双人双锁，严格管理	营地周检查表	治安、生活服务管理负责人
		水源管理	水源污染或投毒	引发公共卫生和中毒事件	加强清洁卫生和水罐上锁管理，严密防范外来人员	营地周检查表	治安、生活服务管理负责人

续表

管理部门	管理单元	管理内容（步骤）	危害因素	可能导致的后果	控制措施	相应记录文件	控制岗位
综合办公室	生活服务及野营房管理	营地安全	违章使用燃化设施；线路及电器元器件老化、电路过载；电控柜失效等	引发触电、火灾等事故	加强日常教育管理、检查和考核，严格执行规定	营地周检查表	治安、生活服务管理负责人
		野营房管理	野营房维修、更换计划上报实施，隐患整改不及时等	导致野营房破损严重，安全隐患多，给钻井队生活、公司声誉带来重大损失，可能引发人身安全伤害	加强业务知识培训和职业道德教育；强化责任追究机制	野营房资产管理台账	治安、生活服务管理负责人
		重点人管理	管理制度和措施不落实	重点人在管理失控的情况下，随心所欲，对单位和个人造成人身危害或财产损失	将重点人始终纳人管理视线，做到管理经常、教育深人，生活关心	会议纪要记录	治安、生活服务管理负责人
		三禁一反	管理制度和措施不落实	发生内部盗窃、黄、赌、毒、国部资产流失，引发治安案件	加强管理，落实制度规定，强监督检查，确保内部安全稳定	会议纪要记录	治安、生活服务管理负责人
	综治维稳	队伍管理中存在的其他风险	违反公司级综合治理管理规定	因诈骗、私自外出、非法借贷等可能引发人身伤害和财产损失	加强教育管理和重点问题整治，严格落实队伍安全管理制度、措施，做好化解防范	会议纪要记录	治安、生活服务管理负责人
		群体性上访、分房	违反信访条例	群体性事件可能会产生较大的负面舆情，甚至可能给公司级声誉造成重大影响，引发踩踏、斗殴等人身伤害事故	落实群体性预案，文明接访，分房做到透明公开	会议纪要记录	治安、生活服务管理负责人

续表

管理部门	管理单元	管理内容（步骤）	危害因素	可能导致的后果	控制措施	相应记录文件	控制岗位
生产协调办公室	生产组织	任务安排	生产任务安排不合理，不切实际	任务无法按期完成，超越程序、盲目施工，造成安全事故	根据生产实际，制订可行的任务安排	月度生产任务计划表	生产协调办公室负责人
		启动回撤	计划书未审核或审核不严	计划书可行性不强，风险未识别，组织安排不合理，造成安全事故	认真编制启动、回撤计划书，严格对内容进行审核	项目部启动、回撤计划书	生产协调办公室负责人大班调度
			过程监管缺位	行车路线随意变更，风险防控措施未落实，造成事故	定期掌握车辆、人员动态情况及途中环境情况	值班记录本	
		钻前基础调配	调配不合理，钻机基础数量不够，摆放标准不符合钻机要求	钻机基础摆放不符合要求，造成井架下陷、倾斜	根据需求，合理调配基础；督促项目部对钻前施工人员进行相关业务能力培训	基础使用台账	生产协调办公室主任钻前基础班
		供水设备调配	供水设备摆放和人员居住场所选址不合理	选址在山体滑坡、洪汛破坏场所，导致安全事故	对风险进行提示，督促项目部选址前必须进行必要的风险评价	供水设备设施台账	
			设备不能满足生产需求，不能及时供水	影响生产部署，或带来井下复杂	合理调配，备足备件，及时保证设备正常运转		
	队伍资质	资质管理	资质没有统计管理，管理混乱	导致公司违规经营，有法律风险	统一管理，定期审核，督促项目部合规管理	项目部生产日报	生产协调办公室负责人
	生产数据	生产数据收集	数据收集或录入不认真，未核实，出现不全或错误	造成生产决策失误，影响生产结算	加强岗位责任心，增加数据校对环节，确保数据收集齐全并无误	项目部生产时效表	生产协调办公室负责人生产统计岗

第三章 生产管理活动风险防控

续表

管理部门	管理单元	管理内容（步骤）	危害因素	可能导致的后果	控制措施	相应记录文件	控制岗位
生产协调办公室	生产数据	生产日报、月报、年报等编制	数据统计、分析错误	导致编制的报表错误，影响生产决策	加强岗位责任心，增加数据校对环节，确保数据收集齐全并无误后，专人编制	项目部生产日报、关联交易预测表	生产协调办公室负责人生产统计岗
	运输承包商	管理考核	未制定承运管理制度、考核标准或制定了但未结合实际进行修订完善	对承运商管理缺位，导致安全事故	制定相应作业的管理方法		
			未定期对承运商进行审核、检查、考核	承运商管理松懈，跟不上公司管理要求，导致安全事故	将承包商施工现场纳入统一的HSE审核，定期进入现场审核、检查	运输承包商月度考核表	生产协调办公室负责人大班班调度
		培训	未对承运商进行培训	承运商对HSE要求不清楚，对安全技术不了解，导致安全事故	对承运商进行专项培训并组织考试	培训记录、考试试卷	
	搬迁作业	制度办法	未建立搬迁管理制度、办法或建立了但未结合实际进行修订完善	搬迁管理无章可循，标准可依，管理混乱造成事故	制定钻机搬迁管理办法	钻机搬迁管理办法	
		"两点一线"踏勘	"两点一线"踏勘未进行或落实不力	路线选择不合理造成道路隐患未消除，造成交通安全事故	建立考核制度和标准		
			发现的问题未整改到位	造成交通等安全事故	发现问题，专人负责跟踪落实整改	"两点一线"踏勘表、视频资料	生产协调办公室负责人副主任现场调度岗
		搬迁作业计划书编制与审核	未审核搬迁作业计划书或审核不严	风险识别、人员分工不明确，作业组织安排不合理，影响施工安全	项目部生产副经理对钻井承运商的搬迁作业计划书内容进行审核	钻井队、承包商计划书及审批	

续表

管理部门	管理单元	管理内容（步骤）	危害因素	可能导致的后果	控制措施	相应记录文件	控制岗位
生产协调办公室	搬迁作业	风险交底	未组织召开作业前安全会，未对所有作业相关方进行风险交底	各方人员不能掌握搬迁作业风险，不清楚各自安全职责	项目部组织钻井队、承运商、现场监督等相关单位召开现场协调会，填写记录	钻井队搬迁作业协调会会议记录	生产协调办公室负责人副主任
		现场监督	未落实现场监管职责	安全措施得不到落实，导致安全事故发生	明确现场监管职责	搬迁作业统算统计表	现场调度岗
	生产值班	信息处理	值班人员不掌握相关流程	不能有效、及时、准确地传递信息	值班人员加强责任心，掌握信息收集、传递流程、学习应急预案内容	生产值班记录本	生产协调办公室负责人值班调度
	路单管理	路单审核	审核不严，未进行核实	运费结算错误	专人负责路单审核，逐级把关	运管系统	生产协调办公室负责人大班调度
	应急管理	管理制度	未制定应急管理办法	应急管理混乱，导致公司应急能力低下，应急管理基础工作无法开展，导致法律风险	制定应急管理办法，明确应急管理相关工作制度、标准	项目部应急预案	生产协调办公室负责人生产统计岗
		风险评估	未分析事故发生的可能性，以及可能产生的直接后果和次生、衍生后果，未评估各种后果的危害程度和影响范围	应急预案体系建立错误，预案中处置措施缺乏针对性和实用性	督促指导各钻井队开展风险评估，明确可能发生的事故，以及事故的影响范围、严重程度，为应急处置奠定基础	钻井队应急预案	生产协调办公室负责人业务管理人员
		应急预案管理	未督促编制应急预案或预案内容不完善，未定期修订	无法有效应对突发事件，事态扩大引发次生灾害	督促指导各钻井队编制应急预案，并对预案进行评审，不断修订和完善	钻井队应急预案	生产协调办公室负责人业务管理人员

续表

管理部门	管理单元	管理内容（步骤）	危害因素	可能导致的后果	控制措施	相应记录文件	控制岗位
生产协调办公室	应急管理	应急预案管理	未对预案进行备案	带来合律风险，公司经济和声誉受损	按照法律法规要求，进行备案	备案函	业务管理人员
			未建立应急物资管理制度，未明确应急物资储备清单	发生突发事件时，无有效的应急物资可用，延误处置，导致事态扩大	制定应急物资管理制度，指导建立各级应急物资清单	月度应急物资检查表、Ⅲ级应急物资清单	生产协调办公室负责人、业务管理人员
		应急演练	未编制应急演练计划，未定期开展应急演练	预案可行性无法论证，人员能力无法提升，联动能力差，处置程序和措施无法掌握，单位应急能力较弱	编制应急演练计划，并严格按照计划落实	应急演练计划、台账、应急演练开展情况统计表	生产协调办公室负责人、业务管理人员
		应急培训	未督促对员工开展自救互救、逃生技能、应急知识培训	员工不具备应急能力，发生突发事件不清楚如何应对	将应急培训纳入公司培训计划中	培训记录	生产协调办公室负责人
		应急处置	处置方式不当、突发事件信息处理不当	延误突发事件有效处置，导致事态扩大	做好应急准备，提高公司应急处置能力	应急演练处置记录本	生产协调办公室负责人
		预警发布	未及时发布天气预警等信息	未及时防范，造成事件升级，处置难度增大	及时收集、发布天气预警	微信、腾讯通发布	生产协调办公室负责人、值班调度
		岩屑管理 钻井液未落地围堰，搬迁岩屑维护，组织遗留岩屑拉运	不落地围堰铺设不规范，雨雪进入围堰，岩屑固化不全；搬走后岩屑管理不善，岩屑拉运迟缓	围堰垮塌，岩屑泄漏造成环境污染；遗留岩屑造成类外协复杂	做好围堰加固工作，防止雨雪进入，加大固化剂含量，保持岩屑固化状态；积极协调申方组织遗留岩屑拉运工作	拉运岩屑岩屑井分布情况统计	生产协调办公室负责人

续表

管理部门	管理单元	管理内容（步骤）	危害因素	可能导致的后果	控制措施	相应记录文件	控制岗位
生产协调办公室	泥浆转运	完井处理泥浆；转运计划	完井泥浆方量多，性能不符合要求；井队转运计划不周、迟缓；罐车数量不足、调派不合理；承包商罐车锈蚀	拉运费用多；接收井队拒收，导致泥浆无法转运，贻误搬迁；泥浆泄漏造成环境污染	督促井队严格落实项目部完井泥浆转运要求；合理调派承包商罐车、督促其使用完好罐车并增加罐车数量	完井泥浆方量、性能记录	生产协调办公室负责人业务管理人员
	防洪防汛	防汛	未建立重要害部位监控措施	雨季引发洪汛险情	汛期按周摸排重点要害部位，井跟踪监控	环境因素危害清单	生产协调办公室负责人业务管理人员
		防汛减灾	未督促落实汛期灾害防范工作	引发洪汛灾害	制定相关标准、制度，定期排查，落实汛期安全防控措施	防洪防汛管理规定	生产协调办公室负责人业务管理人员
		冬防保温	冬防保温工作未督促落实，未开展相关检查	引发安全事故	提前部署安排相关准备工作，定期开展专项检查，督促"八防一禁止"相关措施的落实	项目部生产视频会会议纪要	生产协调办公室负责人业务管理人员
设备管理办公室	设备操作规程	设备操作规程修订（完善）、培训	设备操作规程覆盖不全面；制定的操作规程存在缺陷；设备操作规程未培训	设备操作无有效指导规程，造成人员伤害，设备损坏	严格要求设备操作规程的制定（修订），达到全面覆盖，各钻井队对已有操作规程进行JCC验证；各钻井队对自用设备操作规程进行全面培训	设备操作规程、设备操作规程培训记录	设备管理办公室负责人
	设备检维修作业	二级设备检维修作业审批	未进行设备检维修作业审批或检维修作业未分级审批	设备检维修作业失控，造成人员伤害、设备损坏	严格执行设备检维修作业审批流程和设备检维修分级管控制度	设备检维修分级管控申请审批表、审批记录台账	设备管理办公室负责人
	设备检查表和启动前检查表	完善设备检查表和落实设备启动前安全检查	设备检查表内容不全和设备启动前检查不落实	设备检查漏项，造成人员伤害、设备损坏	组织钻井队骨干大班人员对设备检查表讨论、修订、验证、完善，定期检查钻井队设备启动前检查运行情况	关键部位检查表、设备启动前检查表存档	设备管理办公室负责人

续表

管理部门	管理单元	管理内容（步骤）	危害因素	可能导致的后果	控制措施	相应记录文件	控制岗位
设备管理办公室	设备隐患管理	设备隐患排查治理，整改销项	排查治理漏项，整改销项不彻底	设备隐患未排除，造成人员伤害、设备损坏	全面排查设备隐患，分析评估风险因素，专项排查治理隐患，彻底整改销项	设备隐患治理项目清单	设备管理办公室负责人
	设备变更管理	微小设备变更的审批	设备变更环节缺失或设备变更审批不严	设备变更风险分析不全面，变更后造成隐患，导致人员伤害、设备损坏	严格执行设备变更管理制度和审批流程，全面分析评估变更造成的安全隐患，削减各项设备安全隐患因素	微小设备变更申请表、一般设备变更审批表	设备管理办公室负责人
	设备检测检验	设备检测检验专项检查	未组织设备检测检验或检测检验不到位	设备隐患被忽视，造成人员伤害、设备损坏	加强井架检测、钻机评估、关键重要部位检查及重要设备部位探伤检测	井架检测报告、资质评估检测结果、关键部位自主探伤单	设备管理办公室负责人
	设备维护保养	严格落实设备维护保养制度，进行设备保养培训	设备维护保养制度不完善或设备维护保养制度未制定培训	设备维护保养不到位，造成人员伤害、设备损坏	要求钻井队严格执行设备维护保养制度，组织全面进行设备维护保养制度培训	钻台动力设备运转记录、机房动力设备运转记录、电气设备运转记录	设备管理办公室负责人
	特种设备日常维护	特种设备安全检查、日常维护	特种设备超期使用，未及时更新、维护	未及时对更新、维护，造成人员伤害、设备损坏	加强压力容器、高压管汇、装载机等特种设备的安全检查、维护	压力容器检测台账、压管汇检测台账、装载机维护保养台账	设备管理办公室负责人
	专项检查	组织开展专项检查	专项检查漏查或检查不到位	设备出现缺陷，导致人员受害、设备损坏	组织电气安全检测检查，顶驱专项自查结果，冬防保温等各类设备专项检查	电气安全检测检查统计、顶驱专项自查结果、冬防保温等专项检查表	设备管理办公室负责人
	厂家服务	安全措施执行，申请审批，现场监控	作业人员劳保护具不全，风险识别不到位，违反作业程序，未进行上锁挂签，作业许可票未执行，进行设备启动前安全检查	操作人员受到伤害，误操作伤害作业人员，设备设施损坏	安全防护措施齐全，严格执行作业程序，作业前进行上锁挂签，严格进行作业审核审批制度，做好设备启动前安全检查	作业许可票、检维修分级管控、设备启动前安全检查表	设备管理办公室负责人

续表

管理部门	管理单元	管理内容（步骤）	危害因素	可能导致的后果	控制措施	相应记录文件	控制岗位
设备管理办公室	机修服务	安全措施执行，申请审批，现场监控	作业人员劳保护具不全，风险识别不到位，违反作业程序，未进行上锁挂签，作业许可未执行，未进行设备启动前安全检查	操作人员受到伤害，井下复杂，误操作伤害作业人员，设备设施损坏	安全防护措施齐全，严格执行作业程序，作业前进行上锁挂签，严格进行作业审核审批制度，做好设备启动前安全检查	作业许可票，检维修分级管控，设备启动前安全检查表	设备管理办公室负责人
	冬防保温	冬季操作规程、冬防保温措施实施	未执行冬季操作规程，防保温措施失效	设备损坏，井下复杂，人员伤害	执行好设备冬季操作规程，及时放好设备冬季操作规程，及时放水放气，落实好干部大班跟班制度，加强冬季油水管理，落实冬季防保温措施	冬季操作规程、冬季安全生产规定	设备管理办公室负责人
	新设备使用	设备安装、使用，风险识别及削减措施执行	设备使用维护培训不到位，风险识别不到位，管控措施执行不到位	设备误操作造成人员伤害，新增风险操作，管控措施执行不到位造成人员伤害，设备损坏	加强设备操作使用的培训，严格执行设备操作规程，针对新增风险充分识别，严格执行措施	变更管理，作业许可制度	设备管理办公室负责人
质量健康安全环保办公室	HSE责任制	目标指标及落实	目标指标制定过高或过低，偏离实际	指标目标过高无法实现，过低事故事件得不到有效遏制，HSE业绩受损	结合实际制定各层级HSE目标指标，强化HSE目标指标过程考核	HSE责任书	质量健康安全环保办公室负责人
		HSE履职	履职不力	管理效果受限或管理无效	强化HSE工作计划、个人行动计划的落实和HSE履职考核，以及过程检查	一般员工安全环保履职能力评估面谈表、领导人员安全环保履职能力评估综合评定表、环保履职能力评估综合评定表，一般员工安全环保履职能力评估结果汇总表，一般员工安全环保履职能力评估	质量健康安全环保办公室负责人

第三章 生产管理活动风险防控

续表

管理部门	管理单元	管理内容（步骤）	危害因素	可能导致的后果	控制措施	相应记录文件	控制岗位
质量健康安全环保办公室	HSE制度	制度体系	制度未建立或不完善	管理无依据、工作无标准、行为无约束	制定完善HSE管理制度，强化制度执行的检查	项目部管理制度汇编	质量健康安全环保办公室负责人
	隐患治理	作业场所环境、设备设施存在的典型隐患	对于现场存在典型隐患未及时有效进行整改、治理	作业场所、设备设施存在的典型隐患未及时治理，容易导致人员伤害和设备损坏	学习落实隐患风险分级标准，对于隐患及时消项、治理。定期开展违章隐患定量纠查并大班互查机制，将违章隐患治理纳入单并HSE绩效考核管理	常见隐患风险分级标准	质量健康安全环保办公室负责人
	危害辨识与风险评价	危害辨识	未定期组织辨识或辨识不全	不能及时、全面发现危害因素	定期组织开展风险辨识，形成危害因素清单	风险月控单	质量健康安全环保办公室负责人
		风险评价	未评价或评价不准确	风险未分级、防控责任不清	使用适用的风险评估分析方法开展风险分级评价，依据标准进行风险分级，明确防控岗位职责，定责任部门和责任人	项目部月度风图评价	质量健康安全环保办公室负责人
		风险控制	未制订防控措施或措施针对性不强	发生事故可能性增大	针对重点防控的风险，制订风险控制措施，明确风险分级防控责任并实施融入岗位职责。风险防控措施操作规程、检查表、应急处置卡、岗位培训矩阵	项目部月度风图评价	质量健康安全环保办公室负责人
	行为安全管理	观察与沟通	未规范观察与沟通管理要求、未统计分析	观察与沟通在现场不能有效应用，行为安全得不到改进	规范观察与沟通的管理要求，对管理人员进行应用的培训和辅导。统计分析应用结果应用于行为改进	安全观察与沟通周分析	质量健康安全环保办公室负责人

续表

管理部门	管理单元	管理内容（步骤）	危害因素	可能导致的后果	控制措施	相应记录文件	控制岗位
质量健康安全环保办公室	行为安全管理	行为安全正向激励	未建立或未执行行为安全正向激励机制	员工不主动查改违章，改进行为安全习惯	建立行为安全正向激励机制，对主动查改违章、改进行为安全习惯的员工进行奖励表扬	员工无违章奖励办法	质量健康安全环保办公室负责人
		程序与规程	作业程序缺失或不完善，违章行为未明确	程序不明，步骤不清，缺乏规定动作，违章行为无标准依据	组织编制作业程序，运用JCA完善、强化执行检查。明确常见作业中的违章行为，并积极宣传培训	钻井施工HSE作业程序文件	质量健康安全环保办公室负责人
		相关方行为安全	未执行统一标准	相关方违章频发	相关方员工行为安全按统一的HSE要求进行管理	相关方HSE协议	质量健康安全环保办公室负责人
	HSE检查	检查策划	未制订方案或方案针对性不强	管理制度未落实，检查重点不突出	严格执行HSE检查制度，制订切实可行的检查方案，突出重点，明确检查人员、检查内容、方式和要求	基层队（站）等级队达标考核方案、专项检查方案	质量健康安全环保办公室负责人
		检查实施	未按方案实施	隐患得不到发现，违章得不到及时制止，管理短板得不到发现	严格落实检查计划，检查人员严格按检查表进行检查。对检查发现的问题进行记录、沟通和报告	不符合整改通知单	质量健康安全环保办公室负责人
		问题整改	问题未整改或整改不彻底	隐患未消除，风险未控制	对检查发现的问题进行督促整改和验证	不符合整改销项表	质量健康安全环保办公室负责人
		HSE分析	未分析或防控不到位	管理短板不清楚，防控措施未制订或针对性不强，问题的根源性原因一直存在	对检查发现问题定期进行汇总、分析，制订并采取相应防范措施	检查总结分析报告	质量健康安全环保办公室负责人

续表

管理部门	管理单元	管理内容（步骤）	危害因素	可能导致的后果	控制措施	相应记录文件	控制岗位
质量健康安全环保办公室	HSE培训	培训计划	培训计划未编制或针对性不强	培训无依据，培训内容缺失，不能满足岗位所需	开展培训需求调查分析，完善培训矩阵，编制HSE培训计划	培训实施计划表	质量健康安全环保办公室负责人
		组织实施	培训计划未落实或未有效落实	员工资质不全，能力不足	严格按照培训计划实施，对培训变更履行变更程序，对培训计划执行情况进行检查考核	培训签到表	质质量健康安全环保办公室负责人
		效果评价	未考核或考核不实	培训未达到预期目的，理论与实践未有机结合	严格考核过程，对培训考核不合格人员进行再培训，再考核，做到理论指导实际	考试成绩统计表	质量健康安全环保办公室负责人
	三标一规范	标准化现场	未建立一图一单或建立不规范	设备摆放不规范，风险警示提示不全，作业环境不支	按照标准化现场建设要求督促现场落实，强化咨询、指导、帮促和检查	现场布置总图，区域备设施清单	质量健康安全环保办公室负责人
		标准化操作	两书一表制订或建立有缺陷	操作无规程，作业无程序，风险防控无措施，检查无标准，应急无预案	组织统一编制作业指导书，促完善HSE计划书和各类检查表，强化两书一表的执行检查	作业计划书，作业指导书，现场检查表	质量健康安全环保办公室负责人
		标准化管理	未建立三三一册或建立不规范	职责不清，管理界面不明，管理流程不畅，执行力不强，行为无约束	夯实制度、培训、绩效三种管理，编制基层队站标准化管理手册，强化日、周、月管理落实检查	钻井队现场管理制度汇编，"四合一"培训矩阵，钻井队绩效考核办法，钻井单井管理流程图，钻井队日管理流程图	质量健康安全环保办公室负责人

续表

管理部门	管理单元	管理内容（步骤）	危害因素	可能导致的后果	控制措施	相应记录文件	控制岗位
质量健康安全环保办公室	三标一规范	规范化控制	隐患排查和风险控制工具运用不到位	查患纠违无标准、控制无措施、行为不规范	根据三个办法两个标准，有效落实查患纠违和控制措施。积极推广运用"7+N"风险控制工具	违章隐患合账、作业许可审批表、工作安全分析表、变更申请表、HSE综合会议记录本、个人安全行动计划表、安全观察与沟通分析表、班前班后会记录本	质量健康安全环保办公室负责人
	交通安全管理	车辆监控抽查	车辆检查不到位，升级管理缺位	导致交通事故	抽查汽车中队车辆管理情况及驻井车抽查	驻井车管理员管理手册	质量健康安全环保办公室负责人
	消防安全管理	防火档案	未建立防火档案或建立不全、未及时更新	防火重点单位或部位不清、管控责任不明	明确消防安全重点单位，并实行分级管理，建立管理台账	防火档案	质量健康安全环保办公室负责人
		专项检查	未进行专项检查或检查针对性不强	火险隐患得不到发现、整改和防控	按照标准配备足够数量灭火器材，指派专人管理，定期检查，及时更新	钻井队队周检查表	质量健康安全环保办公室负责人
		专项培训、演练	未培训演练或培训演练效果未评价	员工火场逃生技能和灭火知识不掌握，不能有效逃生和扑灭初期火灾	开展专项培训和演练	应急演练记录本	质量健康安全环保办公室负责人
	危化品管理	危化品建档	未建立危险化学品清单和反应矩阵	不清楚危化品种类、数量、属性	建立危险化学品清单和反应矩阵	危化品台账	质量健康安全环保办公室负责人

第三章 生产管理活动风险防控

续表

管理部门	管理单元	管理内容（步骤）	危害因素	可能导致的后果	控制措施	相应记录文件	控制岗位
质量健康安全环保办公室	危化品管理	危化品管理	未建立危化品管理制度，无MSDS	职责不明确，管理流程不清晰，不清楚危化品购买、存储、使用、运输、报废等方面的安全技术措施和应急处置要求	建立、完善危化品管理制度	危化品告知牌	质量健康安全环保办公室负责人
		专项检查	未进行专项检查或检查针对性不强	对危化品管理状况不了解，隐患得不到发现、整改和防控	组织落实各项危化品管理措施，强化基层队站执行检查	危化品专项检查表	质量健康安全环保办公室负责人
	环境保护管理	污染源档案（含应税污染物）	未建立档案或入档案不健全	不清楚污染源种类、数量及分布情况	建立并真实运行相关台账，建立分级管控制度，制订实可行的污染源污染防控措施，检查落实情况	污染源台账	质量健康安全环保办公室负责人
		污染源分级管控	污染源未全部纳入分级管控范围	管理粗放，防污染控制措施针对性不强，重要污染源得不到综合治理	建立执行污染源分级管控制度，将所有污染源纳入分级管控范围；针对污染源制订了污染防控措施并落实，对重要污染源实施综合治理	污染源管理清单	质量健康安全环保办公室负责人
		环保设施	设施未配置或不齐全，不能正常运行	污染源得不到治理达不到管理要求，造成污染	建立环保设施管理规章制度，现场环保要求设施配置齐全，建立设施及使用台账，现场的环保设施稳定运行	环保设备设施台账	质量健康安全环保办公室负责人

续表

管理部门	管理单元	管理内容（步骤）	危害因素	可能导致的后果	控制措施	相应记录文件	控制岗位
质量健康安全环保办公室	环境保护管理	污染物管理	污染物未达标排放；未依法合规处置废物	减排任务和年度控制指标未完成；污染环境，承担法律责任	监测所有排污口的排放；确保排污方式合法合规，排放量满足减排和控制指标；建立污染物管理制度，编制危险废物管理计划；按法律、制度要求管理处置污染物	污染物处置管理办法	质量健康安全环保办公室负责人
		排污许可	未按要求办理排污证	违法排污，承担法律责任	按要求及时办理排污证缴纳排污费，过期延续	按照地方要求办理排污许可证	质量健康安全环保办公室负责人
		清洁生产	使用高耗能工艺和设备，未研究推广环保技术	高能耗、高污染	用新型环保型设备和工艺替代高耗能设备和工艺，研究应用环保技术和工艺	清洁生产设备台账	质量健康安全环保办公室负责人
		绿色示范队建设	未制订创建方案、未实施验收和评比	未创建绿色示范队，或达标队数量不足不能覆盖所有基层单位	制订推广方案和建设，对创建情况进行现场验收标准，和评比	绿色示范队实施方案	质量健康安全环保办公室负责人
		环境统计	未按规定开展环境数据统计、分析和资料报送	环境数据统计分析无法完成，不能准确掌握环境现状，受到上级考核	按时真实填报HSE信息系统的月报和年报	环境统计报表	质量健康安全环保办公室负责人
	健康管理	职业病防护设备设施管理	设备设施配备不全或不符合要求，台账不健全	设备设施管理混乱，损坏、丢失，职业防护不到位，造成职业伤害	建立职业病危害防护设备、设施台账；职业病定期维护、设备定期维护，可能发生急性职业中毒的工作场所，设置报警装置，配置现场急救用品及冲洗设备，设立应急撤离通道及泄险区，并完好	职业病防护设施台账	质量健康安全环保办公室负责人

续表

管理部门	管理单元	管理内容（步骤）	危害因素	可能导致的后果	控制措施	相应记录文件	控制岗位
质量健康安全环保办公室	健康管理	职业危害因素检测	未编制检测计划，未按计划实施检测，检测超标场所未采取治理措施	不能及时了解掌握职业危害因素现状，作业场所职业危害因素不符合规范要求，不能制订相应防护措施，导致患职业病	编制职业病危害因素监测计划、检测周期、内容符合要求，检测点设置符合规范要求。按计划组织开展职业危害因素检测	职业危害检测计划表	质量健康安全环保办公室负责人
		职业病危害告知	未进行职业病危害因素告知	违反法规，员工不了解场所、岗位存在的职业危害因素，防护措施不落实导致患职业病	在醒目位置设置公告栏，将危害因素检测结果及时公告，相关检测结果知道员工岗位及检测结果	职业病告知卡	质量健康安全环保办公室负责人
		员工健康体检管理	员工健康体检不落实，职业健康体检率未达100%	不了解员工健康状况，不能及时发现员工疑似疾病和职业禁忌及疑似职业病人员，违反《中华人民共和国职业病防治法》	按要求对接害岗位员工进行岗前、岗中（含事故后）、离岗的职业健康检，查体检率100%。将体检结果告知员工，并根据体检机构的建议，及时安排需要复查和医学观察的员工进行复查和医学观察	员工健康体检名单	质量健康安全环保办公室负责人
		档案管理	未建立职业健康档案或员工健康档案信息不全	管理不规范，信息不全，不能有效统计、分析，为工作改进提供业务支持	按职业健康档案管理要求，建立职业健康档案，专人负责管理，内容齐全、完整，档案更新、数据及时、准确，完整录入HSE信息系统，并统计、分析	员工健康档案	质量健康安全环保办公室负责人
		劳动保护	未明确劳动保护用品配备标准	劳保用品配备不到位，员工防护缺失造成伤害	执行劳动保护用品的购买、发放、使用等相关管理制度要求，明确不同专业、不同岗位的劳动保护用品配备标准	劳保护具发放清单，劳保护具发放记录卡	质量健康安全环保办公室负责人

续表

管理部门	管理单元	管理内容（步骤）	危险因素	可能导致的后果	控制措施	相应记录文件	控制岗位
质量健康安全环保办公室	应急管理	应急预案	未编制或及时修订应急专项预案，未备案	无法有效应对突发事件，事态扩大引发次生灾害	编制、完善相应的专项应急预案，并对预案进行评审、备案	项目部应急预案、钻井队应急处置程序	质量健康安全环保办公室负责人
		应急演练	未编制应急演练计划、未按计划开展应急演练、未对演练效果进行评价	预案可行性无法论证，应急预案和应急救援能得不到培训，人员应急能力无法提升	按规定编制演练计划、按计划开展应急预案演练，持续改进演练质量	应急演练记录本	质量健康安全环保办公室负责人
		应急物资	未按规定配备应急物资，未进行检查、维护	发生突发事件时，无有效的应急物资可用，延误处置，导致事态扩大	按标准储备应急物资，并定期检查、维护，培训员工正确使用	应急物资清单	质量健康安全环保办公室负责人
	安全设施管理	监督管理	监管缺位	设备设施管理使用不规范、检测、维护保养不落实，带故障运行或失效导致人员伤害	及时跟踪安全设施使用状况，按时检测，有故障设施及时组织维修	安全设施防护台账	质量健康安全环保办公室负责人
	特种设备监管	特种设备检验	特种设备未按期检验	不了解特种设备性能、状况，在使用过程中可能发生事故	及时督促设备管理部门、使用单位检验	特种设备检验统计台账	质量健康安全环保办公室负责人
		特种设备人员持证	特种设备作业人员证件过期或无证	违反禁令，人员不了解设备性能、操作、维护保养，操作时可能发生事故	及时督促人事劳资部、专业公司人员取得复证	特种设备作业人员证件台账	质量健康安全环保办公室负责人
		系统维护	未及时维护特种设备信息系统	不能有效监控设备，人员信息、违规使用过期设备、验检或违反禁令过期人员操作	及时更新维护特种设备信息系统，对直线管理部门、专业公司提前1个月对检验到期设备和证件到期人员提示	特种设备管理系统	质量健康安全环保办公室负责人

续表

管理部门	管理单元	管理内容（步骤）	危害因素	可能导致的后果	控制措施	相应记录文件	控制岗位
质量健康安全环保办公室	节能节水管理	能源消耗统计	未按规定开展能源消耗数据统计、分析和资料报送	无法准确掌握能源消耗现状，统计不真实，承担上级考核	按时真实填报节能节水信息系统的月报和年报	用能用水台账	质量健康安全环保办公室负责人
		耗能设备效率监测	未按要求进行监测	不能及时发现低效高耗能设备，能源消耗量增加，排放增加	组织对老设备进行监测	能耗统计台账	质量健康安全环保办公室负责人
	HSE绩效考核	梳理考核项	未梳理或漏项	考核无依据	收集全考核标准、要求	绩效考核实施细则	质量健康安全环保办公室负责人
		对标考核	未对标考核或考核不严格	考核项目不准确	严格按考核标准进行考核	绩效考核统计表	质量健康安全环保办公室负责人
		考核兑现	未兑现或未及时兑现	不能促进尽责履行	严格按考核结果进行兑现	绩效考核兑现明细表	质量健康安全环保办公室负责人
	事故、事件管理	事故事件报告	未按规定程序及时、准确报告	迟报、瞒报、谎报，影响组织地抢险救援和处置，事故事件得不到及时上报	掌握事故事件分级、上报程序，时间等，真实上报	事故调查报告	质量健康安全环保办公室负责人
		事故事件调查	未及时准确调查	原因分析不清，事故责任不明，事故教训无法汲取，整改措施无法制订，不能形成完整的调查报告	按规定成立事故调查组，相关负责人及安全、生产、设备、人事劳资、监察、工会等相关职能部门人员参加调查，调查取证，证据收集全面，准程序规范，事故报告编写规范，内容完整。调查报告现规范，内容完整。调查报告原因（包括管理原因）、性质、责任等清晰明确	事故调查报告	质量健康安全环保办公室负责人

续表

管理部门	管理单元	管理内容（步骤）	危害因素	可能导致的后果	控制措施	相应记录文件	控制岗位
质量健康安全环保办公室	事故、事件管理	事故事件处理	事故事件未按规定及时处理	安全生产责任制得不到落实，员工得不到警示教育、责任得不到追究	严格按照四不放过原则进行事故调查与处理	事故责任人处理文件、事故通报签字记录、事故预防措施	质量健康安全环保办公室负责人
质量健康安全环保办公室	事故、事件管理	事故档案	未建立事故事件档案或不健全	无法统计分析、追溯	按照要求建立档案，且档案内容齐全、完整，至少包括事故调查报告、有关证据资料、事故处理决定等	事故事件台账	质量健康安全环保办公室负责人
质量健康安全环保办公室	体系审核	不符合管理（含内审与外部审核）	不符合未整改或验证确认	审核问题不能得到有效整改闭环，重复发生	下发审核清单，分析深层次原因，提出短板改进建议，在问题得到有效跟踪、整改，并经过规定的时限内关闭，改验证	不符合整改销项表	质量健康安全环保办公室负责人
技术管理办公室	HSE管理	各项技术管理资料、方案制订，钻井、下套管、固井、取心等特殊工况下过程管理、钻井液复杂利用技术方案制订、钻井液转运、工艺变更	技术方案不全、要求落实不到位，作业现场对非常规、特殊作业不熟，钻井液复杂利用、转运性能不符合施工要求，新工艺程序不熟	造成钻井、固井、取心收获率等质量事故或增加施工难度、钻井液复杂利用不符合施工要求造成卡钻、新工艺不熟造成人身、井下事故	严格执行各项技术管理方案、管理规定。特殊工况下驻井监控指导、重复利用钻井液前维护好性能、人扒后勤维护、勤观察。新工艺过程监控、现场指导	文件发放记录、考勤表、技术管理现场审核表、钻井液转运记录、工艺变更申请表	技术管理办公室负责人
技术管理办公室	应急管理	24h值班工作，对突发事件、预警信息依照程序及时上请下达；日常技术信息及应急状态下信息的收集、传达及记录工作，重点井日报	信息收集不全、预警信息传达不及时；重点井监控不到位	应急处置不及时，造成事故扩大化。重点井突发事件响应不力	做好日常资料收集整理工作、井队应急应物到位	值班记录、重点井日报	技术管理办公室负责人

第三章 生产管理活动风险防控

续表

管理部门	管理单元	管理内容（步骤）	危害因素	可能导致的后果	控制措施	相应记录文件	控制岗位
技术管理办公室	管理制度	技术管理、质量管理、井控管理等相关制度及科研项目落实	未落实相关制度	管理上出现偏差，影响技术支撑的技术提速，增大事故发生可能性	认真落实各项管理制度	钻井现场技术管理审核单、钻开油气层检查验收证书、试压作业许可证、HSE不符合整改单、钻井公司井控问题整改通知单、井控例会、井控视频监控	技术管理办公室负责人
	工艺技术风险管控措施	区域性的钻井技术方案	具体区块制订的技术方案偏离实际；没有解决重难点问题	影响区块提速，导致区块共性问题增多，井下故障复杂频发	制订措施时必须由项目部技术领导、工程师及井队技术员共同讨论制订	钻井技术方案及工艺措施	技术管理办公室负责人
		工艺安全管理制度体系	制定的内容不全，没有针对性	影响技术提速，导致井下故障复杂甚至人身伤害	按变更内容识别好变更类型，做好工艺变更分析报告，形成技术规程	井控作业许可审批表、工艺变更审批表、震击器使用审批表、工艺变更审批表	技术管理办公室负责人
		工艺危害分析相关知识培训	培训内容不全，培训未落实	技术人员缺失工艺危害识别能力	工艺危害分析相关知识培训大纲梳理齐全，进行全面培训	培训记录	技术管理分管领导
		开展特殊井、重点井工艺危害分析，制订技术方案	未开展特殊井、重点井工艺危害分析	影响特殊井、重点井技术提速，导致出现故障复杂	重点关注特殊井、重点井的关键流程和重难点问题，开展工艺危害分析，形成技术方案，指导效果提速	钻井工程施工方案交底、钻井液施工方案交底、重点井工具清单	技术管理分管领导
		QC小组活动组织和落实	未进行QC小组活动组织与落实	部分危害未识别到位，一些技术规程未定制，导致出现技术盲区	定期开展QC成果评比，补齐补全技术标准和规程，完成标准的制订和修订	QC小组活动记录	技术管理办公室负责人

续表

管理部门	管理单元	管理内容（步骤）	危害因素	可能导致的后果	控制措施	相应记录文件	控制岗位
技术管理办公室	所属业务范围内的HSE风险控制	钻井液实验室HSE风险管控	未进行钻井液实验室HSE风险管控	工作区域引起灼烫、容器爆炸、中毒和窒息	牢记岗位职责，用好风险控制工具，加强应急培训	钻井液室内小型实验记录表	技术管理办公室负责人
		现场执行情况的监督检查	未监督检查现场执行情况	现场不按规程操作，蛮干，导致井下故障复杂和人身伤害	通过电话、报表和网络信息平台跟踪现场生产动态，不定期下现场进行抽查	钻井现场技术管理审核单、钻开油气层检查验收证书、HSE不符合整改单、基层队站情况记录、标考核情况记录	技术管理分管领导
		特殊井、重点井、新技术试验井的现场工艺技术安全把关	项目部未驻井把关特殊井、重点井、新技术试验井的现场工艺技术安全	突出问题和关键关节不受控，影响技术提速，导致故障复杂和人身伤害	驻井帮促，安全培训，技术方案宣贯和交底，对现场出现的问题进行处理	钻井工程施工方案交底、钻井液施工方案交底、重点井工具清单；重点井、特殊井工施工记录表、工业监控视频监控表	技术管理分管领导
	技术应用过程中的工艺风险管控	重点井施工动态跟踪监控	未进行重点井施工动态跟踪监控	影响提速，导致故障复杂和人身伤害	通过电话、报表和网络信息平台跟踪现场生产动态，远程视频垂直管理，解决难题	工业监控视频监控表、技术管理交流表、技术管理交流群、井控技术交流群、高风险井控应急群	技术管理分管领导
	钻具工具及井控设备设施使用中的风险管控	井下工具、井口工具及井控设备设施等现场使用过程中的隐患排查与治理	未进行井下工具、井口工具及井控设备设施等现场使用过程中的隐患排查与治理	钻井队自身无法全面有效开展，隐患得不到发现，导致故障复杂和人身伤害	开展月度专项排查和井控专项检查，进行专项隐患排查工作，逐队跟踪落实隐患销项整改	专项排查表、钻具记录、井控设备台账、井控资料综合记录本	技术管理办公室负责人
		分析原因和经过，组织制订处理方案和进行故障复杂的处理	不分析故障原因、故障原因分析错误、故障复杂处理难度加大	故障复杂处理方向不正确，造成发生事故，造成更大的经济损失，引起人身伤害	通过事故快报如实汇报，合同技术专家制订有效的井下故障处理方案，督促和指导项目部进行故障处理	故障复杂快报、故障复杂处理经过	技术管理办公室负责人

续表

管理部门	管理单元	管理内容（步骤）	危害因素	可能导致的后果	控制措施	相应记录文件	控制岗位
技术管理办公室	故障复杂处理及调查	制订防范措施	未制订防范措施	同区块故障复杂重复出现，故障时率超标	出现故障复杂第一时间在各项目部通报警示，将重点区块关键环节的技术方案进行提示和培训	故障复杂处理措施	技术管理办公室负责人
		通报故障，给出相关责任人处理意见	未处理相关责任人	故障复杂得不得有效遏制	按照"四不放过"原则，对事故进行调查和故障通报，相关责任人处理客观准确	技术管理处罚通知单	技术管理办公室负责人
		井控相关设备设施完整性管理	未进行井控相关设备设施完整性管理	试压不合格，溢流时关不住井导致井喷	完善井控设备的软、硬件配套，严格落实人员监管和关键部位管控，落实管控责任，设施完整整设置开钻开红线，做好隐患排查与治理	井控设备台账	技术管理办公室负责人
	井控安全管理	井控安全检查，对存在的井控安全隐患督促协调和督促整改，处理井控违章责任人	不进行安全隐患整改，不处理井控违章责任人	井控隐患多，典型违章增多，治理难度加大	制定具体的管理考核办法，关键环节、关键人物着手，把重大井控隐患和严重违章事件进行处理。对违章人员进行严肃处理	技术管理处罚通知单，钻开油气层检查验收证书，井控资料综合记录本	技术管理办公室负责人
		井控例会、井控知识培训	不召开井控例会，不进行井控知识培训	井控隐患和问题得不到发现，重点工作得不到处理，井控方面的意识和能力差	定期召开有针对性的井控例会，解决井控隐患和难题，井控知识建立培训清单，分项目部队进行有效果的培训	井控例会会议纪要，井控技术培训记录	技术管理办公室负责人
		井控应急预案的编制、培训、演练和井控险情（溢流、气侵等）的预防与处理	不进行井控应急预案的编制、培训、演练，不正确处理井控险情的预防与处理	井控处理能力大缺，出现险情处理不及时，造成井喷	成立井控现场技能培训小组，多级联动进行井控应急预案演练，出现井控险情按照应急预案及时上井处置	压井施工单，井控应急预案会议记录，井控应急预案演习策划方案	技术管理办公室负责人

续表

管理部门	管理单元	管理内容（步骤）	危害因素	可能导致后果	控制措施	相应记录文件	控制岗位
技术管理办公室	井控安全管理	工程技术应用相关产品、工具及技术服务应用过程中的HSE风险评估及应用中制订防范控制措施	HSE风险评估后未制订防范控制措施	导致工程技术应用相关产品、工具及技术服务应用过程中的HSE风险反复出现	找出工程技术应用相关产品、工具及技术服务应用过程中的HSE风险内容，进行评估，制订出相应的防范控制措施	特种工具、产品技术规范	技术管理分管领导
技术管理办公室	工程技术相关产品及技术服务管理	质量安全检查与质量问题督查整改	质量安全检查不进行或找不出问题，质量问题督查整改不落实	质量问题凸显，影响技术提速，引起井下故障甚至人身伤害	定期有计划地组织质量安全检查，对出现的问题进行督查整改	下套管过程控制卡	技术管理办公室负责人
技术管理办公室	质量安全	质量安全问题的调查和处理	质量安全问题不调查也不处理	导致质量安全问题恶性循环，影响技术提速	对出现的质量安全问题进行逐一排查，查找原因，暂时停用相同批次的产品，立即进行抽检，对质量安全问题的相关责任人进行处理	质量安全问题调查报告	技术管理办公室负责人
人事劳资办公室	培训管理	培训需求和培训计划	未组织培训需求调查，建立培训矩阵	培训活动与岗位需求脱节，没有按照"缺什么补什么"的原则，员工相关能力、素质不符合要求，知识点欠缺	严格培训需求调查，合理安排时间，制订有针对性的培训计划	项目部员工培训计划	人事劳资部门负责人
人事劳资办公室	培训管理	培训实施	未按培训计划组织实施	员工证件、能力、安全知识掌握不到位，个人综合能力不符合要求，员工没有及时学习操作技能和安全常识，产生安全隐患	严格按照培训计划实施，当需要变更时履行变更管理程序	各钻井队"四合一"矩阵	人事劳资部门负责人

续表

管理部门	管理单元	管理内容（步骤）	危害因素	可能导致的后果	控制措施	相应记录文件	控制岗位
人事劳资办公室	培训管理	培训考核	培训考核不严格，考试内容单一	员工真实能力水平与岗位需求出现偏差，导致事故发生	严格培训考核，严禁考核不合格的员工上岗作业	进行能力评价，每月培训效果验证考试	人事劳资部门负责人
		培训档案	未按要求建立员工培训档案	不符合培训管理要求，不能及时掌握员工个人参训情况	建立健全员工培训档案	各钻井队"四合一"矩阵、员工继续教育证书	人事劳资部门负责人
		培训效果评价	未开展培训效果评估或评估内容不全	不能掌握培训效果，导致安全管理上出现隐患	严格执行相关文件要求，落实各项工作的开展	能力评价，每月培训效果验证考试	人事劳资部门负责人
	岗位职责管理	工作职责和HSE职责制定	无工作职责和HSE职责或不能满足工作运行的需要，满足直线管理的需要	岗位职责履行效率很低，监控缺失不到位，工作关系不和谐，不协调	制定岗位工作职责和HSE职责，并明确各管理部门职责，满足直线管理的需要	钻井队人员岗位职责和HSE职责，项目部及钻井队岗位职责	人事劳资部门负责人
	员工能力评价管理	在岗员工	员工能力评价覆盖不到100%	对员工能力不了解，造成不能胜任本岗工作或造成安全隐患	按照相关管理办法进行员工能力评价全覆盖，对不合格人员进行岗位调整或培训	所有员工每年最少一次能力评价，根据评价结果产生培训需求，及时进行培训，对不胜任的降低岗位	人事劳资部门负责人
		离岗后重新上岗员工或新聘员工	能力评价覆盖到不到100%或未保存能力评价记录	员工能力不能胜任本岗工作或造成安全隐患	按照相关管理办法进行员工能力评价并保存评价记录，对不合格人员进行调整或培训	新员工上岗进行能力评价、转岗进行能力评价，能力评价覆盖率100%，保存能力评价记录	人事劳资部门负责人

续表

管理部门	管理单元	管理内容（步骤）	危害因素	可能导致的后果	控制措施	相应记录文件	控制岗位
人事劳资办公室	人事报表	统计报表管理	统计报表失真、延误、漏项	企业管理决策失误	严格执行统计报表制度	严格执行统计报表制度及时同上级部门核对	人事劳资部门负责人
	干部管理	干部考察程序不严密	选人用人制度把控不严，未按照规定程序进行选拔	选拔出的领导干部与岗位要求不匹配，用人失察	人事劳资部门干部考察程序，由干部管理办公室组织民主测评、组织考察，撰写考察材料，人事劳资部门负责人审核考察材料，人事劳资部部务会审核，公司级主管领导审核，公司党委级审领导会审批	项目部干部履历表、钻井公司干部任免上报材料	人事劳资部门负责人
		专业技术人员职称评审、专家选聘	专业技术职务评审、选聘程序不严谨	选聘出的人员职称晋升、专家选聘与岗位要求不匹配	人事劳资部严格按照个人申报、资格审查、组织评审、议研究、组织公示等程序进行高层次专业技术人才选拔	项目部职称申报摸底表、汇总表，年度平衡审核人员情况简表	人事劳资部门负责人
	基本工资管理	基本工资调整和晋档	无依据调整晋档	造成员工基本工资管理工作	严格按照相关程序和规定办理	依据上级文件执行	人事劳资部门负责人
		基本工资发放	无考勤发放	造成员工基本工资发放不准确，影响工资管理工作	严格按考勤发放	依据员工考勤表	人事劳资部门负责人
	效益工资管理	钻井队单井结算、发放	无依据结算	造成效益工资错发或少发，影响安全管理工作	严格按照相关程序和规定办理	依据公司级下发单井结算分配通知单发放	人事劳资部门负责人
		后勤及全体效益工资核算、发放	未按规定执行	造成效益工资错发或少发，影响安全管理工作	严格按照相关程序和规定办理	依据公司级下发考核办法的通知发放	人事劳资部门负责人

第三章 生产管理活动风险防控

续表

管理部门	管理单元	管理内容（步骤）	危害因素	可能导致的后果	控制措施	相应记录文件	控制岗位
经管财务办公室	安全生产费用管理	计提	公司级安全生产费用未及时、足额提取	公司级当期成本费用核算不准确	财务资产部成本核算岗位每月按照工作要求及时编制安全生产费用计算明细表，财务部门领导审核后，编制相关记账凭证并进行账务处理	项目部外部协调相关费用管理办法	分管领导
		确认	财务处下拨经费未按下拨渠道确认入账	财务处下拨经费未按下拨渠道确认入账，未专款专用	严格按照财务处下拨经费渠道确认入账，按照下拨项目及时计划及预算，专款专用	资金管理实施细则	分管领导
		接收费用化、资本化安全生产费用文件	公司级费用化、资本化安全生产费用文件下发未及时接收	公司级不能对安全生产费用使用情况及核销账务处理	及时关注OA系统中文件，财务处下拨通知	单井承包定额、内部劳务结算文件等	分管领导
		使用	未严格按照公司下发年度计划对项目预算实施	项目超预算，资本化项目开支或者费用化项目资本化	严格按照公司下发年度安全技术措施对项目的通知实施	项目部预算分解任务下达	分管领导
		核销	未对公司级安全生产费用使用情况及时进行核销账务处理	公司级安全生产费用使用管理失控	认真审核发票，审核核销内容是否与安全生产费用计划相符，有无相关领导签字	关于规范报销业务的通知	分管领导
		上缴结余	财务处下拨安全经费结余未按项目核算上缴	影响下年安全经费下拨	严格按照公司下发项目核算，建立健全项目经费使用台账，未使用完毕经费签认后及时上缴财务处	资金管理实施细则	分管领导

三、队站级生产管理活动危害因素辨识

队站级生产管理活动危害因素辨识见表3-6。

表3-6 队站级生产管理活动危害因素辨识

序号	管理活动	管理内容	危害因素	风险	控制措施	相关记录文件	控制岗位
1	领导和承诺	HSE管理责任	队干部不清楚安全管理职责	领导干部HSE职责得不到落实,安全管理混乱	队干部对照《中华人民共和国安全生产法》和公司管理制度,熟悉自身HSE职责和要求	岗位及HSE职责	队长/书记
2			队干部不清楚本单位较大及以上风险、一般隐患及防控措施	风险防控不到位,导致事故	队干部及骨干人员清楚掌握本单位较大及以上风险、一般隐患及防控措施	违章、隐患分级标准	队长/书记
3		HSE承诺	未开展安全承诺	员工参与HSE工作积极性得不到充分调动	组织全员做出安全承诺,并采用公告板等方式对安全承诺进行公示	HSE承诺书	队长/书记
4	HSE方针	HSE方针、战略目标	员工不了解公司HSE方针基本内容和主要内涵	员工在思想上不能与公司安全管理同步	及时传达公司HSE方针,讲解内涵	HSE管理手册	队长/书记
5	危害辨识、风险评价与控制措施	危害因素辨识	未开展或未有效开展危害因素辨识、控制	造成作业中危害因素失控,增加事故发生概率	分钻井队、班组,岗位三级组织全员开展危害因素辨识活动,并制订控制措施		队长
6			危害因素辨识不全,存在明显遗漏或未动态更新	忽略作业中存在的风险导致事故发生	按照岗位管理单元划分,操作项目分解,设备设施拆分等步骤,梳理生产作业活动,全面辨识危害因素,建立、完善钻井队危害因素清单	危害因素清单	队长
7			新(增)项目危害因素未辨识	新增危害失控导致事故发生	钻井队搬迁后,组织对井场附近存在的注水井、浅层气、地层流体、地层压力、地下管线、施工所在地传染病、地方病、水源、食品卫生、饮水卫生,以及可能涉及的居民区、农村耕地及人员素质、新技术、新工艺、新设备、新材料等进行危害辨识,制订风险削减和控制措施,纳入HSE作业计划书中		队长

续表

序号	管理活动	管理内容	危害因素	风险	控制措施	相关记录文件	控制岗位
8	危害辨识、风险评价与控制措施	危害因素辨识	非常规作业和施工时，未开展危害因素辨识	非常规作业风险不能被识别，控制措施不全面，导致事故发生	针对偏离或缺乏安全标准、规则和程序要求的非常规作业或高危作业，应开展工作前安全分析，辨识作业风险，制订书面控制措施，在相关人员中得到沟通		队长
9			岗位员工不熟悉岗位危害因素、风险和防控措施	风险不能被有效管控，导致事故发生	对员工进行培训，保证员工掌握岗位风险和防控措施		书记
10			人员不会运用风险分析评估的工具方法	风险等级划分错误，忽视风险等级较高的风险，导致管控不到位	对相关人员进行培训，确保掌握风险分析评估方法		书记
11		风险分析、评估与防控	未开展风险分析与评估，风险等级未明确	风险管控针对性不强，致措施无效或可行性不强	结合公司级、项目部制订的模板，梳理钻井队风险等级，并对相关人员进行培训	危害因素清单	队长
12			采用新技术、新设备、新材料前，新工艺、新活动前，不熟悉重大生产风险评估结果	风险不能被有效管控，导致事故发生	项目部职能部门对钻井队开展相关培训，对风险评估情况进行全面交底		队长
13			重点防控风险未明确防控责任和责任人	防控责任不能明确，防控缺位	钻井队针对重点防控风险明确防控责任和责任人，落实风险防控措施，并纳入考核中		队长
14			未落实风险控制措施或未动态监控	导致事故发生的可能性增大	追究相关人员的责任，要求相关人员严格落实风险控制制度。将生产安全风险岗位职责、安全检查表、操作规程、应急处置程序和岗位培训矩阵活动控制中，健全完善岗位职责、安全检查表、操作规程、应急处置程序和岗位培训矩阵		队长
15		环境因素与环境风险管理	未掌握公司环境因素与环境风险管理相关制度、要求	不能有效开展环境管理工作，造成环境风险可能性增大	公司及时向钻井队传达环境风险管理相关制度、要求，钻井队结合管理要求，明确自己工作范围和职责	环境危害因素清单	队长

续表

序号	管理活动	管理内容	危害因素	风险	控制措施	相关记录文件	控制岗位
16	危害辨识、风险评价与控制措施	环境因素与环境风险管理	未开展或未有效开展环境因素识别、评价和控制、现场控制、未建立环境因素清单	造成施工作业过程中的环境污染事件	定期组织开展环境因素识别，制订控制措施，形成环境因素清单，组织全员学习掌握，检查督促岗位员工落实控制措施		队长
17			环境风险源、风险物质识别不全面、准确	环境风险管理失控，随意弃置造成污染事件	环境风险物质识别全面、准确，并建立环境风险源清单（包括生产规模、工艺及设施、环境风险物质等信息）	环境危害因素清单	队长
18			未开展环境风险识别、未建立环境风险清单	造成施工作业过程中的环境污染事件	定期组织开展环境风险识别与分析，建立环境风险清单		队长
19			未建立环境风险等级、重大环境风险落实防控责任人	责任不明确，对重大环境风险管控缺位，导致环境事件发生	客观准确划分环境风险等级，对重大环境风险防控确定责任人		队长
20			未掌握公司安全环保事故隐患管理制度和要求，不熟悉相关隐患治理计划和方案	不能有效开展隐患治理工作，造成现场事故隐患不能及时消除	项目部对钻井队进行宣贯、传达，钻井队相关人员及时学习公司规章制度和要求		队长
21			未按规定开展隐患排查工作	导致安全事故	定期开展隐患排查，建立事故隐患排查激励机制，鼓励员工上报隐患		队长
22		隐患排查治理	对各级检查发现的隐患，未及时整改	大量隐患长期存在，安全事故的发生	钻井队应及时对整改相关措施，并制订相关措施；对不能立即治理的事故隐患，应制订防控措施	检查记录	副队长
23			未建立隐患台账，不定期统计分析	不能对阶段内的隐患进行统计分析，找出普遍性问题的管理原因和整改措施，相当于问题一直存在，间接滋生事故发生	建立隐患台账，定期分析，找出管理缺陷，制订长效措施		副队长

续表

序号	管理活动	管理内容	危害因素	风险	控制措施	相关记录文件	控制岗位
24	危害辨识、风险评价与控制措施	隐患排查治理	重大事故隐患现场未停产整改或未采取有效控制措施确保安全	威胁作业人员安全	重大事故隐患应立即停产整改，因生产工艺或其他特殊原因不能立即停产的应制订有效控制措施，确保安全，同时应在现场规范设置警醒目标标识，内容完善	检查记录	队长
25	合规性管理	法律法规及其他要求	法律法规未及时学习、培训	安全管理不合规	对照法律法规和相关要求合规管理	培训记录	书记
26			未严格执行相关要求	安全管理不合规	对照法律法规和相关要求合规管理		队长
27	目标指标和方案	HSE目标指标及责任书	未设立年度HSE目标指标	HSE管理工作无重点，无方向	设立年度HSE目标指标	年度HSE目标及保障措施	队长/书记
28			未逐级签订安全环保责任书	安全环保责任无法有效落实	全员逐级签订安全环保责任书，明确责任	HSE责任书	队长/书记
29			安全环保责任书目标指标设置不合理或未对目标指标完成情况进行统计、分析和优化	无法调动人员积极性，安全环保管理工作无法有效推动	科学设置目标指标，及时对不适宜的目标指标进行调整优化	HSE责任书	队长/书记
30			相关人员不清楚本岗位安全环保责任书内容和落实措施	责任书目标无法实现	对责任书指标进行讲解、传达，定期对目标指标完成情况进行跟踪统计、分析	会议记录	书记
31		HSE绩效考核	未落实HSE绩效考核	员工参与安全工作的积极性低，导致现场安全隐患多，风险高	结合公司HSE考核体系、内容，结合钻井队实际，制定切实有效绩效考核细则，并有效落实	HSE绩效考核记录	队长/书记
32	机构、职责和安全环保投入	机构设置	未设置HSE管理领导小组（含现场应急处置领导小组）	安全管理责任无法得到落实和执行，发生事故后，不能积极应对	设置钻井队HSE管理领导小组（小组尽量合并、简化、集中，避免形式意义上的多个小组），明确小组分工职责	钻井队组织机构	队长/书记

续表

序号	管理活动	管理内容	危害因素	风险	控制措施	相关记录文件	控制岗位
33	机构、职责和安全环保投入	机构设置	各班组未明确兼职安全管理人员	班组作业过程中，安全管理工作缺位	明确各班组副司钻为兼职安全管理人员，推行班组轮值安全员，钻井队对其进行相关知识培训和考核	钻井队组织机构	队长
34		安全环保责任制	未明确岗位员工 HSE 职责	员工未参与 HSE 工作，导致安全管理工作效率低下	钻井队所有岗位有明确的 HSE 职责，并与岗位工作和风险管控相匹配		队长/书记
35			员工不清楚本岗位 HSE 职责要求，职责未落实	员工未参与 HSE 工作，导致安全管理工作效率低下	将员工 HSE 履职情况纳入岗位绩效考核	岗位职责	书记
36			各级人员不清楚岗位应急职责	事故、险情发生时得不到及时控制	各级人员加强学习岗位应急职责并落实到位		队长/书记
37		安全环保奖励机制	未对积极参与工作安全分析等活动表现较好的员工进行奖励	导致员工参与 HSE 活动积极性差	对积极参与安全活动的员工开展适当奖励	HSE 绩效考核记录	队长/书记
38		安全环保履职能力评估	人员 HSE 能力不能满足岗位职责和能力标准要求	导致安全事故	对员工开展 HSE 培训教育，在上岗前进行 HSE 能力评价，确保人员符合岗位职责和能力标准要求	岗位能力评价	队长/书记
39			人员没有主动学习意愿，无相关技能等级证书	能力不足，导致安全事故	钻井队鼓励岗位人员加强学习，取得相关能力等级证书，提升能力	资格证书	书记
40	能力培训和意识	HSE 培训	未开展 HSE 培训或钻井队干部未带头授课	岗位人员 HSE 能力得不到提升，不能跟上安全管理要求	运用培训矩阵，采取分岗位、小范围、短课时，多形式开展 HSE 培训，钻井队干部带头授课	培训矩阵、培训计划、培训人员签字表、三级教育卡片	书记
41			需持证上岗人员未按照规定培训取证或复审	违反相关法律法规，人员能力满足不了作业要求，造成事故	特种作业人员按照规定进行取证、复审，未持有效证件人员严禁安排从事特种作业	"师带徒"培训协议	书记

第三章 生产管理活动风险防控

续表

序号	管理活动	管理内容	危害因素	风险	控制措施	相关记录文件	控制岗位
42	能力培训和意识		新入厂、调岗和重新上岗的员工未进行相应培训	能力不足，导致安全事故	按规定落实好三级安全教育和岗前培训，对调岗和离岗六个月以上重新上岗的员工进行培训		书记
43			未对违章人员进行培训	能力不足，导致安全事故	及时对违章人员进行培训谈话		书记
44			实施新工艺、新技术、新设备、新材料时，未组织对相关员工进行针对性安全及技术培训	对风险和安全要点掌握不足，导致安全事故	实施新工艺、新技术、新设备、新材料前，及时组织对相关员工进行针对性安全及技术培训		书记
45		HSE 培训	未建立满足要求的 HSE 培训矩阵，岗位员工不清楚本岗位培训需求内容	培训手于形式，员工 HSE 能力得不到实质性提升	建立满足要求的岗位 HSE 培训矩阵，确保员工知晓本岗位培训内容。鼓励员工主动提出改进培训或提升岗位 HSE 能力的需求，提供针对性培训	培训矩阵、培训计划、培训人员签字表、三级教育卡片、"师带徒"培训协议	书记
46			缺少与培训矩阵相对应的培训课件或培训课件未及时更新	无法有效开展培训	结合 HSE 培训矩阵和队伍验收编制或更新 HSE 课件，并对课件内容进行审核，及时更新		书记
47			未对培训效果进行评价	培训效果无法验证	健全员工培训档案，记录员工培训记录，定期对 HSE 培训效果进行评价		书记
48		宣传教育	安全文化建设活动未有效开展	员工安全意识得不到培养	采用多种形式组织开展安全月、环境日、健康周，警示日等主题宣传教育活动	会议记录	书记
49		安全经验分享	未开展安全经验分享	事故事件经验不能得到分享，导致相同的事故再次发生	利用会议等时机开展安全经验分享活动，鼓励岗位员工主动结合自身经历、发生事件参与安全经验分享		队长/书记
50	制度和规程	管理制度	现场使用的管理制度为失效版本	失效管理制度导致管理失误	及时收集最新版本管理文件，对受控的制度文件及时上交处理	管理制度培训记录	队长/书记

续表

序号	管理活动	管理内容	危害因素	风险	控制措施	相关记录文件	控制岗位
51	制度和规程	管理制度	员工对管理制度不了解	不能有效执行管理制度	对员工开展HSE管理制度培训,相关人员清楚制度要求	管理制度	书记
52		管理记录	相关活动(作业)记录未进行有效管理	活动(作业)原始资料缺失,无追溯性	现场各项记录填写规范、真实、保存完整,电子记录有效保存管理	培训记录	队长/书记
53		操作规程及作业程序	现场操作规程及作业程序内容与实际不相符	错误的操作规程及作业程序,引发安全事故	员工参与操作规程及作业程序的制修订,操作规程及作业程序编制完后要进行验证,确保内容准确、完整、可操作		队长
54			未运用JCA工具	错误的操作规程和作业程序,引发安全事故	依据审核和执行发现的问题,结合事故事件教训,及时开展操作规程评审和修订;对关键操作规程及作业程序利用工作循环分析等方法定期进行评审和完善	设备操作规程 作业程序 工艺操作规程	队长
55			现场使用的操作规程及作业程序为失效版本	操作规程及作业程序不符合实际,引发安全事故	确保现场使用的操作规程及作业程序为最新版本,对失效版本及时收回		队长/书记
56			未对员工进行操作规程及作业程序的相关培训和考核,员工未熟练掌握相关操作规程	不清楚应遵循的操作规程、作业程序,出现不符合操作和隐患,进而引起事故	操作规程及作业程序发布后及时组织对相关人员开展针对性培训,并严格考核,确保员工熟练掌握相关操作规程	培训记录	书记
57	协商与沟通	外部沟通	未向井场周边居民或其所在村告知HSE风险、防范措施、逃生信号和应急措施	发生突发情况时,不能及时、有效地组织居民疏散,造成人员伤亡事故	及时主动将HSE风险、防范措施、紧急逃生信号和应急措施通告500m范围内居民和其所在村委会,并留存相关记录	告知通知书	队长/书记
58		内部沟通	上级文件等HSE信息不能有效接收	无法及时了解和获取HSE政策和信息,导致管理脱节	指定专人负责,对接收的文件归档管理	文件收发记录	队长

续表

序号	管理活动	管理内容	危害因素	风险	控制措施	相关记录文件	控制岗位
59	协商与沟通	内部沟通	HSE相关信息没有及时分享、落实	上级要求和指令没有在现场得到落实；班组内发生的不安全行为在下次重复发生	队站、班组活动内容要突出上级最新的HSE要求，事件的安全经验分享；建立员工向上沟通反馈的机制。队站安全活动每月一次；班组定期组织安全活动，每天召开班前班后会，开展风险提示，明确风险控制削减措施	培训记录	队长
60			现场违章行为、物态隐患、事件等HSE信息没有及时向上级反馈或录入HSE系统	信息无法共享，导致管理层无法有效决策	违章行为、物态隐患及时录入HSE系统中，对事件及时上报	HSE系统录入	副队长
61			员工未及时反馈现场HSE相关信息	现场安全管理与岗位脱节或安全管理工作无法优化	将现场HSE工作纳入绩效考核，鼓励员工提出合理化建议，主动查处违反HSE工作	合理化建议	队长
62			员工提出的有关建议或投诉得不到回复和处理	员工参与HSE工作的积极性降低	队干部对员工提出的建议和投诉等信息及时研究、分析，并向员工反馈处理情况	合理化建议记录	队长
63	设备设施	设备管理制度	现场设备无管理制度或管理不符合现场管理实际	设备管理缺乏依据，管理混乱	钻井队结合公司设备管理制度，制定切合队伍实际的设备管理制度，明确管理人员和岗位职责		队长
64			现场设备无操作规程或操作规程不符合实际	错误的操作导致事故	对无操作规程设备使用说明书培训，及时上报设备管理部门；对现有的设备操作规程，在现场通过JCA的方式进行验证；对有效的操作规程及时进行培训、学习	设备操作规程管理制度	副队长
65			员工不遵守操作规程操作设备	违反操作规程可能引发事故	对员工进行相关技能培训，确保设备操作人员具备相应的技能，对违反操作规程的岗位人员加大考核		队长/书记

续表

序号	管理活动	管理内容	危害因素	风险	控制措施	相关记录文件	控制岗位
66	设备设施	设备设施检查	设备设施无检查标准	无法进行有效检查	钻井队及时收集、整理各类设备设施的检查表，对没有检查表的设备设施，及时上报设备管理部门，组织有经验的人员，依据设备设施说明书和操作规程进行检查	检查表	队长
67			未按规定对新投入使用、重新启用（安装）、检维修后使用的设备设施进行启动前检查或试运转	设备存在故障或安装不达标，引发事故	所有新投入使用、重新启用（安装）、检维修后使用的设备设施进行启动前检查和试运转	启动前安全检查记录	队长
68			未按规定对设备设施开展日常性检查	未及时发现设备设施缺陷，带故障运行引发事故	钻井队定期组织设备设施专项检查，对设备设施运行情况进行巡检	设备检查记录	队长
69			未及时对设备设施存在的问题进行整改	设备设施带故障运行引发事故	钻井队对设备设施隐患应立即整改，不能立即整改的，应订立安全防护措施，可能危及人身伤害的设备设施严禁使用		队长
70		设备设施维护保养	未按要求对设备进行维护、保养、检测	设备存在缺陷导致事故	严格按照要求定期对设备进行维护、保养，对特种设备及井架、吊卡、高压管汇、吊环、吊索类附件等按周期检测，并建立记录	维护、保养、检测记录	副队长
71			未对吊车进行检查	存在缺陷，导致事故发生	对参与作业的吊车进行全面检查	吊车检查表	队长/副队长
72		设备拆卸搬迁安装	使用的吊索具不符合要求	导致事故发生	使用符合标准的吊索具；现场加强对吊索具的日常管理，建立台账，定期检测并做标识	安全防护设备（设施）计量器具管理台账	队长
73			使用的工具不符合要求	存在缺陷，导致事故发生	对使用的工具进行全面检查		副队长

续表

序号	管理活动	管理内容	危害因素	风险	控制措施	相关记录文件	控制岗位
74	设备设施		栏杆、护照、盖板等防护存在缺陷	防护失效，导致人员伤害事故	定期进行检查，确保设备设施各类附件完好；设备设施旋转部位防护有效		队长
75		安全附件	监测设施存在缺陷	不能及时发现现场危害物质，造成人身伤害	定期对固定式和便携式气体检测仪进行检测，调校，对接地电阻检测仪等进行检查，确保完好	安全防护设备（设施）计量器具管理台账	副队长
76			安全设施存在缺陷	紧急情况下不能有效避难与逃生	对安全阀按周期进行检测，对防碰天车、二层台逃生装置、洗眼器等设施做好日常性检查，维护或测试		队长
77		工机具管理	工机具存在缺陷或安全性能达不到要求	性能失效，造成人员触电等人身伤害	现场使用的工机具应符合国家标准或行业标准，并与作业环境相匹配。现场对工机具实行定置管理，定期检查	岗位检查表	副队长
78	承包商管理	相关方作业交底	未进行相关作业交底	不清楚作业风险和防控措施，导致HSE事故	与所有进入现场的相关方签订安全生产协议或相关方告知书，告知风险及应急措施，施工前进行交底；涉及两个以上相关方联合作业的，召开联席会议，进一步明确责任和协作内容，并保留会议记录；建立井控相关方与社区等沟通的渠道并告知项目，与相关方、社区等建立应急联动机制，确保应急响应有效	HSE作业计划书、HSE协议	队长
79		入场教育、培训	未对进入井场承包商、外来人员等进行安全教育和培训	培训不到位，不清楚井场风险和安全注意事项导致发生HSE事故	严格对进入井队现场的承包商、外来人员进行安全教育和培训，做好记录	入场安全提示登记表	值班干部
80		施工作业过程监督检查和相关管理	未对进入施工现场的承包商资质等进行相关检查	不满足安全条件的作业人员、车辆参与作业，导致安全事故的发生	对进入钻井队现场作业的承包商施工作业人员资质、劳保护用品、使用的设备安全状况等进行检查，并进行人场风险提示	HSE会议记录	队长

续表

序号	管理活动	管理内容	危害因素	风险	控制措施	相关记录文件	控制岗位
81	承包商管理	承包商、外来人员作业过程监管	未开展承包商、外来人员作业过程监管	过程监管缺失，承包商、外来人员作业不规范容易发生 HSE 事故	按照属地管理原则，对属地内的承包商、外来人员作业进行过程 HSE 监管	HSE 会议记录	值班干部
82	作业许可	作业许可办理	不熟悉作业许可管理制度和要求	作业许可管理得不到落实和执行	对全员进行作业许可管理方面的知识培训		书记
83			对作业许可项目未办理作业许可证	员工盲目蛮干，没有对可能存在风险进行控制	对所有确定的作业许可项目办理有效的作业许可证		队长/副队长
84		风险识别	作业项目未按规定进行工作安全分析	作业风险未辨识，导致事故	相关作业前开展工作安全分析		队长/副队长
85			员工未能掌握工作安全分析方法和步骤	导致员工对作业流程中的部分安全风险和防控措施不清楚	对员工进行培训，保证员工掌握了工作安全分析方法和步骤		书记
86		审查、审批	没有进行书面审查，现场核查或升级管理	现场不具备安全作业条件，导致事故发生	作业批准人组织对工具设备、人员资质、作业监护、风险防控措施等进行书面审核和现场核查，需要进行升级管理的，按规定落实升级管理要求	作业许可票	作业许可审批人
87			未按授权审批要求逐级审批或审批人不具备资格、能力	把关不严，导致事故隐患存在	按照作业许可审批规定由相应的岗位人员负责审批		队长
88		过程管控	现场无监护人，未持续落实气体检测、能量隔离等安全措施	现场不具备安全作业条件，导致事故发生	严格落实现场监护和监督，作业全过程落实好安全措施		作业许可审批人
89			许可票未公示，其他人员不了解正在进行的作业项目	交叉作业或其他人员误操作，导致安全事故	作业许可票应在值班房悬挂公示，并告知相关人员		作业许可审批人

第三章 生产管理活动风险防控

续表

序号	管理活动	管理内容	危害因素	风险	控制措施	相关记录文件	控制岗位
90	作业许可	作业结束	"工完、料净、场地清"未落实	现场遗留隐患,增加事故发生的可能性	在完工后的作业现场做到"工完、料净、场地清",没有隐患遗留,再关闭作业许可票	作业许可票	作业许可审批人
91		票证归档管理	作业许可票证未汇总、分析和归档管理	作业许可活动得不到提升	定期汇总、分析作业许可活动情况,完善作业许可票管理		副队长
92	职业健康	职业病危害场所管理	生产作业中使用国家令禁止使用的设备或材料	导致现场职业病危害因素增加	发现可能产生职业病危害的设备或材料,及时上报上级单位		队长
93			化工区、钻台区未配备洗眼器等冲洗设备	人员在钻井液等腐蚀物入眼、入口时无法及时清洗,造成过度伤害	按要求配备到位,定期进行检查、维护	岗位检查表	队长
94			员工不会使用防护设备设施	紧急情况下,无法降低或消除危害	对员工进行培训	培训记录	书记/副队长
95			员工对所处环境的危害因素不知情,接害岗位员工不清楚岗位存在的职业病危害和防护措施	盲目进行作业,劳保护具穿戴不全不规范	对生产过程中的噪声监测结果、化工材料可能造成的伤害通过培训具体告知每一位员工;接害岗位人员清楚岗位存在的职业病危害和防护措施	环境因素清单	书记
96			未将职业病危害因素监测结果告知员工	不能有效预防职业病危害	将职业病危害因素监测结果及时告知员工,并将检测报告贴在现场醒目位置	作业现场职业病危害因素检测报告	队长
97		职业健康监护	未在对应作业区域设置警示标识、中文警示说明和职业病危害告知卡	不清楚作业区域存在的职业病危害和防护措施	按要求在醒目位置规范设置警示标识,设置职业病告知卡		队长

续表

序号	管理活动	管理内容	危害因素	风险	控制措施	相关记录文件	控制岗位
98	职业健康	职业健康监护	未按规定进行职业健康体检	不能及时预防职业病危害	督促员工体检，将体检结果及时如实告知员工，及时安排有需要员工进行复查和医学观察，员工知道职业健康体检结果	员工职业健康体检报告	书记
99		劳动防护用品管理	未按照求配备、发放劳动防护用品	劳动防护缺失导致发生HSE事故	按要求配备各岗位安全防护用品及设施并确保有效，保存相关发放记录	劳动防护用品发放记录	书记
100			员工不会没有正确穿（佩）戴和使用劳动防护用品	导致保护失效	对员工开展相关培训和考核，确保进入现场员工正确穿（佩）戴和使用劳动防护用品	培训考核记录	书记/副队长
101			未定期进行检查、维护劳动防护用品	安全防护设施失效或存在不安全因素，增大作业人员的风险	定期进行检查，确保劳动防护用品有效	岗位检查表	副队长
102	污染防治	污染源管理	钻井现场无污染源清单	不清楚污染源，导致污染源管理失控	钻井队根据污染源清单，按照管理要求进行严格管理	污染源记录	队长
103			钻井废水通过渗坑、暗管等非法方式排污	违法	废水、钻井液等集中回收、存放		队长
104		固体废物管理	涉及固体废物的钻井队，未建立管理台账	管理混乱，导致随意弃置	建立固体废物台账，且动态更新	管理台账	队长
105			固体废物随意丢弃	固体废物污染环境	指定存储地点，一般固废与危废、不同危废之间分类贮存，现场标识清晰完整，废物摆放整齐		队长
106			危险废物转移、送交未建立转移联单或凭证	管理混乱，导致运输人员随意弃置	对送外移交的危险废物应留存转移凭证	转移联单或凭证	队长

第三章 生产管理活动风险防控

续表

序号	管理活动	管理内容	危害因素	风险	控制措施	相关记录文件	控制岗位
107	变更管理	人员变更	关键岗位人员变更，未进行能力评估和培训	人员素质不能满足岗位要求	关键岗位人员变更前，进行能力评估并按规定审批、培训；临时替岗人员能力必须经过确认，并进行有效管理		队长/书记
108		工艺变更	对工艺变更项目未落实相应的风险控制措施	发生安全事故	钻井队了解工艺相关所有安全信息，并结合现场进行风险评估，落实控制措施		队长
109		设备变更	人员不清楚变更管理制度、要求及流程	不能按照要求管理，实施变更项目	对人员进行相关培训，确保相关人员熟悉变更管理相关知识	变更记录	队长
110			对变更的设备未进行危害辨识和风险评估	不清楚变更风险，导致事故	及时开展危害辨识和风险评估，并确保实施清楚控制措施		队长
111			设备变更未批先实施	风险得不到管控	设备变更实施前必须按规定逐级审批		队长
112		其他变更	未落实变更管理规定	管理失控造成事故	按照管理要求实施变更管理，并对相关人员进行培训、交底		队长
113	井控管理	井控制度	岗位员工不清楚井控制度，不清楚岗位井控工作职责	井控管理职责得不到落实	组织岗位员工培训	培训记录	书记
114		井控培训	相关岗位人员未参加培训，未取得井控培训合格证	人员不具备相应的能力，导致井控事故发生	按要求开展培训，组织人员参加取证培训，确保人员具备相应的能力		书记
115		井控例会	未组织开展井控例会	问题得不到整改，经验得不到总结	钻井队按规定召开井控例会，并积极参加上级单位组织召开的井控例会	井控例会记录	队长
116		井控设施	未按标准安装或安装后未进行试压、检查维护	出现井控险情不能有效控制	井控设备按照设计要求进行安装，试压正常齐全	试压记录	副队长/技术员
117			液面监测仪、钻井液密度计、气体检测仪等设施失效或未及时调校	不能及时、准确发现井控险情	根据工况，及时调校液面报警仪，确保有效坐岗		副队长/技术员

续表

序号	管理活动	管理内容	危害因素	风险	控制措施	相关记录文件	控制岗位
118	井控管理	现场施工	未按设计要求进行地层压力试验	地层相关数据缺失，无法预防和应对井控险情	严格按照设计进行地层破裂压力试验、低泵冲试验，井控最大关井压力提示牌数据正确	试压记录	副队长/技术员
119			现场管理人员对当井控相关数据不熟悉	无法有效进行井控管理，出现井控险情无法有效处置	现场管理人员、作业人员随时掌握相关数据，并及时分析		队长
120			施工期间未落实井控措施	导致井控险情	制订符合实际的井控措施，并严格落实各工况下的井控措施		队长
121			现场未设置风险公告	进入现场人员不能了解风险，无法进行相应的防护	在作业现场醒目位置设置公告栏，在存在安全生产风险的岗位设置告知卡，在有较大危险因素的场所所有设施设置上设置明显的安全警示标识，标明主要危害因素、后果、应急措施、报告电话等内容		队长
122	运行控制	目视化管理	现场未开展安全色等目视化管理	无法有效警示，导作业人员忽略危险	作业现场按照相关规定和标准，开关设备设施，对设备设施使用状态、危险警示灯进行标识，开展目视化管理		副队长
123		行为安全	员工未开展安全观察与沟通活动	员工参与HSE工作的作用得不到发挥	对员工进行培训，在现场有效开展安全观察与沟通活动，并定期对数据进行分析，制订针对性的措施	安全观察与沟通卡	队长
124			现场"三违"管理不到位	导致安全事故发生	现场开展违章指挥、违章操作和违反劳动纪律的整治活动，并确保效果	违章隐患录入	队长
125		工作前安全分析	未开展或未有效开展工作前安全分析	风险不能敏识别，导致事故发生	建立明确的需要进行工作前安全分析清单，并依据清单有落实	工作安全分析表	队长

续表

序号	管理活动	管理内容	危害因素	风险	控制措施	相关记录文件	控制岗位
126	运行控制	上锁挂签	未建立上锁挂签清单或未更新	需要上锁挂签的作业项目被忽略	建立明确的上锁挂签清单,并结合现场实际定期更新	上锁挂签清单	队长
127			未对员工开展上锁挂签相关培训,员工不会有效实施上锁挂签	隔离能量失效,导致事故发生	对现场所有人员进行上锁挂签培训,掌握上锁挂签管理要求和操作流程	培训记录	书记
128			安全锁具缺失	无法有效上锁	对配备的安全锁具进行规范管理,对缺失的锁具及时上报制订领用计划	锁具清单	副队长
129		营地管理	营地选址在泄洪区、低洼处等易受自然灾害区域	易发生自然灾害	井场踏勘时,对营地选址进行风险评估,避开泄洪区、低洼处,以及易形成洪水、滑坡等自然灾害区域,与油气输送管线路上设置了有效安全距离	"两点一线"踏勘记录	队长
130		用电管理	用电安全管理缺位,人员管理、电气设备设施、用电防护方面存在缺陷	发生触电事故	用电人员持证上岗;定期进行用电安全排查,确保电气设施性能许可单,采用的电动工具绝缘性能完好,在配电线路上设置了有效的漏电保护装置		副队长
131			现场接地、漏电保护、电气防爆方面存在缺陷	发生触电事故和引发火灾爆炸	定期进行专项检查,确保接地符合要求,漏电保护装置有效,电气防爆有效	检查记录	副队长
132		吊装作业	作业前未对人员进行培训,能力评价	对风险和安全要点掌握不足,导致安全事故	对参与作业的所有人员进行培训,进行风险交底,对吊装指挥人员、司索人员、吊车司机进行能力评价,对人员资格进行查验	综合会议记录	队长/副队长
133			未按吊装作业管理规定进行现场安全管理	导致事故发生	设备拆卸搬迁前应编制作业计划书,制订风险控制措施,全面辨识风险,执行作业许可,安排管理人员在现场进行监控	作业计划书	队长

续表

序号	管理活动	管理内容	危害因素	风险	控制措施	相关记录文件	控制岗位
134	运行控制	高处作业	安排不符合要求的人员进行高处作业	导致事故发生	安排有资质和无高处作业禁忌证人员作业	登高证	队长/副队长
135			未落实安全防护措施	导致高处坠落	作业人员正确佩戴和使用符合要求的安全带，使用好防坠落装置		队长/副队长
136		干部跟班	未落实干部跟班制度	管理缺位	严格落实干部跟班制度		队长
137		班前班后会	未组织、参与班前班后会或流于形式	分工不合理，风险识别不全面，控制责任人不明确；工作不总结，违章隐患未分享	严格落实班前班后会制度，并有效开展	岗位交接班检查记录	队长
138			未进行"两点一线"踏勘	无法掌握道路风险和新井情况	参与"两点一线"踏勘，对踏勘发现的问题如实提出	"两点一线"踏勘记录	队长
139		拆搬安控制	拆搬安项目作业计划书未审批	拆搬安作业风险未识别，无控制措施	钻井队制订拆搬安项目作业计划书经项目部审批	拆搬安项目作业计划书	队长
140			未参与搬迁协调会	相关方信息无法掌握，对相关方缺乏沟通	参与搬迁协调会，对相关方信息详细交底并沟通	综合会议记录	队长/副队长
141		HSE例会	未组织开展HSE例会或流于形式	问题得不到总结、经验得不到提升	严格落实周HSE例会、月度HSE例会	综合会议记录	队长/书记
142	应急管理	应急组织与职责	未成立现场应急处置领导小组	应急管理工作得不到落实，应急处置时指挥混乱	钻井队成立现场应急处置领导小组，明确各组员职责	现场处置方案	队长
143			岗位人员不清楚应急职责	突发情况下，不能及时处置应对，造成事故事件的扩大	对全员进行培训，确保岗位人员清楚应急职责	培训记录	队长/书记

第三章 生产管理活动风险防控

续表

序号	管理活动	管理内容	危害因素	风险	控制措施	相关记录文件	控制岗位
144	应急管理	应急组织与职责	未成立应急抢险小组	突发情况下，不能及时处置应对，造成事故事件的扩大	成立兼职应急队伍，定期开展培训演练	现场处置方案	队长/书记
145		应急预案管理	现场处置预案实用性、可操作性不强	应急处置程序和措施不当，造成第一时间无法有效处置	现场处置预案中各处置程序应组织讨论、评审，并不断通过演练进行完善、修订，确保可操作性	现场处置方案	队长/书记
146			岗位应急处置卡未运行	员工在紧急情况下忙乱，无法有序开展有效的应急处置	关键岗位持卡上岗，应急处置卡简明、实用，便于携带	岗位应急处置卡	队长/书记
147		应急物资与装备	未按照应急处置所需配备应急物资及装备	不能有效处置	按照应急处置需所，配备充足的应急物资及装备	应急物资清单	队长
148			未及时检查、维护应急物资	物资缺失、失效	定期进行检查、维护，并及时进行保养	应急物资清单	队长
149			员工不能正确使用应急物资、装备	紧急情况下，不能第一时间控制险情	对员工开展相应的培训	培训记录	队长/副队长
150		应急培训与演练	未编制应急演练计划	演练不能有效开展	结合队伍实际，编制年度应急演练计划	应急演练计划	队长
151			未有效开展应急处置预案及相关处置程序演练	员工对应急处置程序不熟练，事故发生时得不到及时控制	编制演练计划，定期开展应急演练，并及时评估总结，对应急预案提出改进建议		队长
152			未开展应急演练评估与总结	应急管理工作得不到改进，应急能力得不到提升	对应急演练及时进行有效评估与总结，对应急管理进行改进	应急演练计划	队长
153			未对员工进行自救互救、避险逃生等培训	在紧急情况下，无法避险	开展全员应急培训，尤其对新员工进行重点培训，并留存记录		队长

续表

序号	管理活动	管理内容	危害因素	风险	控制措施	相关记录文件	控制岗位
154	消防安全	消防设施管理	未按要求配备足够的消防器材类型和数量	消防器材管理缺失	指派专人对消防器材进行分类管理		队长/副队长
155			未明确消防器材管理人员	导致消防器材管理无系统性，不能保证在有效期内合理使用	对现场使用的各种消防设施器材建立台账，明确规格型号、数量、摆放地点、配置日期等	消防档案	队长/副队长
156			未建立消防器材台账	消防器材存在质量和安全隐患	定期对各种消防器材进行检查并记录，发现不合格不符合要求的，进行处理		队长/副队长
157			未落实消防器材定期检查制度	无法灭火，造成事故扩大化	对员工定期进行消防器材使用方法培训，并实际操作，确保掌握使用方法		队长/副队长
158	危化品管理	管理制度	对危化品识别、判断不清	过度管理、管理不当	进行危化品识别和性能鉴定，建立危险化学品清单	危险化学品清单	队长
159			未明确危险化学品管理人员	危化品管理缺位	指定专人管理，明确职责		队长
160			未建立或缺乏可以遵循的危险化学品管理制度	实际危化品管理不符合标准制度的要求，引发更严重的危化品事故	遵循危化品管理制度，严格按照危化品管理制度进行生产中危化品的有关管理		队长
161		使用	现场安全技术说明书	员工不清楚危化品相关性质，导致事故发生	配齐并保存安全技术说明书	MSDS	副队长
162			未配齐安全警示标识、使用防护用品	员工不清楚过程中的风险及注意事项、储存等过程中的风险及注意事项，导致事故	按照标准配齐安全警示标识和防护用品	防护用品发放记录	副队长
163			现场存储、使用不规范	导致火灾爆炸、灼伤、中毒事故等	现场使用的危险化学品分区储存、分类管理		副队长

第三章　生产管理活动风险防控

续表

序号	管理活动	管理内容	危害因素	风险	控制措施	相关记录文件	控制岗位
164	危化品管理	使用	员工不清楚现场危险化学品日常使用注意事项和应急措施	导致火灾爆炸、灼伤、中毒等事故或不能有效应对异常情况	对员工开展相关培训	培训记录	副队长
165	标准化建设	HSE"三标一规范"建设	未开展HSE"三标一规范"建设	安全生产和职业卫生管理水平难以提升	以钻井队班组为单元,定期开展安全活动、安全文化建设等,并留存记录	安全活动记录	队长
166		班组安全活动	未开展班组安全活动	不能创造安全文化氛围	按规定时间和频次开展班组安全活动,活动形式多样,提高员工参与的积极性	安全活动记录	司钻
167			员工不清楚检查职责和要求,不会检查	隐患不能被识别和发现	制订安全检查表,对员工进行相关培训	培训记录	队长/书记
168	安全监督检查	日常检查	现场未开展或有效开展日常检查	事故隐患得不到治理,导致安全事故发生	全员依据检查表,按照检查路线、内容、标准,开展日常检查	检查记录	队长/副队长
169			发现的问题未汇报、处理、分享	问题得不到整改,导致安全事故发生	发现的问题及时报告、处理和分享,避免问题重复发生	班前班后会记录	队长
170		周检查	未开展周检查	隐患不能被识别和发现	按周检查表落实检查	周检查记录	队长/副队长
171	事故事件管理		事件没有全部上报,对事故事件分级不清,漏报、瞒报、迟报	无法汲取教训,可能导致相同的事件再次发生	鼓励员工积极主动报告事件,对所有事件都进行报告、记录	事故事件记录	队长
172			员工不清楚事件上报要求,对事件得不到控制,相关经验教训得不到汲取	事件得不到控制,相关经验教训得不到汲取	对员工进行事故事件管理方面的学习,对故意隐瞒行为给予考核,对上报事件的员工进行奖励	培训记录、绩效考核	队长
173			事件原因没有分析,没有及时分享	导致相同的事件再次发生	定期分析事件原因,建立分享机制和渠道,及时进行安全经验分享,将典型事件以培训课件等形式,鼓励员工主动分享	相关记录	队长

续表

序号	管理活动	管理内容	危害因素	风险	控制措施	相关记录文件	控制岗位
174	事故事件管理	事故管理	不清楚事故报告程序或迟报、瞒报、谎报事故	事故得不到控制，导致事态扩大	对员工进行培训，对迟报、瞒报和谎报行为进行考核、追责	相关记录	队长
175			事故没有得到分享，相关人员不清楚事故教训和防范措施	导致相同的事故再次发生	及时开展事故经验分享，举一反三，汲取教训	相关记录	队长
176	文件控制	受控文件	受控文件未规范管理	导致作业不能按照"受控"管理执行	建立受控文件记录，对规章性公文以外的各项规章制度、操作指南、工程设计等进行登记、归类管理，作废受控文件按规定处置；本队发放至相关方的文件应记录	受控文件记录本	队长
177		相关记录文件	各种记录未建立、保存	导致工作缺乏追溯性	建立工作记录并保存	各类记录（包括电子记录）	副队长
178		外来文件	对涉及HSE的外来文件或信息没有及时收集、处理	导致施工违背甲方、当地政府等HSE要求	妥善保存甲方开具的书面要求（监督指令）、地方政府安全环保文件信息，及时记录上级下达的指示等信息，并建立接收记录	文件收发记录	队长

第三节 生产管理活动风险分级管控

一、生产管理活动风险分析与风险评估

生产管理活动风险分析与风险评估可以有效识别、分析和评估石油钻井专业生产管理活动中存在的安全风险,通过制订科学合理的管控措施,可以预防和减少生产安全事故的发生。

生产管理活动风险可通过个人经验评估、集体经验评估、头脑风暴法等进行评估。个人经验评估是通过各部门、科室负责人根据掌握的知识、了解的案例和工作阅历,结合已经辨识出的生产管理中的危害因素,对风险进行定性。集体经验评估是由辨识组把过去的事故、案例作为风险评估参考项,对辨识出的风险进行评估,对风险进行定性。

生产管理活动风险分级管控应根据管理内容的风险等级确定风险管控层级、责任单位(部门),明确管控责任人及责任单位(部门)责任人。本部分内容要根据具体机构设置、业务划分、岗位分工、风险等级变化等进行持续更新。

二、公司级生产管理活动风险分级管控

公司级生产管理活动风险分级管控清单见表3-7。

表3-7 公司级生产管理活动风险分级管控清单

序号	风险点 类别	风险点 分项	风险等级	管控层面	责任人	责任单位(部门)	责任人
1	公司级生产管理活动	新改扩项目	Ⅳ	公司级	规划计划业务主管	企管计划部门	企管计划部门负责人
2		合规性	Ⅳ	公司级	法律事务管理		合同与法律管理负责人
3		法律纠纷	Ⅳ	公司级	法律事务管理		合同与法律管理负责人
4		三基	Ⅳ	公司级	基层建设管理岗		企管计划部门负责人
5		承包商管理	Ⅲ	公司级	承包商管理岗		承包商业务主管负责人
6		招投标	Ⅳ	公司级	招标管理岗		招标业务主管负责人
7		绩效考核管理	Ⅳ	公司级	经营政策研究业务主管、综合管理考核岗副主任		企管计划部门负责人
8		安全生产费用管理	Ⅳ	公司级	预算管理岗	财务资产部门	财务资产部门负责人
9		事故事件管理	Ⅳ	公司级	纪检监察员	纪检监察部门(纪委办公室)	监察部(纪委办公室)门负责人

续表

序号	风险点 类别	风险点 分项	风险等级	管控层面	责任人	责任单位（部门）	责任人
10		督查督办	IV	公司级	公司级（党委）办公室负责人	公司级（党委）办公室	公司（党委）办公室负责人
11		文件控制	IV	公司级	公司级（党委）办公室负责人		公司（党委）办公室负责人
12		印信管理	IV	公司级	公司级（党委）办公室负责人		公司（党委）办公室负责人
13		保密工作	IV	公司级	保密办公室主任		保密办公室负责人
14		信息搜集与传达	IV	公司级	公司级（党委）办公室负责人		公司（党委）办公室负责人
15		应急管理	IV	公司级	公司级（党委）办公室负责人		公司（党委）办公室负责人
16		管理制度	III	公司级	技术管理部门负责人		技术管理部门负责人
17		工艺技术风险管控措施	III	公司级	技术管理部门负责人		技术管理部门负责人
18	公司级生产管理活动	所属业务范围内的HSE风险管控	IV	公司级	技术管理部门负责人		技术管理部门负责人
19		技术应用过程中的工艺风险控制	III	公司级	技术管理部门负责人	技术管理部门	技术管理部门负责人
20		钻具工具及井控设备设施使用中的风险管控	III	公司级	技术管理部门负责人		技术管理部门负责人
21		故障复杂处理及调查	IV	公司级	技术管理部门负责人		技术管理部门负责人
22		井控安全管理	I	公司级	技术管理部门负责人		技术管理部门负责人
23		工程技术相关产品及技术服务管理	IV	公司级	技术管理部门负责人		技术管理部门负责人
24		质量安全	IV	公司级	技术管理部门负责人		技术管理部门负责人
25		科研项目安全	IV	公司级	技术管理部门负责人		技术管理部门负责人
26		HSE责任制	III	公司级	质量健康安全环保部门负责人	质量健康安全环保部门	质量健康安全环保部门负责人

续表

序号	风险点 类别	风险点 分项	风险等级	管控层面	责任人	责任单位（部门）	责任人
27		HSE制度	Ⅲ	公司级	质量健康安全环保部门负责人		质量健康安全环保部门负责人
28		危害辨识与风险评价	Ⅲ	公司级	质量健康安全环保部门负责人		质量健康安全环保部门负责人
29		隐患治理	Ⅲ	公司级	工业安全岗		质量健康安全环保部门负责人
30		行为安全管理	Ⅲ	公司级	HSE体系管理岗		质量健康安全环保部门负责人
31		HSE检查	Ⅲ	公司级	工业安全岗		质量健康安全环保部门负责人
32		HSE培训	Ⅲ	公司级	HSE培训		业务主管
33		三标一规范	Ⅲ	公司级	工业安全岗		业务主管
34		交通安全管理	Ⅱ	公司级	交通安全岗		业务主管
35		消防安全管理	Ⅲ	公司级	消防安全岗		业务主管
36	公司级生产管理活动	危化品管理	Ⅱ	公司级	危化品管理岗	质量健康安全环保部门	业务主管
37		环境保护管理	Ⅰ	公司级	环境保护岗		业务主管
38		健康管理	Ⅳ	公司级	职业卫生管理岗		质量健康安全环保部门负责人
39		应急管理	Ⅰ	公司级	质量健康安全环保部门负责人		质量健康安全环保部门负责人
40		安全设施管理	Ⅳ	公司级	安全技术岗		业务主管
41		特种设备监管	Ⅳ	公司级	安全技术岗		业务主管
42		节能节水管理	Ⅳ	公司级	节能节水管理岗位		业务主管
43		HSE绩效考核	Ⅳ	公司级	HSE信息管理岗		质量健康安全环保部门负责人
44		事故、事件管理	Ⅳ	公司级	工业安全岗		质量健康安全环保部门负责人
45		体系审核	Ⅳ	公司级	HSE体系管理岗		业务主管
46		管理评审	Ⅳ	公司级	HSE体系管理岗		质量健康安全环保部门负责人

续表

序号	风险点		风险等级	管控层面	责任人	责任单位（部门）	责任人
	类别	分项					
47	公司级生产管理活动	探评井钻前施工管理	IV	公司级	对外协调岗	市场开发与对外协调部门	勘探总包业务主管
48		国内反承包项目管理	IV	公司级	市场开发业务主管		市场开发与对外协调部门负责人
49		设备操作规程	III	公司级	现场运行管理岗	设备管理部门	设备管理部门负责人
50		设备检维修作业	III	公司级	机械修理及电气设备管理岗		设备管理部门负责人
51		设备检查表和启动前检查表	III	公司级	现场运行管理岗		设备管理部门负责人
52		设备隐患管理	III	公司级	设备技术管理岗		设备管理副主任
53		设备变更管理	III	公司级	现场运行管理岗		设备管理部门负责人
54		设备购置管理	IV	公司级	设备技术管理岗		设备管理副主任
55		设备技术改造、革新	III	公司级	设备技术管理岗		设备管理副主任
56		设备检测检验	III	公司级	现场运行管理岗		设备管理部门负责人
57		设备维护保养	III	公司级	现场运行管理岗		设备管理部门负责人
58		特种设备管理	III	公司级	特种设备管理岗		设备管理部门负责人
59		专项检查	III	公司级	现场运行管理岗		设备管理部门负责人
60		ERP数据维护	IV	公司级	业务分管负责人	人事劳资部门	人事劳资部门负责人
61		法律、法规、系统文件学习	IV	公司级	业务分管负责人		人事劳资部门负责人
62		培训管理	III	公司级	员工培训管理岗		业务分管负责人
63		养老保险	IV	公司级	养老保险岗		业务分管负责人
64		医疗保险	IV	公司级	医疗保险岗		业务分管负责人
65		工伤保险	IV	公司级	工伤保险岗		业务分管负责人
66		失业保险	IV	公司级	失业保险岗		业务分管负责人
67		员工生育保险	IV	公司级	生育保险岗		业务分管负责人
68		养老金待遇管理	IV	公司级	养老保险岗		业务分管负责人
69		特殊群体业务	IV	公司级	养老保险岗		业务分管负责人

第三章 生产管理活动风险防控

续表

序号	风险点 类别	风险点 分项	风险等级	管控层面	责任人	责任单位（部门）	责任人
70	公司级生产管理活动	企业年金管理	IV	公司级	企业年金管理岗	人事劳资部门	业务分管负责人
71		员工意外伤害保险	IV	公司级	企业年金管理岗		业务分管负责人
72		员工家属养老业务	IV	公司级	家属业务岗		业务分管负责人
73		离退休职工家属、遗属医疗补助	IV	公司级	家属业务岗		业务分管负责人
74		劳动合同	IV	公司级	劳动合同办主任		业务分管负责人
75		机构和人力资源配置	IV	公司级	劳动用工管理岗		人事劳资部门负责人
76		岗位职责	IV	公司级	劳动用工管理岗		业务分管负责人
77		员工能力评价管理	III	公司级	业务分管负责人		人事劳资部门负责人
78		人力资源招聘管理	III	公司级	劳动用工管理岗		业务分管负责人
79		人事报表	IV	公司级	信息统计岗		业务分管负责人
80		创先争优长效机制作用发挥	IV	公司级	党组织建设岗		党委组织员
81		人事信息	IV	公司级	人事信息办主任或人才引进开发岗		人事劳资部门负责人
82		干部管理	IV	公司级	干部管理岗		人事劳资部门负责人
83		基本工资管理	IV	公司级	工资管理岗		业务分管负责人
84		效益工资管理	IV	公司级	单井结算岗		业务分管负责人
85		技能鉴定	III	公司级	技能鉴定站站长		业务分管负责人
86		民主管理	IV	公司级	文体宣教岗主管	工会、团委	工会副主席
87		事故管理	IV	公司级	经济技术岗主管		工会副主席
88		监督检查	IV	公司级	文体宣教岗主管、经济技术岗主管		工会副主席
89		劳动竞赛	IV	公司级	经济技术岗主管		工会副主席
90		应急管理	IV	公司级	活动组织实施岗位主管		工会副主席、团委书记

续表

序号	风险点 类别	风险点 分项	风险等级	管控层面	责任人	责任单位（部门）	责任人
91	公司级生产管理活动	办公区域	Ⅳ	公司级	保卫武装负责人	综合事务管理部门	综合事务管理负责人
92		生活服务及野营房管理	Ⅲ	公司级	生活服务及野营房管理岗位		综合事务管理负责人
93		综治维稳	Ⅲ	公司级	保卫武装办公室主任、维护稳定及信访岗位		综合事务管理负责人
94		生产组织	Ⅲ	公司级	生产运行部门业务主管	生产运行部门	生产运行部门负责人
95		队伍资质	Ⅳ	公司级	生产运行部门业务主管		生产运行部门负责人
96		生产数据	Ⅳ	公司级	生产运行部门业务主管		生产运行部门负责人
97		运输承包商	Ⅲ	公司级	生产运行部门业务主管		生产运行部门负责人
98		搬迁作业	Ⅲ	公司级	生产运行部门业务主管		生产运行部门负责人
99		生产值班	Ⅳ	公司级	生产运行部门业务主管		生产运行部门负责人
100		路单管理	Ⅳ	公司级	生产运行部门业务主管		生产运行部门负责人
101		应急管理	Ⅲ	公司级	生产运行部门业务主管		生产运行部门负责人
102		防汛减灾	Ⅲ	公司级	生产运行部门业务主管		生产运行部门负责人
103		资质办理	Ⅳ	公司级	资质准入管理岗	钻井业务外包管理部门	钻井业务外包管理部门负责人
104		队伍引入管理	Ⅳ	公司级	资质准入管理岗		钻井业务外包管理部门负责人
105		施工过程监管	Ⅲ	公司级	安全环保管理岗		钻井业务外包管理部门负责人
106		隐患治理	Ⅲ	公司级	安全环保管理岗		钻井业务外包管理部门负责人
107		业绩考核管理	Ⅳ	公司级	综合管理岗		钻井业务外包管理部门负责人
108		安全宣传	Ⅳ	公司级	业务主管	企业文化部门	企业文化部门负责人
109		应急管理	Ⅳ	公司级	业务主管		企业文化部门负责人
110		安全文化	Ⅳ	公司级	业务主管		企业文化部门负责人

第三章 生产管理活动风险防控

三、项目部级生产管理活动风险分级管控

项目部级生产管理活动风险分级管控清单见表3-8。

表3-8 项目部级生产管理活动风险分级管控清单

序号	风险点 类别	风险点 分项	风险等级	管控层面	责任人	责任单位（部门）	责任人
1	项目部机关生产管理活动	督查督办	Ⅳ	项目部	分管领导	综合管理办公室	综合管理办公室负责人
2		文件控制	Ⅳ	项目部			综合管理办公室负责人
3		印信管理	Ⅳ	项目部			综合管理办公室负责人
4		保密工作	Ⅲ	项目部			综合管理办公室负责人
5		安全宣传	Ⅳ	项目部			综合管理办公室负责人
6		应急管理	Ⅱ	项目部			综合管理办公室负责人
7		安全文化	Ⅲ	项目部			综合管理办公室负责人
8		三基	Ⅲ	项目部			综合管理办公室负责人
9		绩效考核管理	Ⅲ	项目部			综合管理办公室负责人
10		法律法规文件学习	Ⅲ	项目部			综合管理办公室负责人
11		民主管理	Ⅲ	项目部			综合管理办公室负责人
12		事故管理	Ⅲ	项目部			综合管理办公室负责人
13		监督检查	Ⅳ	项目部			综合管理办公室负责人
14		劳动竞赛	Ⅳ	项目部			综合管理办公室负责人
15		项目部办公区域	Ⅳ	项目部			综合管理办公室负责人
16		生活服务及野营房管理	Ⅳ	项目部			治安、生活服务管理负责人
17		综治维稳	Ⅱ	项目部			治安、生活服务管理负责人
18		生产组织	Ⅱ	项目部	分管领导	生产协调办公室	生产协调办公室负责人
19		队伍资质	Ⅳ	项目部			生产协调办公室负责人
20		生产数据	Ⅳ	项目部			生产协调办公室负责人
21		运输承包商	Ⅳ	项目部			生产协调办公室负责人
22		搬迁作业	Ⅱ	项目部			生产协调办公室负责人
23		生产值班	Ⅳ	项目部			生产协调办公室负责人
24		路单管理	Ⅳ	项目部			生产协调办公室负责人

续表

序号	风险点 类别	风险点 分项	风险等级	管控层面	责任人	责任单位（部门）	责任人
25		应急管理	Ⅱ	项目部	分管领导	生产协调办公室	生产协调办公室负责人
26		岩屑管理	Ⅳ	项目部			生产协调办公室负责人
27		钻井液转运	Ⅳ	项目部			生产协调办公室负责人
28		防汛减灾	Ⅱ	项目部			生产协调办公室负责人
29		设备操作规程	Ⅱ	项目部		设备管理办公室	设备管理部门负责人
30		设备检维修作业	Ⅲ	项目部			设备管理部门负责人
31		设备检查表和启动前检查表	Ⅲ	项目部			设备管理部门负责人
32		设备隐患管理	Ⅳ	项目部			设备管理部门负责人
33	项目部机关生产管理活动	设备变更管理	Ⅲ	项目部	分管领导		设备管理部门负责人
34		设备检测检验	Ⅲ	项目部			设备管理部门负责人
35		设备维护保养	Ⅳ	项目部			设备管理部门负责人
36		特种设备管理	Ⅲ	项目部			设备管理部门负责人
37		专项检查	Ⅲ	项目部			设备管理部门负责人
38		厂家服务	Ⅳ	项目部			设备管理部门负责人
39		机修服务	Ⅳ	项目部			设备管理部门负责人
40		冬防保温	Ⅲ	项目部			设备管理部门负责人
41		新设备使用	Ⅲ	项目部			设备管理部门负责人
42		HSE责任制	Ⅱ	项目部		质量健康安全环保办公室	质量健康安全环保办公室负责人
43		HSE制度	Ⅲ	项目部			质量健康安全环保办公室负责人
44		隐患治理	Ⅲ	项目部	分管领导		质量健康安全环保办公室负责人
45		危害辨识与风险评价	Ⅲ	项目部			质量健康安全环保办公室负责人
46		行为安全管理	Ⅲ	项目部			质量健康安全环保办公室负责人
47		HSE检查	Ⅲ	项目部			质量健康安全环保办公室负责人

第三章　生产管理活动风险防控

续表

序号	风险点 类别	风险点 分项	风险等级	管控层面	责任人	责任单位（部门）	责任人
48	项目部机关生产管理活动	HSE 培训	Ⅳ	项目部	分管领导	质量健康安全环保办公室	质量健康安全环保办公室负责人
49		三标一规范	Ⅳ	项目部			质量健康安全环保办公室负责人
50		交通安全管理	Ⅳ	项目部			质量健康安全环保办公室负责人
51		消防安全管理	Ⅳ	项目部			质量健康安全环保办公室负责人
52		危化品管理	Ⅳ	项目部			质量健康安全环保办公室负责人
53		环境保护管理	Ⅲ	项目部			质量健康安全环保办公室负责人
54		健康管理	Ⅳ	项目部			质量健康安全环保办公室负责人
55		应急管理	Ⅱ	项目部			质量健康安全环保办公室负责人
56		安全设施管理	Ⅳ	项目部			质量健康安全环保办公室负责人
57		特种设备监管	Ⅳ	项目部			质量健康安全环保办公室负责人
58		节能节水管理	Ⅳ	项目部			质量健康安全环保办公室负责人
59		HSE 绩效考核	Ⅲ	项目部			质量健康安全环保办公室负责人
60		事故、事件管理	Ⅱ	项目部			质量健康安全环保办公室负责人
61		体系审核	Ⅲ	项目部			质量健康安全环保办公室负责人
62		HSE 管理	Ⅳ	项目部	分管领导	技术管理办公室	技术管理办公室负责人
63		应急管理	Ⅱ	项目部			技术管理办公室负责人
64		管理制度	Ⅲ	项目部			技术管理办公室负责人
65		工艺技术风险管控措施	Ⅲ	项目部			技术管理办公室负责人

续表

序号	风险点		风险等级	管控层面	责任人	责任单位（部门）	责任人
	类别	分项					
66		所属业务范围内的HSE风险控制	Ⅲ	项目部	分管领导	技术管理办公室	技术管理办公室负责人
67		技术应用过程中的工艺风险控制	Ⅲ	项目部			技术管理办公室负责人
68		钻具工具及井控设备设施使用中的风险管控	Ⅲ	项目部			技术管理办公室负责人
69		故障复杂处理及调查	Ⅲ	项目部			技术管理办公室负责人
70		井控安全管理	Ⅱ	项目部			技术管理办公室负责人
71		工程技术相关产品及技术服务管理	Ⅲ	项目部			技术管理办公室负责人
72		质量安全	Ⅲ	项目部			技术管理办公室负责人
73	项目部机关生产管理活动	培训管理	Ⅳ	项目部	分管领导	人事劳资办公室	人事劳资办公室负责人
74		岗位职责	Ⅳ	项目部			人事劳资办公室负责人
75		员工能力评价管理	Ⅳ	项目部			人事劳资办公室负责人
76		人事报表	Ⅳ	项目部			人事劳资办公室负责人
77		干部管理	Ⅲ	项目部			人事劳资办公室负责人
78		基本工资管理	Ⅲ	项目部			人事劳资办公室负责人
79		效益工资管理	Ⅱ	项目部			人事劳资办公室负责人
80		安全生产费用管理	Ⅱ	项目部	分管领导	经营财务办公室	分管经营领导
81		资质办理	Ⅳ	项目部	分管领导	合作（代管）业务部门	对外合作业务负责人
82		施工过程监管	Ⅳ	项目部			对外合作业务负责人
83		隐患违章治理	Ⅲ	项目部			对外合作业务负责人
84		绩效考核管理	Ⅲ	项目部			对外合作业务负责人

四、队站级生产管理活动风险分级管控

队站级生产管理活动风险分级管控清单见表3-9。

表3-9 队站级生产管理活动风险分级管控清单

序号	风险点 类别	风险点 分项	风险等级	管控层面	责任人	责任单位（部门）	责任人
1	钻井队生产管理活动	领导和承诺	Ⅳ	钻井队	队长、书记	质量健康安全环保部门	质量健康安全环保部门负责人
2		HSE方针	Ⅳ	钻井队	队长、书记	质量健康安全环保部门	质量健康安全环保部门负责人
3		危害辨识、风险评价与控制措施	Ⅲ	钻井队	队长、书记	质量健康安全环保部门	质量健康安全环保部门负责人
4		合规性管理	Ⅲ	钻井队	队长、书记	企管计划部门	企管计划部门负责人
5		目标指标和方案	Ⅳ	钻井队	队长、书记	质量健康安全环保部门	质量健康安全环保部门负责人
6		机构、职责和安全环保投入	Ⅲ	钻井队	队长、书记	人事劳资部门、质量健康安全环保部门	质量健康安全环保部门负责人
7		能力培训和意识	Ⅲ	钻井队	队长、书记	人事劳资部门	人事劳资部门负责人
8		制度和规程	Ⅲ	钻井队	队长、书记	企管计划部门、设备管理部门	企管计划部门负责人、设备管理部门负责人
9		协商与沟通	Ⅲ	钻井队	队长、书记	质量健康安全环保部门	质量健康安全环保部门负责人
10		设备设施	Ⅲ	钻井队	队长、书记	设备管理部门、技术管理部门、质量健康安全环保部门	部门主任
11		承包商管理	Ⅲ	钻井队	队长、书记	企管计划部门	企管计划部门负责人
12		作业许可	Ⅲ	钻井队	队长、书记	生产运行部门、设备管理部门、技术管理部门	部门主任
13		职业健康	Ⅲ	钻井队	队长、书记	质量健康安全环保部门	质量健康安全环保部门负责人
14		污染防治	Ⅲ	钻井队	队长、书记	质量健康安全环保部门、生产运行部门	质量健康安全环保部门负责人
15		变更管理	Ⅲ	钻井队	队长、书记	设备管理部门、质量健康安全环保部门	部门主任
16		井控管理	Ⅲ	钻井队	队长、书记	技术管理部门	技术管理部门负责人

续表

序号	风险点 类别	风险点 分项	风险等级	管控层面	责任人	责任单位（部门）	责任人
17	钻井队生产管理活动	运行控制	Ⅲ	钻井队	队长、书记	质量健康安全环保部门、生产运行部门、设备管理部门	部门主任
18		应急管理	Ⅲ	钻井队	队长、书记	生产运行部门	生产运行部门负责人
19		消防安全	Ⅲ	钻井队	队长、书记	质量健康安全环保部门	质量健康安全环保部门负责人
20		危化品管理	Ⅲ	钻井队	队长、书记	质量健康安全环保部门	质量健康安全环保部门负责人
21		标准化建设	Ⅳ	钻井队	队长、书记	质量健康安全环保部门	质量健康安全环保部门负责人
22		安全监督检查	Ⅲ	钻井队	队长、书记	质量健康安全环保部门	质量健康安全环保部门负责人
23		事故事件	Ⅲ	钻井队	队长、书记	质量健康安全环保部门	质量健康安全环保部门负责人
24		文件控制	Ⅳ	钻井队	队长、书记	公司办公室	公司办公室主任 文件收发管理岗

五、生产管理活动风险防控记录

生产管理活动内容发生变化、危害因素发生变化、风险等级发生变化，要对发生变化的内容进行登记，并及时进行风险分析和评估，增补风险控制措施。

生产管理活动风险防控记录见表3-10。

表3-10 生产管理活动风险防控记录表

序号	生产管理活动	生产管理活动描述	危害因素	风险	风险控制措施		风险控制责任部门	备注
					现有风险控制措施	增补风险控制措施及建议		

附录 生产安全风险防控建设实例

实例一：HSE 标准化作业程序

拆卸顶驱 HSE 作业程序

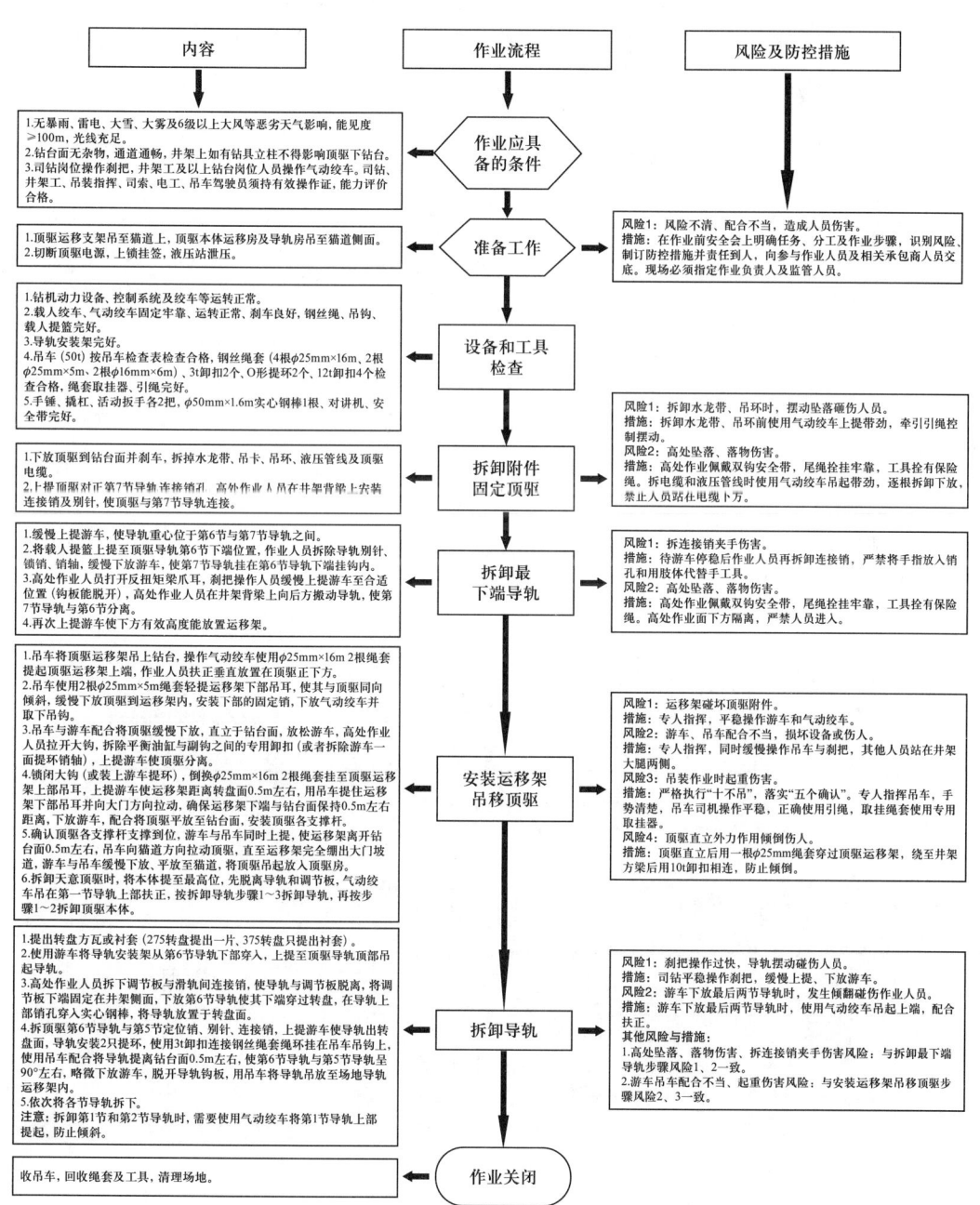

实例二：钻井设备操作规程

ZJ70DB 绞车操作规程

1 适用岗位

1.1 适用岗位

钻台大班、司钻、副司钻、电气工程师、司机长。

1.2 岗位基本要求

岗位操作人员均应参加相关技术培训和 HSE 培训，并经考核取得相应资质后上岗。

2 技术参数

技术参数见表1。

表 1 技术参数

绞车型号	生产厂家	输入功率 kW	快绳最大拉力 kN	挡数	钢丝绳直径 mm	滚筒直径×长度，mm	主刹车	刹车盘（毂）直径×宽度 mm	辅助刹车	外形尺寸 mm	理论重量 kg
JC70DB	宝石厂	1470	485	低速高速两挡无级调速	φ38	φ770×1439	盘式	φ1520×76	盘刹制动	8650×3208×2920	47800

3 结构图

结构图（示例）如图1所示。

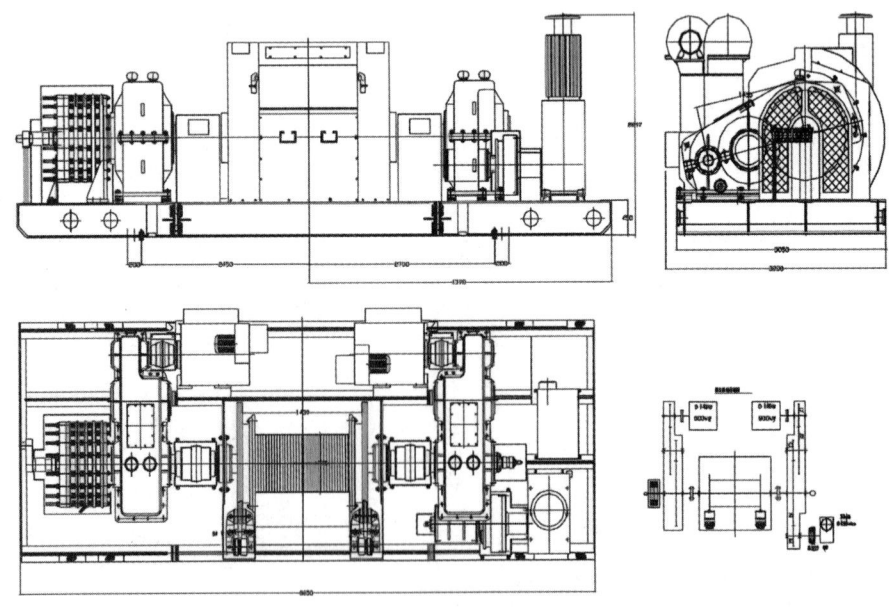

图 1 结构图（示例）

4 启动前准备

4.1 工作区域内禁止堆放杂物和易燃、易爆物品，按规定配备消防器材，禁止闲杂人员进入。

4.2 使用环境应通风良好，防止有毒有害气体中毒。

4.3 严格按照规定的品种、牌号选用润滑油与液压油。存放油料的容器应清洁，油料使用前应经沉淀和过滤。

4.4 操作人员应持有效操作证，应按岗位规定穿戴好个体防护用品。

4.5 绞车在一口井的首次使用前，应由司钻检查确认。钻台大班负责试运行。

4.6 启动前检查

启动前检查按表 2 的规定执行。

表 2 启动前检查

项目	检查内容及要求	注意事项（提示、警示、严禁）
外观及安装状况	1. 钻台大班检查并确保各护罩及紧固件装配齐全、固定可靠。 2. 机房大班检查润滑系统、冷却系统和刹车系统的动力线和控制线连接情况，确保接线规范、准确。 3. 启动动力机和空气压缩机，做好为绞车提供动力和供气准备；然后为绞车各用电系统供电，机房大班检查确认电控系统启动运行正常。 4. 钻台大班检查气路管线、液压管线、润滑管线连接情况，确保各个管线连接正确、规范，无渗漏	启动之前必须挂好挡位
供气系统	1. 钻台大班检查气源压力在 0.65~0.8MPa。 2. 钻台大班检查阀岛箱供气正常，各个电磁阀灵敏可靠，阀岛有良好的防雨措施。 3. 司钻操作司钻台上的气控制阀件 2 次，由钻台大班检查阀件的动作和逻辑关系，确保阀件动作准确，逻辑关系正确	过卷阀、插拔式防碰天车复位无报警
润滑系统	油池油面是否在刻度范围内，必要时加注；润滑油泵运转正常，压力是否在 0.2~0.35MPa 之间，润滑管线及各阀门无漏油	绞车减速箱在每次运转前，应首先手动启动绞车润滑系统，待润滑油泵工作 5min 左右，确保绞车呼吸口畅通无堵塞
冷却系统	检查绞车风机运转正常，进出口滤网干净无堵塞，风量正常	风压开关必须处于"开"状态，否则系统启动失败
盘刹系统	检查液面不低于最低位刻度线，必要时补充液压油；检查液压油温度，确保油温低于 60℃；检查滤清器，必要时清洗或更换。蓄能器的压力在 0.4MPa，系统压力 0.8MPa，工作钳，安全钳处于工作状态。 检查液压油风冷器运转正常，散热性能良好	
仪表	仪表和控制面板应完好	

5 启动

启动按表 3 规定执行。

表 3 启动

步骤及要求	注意事项（提示、警示、严禁）
1. 驱动绞车电动机的操作。 （1）确认"自动送钻离合开关"处于"离"位置，"DW 给定手柄"在"零位"（即手柄的中间位置），"DW 控制"开关在"停"位置。 （2）将"DW 方式选择"开关置于"DW 双机"或"DWA"（对应 A 单机）或"DWB"（对应 B 单机）位置，选择好单机或双机工作方式。 （3）"DW 控制"开关转到"工作"位置后，DWA 电机风机（DWA 工作方式）运行或 DWB 电机风机（DWB 工作方式）运行或 DWA、DWB 电机风机（双机）运行。 （4）润滑油油泵启动正常，油压在 0.2～0.35MPa。 （5）绞车启动后司钻台盘刹安全钳压力表 0.8MPa，工作钳、安全钳松开，系统正常则启动完成。 （6）DWA 变频柜、DWB 变频柜"接通就绪"变为"运行"状态。 （7）松开所有机械刹车（包括盘刹和驻车制动等），通过"DW 手柄"（注意要捏住手柄的零位按钮，否则硬扳会损坏手柄）进行前推（对应下放操作）或回拉（对应上提操作）操作，电机就按照所给定方向和速度运转了	1. 启动前检查紧急停车、变频急停按钮，处于复位。 2. 绞车一般选择在双机方式工作。只有在一台绞车变频柜出现故障而且确信单机能够带动负载时才允许选用"DWA"或"DWB"功能，这时绞车处于单电机工作状态。 3. 要捏住 DW 手柄的零位按钮再推拉手柄，硬扳会损坏手柄。手柄前推对应下放操作，回拉对应上提操作。 4. 绞车不允许较长时间处于"零速度憋电机"状态。"零速度憋电机"状态就是在变频柜启动电机带电后，绞车手柄没有施加给定（手柄处于零位），而且机械刹车没有松开的状态。注意"零速度憋电机"与"悬停"状态不同。 5. 绞车绝不允许处于"有速度憋电机"状态。"有速度憋电机"是在绞车电机处于运转状态（手柄不在零位，电机速度不为 0）而直接实施机械刹车。这样操作使电机堵转而造成变频柜跳闸和机械系统损伤，严重时会造成事故，属于严重违章操作，必须予以杜绝。 6. 绞车不允许较长时间处于"悬停"状态。"悬停"状态是通过电机以"零速度"悬停钻具不动（机械刹车处于松开的状态）。要求在绞车 10min 以上时间不使用时必须使用机械刹车并关掉绞车电机。 7. 绞车控制开关与自动送钻离合开关不允许同时置于"合"位置。如果误操作，在 PLC 正常操作方式下系统拒绝执行并提示误操作；在继电器应急操作方式会造成绞车电机或送钻电机的"有速度憋电机"状态。 8. 在 DW 电机运行时如果风机故障停止运转或风压不足，风压开关起作用，变频器故障停止运转，同时司钻操作台工控机风机指示灯闪烁，触摸屏与显示屏、工控机上有相应故障提示。待查清楚原因可启动，严禁将风压开关短接
2. 辅助刹车操作——液压盘式刹车操作。 （1）拉动刹车手柄，其操作角度为 0°～60°，工作压力表从 0～0.8MPa，工作钳进行制动，拉动角度越大，制动力矩越大。 （2）下放钻具超过 700m 时，控制下放管柱速度，不宜下放过快。	1. 不得使用盘式刹车悬持重负载。司钻遇到紧急情况时，按下红色紧急制动按钮，工作钳、安全钳全部参与制动，实现紧急刹车。 2. 正常起下钻时严禁使用紧急制动按钮。 3. 当绞车不工作或司钻离开工作台时，必须确认大钩无负荷，拉下驻车制动手柄。

续表

步骤及要求	注意事项（提示、警示、严禁）
（3）起下钻时右手不离开刹车手柄，出现溜钻现象，随时准备制动。 （4）拉驻车制动手柄（旋转旋钮）至"刹"位，安全钳压力表从0.8～0MPa此时驻车制动。 （5）转换到工作制动时，必须先拉动刹车手柄，使其处于"刹"位以刹住载荷，再把驻车制动手柄（旋转旋钮）至"松开"位。然后进行工作制动。 （6）按下紧急制动按钮，实现紧急制动。转换到工作制动时，必须先拉动刹车手柄刹住载荷，再拔出紧急制动按钮	4. 司钻在操作时应始终站在刹把的侧面。 5. 不允许对刹车系统进行任何形式的焊接。 6. 严禁使用驻车制动刹车悬持重负荷。 7. 严禁油类或硬物进入刹车盘与刹车片之间，以免打滑或损坏刹车盘。 8. 刹车盘在高温时严禁急淋冷水，以免产生骤冷龟裂
3. 主刹车的操作。 通过电机电流给定扭矩，使钻具上提或下放，给定手柄操作上提最后减速阶段、下放绞车，整个过程靠电机力矩实现速度控制、制动、悬停	在绞车产生制动作用时电动机转入发电运行，负载侧的机械能转化为电能通过逆变器回馈到变频柜直流母线。当直流母线电压高于设定值时，制动单元自动将制动电阻接通，使直流母线之间电容器上储存的多余电能以热能的形式由制动电阻消耗，以维持直流母线上的电压保持恒定从而得到持续的制动作用。这种制动方式称作能耗制动，送钻系统的制动单元和制动电阻也是能耗制动方式
4. 应急电机的操作。 自动送钻操作： （1）司钻启动自动送钻电机，挂上自动送钻离合器。进行悬重校正：提升钻杆使钻头离开井底，观察悬重参数框初值是否与悬重表显示一致，如果不是则在主画面单击"校正悬重"按钮，即可校正悬重。然后在"使用送钻电机自动送钻"栏点击"钻压回零"。 （2）恒钻压钻进：选择"恒钻压"方式，点击"启动"按钮，通过直接给定框或加减键调整钻压给定值，钻压实际值达到要求后，系统开始恒钻压自动送钻。 （3）恒钻速钻进：选择"恒钻速"方式，点击"启动"按钮，通过直接给定框或加减键调整转速给定值，钻压实际值达到要求后，系统开始恒钻速自动送钻。 应急起、下钻的操作： （1）司钻将应急电机装置选择到起下钻模式，启动自动送钻电机，挂上自动送钻离合器，松开主刹车，选择转向。 （2）进行手轮速度给定，即可实现起、下钻操作	1. 停机或改变方向前，必须将速度给定调到零位，否则不能停机。 2. 自动送钻电机启动后，确保风机处于正常运转状态。 3. 自动送钻电机应定期维护保养检查，以确保处于良好的状态

6 运行

运行按表4的规定执行。

表4 运行

项目	内容及要求	注意事项（提示、警示、严禁）
运行检查	1. 绞车动力分别由两台 YJ13X1/X2 主电机及一台 37kW 自动送钻小电机提供，电机运转过程中应检查电机电路、防护等是否完善。 2. 绞车在运行过程中没有专门的换挡机构，当钻机停止运行时，齿轮箱可以选择合适的挡位，"高速挡"或"低速挡"，在触摸屏可以选择，"钻进""低速挡""高速挡"模拟挡位。运行时完全靠变频器实现电机无级变速。 3. 正常起升钻具或钻进时，应控制电机给出合理的转速，如果主电机工作，需首先摘开自动送钻离合器；如果要启用自动送钻系统，在主电机非工作的情况下，则应挂合自动送钻推盘离合器。 4. 在钻具提升过程中，如需要液压盘刹刹车，在主电机工作，送钻小电机不工作时，则必须控制主电机断电（停车）后，再控制盘刹刹车；如果送钻小电机工作，主电机不工作，则必须摘开绞车自动送钻离合器后，然后迅速将刹车刹住	1. 在钻具下放过程中，特别是高速重载时，严禁长期半刹车（似刹非刹）的状态下控制下放速度，以避免刹车块与刹车盘的先期损坏。 2. 下放钻具超过 700m 时，必须控制下放速度，避免失速下砸。 3. 刹车盘在高热时严禁急淋冷水，以免产生骤冷龟裂。 4. 班中必须仔细检查油路，保证润滑管线在畅通、良好的条件下工作。润滑油压应在 0.25～0.35MPa 之间，若油压超过或低于这个范围，应及时找出原因并排除。 5. 绞车在运转过程中，护罩必须紧固，窗盖装牢，严禁在运转过程中加注润滑脂或润滑油，以免发生人身事故。 6. 严禁油类或硬物进入刹车盘与刹车块之间，以免打滑或损坏刹车盘

7 正常停机

正常停机按表5的规定执行。

表5 正常停机

步骤及要求	注意事项（提示、警示、严禁）
停车时的操作，先将"DW给定手柄"回到零位，电机产生使转速回零并"悬停"。待电机"悬停"之后，拉工作钳，再将"DW控制"开关扳到"停"位置，这时风机、油泵停止运转，同时DWA变频柜、DWB变频柜就由运行状态转入启动准备就绪状态，绞车传动系统全部转入停机状态了。待绞车停稳后，盘刹自动刹车	绞车在运转过程中，护罩必须紧固，窗盖装牢。严禁在运转过程中加注润滑脂或润滑油，以免发生人身伤害事故

8 紧急停机

紧急停机按表6的规定执行。

表6 紧急停机

条件及操作要求	注意事项（提示、警示、严禁）
绞车在使用过程中，发现下列情况之一的，应立即停机： 1. 出现异常声响、气味。 2. 钻具提升下降时，出现故障。 采用以下方法紧急停机：按下红色紧急制动按钮，工作钳、安全钳全部参与制动，实现紧急刹车	正常起下钻时严禁使用紧急制动按钮

9 停机存放

9.1 按维护保养要求进行维护保养工作并如实记录。

9.2 在停机时，要检查调整、紧固各部件。

9.3 在严寒季节时，若长时间停机，应放尽设备内的冷却液，以防因结冰而冻裂部件。

实例三：钻井工艺技术规程

地面震击器作业工艺技术规程

1 范围

本规程规定了地面震击器的连接与调试、操作与使用方法及震击作业对设备的要求。本规程适用于××油田钻井作业过程中震击钻柱、驱动井内震击器、解脱打捞工具等作业。

2 调试与连接

2.1 地面震击器出站标准

2.1.1 地面震击器在站内必须在试验架上做挤压和吨位调节试验，调节震击吨位与标定值不得超过±20%。

2.1.2 地面震击器出站送井必须处于关闭状态。

2.1.3 随机应附有地面震击器使用维护、探伤、拉压试验记录卡及调节内六方扳手。

2.1.4 密封承压可靠，连接螺纹完好，水眼畅通无杂物。

2.2 使用前调试

现场使用前要检查工具是否处于关闭状态，否则应将卡瓦芯轴和摩擦卡瓦置于关闭状态，即工作前处于关位。其方法是：拨动调节环向"低"字方向，直至拨不动，将震击器接上提起在钻台上压回就位。若卡瓦芯轴与摩擦卡瓦仍未完全关闭，可重复上述操作，使之关闭就位。接震击器时，安全卡瓦和卡瓦不得卡在光亮拉杆上。

2.3 连接

地面震击器连接在钻杆或捞柱上，应使调节机构露出转盘面，便于调节吨位。若要循环钻井液，可在震击器上面接方钻杆，作为震击器关闭回位的拉力，但应留有足够的提升高度。

3 操作与使用

3.1 适用工况及使用条件

3.1.1 地面震击器只能用于处理键槽卡钻、缩径卡钻、黏吸卡钻、落物卡钻等钻井井下工程事故。

3.1.2 井深适合范围：钻具自由段在1000～4000m，解卡后钻具悬重在震击器的安全范围之内。卡点深度2000m以上的定向井、大斜度井和水平井不提倡使用。

3.1.3 其他条件要求：被卡钻具有下行活动空间；井下为复合钻具或使用有特殊工具时，应充分考虑弱点钻具强度；自由段井眼存在严重扩径应慎用，防止反复拉压折断钻具；井内压力不平衡不准使用地面震击器，在震击解卡和井控安全之间，井控安全优先。

3.2 震击钻柱解卡作业

3.2.1 震击作业前应先计算卡点位置和自由段（卡点以上）钻柱在钻井液中的重量，并将此悬重标于指重表上。提拉钻柱时不得超过标记，并根据提拉吨位计算出自由段钻柱在提拉时的伸长量。

3.2.2 工具上以大钩水龙头方钻杆为宜，滚子方补心应卸掉。

3.2.3 接上震击器，用 DG-02 扳手卸开锁钉，调节震击器吨位自最低位，拉开震击器，再旋入锁钉，防止震击井口卡瓦、吊卡。

3.2.4 现场要求仅用低速提拉震击，并及时摘车刹车，防止震击力作用于悬吊系统，首次震击应调节到低吨位，每个吨位应多次震击，视其效果再逐步增大震击吨位。但震击器最大震击吨位不得超过自由段钻柱重量。

3.2.5 每下击一次回位后再上提震击，提拉力量应在限量吨位范围内，直到震击解卡为止。提至预定位置吨位不释放，应刹车等待震击，不允许强提。

3.2.6 连续震击，工具卡瓦芯轴发热会使工作吨位发生较大偏差。若在震击过程中，发现摩擦卡瓦有发热冒烟情况，可由锁钉孔注入清洁机油，待工作完毕后，卸开检查处理。

3.2.7 若要循环钻井液可接方钻杆震击，但需用 7.5mm 钢丝绳或棕绳反复捆绑好大钩舌头和吊环，若不需要循环，可在震击器上接 1~2 根加重钻杆，便于震击器震击后回位，同样需要用 7.5mm 钢丝绳或棕绳绑好吊环、吊卡舌头及吊卡销子，震击次数则以 4~6 次为宜。

3.3 驱动井内震击器

3.3.1 正常施工过程中，钻柱上接有震击器或进行打捞作业中捞柱上带有震击器。在发生卡钻、井内震击器失去作用时，可使用地面震击器驱动井内震击器工作。

3.3.2 其操作方法按 3.2 执行。

3.4 解脱打捞工具

可释放式打捞工具，如打捞筒、打捞矛等，往往遇到正常释放作业的能量不足，不能解脱。此时可将地面震击器接在捞柱上，调到中等吨位震击；若捞柱上已装有震击器，调到足以打开井下震击器所需吨位进行震击作业。但不允许所调节释放吨位大于自由段钻柱重量。

3.5 标准组合形式

打捞工具 + 安全接头 + 开式（或闭式）下击器 + 钻铤或加重钻杆 + 捞具 + 地面下击器 + 方钻杆。

4 震击作业对设备要求

4.1 震击作业前和过程间歇中，应对指重表、钻井游车钢丝绳、传感器、死活绳头的固定、刹车系统、井架等关键部位进行检查。

4.2 应将大钩舌头、吊环及井口工具捆牢。

4.3 震击作业时钻机只允许用一挡，气路原件应灵敏可靠，气压应比额定工作压力低 0.1MPa。

5 其他

5.1 若震击器使用时处于半关状态，应分析原因，采取相应措施或拆卸检查。

5.2 震击后循环钻井液，震击芯轴不能完全回位时，应停止循环复位。

5.3 井口作业或调节吨位时，严防手工具或异物落入井内。

5.4 震击作业时，非操作人员应离开钻台。

5.5 震击解卡后进行扩划眼作业前，应甩下震击器并将调节机构拨动回位。

6 某机械厂地面震击器技术参数

地面震击器技术参数见表1。

表 1 地面震击器技术参数

型号	外径 mm	内径 mm	接头螺纹 API	最大抗拉负荷 MN	最大震击力 MN	最大行程 mm	密封压力 MPa	闭合总长 mm
DJ46	121	32	NC38	1.20	0.4	1000	20	2500
DJ70 Ⅱ	178	61	NC50	1.50	0.75	1222	20	3030

其他厂家地面震击器按厂家规定的技术参数执行。

实例四：生产安全风险防控方案

按照风险分级防控建设机制，某钻井公司辨识出八大生产安全风险，制订了风险分级防控方案，明确了主要危害因素、各级防控职责和风险防控措施。

井控风险防控方案

一、风险描述

井控工作是石油与天然气勘探开发过程中的重要环节，是安全生产工作中的重中之重。一旦发生井喷，轻者会使井下情况复杂化，对油气资源造成损害；重者会导致井喷失控，使油气资源受到严重破坏，易酿成火灾，造成人员伤害、设备毁坏，油气井报废，自然环境受到污染，直接危及企业和国家的形象。井控风险主要危害因素见表1。

表1 井控风险主要危害因素

序号	危害因素	风险等级
（一）管理活动		
1	未按规定要求进行井控作业许可审批实施作业，控制措施不到位或失效	二级
2	未编制井控应急预案或预案不切合实际，未进行演练，井控险情的预防与处理培训不足，井控处理能力欠缺，出现险情处理不及时	二级
3	打开油气层前未按规定流程进行申报和井控验收	二级
4	未按设计要求或相关规定储备足够的加重钻井液和加重材料	二级
5	打开油气层后未落实干部值班	二级
6	发现溢流未按规定实施关井	一级
7	井身结构设计不合理	二级
8	欠平衡作业欠平衡系数过大	二级
9	发生井控险情后应急抢险生产组织不到位	一级
（二）设备设施		
10	防喷器及控制系统、节流压井管汇、液气分离器等井控设备设施检修、安装、试压不合格、维护保养不到位，存在故障、缺陷	一级
11	无内防喷工具、防喷工具密封失效、内防喷工具与井内钻具不相匹配、内防喷工具承压能力不够等因素导致钻具内承压密封装置失效	一级
12	无节流、压井管汇、节流阀失效或堵塞、无液气分离器或液气分离器处理量不够等因素不能节流控制回压	一级
13	在井控设备设施上焊接	二级
14	无表层套管或表层套管下入浅、套管有破损、裸眼段有漏层等因素导致井筒承压密封装置失效	二级

续表

序号	危害因素	风险等级
15	开钻前未按标准校正井口,防喷器偏磨磨损,密封失效	二级
16	未按规定调校循环罐液面报警器、密度计	三级
17	欠平衡设备失效	二级
(三)生产作业活动		
18	因气油比高、地层压力高、硫化氢含量高、油气产量高、浅层气油储层敏感、安全窗口窄、地层注水压力紊乱等固有因素,导致地层流体的侵入的风险	二级
19	闸板封井器在关井情况下活动钻具,接箍通过闸板	一级
20	钻进作业突然钻遇高压油气层,钻遇高压油气层未及时报告	一级
21	未按规定填报液面坐岗记录(未核对液面记录,液面变化未注明原因)	三级
22	起下钻中途停止作业休息,起钻完空井等候时间长	三级
23	起钻作业井筒内未按照规定灌满钻井液	一级
24	下钻作业未按照规定对钻具内灌满钻井液,回压阀失效	二级
25	下钻作业速度过快产生激动压力、下钻到底后开泵升压过快井底压力增大,地层漏失,诱发井喷	三级
26	未及时发现、报告有异常的工程和钻井液参数	三级
27	钻遇漏失层段井漏后液柱高度降低,未及时处理或处理措施不当	二级
28	钻井液密度低或油气侵液柱密度降低	一级
29	起钻速度过快或钻头泥包,起钻发生抽吸现象	二级
30	起钻前钻井液循环时间、性能不符合安全要求	二级
31	起钻前气测值异常未进行处理	一级
32	无钻具或钻具下入浅、内水眼堵塞、环空垮塌,循环通道不畅	三级
33	未及时发现溢流、发现溢流后处理措施不当	一级
34	关井后处置措施不当	一级

二、风险防控目标

实现两个"杜绝",即:杜绝井喷事故,杜绝有毒有害气体中毒事故。

三、风险防控组织机构

(一)组织机构

公司成立井控工作领导小组,由公司领导和项目部(专业公司)、机关部门负责人组成,全面负责公司井控管理工作。

井控工作领导小组办公室设在技术管理部门,技术管理部门主任兼任办公室主任。

(二)机构职责

(1)认真贯彻落实集团公司石油与天然气钻井井控管理规定和"石油与天然气钻井井控实施细则"等相关技术规范。

(2)负责编制井控设备需求计划。

(3)负责制订井控工作计划、管理制度,并指导抓好落实工作。

(4)负责召开井控例会,检查、指导、协调和安排井控管理工作,抓好井控隐患整改消项措施落实。

(5)负责井控应急处置预案的编制、修订、实施,抓好井控应急物资的储备、管理工作。

(6)负责井控隐患和井控事故的调查、责任认定与处理。

四、风险防控流程与分级防控责任

(一)井控风险防控流程

井控风险防控流程见图1。

(二)分级防控责任

井控工作实行公司、项目部(专业公司)、钻井队(基层队站)三级管理。各级单位行政正职是本单位井控工作的第一责任人,对本单位井控工作负全责;分管技术的副职是本单位井控工作的主管领导,对本单位井控工作负专责。各部门负责人和相关人员按照谁主管、谁负责的原则履行职责。

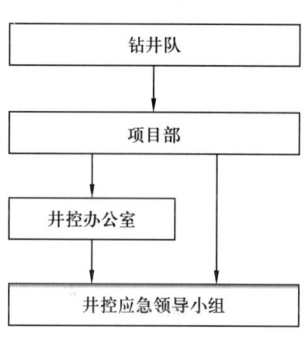

图1 井控风险防控流程

1. 公司层面

技术管理部门是公司井控工作的主管部门,其井控工作防控责任及生产运行、质量安全环保、装备、市场开发、人事劳资等部门,以及管具、器材、职工培训等专业公司井控管理工作职责执行"井控管理办法"。

其他单位和部门按照公司"井控突发事件专项应急预案"明确的职责执行。

2. 项目部层面

项目部应成立井控工作领导小组,组长由井控工作第一责任人担任,成员由相关部门负责人组成。在辖区井控工作中履行的防控责任执行"井控管理办法"。

项目部技术管理办公室是该项目部井控工作的主管部门,应配备专职和兼职井控管理人员,负责井控日常事务工作。

3. 钻井队

钻井队是钻井现场井控管理的主体,成立以队长为组长的井控领导小组,副组长由主管生产、安全的副队长、钻井工程师(技术员)担任,成员由大班、司钻、安全(监督)员等组成,负责本队井控管理工作。相关技术服务、配合单位在钻井现场应当服从钻井队对井控工作的统一管理。

钻井队及各岗位井控职责执行各油田公司石油与天然气钻井井控实施细则的要求。

五、风险防控措施

（一）制度措施

目前应用于井控风险防控的制度主要有17项，见表2。

表2 井控风险防控主要制度清单

序号	制度、规范、标准名称
1	井控培训管理办法
2	石油与天然气钻井井控规定
3	井控装备判废管理规定
4	钻井井控技术规范
5	井控工作管理规定
6	内防喷工具管理规定
7	应急物资储备管理规定
8	钻井井控检查规范
9	井控管理办法
10	关于明确防喷演习关井程序的通知
11	关于进一步加强井控管理工作的通知
12	关于明确井控设备设施检维修及钻井队现场试压等管理要求的通知
13	关于强化井控违章管理的通知
14	井控突发事件专项应急预案
15	井控安全管理程序
16	石油与天然气钻井井控实施细则
17	关于井控作业许可管理要求的通知

（二）技术措施

（1）严格按井控实施细则和设计要求安装、使用井控装备，配备内防喷工具，并按要求试压合格。试压执行钻井队现场试压管理要求。

（2）以班组为单位进行防喷演习，熟练掌握关井操作。

（3）打开油气层后起钻前充分循环钻井液，执行起钻灌浆规定，严禁油气层井段高速起管柱，起钻遇阻时严禁拔活塞。起钻完应及时下钻，下钻控制速度，按规定循环。

发生溢流，应抢接钻具回压阀（或备用旋塞、防喷单根），及时组织关井。钻进中发生井漏采取相应措施处理井漏。在油气层钻井过程中执行"石油与天然气钻井井控实施细则"第四十四条规定。

（4）完井电测作业、下套管、固井作业、水平井完井坐封、下筛管及换装防喷器作业时，执行"井控实施细则"第四十五条规定的安全操作规程和井控措施。

（5）空井及处理井下事故措施执行"石油与天然气钻井井控实施细则"第四十六条规定。

（6）发现油气侵后应立即停钻，及时循环除气、观察，适当调整钻井液密度，做好加重压井准备工作。

（三）工程措施

（1）井场布置要求、防火防爆要求、消防设施配备及管理、电路及电器安装及防H_2S、CO措施执行"石油与天然气钻井井控实施细则"要求。

（2）严格按工程设计施工，设计与实际不相符合时，应按审批程序及时申报更改设计，经批准后实施。

（3）查清周边注水、注气井分布及注水、注气情况，掌握分层动态压力数据，钻开油气层之前督促落实停注、泄压等措施，钻井施工过程中每天对影响本井的注水、注气井进行巡查。

（4）当检测到有H_2S、CO等有毒有害气体时，在作业现场入口处挂牌警示。

（5）实施"七不准"钻开油气层措施。

（6）钻开油气层后，钻井队应每天对闸板防喷器进行开、关活动。在井内有钻具的条件下应适当对环形防喷器试关井。

（7）进行短程起下钻检查油气侵和溢流，计算油气上窜速度，达到起钻要求方可起钻作业。需短程起下钻的情况和短程起下钻的基本做法执行"石油与天然气钻井井控实施细则"第四十七条、四十八条的规定。

（8）打开油气层作业须按要求坐岗，及时发现溢流，无论何种工况或遇到任何井下复杂情况，发现溢流征兆或溢流，坚持"疑似溢流关井检查，发现溢流立即关井"的原则，立即关井，控制井口。关井时严格执行操作规定程序迅速关井，做到"石油与天然气钻井井控实施细则"第五十三条要求的注意事项。

（9）关井后应根据关井立管压力和套压的不同情况，采取相应的处理方法及措施。具体执行"石油与天然气钻井井控实施细则"第五十四条的规定。

（10）在关井或压井过程中，出现"石油与天然气钻井井控实施细则"第五十五条情况之一者，应采取放喷措施。

（四）管理措施

（1）井控作业许可管理执行"关于井控作业许可管理要求的通知"。

（2）井控培训管理、井控设备管理、资料管理、安全检查与销项执行"井控管理办法"。

（3）内防喷工具管理执行"内防喷工具管理规定"。

（4）井控安全管理执行 HSE 管理程序文件"井控安全管理程序"。

（5）严格落实钻开油气层前井控验收规定、打开目的层后的井控日动态监控、井控险情的及时汇报和通报警示及严格井控管理考核。具体执行"关于进一步加强井控管理工作的通知"。

（6）井控违章管理执行"关于强化井控违章管理的通知"。

（五）应急措施

（1）公司、项目部、钻井队分别制订井控突发事件专项应急预案，钻井队应急预案报送项目部审批，项目部应急预案报送技术管理部门审批，公司应急预案报送企业工程技术部备案。相关部门应对下一级井控突发事件专项应急预案的宣贯、培训、演练和完善情况进行监督。

（2）公司每年、工程项目部每半年、钻井队每季度应至少开展一次井控突发事件应急处置预案演练，所有涉及部门和单位应参加预案演练。

（3）发生井控突发事件后，按"井控突发事件专项应急预案"进行处置，发生溢流钻井队执行溢流处置程序，员工执行溢流岗位应急处置卡动作。

（4）发生溢流、井涌、井喷等井控突发事件时，钻井队应及时上报现场信息快报。项目部技术管理办公室应及时收集上报溢流、井涌、井喷等快报信息及每天处置情况，每月底及时报送溢流、井涌、井喷事故统计月报。

六、实施保障

（1）严格井控管理，强化责任落实。完善井控管理网络，逐级签订井控目标责任书，强化井控管理制度完善与落实，持续推进现场井控标准化建设。

（2）落实井控风险防控，抓好薄弱环节管控。明确井控风险分级防控要求，完善井控风险分级评估，强化落实"双盯"工作法；落实井控六个风险关口控制；抓好业务外包、钻机操作外包队伍井控管理、业务变更等薄弱环节管控。

（3）强化过程管理，落实重点环节管控。提高井控验收质量，严格井控高风险井日动态监控，开展井控专项检查、落实井控隐患统计、分析制度，每月开展井控隐患专项排查治理并现场验证，落实特殊工艺作业的井控管理，强化风险识别，细化井控安全保障的技术措施、管理措施。

（4）落实井控培训管理，提高人员能力。加强井控管理制度、标准的培训学习及新增设备的使用操作培训，严格井控取复证培训考核，开展不同级别的井控专项培训和分岗位培训试点，推进"分专业、分层次、分岗位"井控培训工作。

（5）强化应急管理，提高应急能力。强化井控应急演练，加强井控应急队伍建设。

按"应急物资储备管理规定"的要求配备应急物资。

（6）开展井控管理、井控综合监测系统、井控装备建档跟踪记录、井底压力监测、回压阀管理及井控技术专项研究，提高井控管理水平。

（7）严格井控管理考核与责任追究。钻井队每半年进行一次全覆盖的井控检查考核和日常管理考核，严格井控违章治理，开展井控管理工作"评优争先"活动，提升井控管理水平。